浙江省“十一五”重点建设教材

高职高专机电一体化专业系列教材

单片机技术与应用

（C语言版）

朱　蓉　主编

電子工業出版社

Publishing House of Electronics Industry

北京・BEIJING

内容简介

本书从技术和工程应用的角度出发，以“理论够用为度，重点突出工程实践能力的培养”为原则，按照单片机工程实践项目类别，由浅入深、循序渐进地安排了单片机最小系统构建、灯光控制设计、交通信号灯和和抢答器设计、音乐演奏器设计、电子时钟设计、电子密码锁设计、数字电压表设计、电子显示屏设计和单片机新型串行接口技术应用9个项目，共19个任务，通过工程实践项目培养单片机技术实践应用能力。每个项目采用任务引领的方式，用单片机C语言的程序设计方法，以“任务导入”、“任务实施”为主线，突出任务完成能力训练为中心。为加强工程实践，所有项目均通过编程软件KEIL和单片机仿真软件Proteus的设计与仿真调试，使得课程的工程实践性得到加强。

本书可作为高职高专电类及相关专业的教材，也可作为相关工程技术人员单片机培训教材和参考用书。

为方便教学，本书配有免费电子课件及源程序代码，供教师参考。

图书在版编目（CIP）数据
单片机技术与应用：C语言版 / 朱蓉主编. —北京：电子工业出版社，2016.6
ISBN 978-7-121-28812-8

Ⅰ. ①单… Ⅱ. ①朱… Ⅲ. ①单片微型计算机—高等学校—教材 Ⅳ. ①TP368. 1
中国版本图书馆CIP数据核字（2016）第101009号

策划编辑：贺志洪
责任编辑：贺志洪
特约编辑：薛阳　徐堃
印　　刷：北京捷迅佳彩印刷有限公司
装　　订：北京捷迅佳彩印刷有限公司
出版发行：电子工业出版社
　　　　　北京市海淀区万寿路173信箱　邮编 100036
开　　本：787×1 092　1/16　印张：22.75　字数：584.2千字
版　　次：2016年6月第1版
印　　次：2023年12月第9次印刷
定　　价：47.00元

凡所购买电子工业出版社图书有缺损问题，请向购买书店调换。若书店售缺，请与本社发行部联系，联系及邮购电话：（010）88254888。
质量投诉请发邮件至zlts@phei.com.cn，盗版侵权举报请发邮件至dbqq@phei.com.cn。
服务热线：（010）88254609。

前　言

单片机技术是电子信息和自动化技术领域非常关键和非常重要的技术，是从事电子、机电类技术岗位不可缺少的技术组成部分。因此，作为培养该项技术的课程——“单片机技术与应用”在专业培养中就显得非常重要。该课程属于技术应用类课程，应用性很强，理论与实践结合非常紧密。近几年来，我们根据该课程的特点和专业培养目标对课程的要求，采用基于工作过程的项目课程模式，以任务为引领，项目化实施，实现“教学做合一”，在课程教学改革过程中取得了较为显著的成效，该课程曾被评为浙江省精品课程，课程教材项目被立项为“浙江省高校重点教材建设项目”。

本书采用项目课程模式，全书把涉及单片机技术应用方面的知识分析和应用技能训练，按照系统分析设计、系统实施的线索，通过单片机最小系统构建、灯光控制设计、交通信号灯和和抢答器设计、音乐演奏器设计、电子时钟设计、电子密码锁设计、数字电压表设计、电子显示屏设计和单片机新型串行接口技术应用 9 个项目进行覆盖和组织，打破了传统的以知识和理论为体系的教材组织模式，克服了传统教材学生感到“单片机难学”的印象；每个项目采用任务引领的方式，以“任务导入”、“任务实施”为主线，突出任务完成能力训练为中心，穿插必要的理论知识，为加强学生对能力迁移所需要知识的掌握程度，提升分析和解决问题，每个任务还设置了“技能提高”环节，为方便教学，每个任务的内容组织形式，采用以实践实施为主线的方式，方便“教学做合一” 方法的实施。另外，为加强工程实践，所有项目均通过编程软件 KEIL 和单片机仿真软件 Proteus 的设计与仿真调试，使得课程的工程实践性得到加强。全书所有项目中的案例程序，均通过软件进行调试和运行。教材在 2011 年出版时所有程序代码采用汇编语言编写，为培养能尽快适应社会需求的应用型技术人才的需要，现在程序编写全部采用单片机 C 语言。

本书由宁波城市职业技术学院朱蓉任主编并编写了项目一、项目二、项目三和附录，北京京北职业技术学院惠健编写了项目八，上海信息职业技术学院王进明编写了项目九，宁波城市职业技术学院潘世华编写了项目四和项目六，宁波城市职业技术学院邵华编写了项目五和项目七。

宁波城市职业技术学院赵黎明对本书进行了审核，宁波东英禾电子有限公司为本书的部分项目提高了技术支持和资料方面的帮助，总经理应启峰高级工程师对本书的编写进行了精心的指导。在此向关心本书编写和出版的朋友表示感谢。本书配有电子课件可到华信教育资源网（www.hxedu.com.cn）下载或者扫描封底二维码进入自动化类专业教育资源共享群免费下载。

由于时间紧迫原因以及编写水平有限同时由于在内容组织方面进行了较大的改革和和尝试，不妥甚至错误之处在所难免，热忱欢迎广大读者提出批评和建议。

编　者

2016 年 2 月

目　录

项目一　单片机最小系统构建

应用案例——无线鼠标

鼠标是一种最常用的计算机输入设备，它从滚球鼠标发展到光电鼠标，再到现今人们普遍使用的无线鼠标。无线鼠标是指无线缆直接连接到主机的鼠标，一般采用27M、2.4G、蓝牙技术实现与主机的无线通信。无线鼠标系统由无线鼠标和USB接收器组成。

无线鼠标采用电池无线遥控，从而使鼠标的运动和使用更加灵活。无线鼠标的最大特点是可以进行360度全方位无线射频遥控，而且耗电量较低，具有触发工作待机休眠。如图1-1（a）图所示，在无线鼠标和接收器上都应用了单片机。

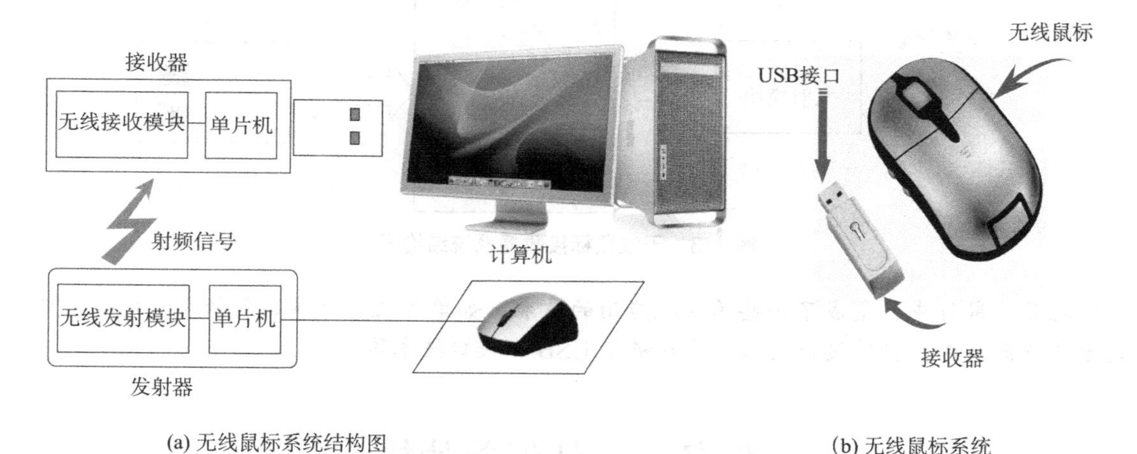

(a) 无线鼠标系统结构图　　(b) 无线鼠标系统

图1-1　无线鼠标系统示意图

无线鼠标是在一般光电鼠标的基础上添加了一个射频发射模块，接收器插在主机的USB接口上，无线鼠标的移动、按钮按下等操纵，通过鼠标内置的无线发射模块发送到接收器上，接收器接收到数据后，通过USB接口向计算机传递鼠标的操作信息。无线鼠标包括的硬件模块有：鼠标左键、鼠标右键、滑轮按键、滑轮、光电传感器和射频发射。

图1-1（a）图所示为无线鼠标的结构，即鼠标+单片机+无线发射模块，除无线发射模块外，其他模块都可以在鼠标表面找到，无线鼠标系统结构框图如图1-2所示，单片机为系统的核心，左键、右键、滑轮键、滑轮、光电传感器和射频发射共6个模块都在单片机的控制

下工作，电池向整个系统提供工作电源。

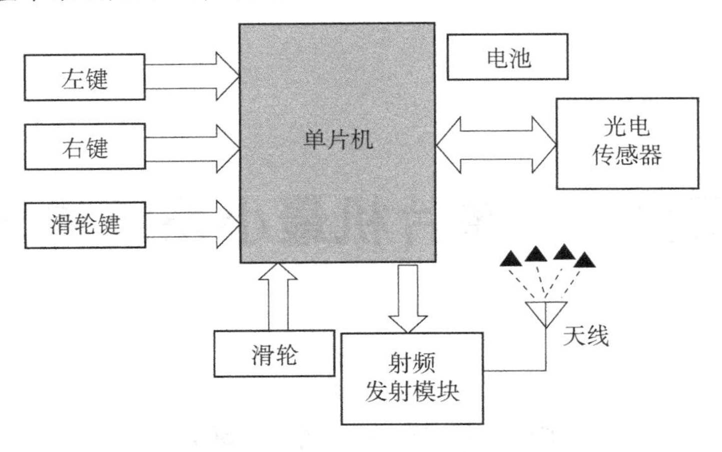

图 1-2　无线鼠标系统结构框图

无线鼠标接收器的结构相对简单，如图 1-3 所示。接收器的核心仍然是单片机，该单片机与图 1-2 中的单片机不同，它具有与计算机 USB 口进行接口和“对话”的功能，许多单片机生产厂商都推出了具有 USB 接口通信功能的单片机。单片机把射频模块接收模块的无线鼠标发送来的鼠标操作信息通过 USB 口告诉计算机。

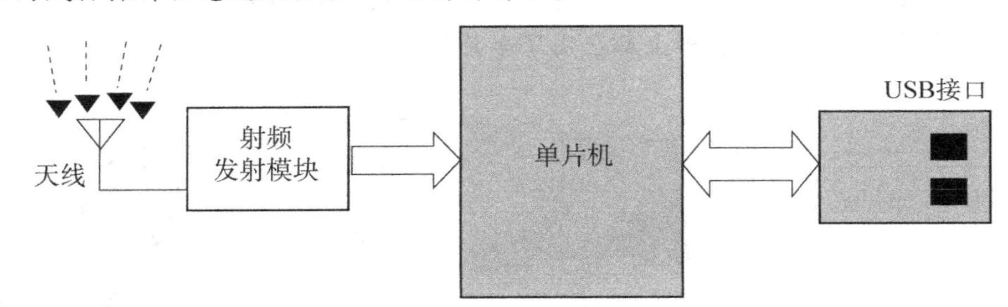

图 1-3　无线鼠标接收器系统结构图

在无线鼠标中，集成了一些单片机应用的技术，如单片机与外界的射频通信技术、鼠标光电传感器与单片机的接口技术、单片机与 USB 口接口技术等。

任务一　认识单片机

一、学习目标

知识目标

1. 单片机的内部结构
2. 51 系列 CPU 芯片常用引脚及功能

3. 单片机最小系统的组成
4. 单片机存储器结构
5. 单片机编程语言

技能目标

1. 识别不同类型的单片机芯片
2. 建立单片机最小系统

二、任务导入

在日常生活中，像手机、电话机、洗衣机、电冰箱、空调机、彩电、玩具、电子表、电子秤、MP3、MP4、数码相机、录音笔、汽车防盗器等常用设备，给我们带来了许多方便和生活情趣，可你了解在这些设备中发挥主要作用的单片机吗？单片机因将计算机的主要组成部分集成在一块芯片上而得名，如图 1-4 所示为单片机芯片的外形结构，别看它体积很小，有了它，可以使我们的生活更加丰富多彩。

图 1-4 单片机芯片外形图

三、相关知识

1. 什么是单片机

单片机的全称为单片微型计算机（Single-Chip Microcomputer），又称微控制器（Microcontroller Unit）或嵌入式控制器（Embedded Controller），它是微型计算机一个很重要的分支。通俗地讲，单片机就是把中央处理器 CPU（Central Processing Unit），存储器（memory），定时器，I/O（Input/Output）接口电路等一些计算机的主要功能部件集成在一块集成电路芯片上的微型计算机。

目前市场上所使用的单片机有很多种系列，MCS-51 单片机、AVR 单片机和 PIC 单片机是其中三种常用系列的单片机芯片。MCS-51 单片机系列学习简单，是用得最多、最经典的单片机，属于通用单片机型，一直到现在，MCS-51 系列或其兼容的单片机仍是应用的主流产品，它的基本结构和指令系统都比较典型，常被选作单片机初学机型；PIC 系列单片机与 MCS-51 系列单片机主要在总线结构、流水线结构和寄存器组这三个方面存在不同，比较而言， PIC 系列单片机外部引脚数量较少，只需几十条指令，且指令周期短，应用灵活；AVR 系列单片机与 MCS-51 系列单片机的主要区别，CPU 构架不同，虽然都是 8 位的，指令集不同，两者相比较，51 的内部资源少，速度慢。AVR 在工艺上远超过 51，内部资源丰富，速度快。 AVR 单片机与这两者相比具有运行速度快、片内存储器容量大，有中断及数/模与模/数转换器等丰富的内部资源，且运用 C 语言编程更加方便灵活等优点。

本书内容主要涉及的是 ATMEL 公司的 AT89 系列单片机。

2. MCS-51 系列单片机及其内部结构

单片机的典型代表是美国 Intel 公司在 20 世纪 80 年代初研制出来的 MCS-51 系列单片机。MCS-51 单片机很快在我国得到广泛的推广应用，成为电子系统中最普遍的应用手段，并在工业控制、交通运输、家用电器、仪器仪表等领域取得了大量应用成果。这一系列单片机包括很多品种，其中 8051 是 MCS-51 系列单片机中最典型的代表产品。MCS-51 系列单片机（以 8051 为例）的总体结构框图如图 1-5 所示。

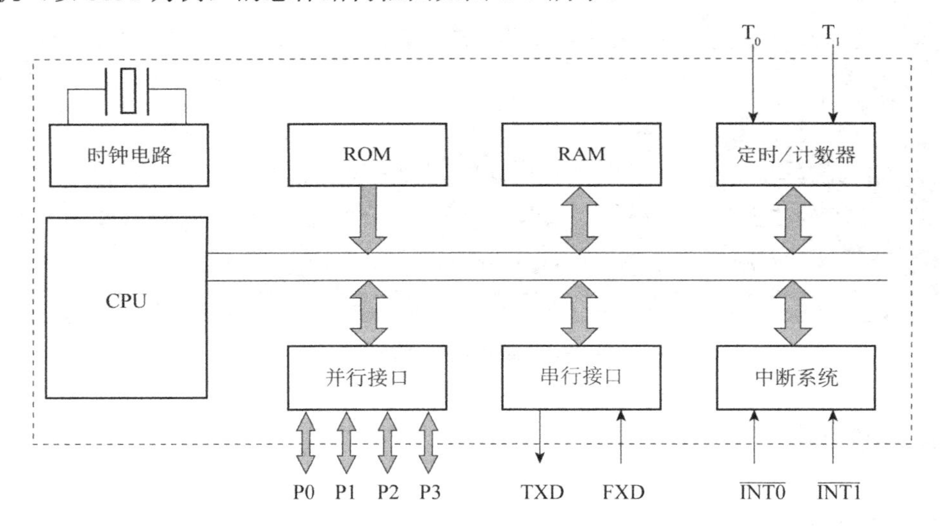

图 1-5 MCS-51 单片机总体结构框图

单片机把包括 CPU、随机存取存储器 RAM、只读存储器 ROM、基本输入/输出（Input/Output）接口电路、定时/计数器、中断系统、时钟电路及系统总线等组成微型计算机的各种功能的部件都集成在一块芯片上，构成一个完整的微型计算机硬件。

MCS-51 以其优越的性能和完善的结构，为以后其他单片机的发展奠定了基础，很多厂商或公司沿用或参考了 Intel 公司的 MCS-51 内核，相继开发出了自己的单片机产品，如 PHILIPS、Dallas、ATMEL 等公司，并增加和扩展了单片机的很多功能。单片机型号很多，但采用 MCS-51 内核的单片机常简称为 51 系列单片机。目前市场流行的 8 位单片机多为

ATMEL 公司的 AT89 系列、国内品牌 STC 系列等。 AT89 系列单片机的主要分类及功能特性介绍参见附录 A。

国内应用的单片机型号有：

- INTEL 公司——8031、8051。
- ATMEL 公司——AT89 系列（AT89S51/52），AVR 单片机（ATMEGA48）。
- 宏晶公司——STC12C5410AD。
- MICROCHIP 公司——PIC 系列（PIC16F877）。
- MOTOROLA 公司——M68HC08 系列（MC68HC908GP32）。
- TI 公司——德州仪器，TMS370 和 MSP430 系列，MSP430 系列单片机。

本教材主要采用 AT89S51/52 芯片（由于 Proteus 软件不包含 AT89S51/52 芯片，因此仿真时仍采用 AT89C51/52 芯片）。

3. 单片机外部引脚及功能

AT89S51 和 AT89S52 都是一种低功耗、高性能 CMOS 8 位微控制器，集 Flash 程序存储器既可在线编程（ISP）也可用传统方法进行编程，是一种高性价比的单片机芯片，可灵活应用于各种控制领域。

图 1-6 和图 1-7 所示分别为 AT89S51 和 AT89S52 的外部引脚电路，共有 40 个引脚，这 40 个引脚按功能分为 4 个部分，即电源引脚（V_{CC}和 Vss）、时钟引脚（XTAL1 和 XTAL2）、控制信号引脚（RST、$\overline{\text{EA}}$、$\overline{\text{PSEN}}$和 ALE）以及 I/O 口引脚（P0～P3）。

（1）电源引脚

V_{CC}（40 脚）：单片机电源正极引脚。

Vss（20 脚）：单片机的接地引脚。

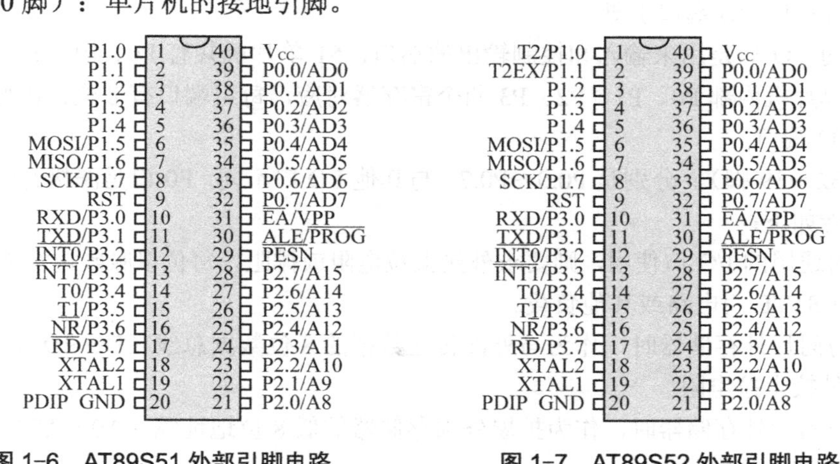

图 1-6　AT89S51 外部引脚电路　　　　图 1-7　AT89S52 外部引脚电路

在正常工作情况下，V_{CC}接＋5V 电源，为了保证单片机运行的可靠性和稳定性，提高电源的抗干扰能力，电源正极与地之间可接有 0.1μF 独立电容。

（2）时钟引脚

单片机有两个时钟引脚，用于提供单片机的工作时钟信号。单片机是一个复杂的数字系统，内部 CPU 以及时序逻辑电路都需要时钟脉冲，所以单片机需要有精确的时钟信号。

XTAL1（19 脚）：内部振荡电路反相放大器的输入端。

XTAL2（18 脚）：内部振荡电路反相放大器的输出端。

（3）控制信号引脚

9 脚 RST/VPD 为复位/备用电源引脚。此引脚上外加两个机器周期的高电平就使单片机复位（Reset）。单片机正常工作时，此引脚应为低电平。在单片机掉电期间，此引脚可接备用电源（＋5V）。在系统工作的过程中，如果 V_{CC} 低于规定的电压值，VPD 就向片内 RAM 提供电源，以保持 RAM 内的信息不丢失。

30 脚 ALE/$\overline{\text{PROG}}$ 为锁存信号输出/编程引脚，在扩展了外部存储器的单片机系统中，单片机访问外部存储器时，ALE 用于锁存低 8 位的地址信号。如果系统没有扩展外部存储器，ALE 端输出周期性的脉冲信号，频率为时钟振荡频率的 1/6，可用于对外输出的时钟。对于 EPROM 型单片机，此引脚用于输入编程脉冲。

29 脚 $\overline{\text{PSEN}}$ 脚为输出访问片外程序存储器的读选通信号引脚。在 CPU 从外部程序存储器取指令期间，该信号每个机器周期两次有效。在访问片外数据存储器期间，这两次 $\overline{\text{PSEN}}$ 信号将不出现。

31 脚 $\overline{\text{EA}}$ / Vpp 用于区分片内外低 4KB 范围存储器空间。该引脚接高电平时，CPU 访问片内程序存储器 4KB 的地址范围。若 PC 值超过 4KB 的地址范围，CPU 将自动转向访问片外程序存储器；当此引脚接低电平时，则只访问片外程序存储器，忽略片内程序存储器。8031 单片机没有片内程序存储器，此引脚必须接地。对于 EPROM 型单片机，在编程期间，此引脚用于加较高的编程电压 Vpp，一般为＋12V。

（4）单片机的 I/O 端口引脚

单片机的 I/O 口是用来输入和控制输出的端口，51 单片机共有 P0、P1、P2、P3 四组端口，分别与单片机内部 P0、P1、P2、P3 四个寄存器对应，每组端口有 8 位，因此 51 单片机共有 32 个 I/O 端口。

P0 口（32～39 脚）：分别是 P0.0～P0.7。与其他 I/O 口不同，P0 口是漏极开路型双向 I/O 口。它的功能如下：

- 作为通用的 I/O 口使用，则要求外接上拉电阻或排阻，每位以吸收电流的方式驱动 8 个 LSTTL 门电路或其他负载。
- 在访问片外存储器时，作为与外部传送数据的 8 位数据总线（D0～D7）用，此时不需外接上拉电阻。
- 在访问片外存储器时，作为扩展外部存储器的低 8 位地址线（A0～A7）用，此时不需外接上拉电阻。

P1 口（1～8 脚）：分别是 P1.0～P1.7，P1 口是一个带内部上拉电阻的 8 位双向 I/O 口，每位能驱动 4 个 LSTTL 门负载。这种接口没有高阻状态，输入不能锁存，因而不是真正的双向 I/O 口。P1 端口引脚的第二功能表如表 1-1 所示。

表 1-1　P1 端口引脚的第二功能表

端口引脚	第二功能
P1.5	MOSI（用于 ISP 编程）
P1.6	MISO（用于 ISP 编程）
P1.7	SCK（用于 ISP 编程）

P2 口（21～28 脚）：分别是 P2.0～P2.7。P2 口也是一个带内部上拉电阻的 8 位双向 I/O 口。在访问外部存储器时，P2 口输出高 8 位地址，每位也可以驱动 4 个 LSTTL 负载。

P3 口（10～17 脚）：分别是 P3.0～P3.7。P3 是双功能端口，作为普通 I/O 口使用时，同 P1、P2 口一样；作为第二功能使用时，能使硬件资源得到充分利用。P3 端口各引脚与第二功能表如表 1-2 所示。

表 1-2　P3 端口各引脚与第二功能表

第一功能	第二功能	第二功能信号名称
P3.0	RXD	串行数据接收
P3.1	TXD	串行数据发送
P3.2	$\overline{INT0}$	外部中断 0 申请
P3.3	$\overline{INT1}$	外部中断 1 申请
P3.4	T0	定时器/计数器 0 的外部输入
P3.5	T1	定时器/计数器 1 的外部输入
P3.6	$\overline{WR}$	外部 RAM 写选通
P3.7	$\overline{RD}$	外部 RAM 读选通

需要注意的是，P3 端口的第二功能信号都是单片机的重要控制信号。因此，在实际使用时，一般先选用第二功能，剩下的才做输入/输出使用。

AT89S51 和 AT89S52 单片机的主要性能比较见表 1-3 和表 1-4。

表 1-3　AT89S51 单片机主要特性参数

• 兼容 MCS-51 指令系统	• 4KB 可反复擦写（>1000 次）ISP Flash ROM
• 32 个双向 I/O 口	• 4.0～5.5V 工作电压
• 2 个 16 位可编程定时/计数器	• 时钟频率 0～33MHz
• 全双工 UART 串行中断口线	• 128×8bit 内部 RAM
• 6 个外部中断源	• 低功耗空闲和省电模式
• 中断唤醒省电模式	• 3 级加密位
• 看门狗（WDT）电路	• 软件设置空闲和省电功能
• 灵活的 ISP 字节和分页编程	• 双数据寄存器指针

表 1-4　AT89S52 单片机主要特性参数

• 兼容 MCS-51 指令系统	• 8KB 可反复擦写（>1000 次）ISP Flash ROM
• 32 个双向 I/O 口	• 4.5～5.5V 工作电压
• 3 个 16 位可编程定时/计数器	• 时钟频率 0～33MHz

续表

• 全双工 UART 串行中断口线	• 256×8bit 内部 RAM
• 2 个外部中断源	• 低功耗空闲和省电模式
• 中断唤醒省电模式	• 3 级加密位
• 看门狗（WDT）电路	• 软件设置空闲和省电功能
• 灵活的 ISP 字节和分页编程	• 双数据寄存器指针

小贴士

在进行单片机应用系统设计时，以下引脚信号必须连接相应电路。

◆ 单片机最小系统电路。复位信号 RST 一定要连接复位电路，外接晶振引线端 XTAL1 和 XTAL2 必须连接时钟电路，这两部分是单片机能够工作所必需的电路。

◆ $\overline{EA}$ 引脚一定要连接高电平或低电平。一般用户程序都固化在单片机内部程序存储器中，此时 $\overline{EA}$ 引脚应接高电平。只有 8031 芯片时，因其内部没有程序存储器，$\overline{EA}$ 引脚才接低电平。

4. 单片机最小系统

要使单片机能正常工作，必须满足其最基本的工作条件，就是最小系统。AT89S51 单片机的最小系统如图 1-8 所示。

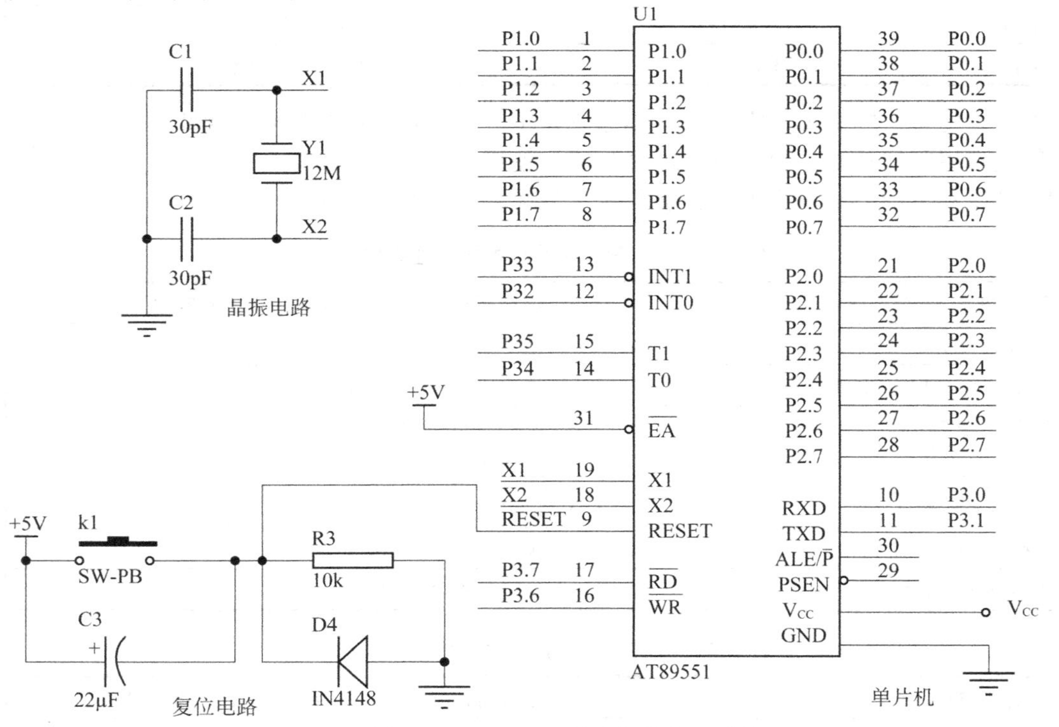

图 1-8　AT89S51 单片机的最小系统

单片机最小系统包括电源、时钟电路、复位电路、$\overline{EA}$ 引脚这几部分。其中时钟电路为单片机工作提供基本时钟，复位电路用于将单片机内部各电路的状态恢复到初始值。

（1）时钟电路

为了保证同步工作方式的实现，单片机中的电路应在唯一的时钟信号控制下严格地按时序进行工作。时钟电路用于产生单片机工作所需要的时钟信号。

在 MCS-51 芯片内部有一个高增益相反相放大器，其输入端为芯片引脚 XTAL1，其输出端为引脚 XTAL2。而在芯片的外部，XTAL1 和 XTAL2 之间跨接晶体振荡器和微调电容，从而构成一个稳定的自激振荡器，图 1-9 所示的就是单片机的时钟振荡电路。

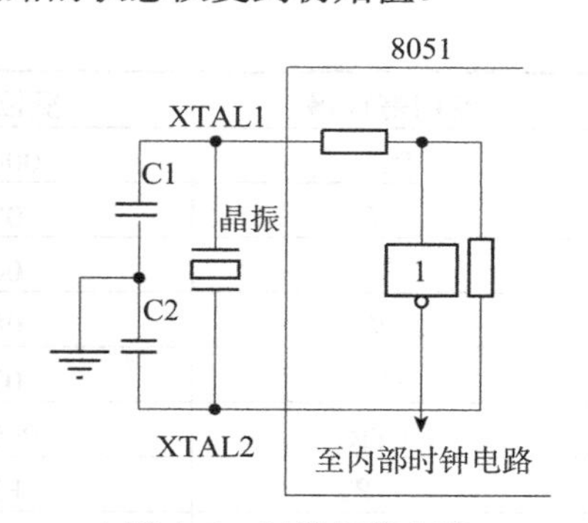

图 1-9　时钟振荡电路

一般电容 C1 和 C2 取 30pF 左右，晶体的振荡频率范围是 1.2～12MHz 。晶体振荡频率高，则系统的时钟频率也高，单片机运行速度也就快。在通常应用情况下，使用振荡频率为 6MHz 或 12MHz。

（2）复位电路

无论是在单片机刚开始接上电源时，还是断电后或者发生故障后都要进行复位操作。单片机复位的目的是使 CPU 和系统中的其他功能部件都处在一个确定的初始状态，并从这个状态开始工作，例如复位后 PC=0000H，使单片机从第一个单元取指令。

单片机复位的条件是：必须使 RST 引脚（第 9 引脚）加上持续两个机器周期（即 24 个振荡周期）的高电平。若时钟频率为 12MHz，每机器周期为 1μs，则只需 2μs 以上时间的高电平。单片机常见的复位电路如图 1-10 所示。

图 1-10（a）所示为上电复位电路，它是利用电容充电来实现的。在接电瞬间，RST 端的电位与 V_{CC} 相同，随着充电电流的减小，RST 的电位逐渐下降。只要保证 RST 为高电平的时间大于两个机器周期，便能正常复位。

图 1-10（b）所示为按键复位电路。该电路除具有上电复位功能外，若要复位，只需按图 1-10（b）中的 RESET 键，此时电源 V_{CC} 经电阻 R1、R2 分压，在 RST 端产生一个复位高电平。

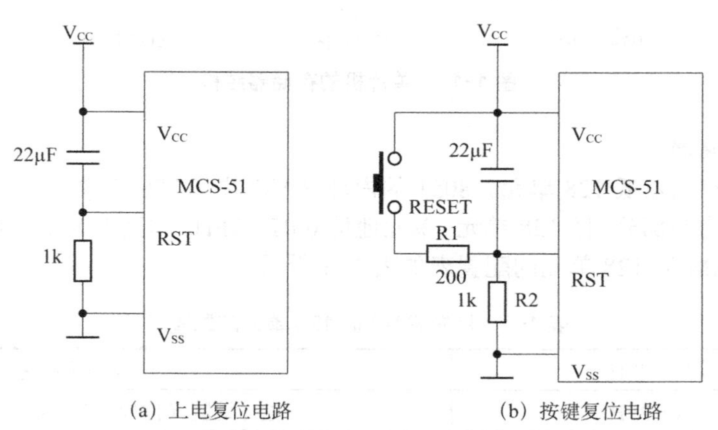

（a）上电复位电路　　（b）按键复位电路

图 1-10　单片机常见的复位电路

复位后，内部各专用寄存器状态如表 1-5 所示，其中*表示无关位。

表 1-5　单片机复位状态

专用寄存器	复位状态	专用寄存器	复位状态
PC	0000H	TMOD	00H
ACC	00H	TCON	00H
B	00H	TH0	00H
PSW	00H	TL0	00H
SP	07H	TH1	00H
DPTR	0000H	TL1	00H
P0～P3	FFH	SCON	00H
IP	***00000B	SBUF	不定
IE	0**00000B	PCON	0***0000B

5. 单片机的存储器结构

存储器是单片机的一个重要组成部分，单片机的存储器包括两大类：程序存储器 ROM 和数据存储器 RAM。这里以 8051 为代表来说明 MCS-51 系列单片机存储器的结构。8051 的存储器主要有 4 个物理存储空间，即内部数据存储器（IDATA 区）、外部数据存储器（XDATA 区）、内部程序存储器和外部程序存储器（程序存储器合称为 CODE 区）。单片机的存储器结构如图 1-11 所示。

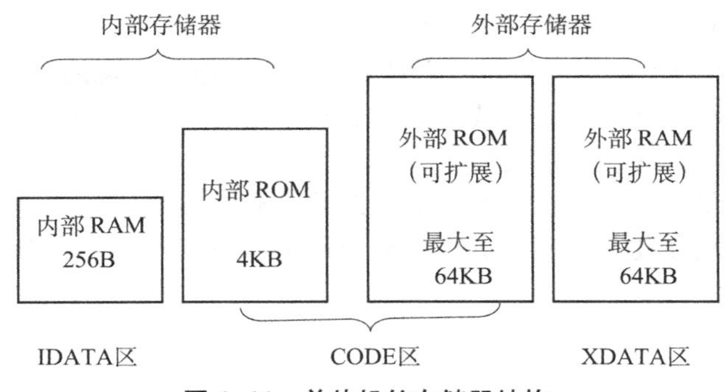

图 1-11　单片机的存储器结构

（1）数据存储器

①内部数据存储器低 128 单元。8051 的内部 RAM 共有 256 个单元，通常把这 256 个单元按其功能划分为两部分：低 128 单元（单元地址 00H～7FH）和高 128 单元（单元地址 80H～FFH）。片内 RAM 低 128 单元的配置表如表 1-6 所示。

表 1-6　片内 RAM 低 128 单元的配置表

30H～7FH	用户数据缓冲区
20H～2FH	位寻址区（位地址为：00H～7FH）
18H～1FH	工作寄存器 3 区（R7～R0）

续表

10H～17H	工作寄存器 2 区（R7～R0）
08H～0FH	工作寄存器 1 区（R7～R0）
00H～07H	工作寄存器 0 区（R7～R0）

低 128 单元是单片机的真正 RAM 存储器，按其用途划分为三个区域。

- 寄存器区。共有四组寄存器，每组 8 个寄存单元（各为 8 位），各组都以 R0～R7 作寄存单元编号。寄存器常用于存放操作数及中间结果等，由于它们的功能及使用不做预先规定，因此称之为通用寄存器，有时也叫工作寄存器。四组通用寄存器占据内部 RAM 的 00H～1FH 单元地址。

在任一时刻，CPU 只能使用其中一组寄存器，并且把正在使用的那组寄存器称之为当前寄存器组。到底是哪一组，由程序状态字寄存器 PSW 中 RS1、RS0 位的状态组合来决定。

- 位寻址区（BDATA 区）。内部 RAM 的 20H～2FH 单元，既可作为一般 RAM 单元使用，进行字节操作，也可以对单元中每一位进行位操作，因此把该区称之为位寻址区。位寻址区共有 16 个 RAM 单元，计 128 位，位地址为 00H～7FH。MCS-51 具有布尔处理机功能，这个位寻址区可以构成布尔处理机的存储空间。这种位寻址能力是 MCS-51 的一个重要特点。表 1-7 所示为片内 RAM 位寻址区的位地址。

表 1-7　片内 RAM 位寻址区的位地址

单元地址	MSB			位地址				LSB
2FH	7F	7E	7D	7C	7B	7A	79	78
2EH	77	76	75	74	73	72	71	70
2DH	6F	6E	6D	6C	6B	6A	69	68
2CH	67	66	65	64	63	62	61	60
2BH	5F	5E	5D	5C	5B	5A	59	58
2AH	57	56	55	54	53	52	51	50
29H	4F	4E	4D	4C	4B	4A	49	48
28H	47	46	45	44	43	42	41	40
27H	3F	3E	3D	3C	3B	3A	39	38
26H	37	36	35	34	33	32	31	30
25H	2F	2E	2D	2C	2B	2A	29	28
24H	27	26	25	24	23	22	21	20
23H	1F	1E	1D	1C	1B	1A	19	18
22H	17	16	15	14	13	12	11	10
21H	0F	0E	0D	0C	0B	0A	09	08
20H	07	06	05	04	03	02	01	00

- 用户数据缓冲区。在内部 RAM 低 128 单元中，通用寄存器占去 32 个单元，位寻址区占去 16 个单元，剩下 80 个单元，这就是供用户使用的一般 RAM 区，其单元地址为 30H～7FH。

对用户 RAM 区的使用没有任何规定或限制，但在一般应用中常把堆栈开辟在此区中。

②内部数据存储器高 128 单元。寄存器的功能已做专门规定，故而称之为专用寄存器（Special Function Register），也可称为特殊功能寄存器。

MCS-51 系列单片机有 21 个可寻址的专用寄存器，其中有 11 个专用寄存器是可以位寻址的。各寄存器的字节地址及位地址如表 1-8 所示。

表 1-8 MCS-51 单片机专用寄存器地址表

SFR	MSB			位地址/位定义				LSB	字节地址
B	F7	F6	F5	F4	F3	F2	F1	F0	F0H
ACC	E7	E6	E5	E4	E3	E2	E1	E0	E0H
PSW	D7	D6	D5	D4	D3	D2	D1	D0	D0H
	CY	AC	F0	RS1	RS0	OV	F1	P	
IP	BF	BE	BD	BC	BB	BA	B9	B8	B8H
	/	/	/	PS	PT1	PX1	PT0	PX0	
P3	B7	B6	B5	B4	B3	B2	B1	B0	B0H
	P3.7	P3.6	P3.5	P3.4	P3.3	P3.2	P3.1	P3.0	
IE	AF	AE	AD	AC	AB	AA	A9	A8	A8H
	EA	/	/	ES	ET1	EX1	ET0	EX0	
P2	A7	A6	A5	A4	A3	A2	A1	A0	A0H
	P2.7	P2.6	P2.5	P2.4	P2.3	P2.2	P2.1	P2.0	
SBUF									（99H）
SCON	9F	9E	9D	9C	9B	9A	99	98	98H
	SM0	SM1	SM2	REN	TB8	RB8	TI	RI	
P1	97	96	95	94	93	92	91	90	90H
	P1.7	P1.6	P1.5	P1.4	P1.3	P1.2	P1.1	P1.0	
TH1									（8DH）
TH0									（8CH）
TL1									（8BH）
TL0									（8AH）
TMOD	GAT	C/T	M1	M0	GAT	C/T	M1	M0	（89H）
TCON	8F	8E	8D	8C	8B	8A	89	88	88H
	TF1	TR1	TF0	TR0	IE1	IT1	IE0	IT0	
PCON	SMO	/	/	/	/	/	/	/	（87H）
DPH									（83H）
DPL									（82H）
SP									（81H）
P0	87	86	85	84	83	82	81	80	80H
	P0.7	P0.6	P0.5	P0.4	P0.3	P0.2	P0.1	P0.0	

注：字节地址栏中不带括号的寄存器是可进行位寻址的寄存器，而带括号的是不能进行位寻址的寄存器。

小贴士

在单片机C语言程序设计中，可以通过关键字sfr来定义特殊功能寄存器，从而在程序中直接进行访问，例如：

```
sfr  P1=0x90;  //特殊功能寄存器P1的地址是90H，对应P1口的8个I/O引脚
```

在程序中就可以直接使用特殊功能寄存器P1，下面语句是合法的：

```
P1=0x00;        //将P1口的8个I/O端口全部清零
```

C语言中，还可以通过关键字sbit来定义特殊功能寄存器中的可寻址位，例如：

```
sit P1_0=P1^0;
```

在通常情况下，这些特殊功能寄存器已经在头文件reg51.h中定义了，只要在程序中包含了该头文件，就可以直接使用已定义的特殊功能寄存器。

如果没有头文件reg51.h，或者该文件中只定义了部分特殊功能寄存器和位，用户也可以在程序中自行定义。

下面简单说明常用的专用寄存器。

- 程序计数器（PC——Program Counter）。PC是一个16位的计数器，它的作用是控制程序的执行顺序。其内容为将要执行指令的地址，寻址范围达64KB。PC有自动加1功能，从而实现程序的顺序执行。PC没有地址，是不可寻址的。因此用户无法对它进行读写操作，但可以通过转移、调用、返回等指令改变其内容，以实现程序的转移。因地址不在SFR之内，一般不称做专用寄存器。
- 累加器（ACC——Accumulator）。累加器为8位寄存器，是最常用的专用寄存器，功能较多，地位重要。它既可用于存放操作数，也可用来存放运算的中间结果。
- B寄存器。B寄存器是一个8位寄存器，主要用于乘除运算。
- 程序状态字（PSW——Program Status Word）。程序状态字是一个8位寄存器，用于存程序运行中的各种状态信息。其中有些位状态是根据程序执行结果，由硬件自动设置的，而有些位状态则使用软件方法设定。PSW的位状态可以用专门指令进行测试，也可以用指令读出。一些条件转移指令将根据PSW有些位的状态，进行程序转移。PSW的各位定义如表1-9所示。

表1-9　PSW位定义

PSW位地址	D7H	D6H	D5H	D4H	D3H	D2H	D1H	D0H
字节地址D0H	CY	AC	F0	RS1	RS0	OV	F1	P

除PSW.1位保留未用外，对其余各位的定义及使用介绍如下。

CY（PSW.7）——进位标志位。CY是PWS中最常用的标志位，其功能有两个：一是存放算术运算的进位标志，在进行加或减运算时，如果操作结果最高位有进位或借位时，CY由硬件置“1”，否则清“0”；二是在位操作中，作累加位使用。

AC（PSW.6）——辅助进位标志位。在进行加减运算中，当有低4位向高4位进位或借位

时，AC 由硬件置“1”，否则 AC 位被清“0”。在 BCD 码调整中也要用到 AC 位状态。

F0（PSW.5）——用户标志位。这是一个供用户定义的标志位，需要利用软件方法置位或复位，用以控制程序的转向。

RS1 和 RS0（PSW.4，PSW.3）——寄存器组选择位，用于选择 CPU 当前工作的通用寄存器组。通用寄存器共有四组，其对应关系如表 1-10 所示。

这两个选择位的状态是由软件设置的，被选中的寄存器组即为当前通用寄存器组。但当单片机上电或复位后，RS1 RS0=00。

表 1-10　工作寄存器组选择

RS1　RS0	寄存器组	片内 RAM 地址
0　0	第 0 组	00H～07H
0　1	第 1 组	08H～0FH
1　0	第 2 组	10H～17H
1　1	第 3 组	18H～1FH

OV（PSW.2）——溢出标志位。在带符号数加减运算中，OV=1 表示加减运算超出了累加器 A 所能表示的符号数有效范围（-128～+127），即产生了溢出，因此运算结果是错误的；否则，OV=0 表示运算正确，即无溢出产生。

在乘法运算中，OV=1 表示乘积超过 255，即乘积分别在 B 与 A 中；否则，OV=0，表示乘积只在 A 中。

在除法运算中，OV=1 表示除数为 0，除法不能进行；否则，OV=0，除数不为 0，除法可正常进行。

P（PSW.0）——奇偶标志位。表明累加器 A 内容的奇偶性，如果 A 中有奇数个“1”，则 P 置“1”，否则置“0”。凡是改变累加器 A 中内容的指令均会影响 P 标志位。

此标志位对串行通信中的数据传输有重要的意义。在串行通信中常采用奇偶校验的办法来校验数据传输的可靠性。

- 堆栈指针（SP——Stack Pointer）。堆栈是一个特殊的存储区，用来暂存数据和地址，它是按“先进后出”的原则存取数据的。堆栈共有两种操作：进栈和出栈。系统复位后，SP 的内容为 07H，　使得堆栈实际上从 08H 单元开始。

此处只介绍了 5 个专用寄存器，其余的专用寄存器（如 TCON、TMOD、IE、IP、SCON、PCON、SBUF 等）将在以后项目中陆续介绍。

③ 外部数据存储器。8051 单片机最多可扩充外部数据存储器 64KB，称为 XDATA 区。在此区域内进行分页寻址操作时，称为 PDATA 区。

小贴士

外部数据存储器可以根据需要进行扩展。当需要扩展存储器时，低 8 位地址 A0～A7 和 8 位数据 D0～D7 由 P0 端口分时传送，高 8 位地址 A8～A15 由 P2 端口传送。同样，要扩展外部程序存储器，也将使用到 P0 和 P2 端口。

（2）程序存储器

MCS-51 的程序存储器用于存放编好的程序和表格常数。8051 片内有 4KB 的 ROM，8751 片内有 4KB 的 EPROM，8031 片内无程序存储器。MCS-51 的片外最多能扩展 64K 字节程序存储器，片内外的 ROM 是统一编址的。当 $\overline{EA}$ 端保持高电平，单片机首先执行片内 ROM 中的程序，超出 4KB 范围以后，自动执行片外程序存储器中的程序；当 $\overline{EA}$ 保持低电平时，只能去外部程序存储器执行程序。程序存储器结构如图 1-12 所示。

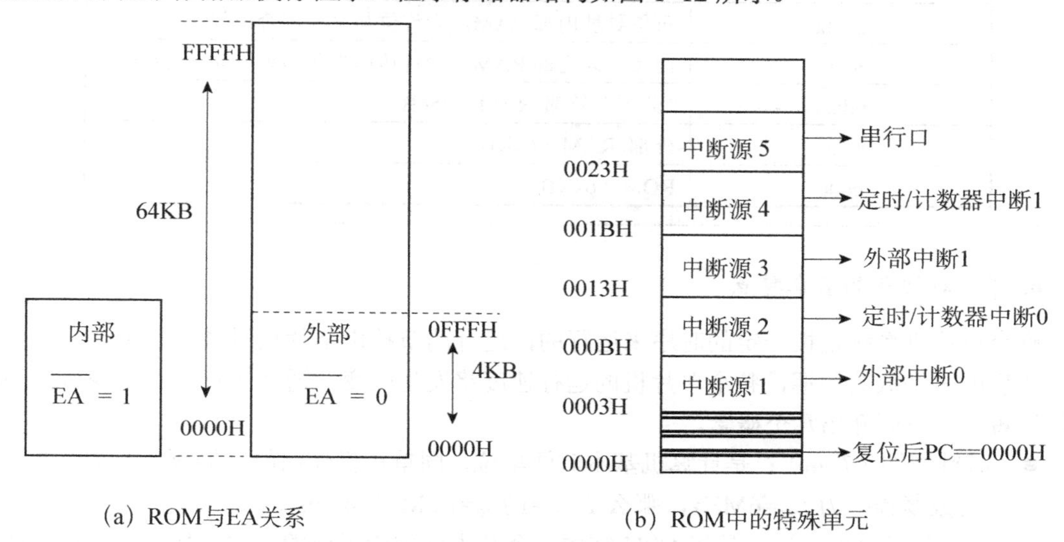

图 1-12　程序存储器结构

MCS-51 的程序存储器中有些单元具有特殊功能，使用时应予以注意。

其中一组特殊单元是 0000H～0002H。系统复位后，（PC）=0000H，单片机从 0000H 单元开始取指令执行程序。如果程序不从 0000H 单元开始，应在这三个单元中存放一条无条件转移指令，以便直接转去执行指定的程序。

还有一组特殊单元是 0003H～002AH，共 40 个单元，这 40 个单元被均匀地分为 5 段，作为 5 个中断源的中断地址区。其中：

- 0003H～000AH 外部中断 0 中断地址区。
- 000BH～0012H 定时器/计数器 0 中断地址区。
- 0013H～001AH 外部中断 1 中断地址区。
- 001BH～0022H 定时器/计数器 1 中断地址区。
- 0023H～002AH 串行中断地址区。

小贴士

在单片机 C 语言程序设计中，用户无须考虑程序的存放地址，编译程序会在编译过程中按照上述规定，自动安排程序的存放地址。例如：C 语言是从 main()函数开始执行的，编译程序会在程序存储器的 0000H 处自动存放一条转移指令，跳转到 main()函数存放的地址；中断函数也会按照中断类型号，自动由编译程序安排存放在程序存储器相应的地址中。因此只需了解程序存储器结构即可。

单片机的存储器结构包括4个物理存储空间，C51编译器对这4个物理存储器空间都能支持。常见的C51编译器支持的存储器类型如表1-11所示。

表1-11　C51编译器支持的存储器类型

存储器类型	描　述
data	直接访问内部RAM，允许最快访问（128B）
bdata	可位寻址内部RAM，允许位与字节混合访问（16B）
idata	间接访问内部RAM，允许访问内部地址空间（256B）
pdata	“分页”外部 RAM（256B）
xdata	外部 RAM（64KB）
code	ROM（64KB）

6. 单片机运行的基本特点

整个单片机系统是按一定的时序来运行的，运行的节拍由单片机时钟信号决定。只要改变单片机的时钟振荡周期，整个单片机的运行速度将发生改变。通常执行一条指令所需的时间是很短的。下面介绍几个概念。

- 时钟周期（$T_{时钟}$）：是计算机基本时间单位，同单片机使用的晶振频率有关，若使用的振荡频率为f_{osc}=6MHz，那么$T_{时钟}=1/f_{osc}$=1/6M=166.7ns。
- 机器周期（$T_{机器}$）：是指CPU完成一个基本操作所需要的时间，如取指操作、读数据操作等，机器周期的计算方法：$T_{机器}=12T_{时钟}$=166.7ns×12=2μs。
- 指令周期：是指执行一条指令所需要的时间，由于指令汇编后有单字节指令、双字节指令和三字节指令，因此指令周期没有确定值，一般为1～4个$T_{机器}$。在指令表中给出了每条指令所需的机器周期数，可以计算每一条指令的指令周期。

若使用振荡频率为12MHz的晶振，则计算机器周期$T_{机器}=12T_{时钟}$=12×（1/12 000 000）=1μs

若使用振荡频率为6MHz的晶振，则计算机器周期$T_{机器}=12T_{时钟}$=12×（1/6 000 000）=2μs

单片机指令按执行时间分以下三类。

- 1个机器周期：此类指令约60条。
- 2个机器周期：此类指令约40条。
- 4个机器周期：只有乘除两条指令。

单片机的工作速度是很快的，对于晶振为12MHz的单片机来讲，按1条指令1个机器周期算，每秒可以执行1 000 000条指令。

7. 单片机应用系统

单片机是否学通了，要看能否利用它设计开发产品，能否将它应用到家用电器、仪器仪表、智能玩具及实时控制系统等各个领域。

单片机应用系以单片机为核心，配以输入、输出、显示等外围接口电路和软件，能实现一种或多种功能的实用系统。

由于单片机自身的特点，它的应用面非常广泛，因此在进行应用系统设计时，技术要求各有不同，但无论开发何种单片机应用产品，总体的设计方法和开发步骤是基本相同的。

单片机应用系统的开发流程一般分为以下几个步骤。

（1）总体设计

总体设计主要是明确应用系统的功能和主要技术指标，再论证系统的可行性，综合考虑系统的可靠性、可维护性和成本之后确立整体的设计方案。整体方案设计大致包括单片机机型选择、器件选择和软/硬件功能划分等。

（2）硬件设计

硬件设计时先确定外围电路的设计方案，然后设计系统各功能模块电路及接口电路，绘制具体的原理图并教学仿真验证，同时注意考虑工作环境的因素，解决硬件上的干扰和功耗等问题，最后进行 PCB 板的设计、制作、安装和调试。硬件设计是整个系统设计的支撑点。

（3）软件设计

在总体方案和硬件设计完成后，便可进入软件设计阶段。这里，单片机的程序设计是关键，根据前面的硬件电路设计出相应的功能程序，并在硬件平台上进行调试，根据调试结果不断改进设计方案，最终达到产品的设计要求。

（4）系统调试与维护

此阶段要进行系统调试与性能测定，调试时，应将系统硬件和软件分别调试，各部分都调试通过后再进行联调。调试完成后，应模拟现场条件，对软、硬件进行性能测定并可进行现场试用，以便验证系统的功能，最后还要考虑日常维护、产品化、功能扩展、升级完善等问题。

8. 单片机编程语言

MCS-51 系列单片机常用的编程语言主要是汇编语言和 C 语言等高级语言。

（1）汇编语言

汇编语言是最早应用于单片机开发与应用的程序语言，是一种面向机器的低级语言。它以助记符形式表示每一条指令， 51 单片机的汇编指令系统包含 111 条指令，7 种寻址方式。按照其功能可分为数据传送类、算术运算类、逻辑运算类、控制转移类和布尔运算类五大类。

汇编语言的优点是执行速度快、代码短小精悍，且指令的执行周期确定。

（2）高级语言

虽然使用汇编语言进行软件开发可以完成大多数开发任务，但由于其缺乏通用性、可读性和可移植性差，在处理一些复杂算法时比较麻烦，因此在单片机开发过程中就出现了高级语言，如 C 语言。单片机 C 语言既有汇编语言操作底层硬件的能力，又具有高级语言的许多优点，其中以 KEIL 公司推出的 C51 最为流行。它的语法与 ANSI C 完全一样，程序结构上也一样，所不同的是在单片机 C 语言中增加了对单片机寄存器等的定义和说明。

本书设计案例所采用的均以 C 语言作为程序设计语言。

任务二　彩灯闪烁控制

一、学习目标

知识目标

1. 发给二极管的原理及应用
2. 单片机的开发工具
3. C51 语言的基本语法

技能目标

1. 熟练操作 Keil 软件，进行程序的编写和调试
2. 熟练操作 Proteus 软件，会选择元器件，绘制单片机硬件原理图
3. 根据任务要求构建单片机最小系统
4. 编写简单的 C 语言控制程序

二、任务导入

城市的夜晚，可以看到各种广告牌、店铺的门楼、建筑的轮廓等各种彩色装饰，或依次点亮，或忽亮忽灭，或有规律地闪烁，形成了五彩斑斓、变化万千的光的世界。

设计彩灯闪烁控制的方法有多种，如数字计数电路、时间继电器、可编程序控制器等都可实现对彩灯的变化控制。那如何用单片机技术来控制彩灯的点亮或闪烁呢？另外彩灯常采用发光二极管 LED，它是一种最简单和常用的电子器件。

三、相关知识

1. LED 的应用

发光二极管（LED）是一种把电能变成光能的半导体器件。当给 LED 加上正向偏压，有电流流过二极管，LED 就会发光，与普通二极管一样具有单向导电性，发光颜色有红、黄、绿等单色发光二极管，另外还有一种能发红色和绿色光的双色二极管。发光二极管如图 1-13 所示。

LED 可以由直流、交流、脉冲电源点亮，常用做指示，工作电流一般为几毫安到几十毫安，正向电压一般在 1.5～2.5V，与单片机连接时，一般要加限流电阻。LED 的驱动，可分为低电平点亮和高电平点亮两种。驱动电路如图 1-14（a）、（b）所示。

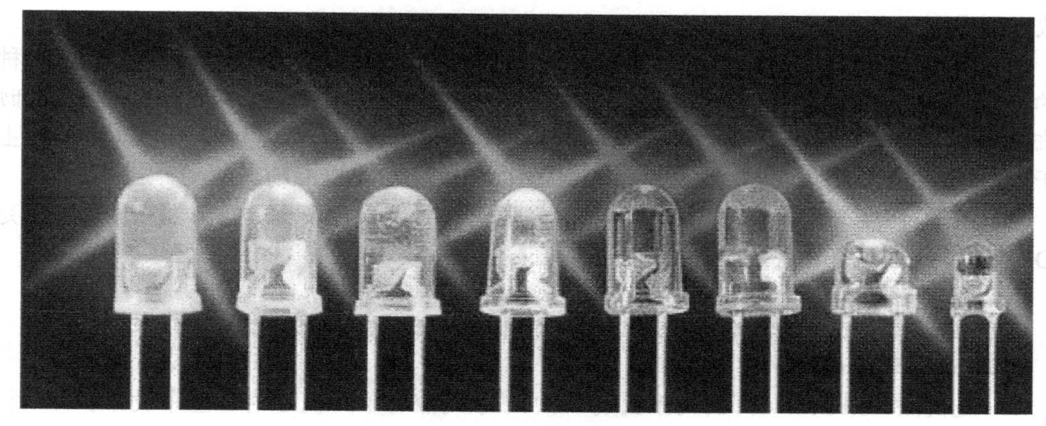

图 1-13　发光二极管

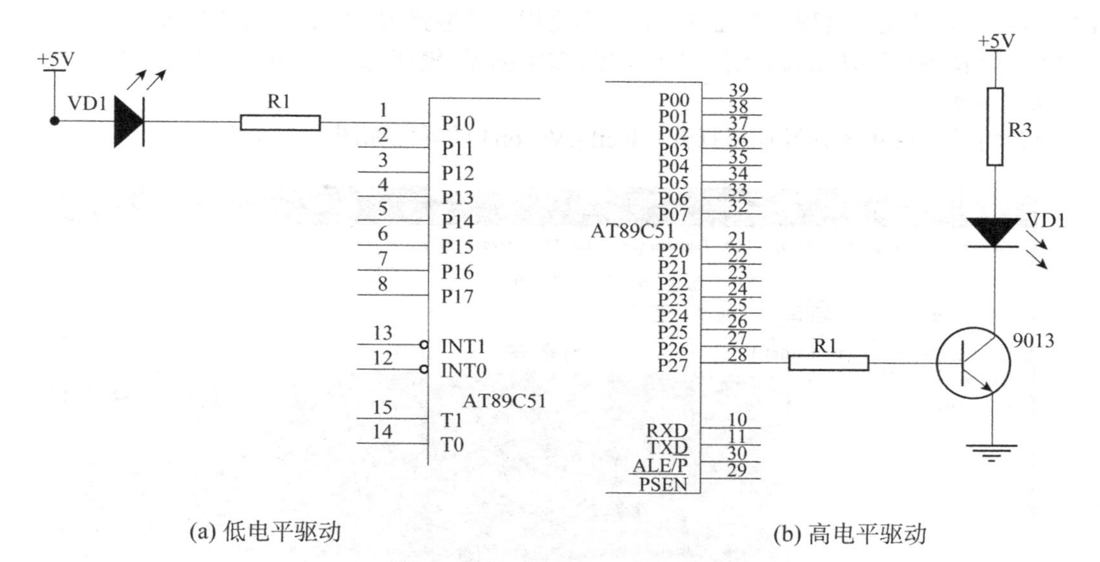

(a) 低电平驱动　　　　(b) 高电平驱动

图 1-14　输出驱动发光二极管电路

LED 技术特点是寿命长、能耗低、显色性高、易维护、体积小、支流电驱动、点亮速度快、无频闪、眩光少、耐震性、散热好、防暴（无高气压元件）。鉴于 LED 的技术特点，目前主要应用于以下几大方面。

（1）显示屏和交通信号灯：利用 LED 灯具有抗震耐冲击、光响应速度快、省电和寿命长等特点，广泛应用于各种室内、户外显示屏；而交通信号灯主要用超高亮度红、绿、黄色 LED，采用 LED 信号灯既节能，可靠性又高。

（2）汽车车灯：LED 作为汽车车灯主要得益于低功耗、长寿命和响应速度快的特点。汽车用灯包含汽车内部的仪表板、音响指示灯、开关的背光源、阅读灯和外部的刹车灯、尾灯、侧灯以及头灯等。

（3）LED 背光源：LED 作为 LCD 背光源应用，具有寿命长、发光效率高、无干扰和性价比高等特点，已广泛应用于电子手表、手机、电子计算器和刷卡机上，随着便携电子产品日趋小型化，LED 背光源更具优势，因此背光源制作技术将向更薄型、低功耗和均匀一致方面发展。

（4）室内装饰灯和景观照明灯：通过电流的控制，LED可以实现几百种甚至上千种颜色的变化，LED颜色多样化有助于LED装饰灯的发展。LED已经开始做成小型装饰灯，装饰幕墙应用在酒店、居室中。景观照明市场主要以街道、广场等公共场所装饰照明为主。由于LED功耗低，在用电量巨大的景观照明市场具有很强的市场竞争力。

（5）LED照明光源：在家电、仪器仪表、通信设备、微机及玩具等方面应用，目标是用LED光源替代白炽灯和荧光灯。

2. 单片机集成开发环境

1）Keil μVision3软件的使用

Keil是美国Keil Software公司推出的一款51系列兼容单片机C语言程序设计软件，目前，Keil使用较多的版本为μVision3，它集可视化编程、编译、调试、仿真于一体，支持51汇编、PLM和C语言的混合编程，界面友好、易学易用、功能强大。它具有功能强大的编辑器、工程管理器以及各种编译工具、包括C编译器、宏汇编器、链接/装载器和十六进制文件转换器。

操作步骤：

首先将单片机集成开发环境打开，Keil μVision3的界面如图1-15所示。

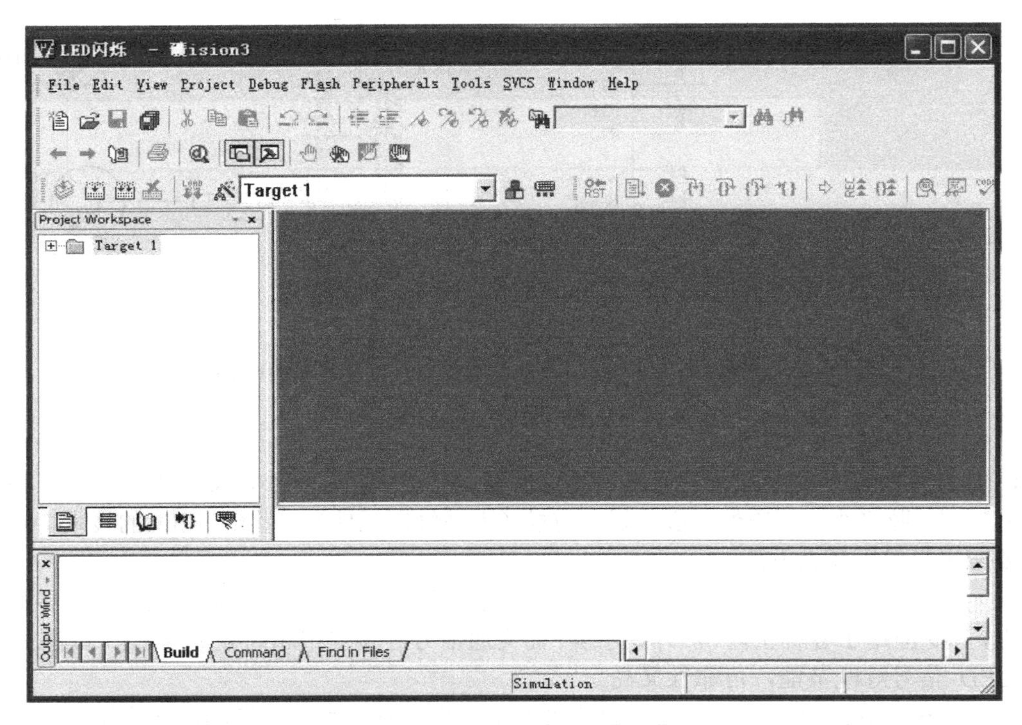

图1-15 Keil μVision3界面图

（1）建立一个工程项目文件。选择菜单“Project”/“New Project”选项，如图1-16所示。

（2）给项目文件取名并保存。在弹出的“Create New Project”对话框中选择要保存项目文件的路径，比如在“文件名”文本框中输入项目名为example，如图1-17所示，然后单击“保存”按钮。

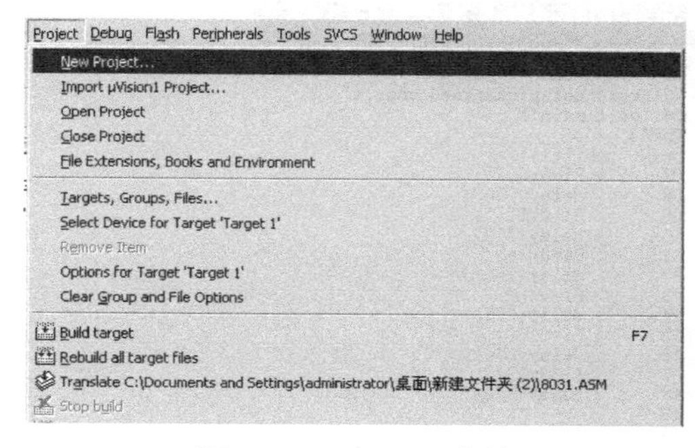

图 1-16 Project 菜单

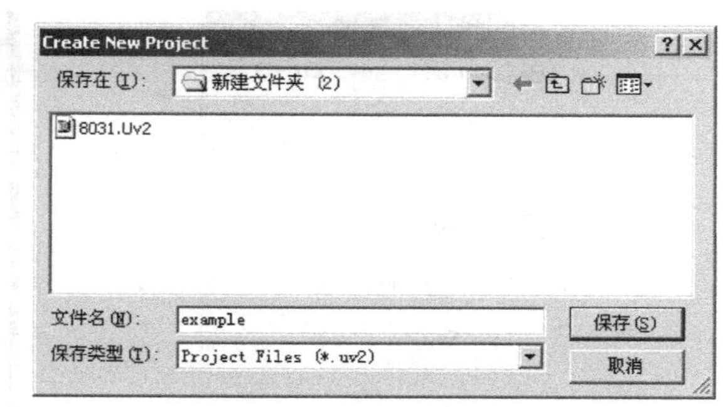

图 1-17 “Create New Project”对话框

（3）选择单片机的型号。可以根据使用的单片机型号来选择，Keil C51 几乎支持所有的 51 核的单片机，这里以常用的 AT89S51 为例来说明，如图 1-18 所示。选择 AT89S51 之后，右边 Description 栏中即显示单片机的基本说明，然后单击“确定”按钮。

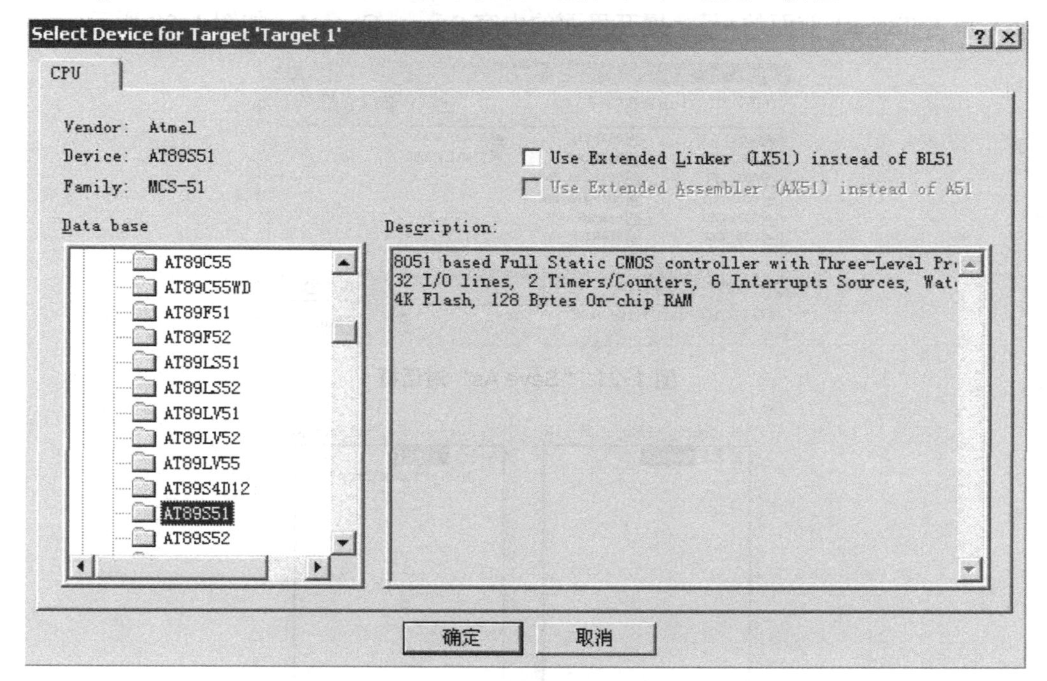

图 1-18 选择单片机的型号

（4）新建一个源程序文件。选择“File”/“New”选项，如图 1-19 所示。在弹出的程序文本框中输入一个简单的程序，如图 1-20 所示。

（5）选择“File”/“Save”选项，或者单击工具栏按钮，保存文件。在弹出的如图 1-21 所示的对话框中选择要保存的路径，在“文件名”文本框中输入文件名。注意一定要输入扩展名，这里需要存储 C 程序文件，文件后缀为.c，单击“保存”按钮。

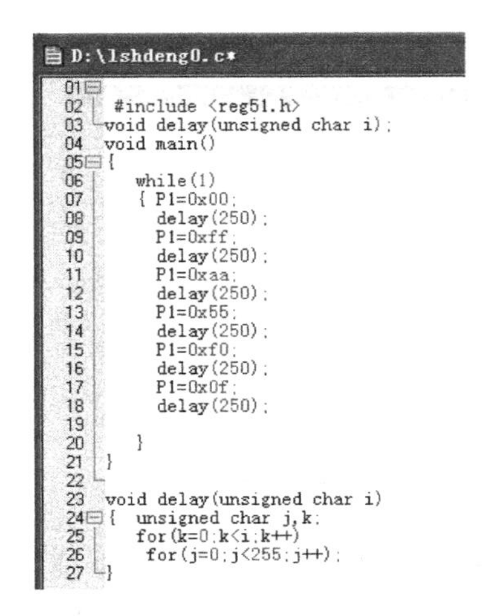

图 1-19 新建源程序文件对话框图

图 1-20 程序文本框

（6）单击 Target1 前面的+号，展开里面的内容 Source Group1，如图 1-22 所示。

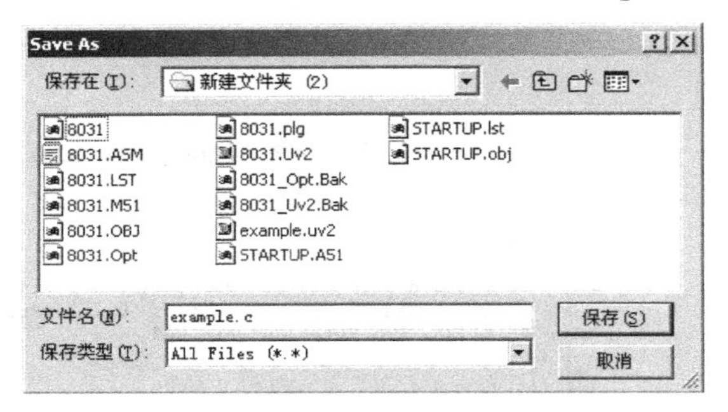

图 1-21 “Save As”对话框

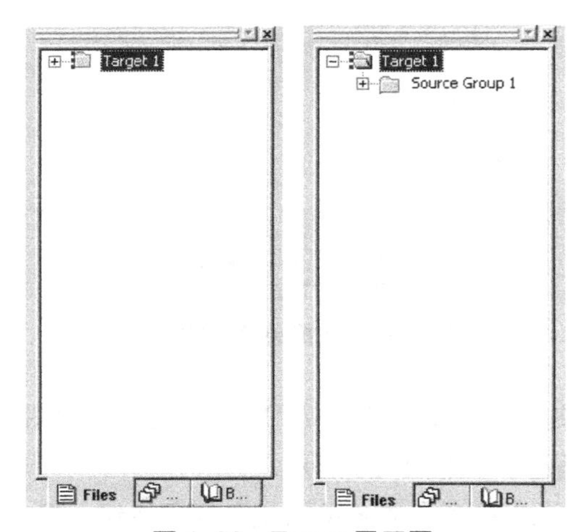

图 1-22 Target 展开图

（7）右击“Source Group1”，在弹出的快捷菜单中选择“Add File to Group’Source Group1’”选项，如图 1-23 所示。

（8）选择刚才的源文件 example.c，文件类型选择 Asm Source file（*.C），单击“Add”按钮。添加完毕后单击“Close”按钮，关闭该窗口。

（9）此时在 Source Group1 目录里就有 example.c 文件，如图 1-24 所示。

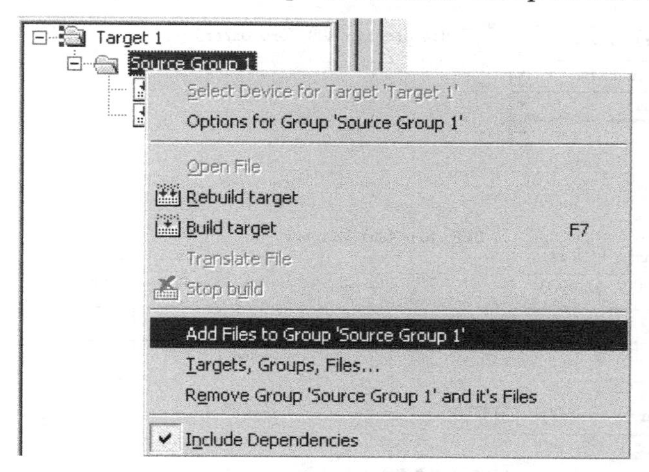

图 1-23　“Add Files to Group‘Source Group1’”菜单

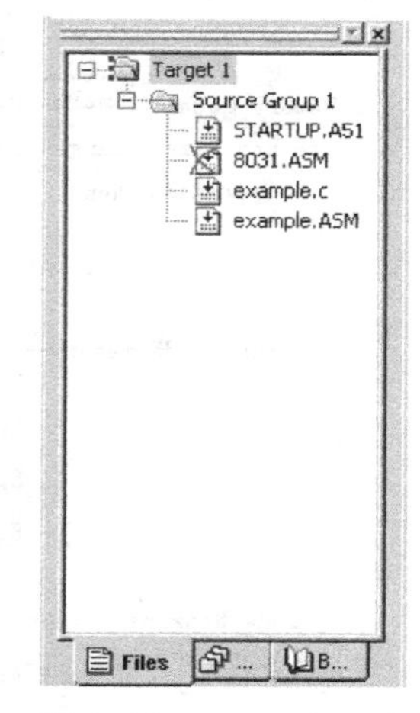

图 1-24　example.c 文件

（10）对目标进行一些设置。用鼠标右键（注意用右键）单击 Target1，在弹出的菜单中选择“Options for Target　‘Target 1’”选项，如图 1-25 所示。

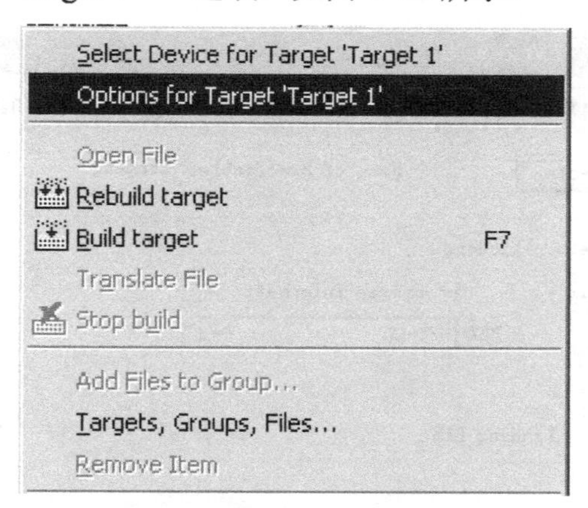

图 1-25　“Options for Target　‘Target 1’”选项

（11）弹出“Options for Target‘Target 1’”对话框，其中有 8 个选项卡。

① 默认为“Target”选项卡（如图 1-26 所示）。

● Xtal（MHz）：设置单片机工作的频率，默认是 24.0MHz。

② 设置“Output”选项卡（如图 1-27 所示）。

● Create Executable：如果要生成 OMF 以及 HEX 文件，一般选中“Debug Information”和“Browse Information”。只有选中这两项，才能调试所需的详细信息。

● Create HEX File：要生成 HEX 文件，一定要选中该选项。默认是不选中的。

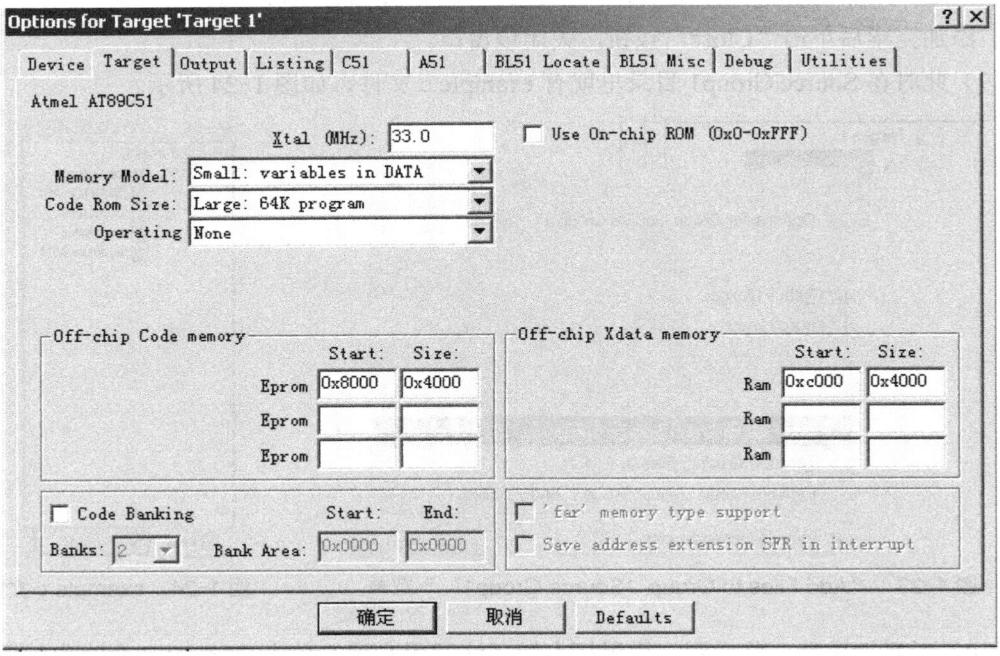

图 1-26 “Target”选项卡

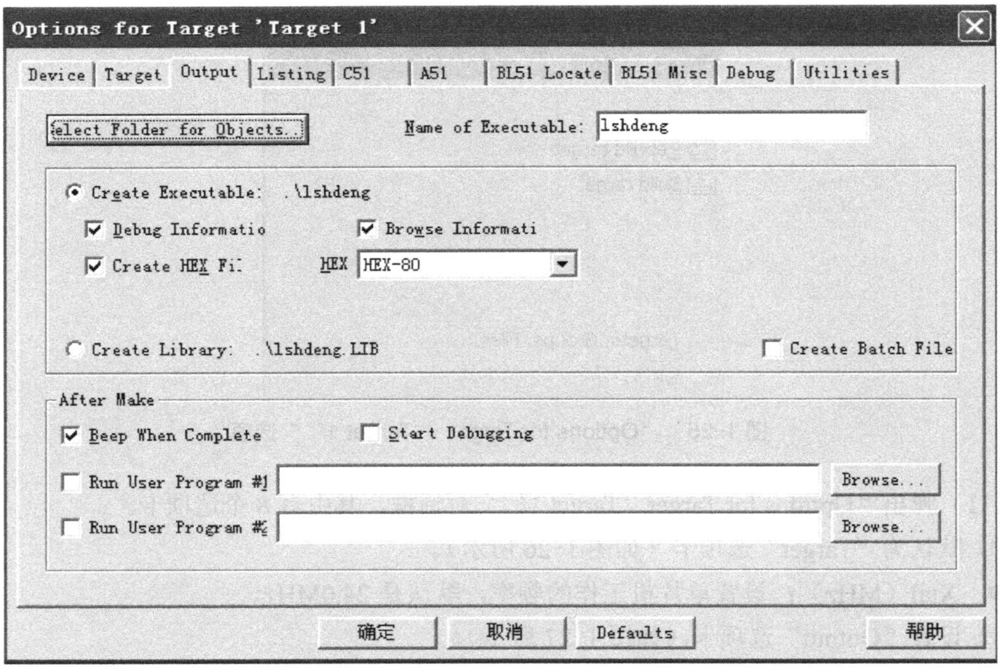

图 1-27 “Output”选项卡

③设置“Debug”选项卡（如图 1-28 所示）。这里有两类仿真形式可选：Use Simulator 和 Use：Keil Monitor-51 Driver，前一种是纯软件仿真，后一种是带有 Monitor-51 目标仿真器

的仿真。

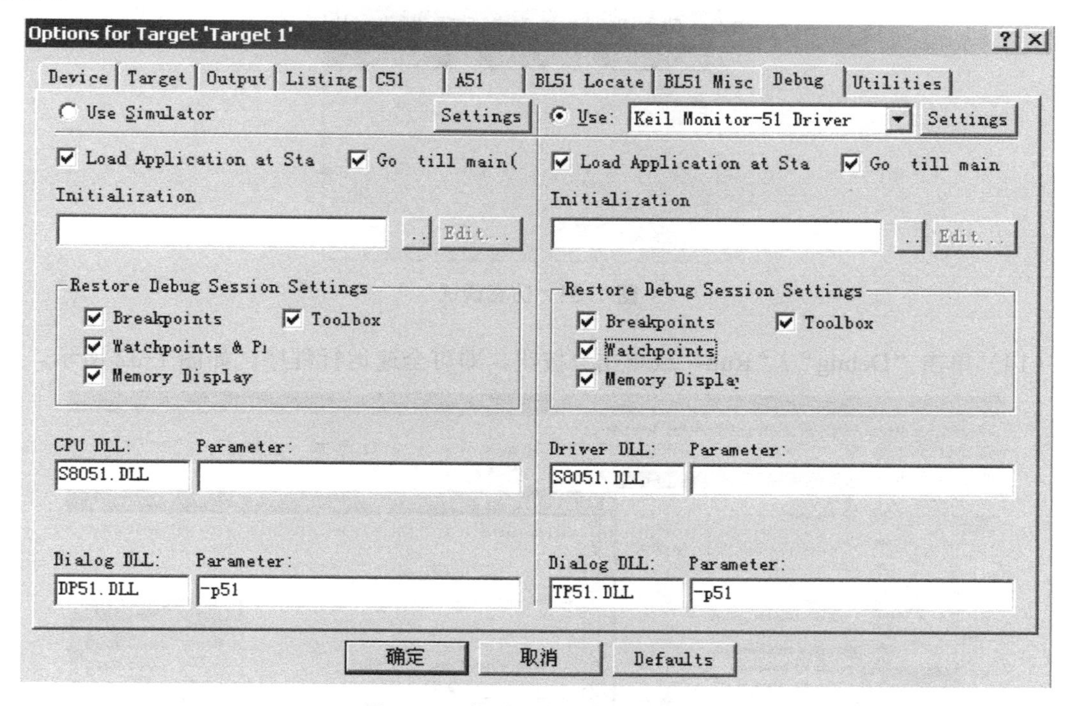

图 1-28　设置“Debug”选项卡

（12）　编译程序，选择“Project”/“Rebuild all target files”选项，如图 1-29 所示，或者单击工具栏中的按钮，开始编译程序。

图 1-29　Rebuild all target files

如果编译成功，开发环境下面会显示编译成功的信息，如图 1-30 所示。

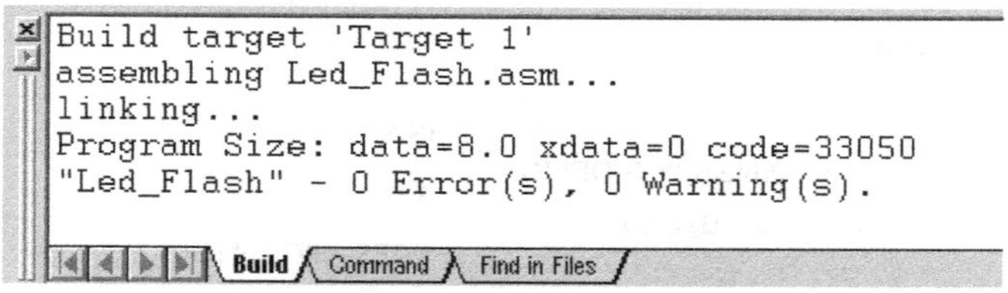

```
Build target 'Target 1'
assembling Led_Flash.asm...
linking...
Program Size: data=8.0 xdata=0 code=33050
"Led_Flash" - 0 Error(s), 0 Warning(s).
```

Build　Command　Find in Files

图 1-30　编译成功信息

（13）编译完毕之后，选择“Debug”/“Start/Stop Debug Session”选项，或者单击工具栏中的按钮，就可进入仿真调试环境，如图 1-31 所示。

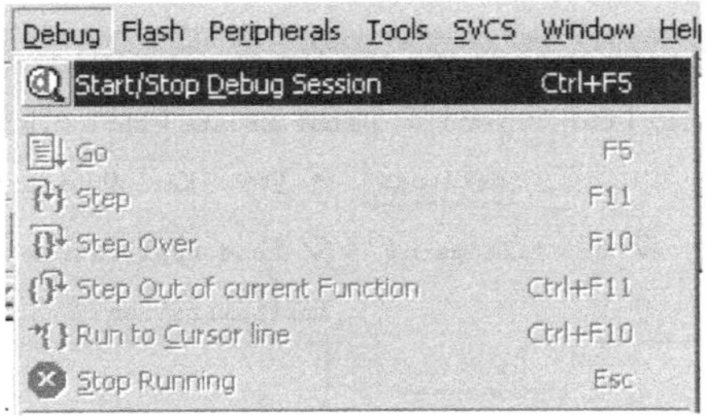

图 1-31　仿真调试

（14）单击“Debug”/“Run”或单击按钮，即可全速运行程序，如图 1-32 所示。

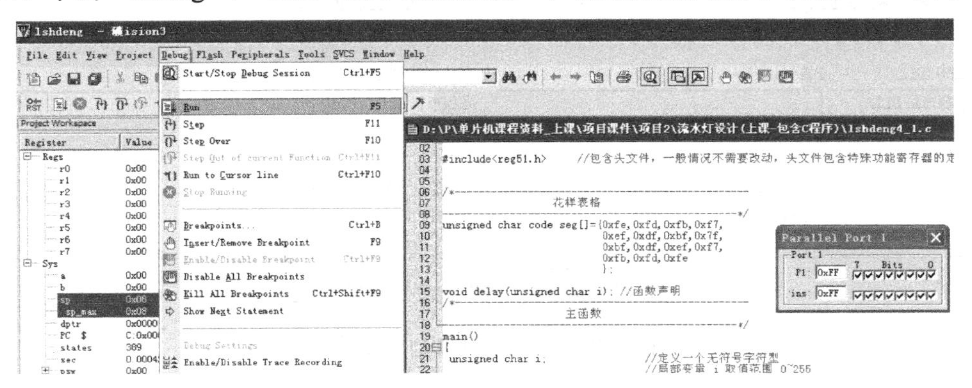

图 1-32　程序运行

2）嵌入式系统仿真与开发平台 Proteus 软件的使用

Proteus 是英国 Labcenter 公司开发的 EDA 工具软件，它集合了原理图设计、电路分析与仿真、单片机代码级调试与仿真、系统测试与功能验证以及 PCB 设计完整的电子设计过程。到目前为止，它是最合适单片机系统开发使用的设计与仿真平台，其基本结构体系如图 1-33 所示。

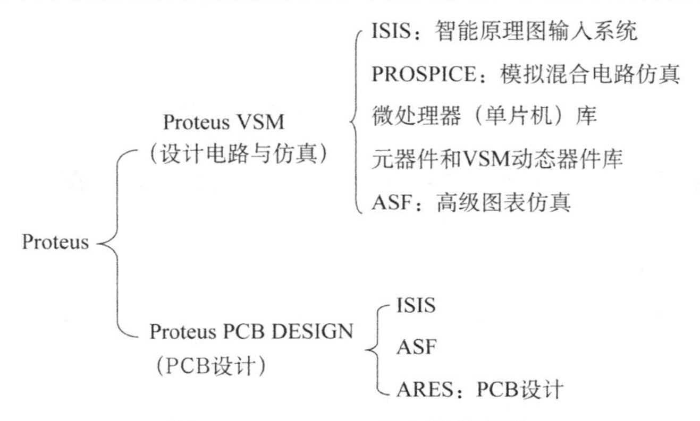

图 1-33　Proteus 基本结构体系

操作步骤：

（1）新建设计文件。从开始菜单启动 ISIS 原理图工具，如图 1-34 所示，选择菜单“File”/“New Design”，出现选择模板窗口，其中横向图纸为 Landscape，纵向图纸为 Portrait，DEFAULT

为默认模板。选中模板“DEFAULT”，再单击“OK”按钮则以该模板建立一个新的空白文件，如图 1-35 所示。若要保存设计文件，选择“File”/“Save Design”，在文件名框中输入文件名后，再单击“保存”按钮，则完成新建设计文件的保存，其后缀自动为.DSN。

（2）从 Proteus 库中选取元器件。单击“P”按钮，如图 1-36 所示，在其左上角“Keywords”（关键字）一栏中输入信号灯电路所需以下元器件的关键字，将其添加到对象选择器中，如图 1-37 所示。例如添加以下元器件。

①AT89C51：单片机。

②RES：电阻。

③LED-GREEN：绿色发光二极管。

④CAP、CAP-ELEC：电容、电解电容。

⑤CRYSTAL：晶振。

⑥74LS04：反相器。

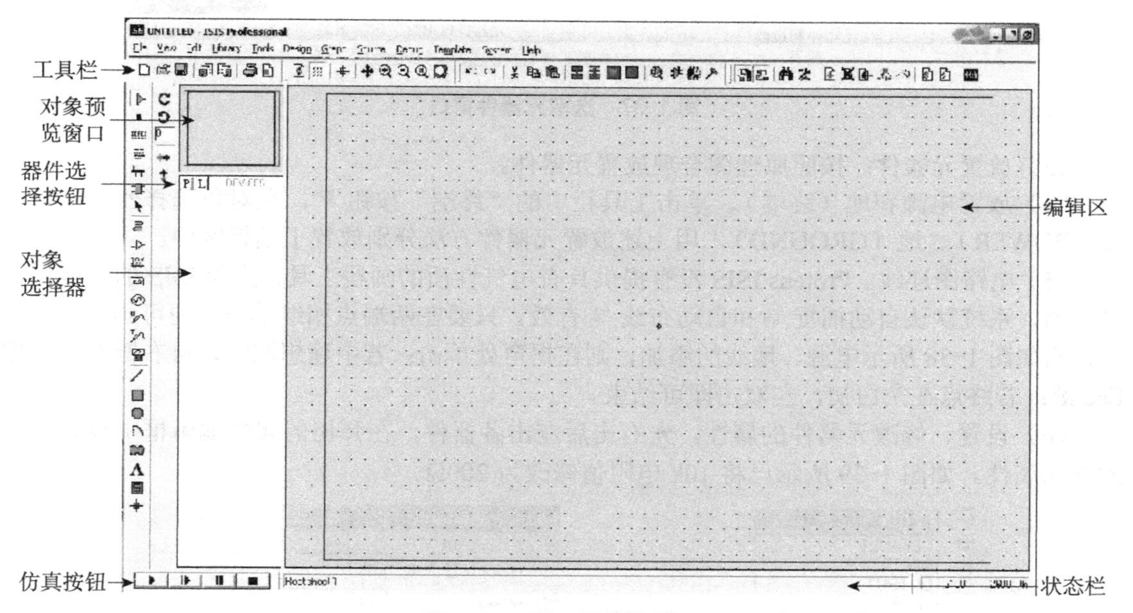

图 1-34 原理图编辑界面

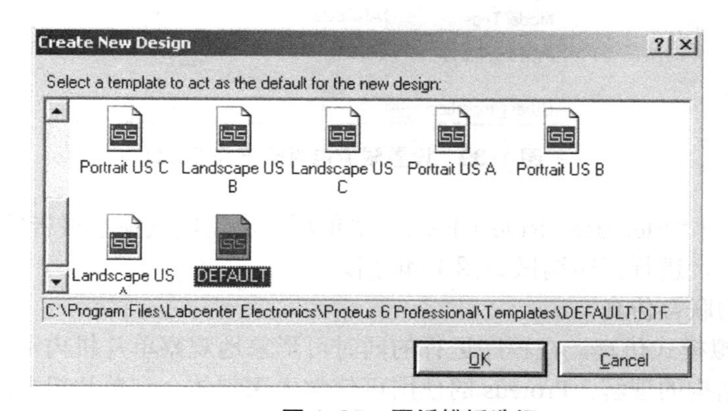

图 1-35 图纸模板选择

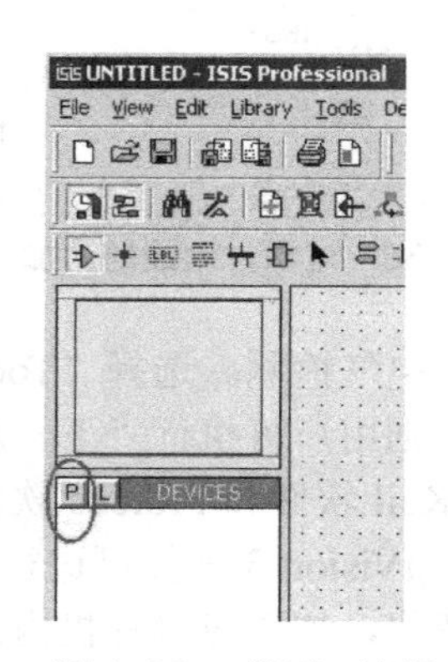

图 1-36 “P” 按钮

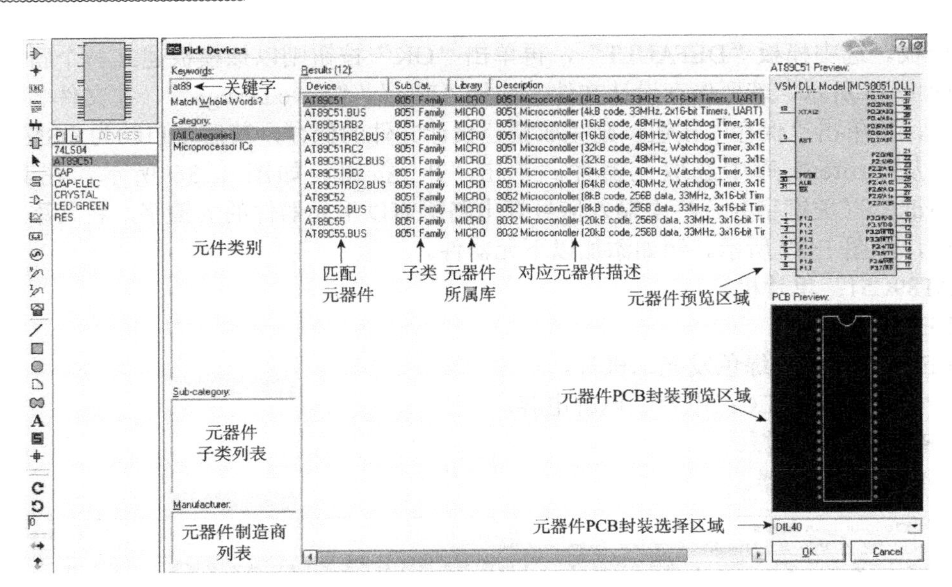

图 1-37　选取元器件窗口

（3）放置元器件：按照原理图合理放置元器件。

（4）放置电源和地（终端）。单击工具栏中的“终端”按钮，在对象选择器中选取电源（POWER）、地（GROUND），用上述放置元器件方法分别放置于编辑区中。

（5）电路图连线。Proteus ISIS 没有提供具有电气性质的画线工具，因为 ISIS 的智能化程度很高，系统默认自动捕捉和自动布线有效。只要在两端点相继单击，便可画线。画折线，例如图 1-38 所示电源、地线的添加，则在拐弯处单击；若中途想取消，可右键双击或按 Esc 键；若终点在空白初，左双击即可结束。

（6）设置、修改元器件的属性。先右击后左击各器件，在弹出的属性编辑框中设置、修改它的属性。如图 1-39 所示已将 10k 电阻值修改为 200Ω。

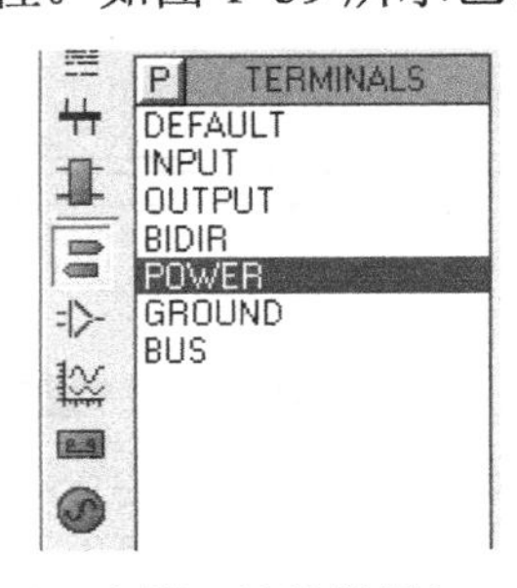

图 1-38　电源、地线的添加

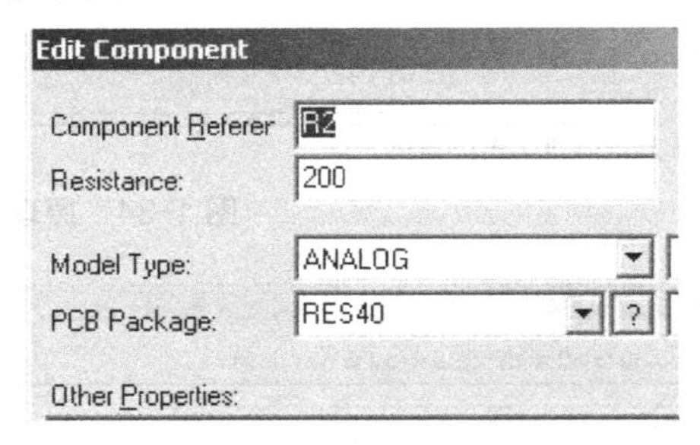

图 1-39　设置限流电阻阻值为 200Ω

（7）电气检测。选择“Tools”/“Electrical Rule Check”菜单项，出现电气检查报告单，无错误，则用户可执行“下一步”，进行程序调试如图 1-40 所示。

3）Keil 软件和 Proteus 软件的联合仿真

Keil μVision 3 软件可进行模拟模式仿真，在程序运行的同时可形象地观察单片机内部寄存器的变化，加深对单片机内部结构的理解。Proteus 的使用可使学生深刻体会到单片机外围硬件电路与单片机内部程序的统一性，从工程角度思考单片机系统的一般设计方法。

Keil μVision 3 与 Proteus 的结合方式有以下两种。

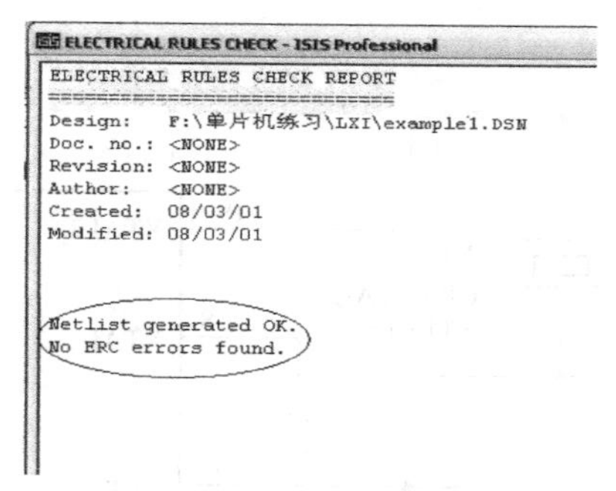
ELECTRICAL RULES CHECK - ISIS Professional

ELECTRICAL RULES CHECK REPORT

Design: F:\单片机练习\LXI\example1.DSN
Doc. no.: <NONE>
Revision: <NONE>
Author: <NONE>
Created: 08/03/01
Modified: 08/03/01

Netlist generated OK.
No ERC errors found.

图 1-40　电气检测

方法一：在 Keil μVision 环境中编写程序并将其编译成*.HEX 文件，而在 Proteus 环境下将*.HEX 文件加载到单片机中，此种方式与单片机实际工程设计相类似。

方法二：把 Proteus 环境下的硬件作为虚拟的目标板硬件，Proteus 与 Keil μVision 3 之间通过 TCP/IP 进行通信，此种方法类似于 Keil μVision 环境下的目标板仿真调试模式，在运用此种方法进行仿真前需要更改 Keil μVision 与 Proteus 的相关设置。

四、任务实施

1. 确定设计方案

微控制器单元选用 AT89C51 芯片、时钟电路、复位电路、电源和一个发光二极管构成最小系统，完成对单个信号灯的控制。最小系统方案设计框图如图 1-41 所示。

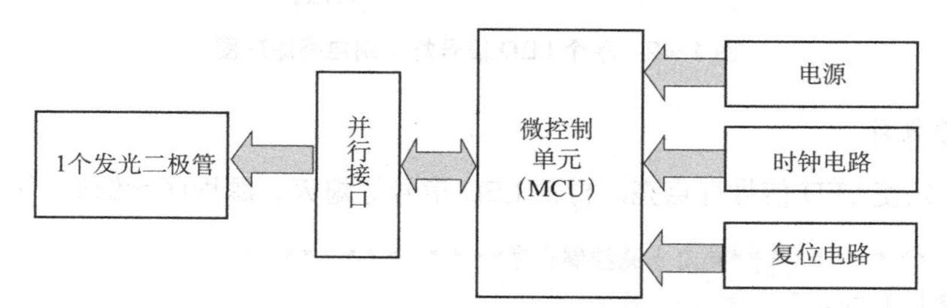

图 1-41　最小系统方案设计框图

2. 硬件电路设计

用 Proteus 软件进行原理图设计与绘制。电路所用元件如表 1-12 所示，单个 LED 信号灯控制电路原理图如图 1-42 所示。

表 1-12　电路所用元件

参数	元器件名称	参数	元器件名称
AT89C51	单片机	LED-RED	红色发光二极管
RES	电阻	CAP	电容
CRYSTAL	晶振	CAP-ELEC	电解电容

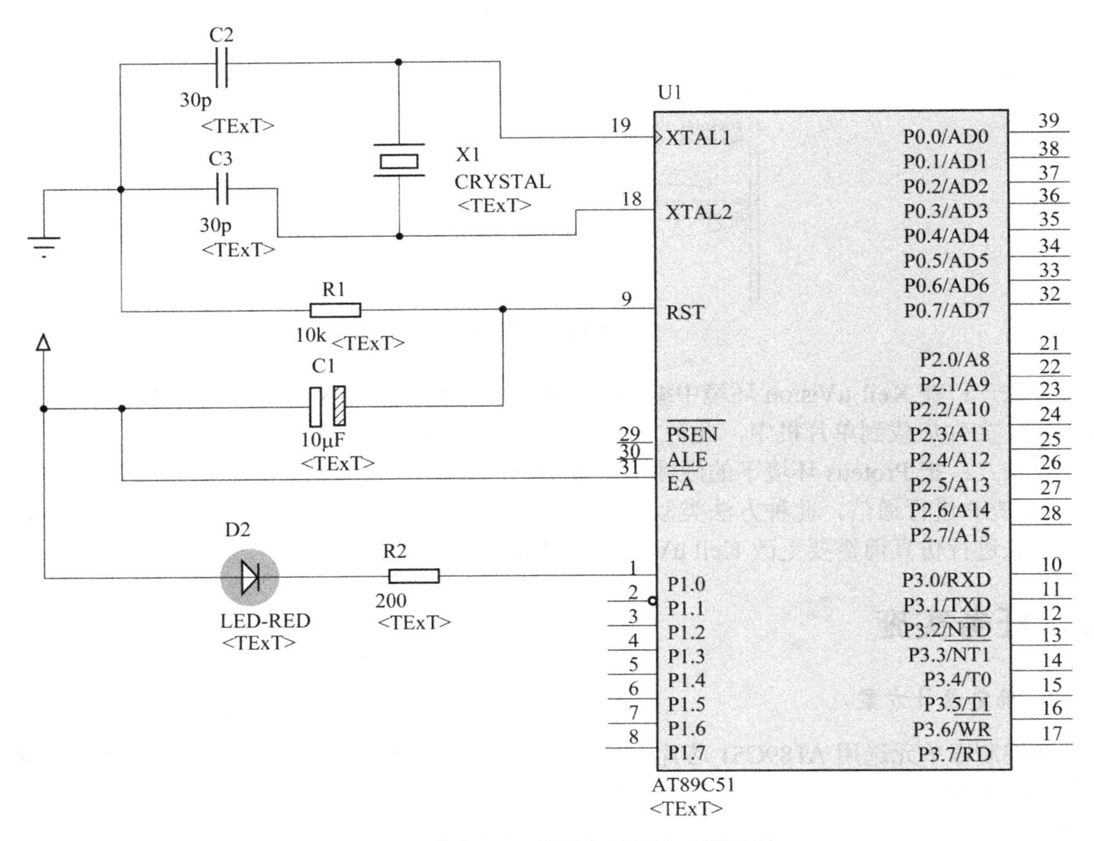

图 1-42　单个LED信号灯控制电路原理图

3. 源程序设计

步骤1：先使LED信号灯点亮，再使LED信号灯熄灭。源程序示例如下：

```
//*******************单灯点亮控制程序***************
//程序名: 控制程序 xm1_1.c
//程序功能: 控制1个发光二极管点亮、熄灭显示
   #include<reg51.h>          //51系列单片机头文件
                              //头文件包含特殊功能寄存器的定义
   sbit P1_0=P1^0;            //用 sbit 关键字 定义 P1_0 到 P1.0 端口,
                              //P1_0 是自己任意定义且容易记忆的符号
   void main()                //主函数
    {                         //此方法使用 bit 位对单个端口赋值
       P1_0=1;                //将 P1.0 口赋值 1, 对外输出高电平
       P1_0=0;                //将 P1.0 口赋值 0, 对外输出低电平
   while(1)                   //主循环
    {
                              //主循环中添加其他需要一直工作的程序
    }
 }
```

步骤 2：绘制流程图，如图 1-43 所示，根据流程图进行程序编写。要求使单个 LED 信号灯亮灭闪烁。

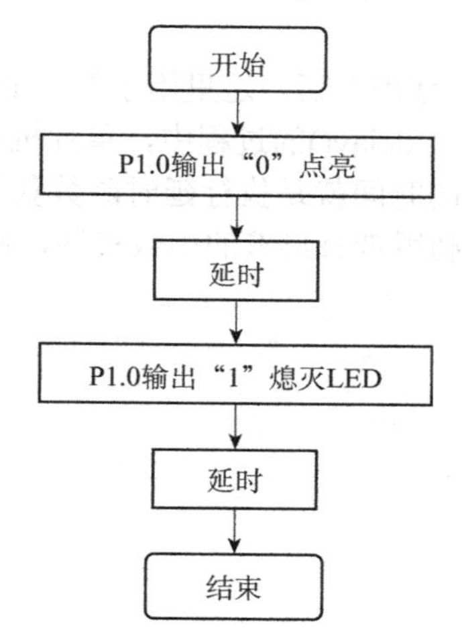

图 1-43　LED 信号灯亮灭闪烁流程图

源程序

```
//*******************单灯闪烁控制程序**************
//程序名: 控制程序 xm1_2.c
//程序功能: 控制 1 个发光二极管亮、灭闪烁
   #include <reg51.h>                  //51 系列单片机头文件
   sbit P1_0=P1^0;                     // 用关键字 定义 P1_0 到 P1.0 端口
   void delay(unsigned char i)        //延时函数
   {
   unsigned char j,k;
      for(k=0;k<i;k++)
      for(j=0;j<255;j++);
   }
   void main()                         //主函数
   {
      while(1)
      {
   P1_0=0;                              //将 P1.0 清“0”，点亮发光二极管
        delay(200);                    //调用延时函数延时
        P1_0=1;                        //将 P1.0 置“1”，熄灭发光二极管
        delay(200);                    //调用延时函数延时
   }
 }
```

程序说明：

- 程序包含 reg51.h 文件，其定义了 51 单片机所有特殊功能寄存器的名称定义和相对应的地址值。reg51.h 文件是 Keil 软件中定义 51 系列单片机内部资源的头文件，在编写单片机程序时，只要用到 51 单片机内部资源，程序前面必须把此头文件包含进来。

- 利用位定义命令使 P1_0 等价于 P1.0，程序执行 P1_0=0 指令后，单片机内部寄存器相应位设置为低电平，P1.0 端口输出低电平，单片机所有 I/O 口都可以位定义，也可以字节定义。

延时程序 delay 是定义在前，使用在后。这里用了两条 for 语句构成双重循环，循环体是空的，以实现延时的目的。在执行 delay()的过程中，单片机只能忙这一件事情，单片机在执行此函数相关指令时浪费和占用的时间就是执行延时函数获得的时间，但利用该函数不能得到精确的延时。延时函数还可以利用带有形参的函数实现，例如：

```
/***************************/
void delay(unsigned int x)
{
while(x)
x--;
}
/***************************/
```

- 单片机程序是顺序执行程序，先执行主函数，在主函数内可以调用子函数，子函数可以再调用子函数，但子函数不能调用主函数，程序执行一条命令再执行下一条，执行完毕后再回到主函数入口进行下次循环。
- 每个人在利用 C 语言编写单片机程序时都有自己的风格。一般情况下，函数的字符左行距为 0，其下每条语句前留一个 Tab 键空。算数逻辑符号的左右各留一个空格，关键语句要有中文或英文说明，每一个函数有时也可以用“/**. . . . . **/”上下隔开，这样有助于提高程序的层次感和可读性。

4. 软、硬件调试与仿真

用 Keil μVision2 和 Proteus 软件联合进行程序调试。

（1）用 Proteus 软件进行硬件电路的设计。

（2）Keil 软件进行源程序编辑、编译、生成目标代码文件。

①新建 Kile 项目文件。

②选择 CPU 类型（选择 ATMEL 中的 AT89C51 单片机）。

③新建源程序（.C 文件），编写程序并保存。

④源程序进行编译、生成目标代码文件（.HEX 文件）。

（3）在 Proteus 软件中加载目标代码文件、设置时钟频率。

①加载目标代码文件：右击选中 ISIS 编辑区中 AT89C51，打开其属性窗口，在“Program File”右侧框中输入目标代码文件（如 start.hex），如图 1-44 所示。

②设置时钟频率：在属性窗口的“Clock Frequency”时钟频率栏中设置 12MHz。

（4）单片机系统的 Proteus 交互仿真。

①全速仿真：单击按钮▶，启动仿真，此时 LED 亮，可用鼠标单击图 1-45 中的按钮，单击一次，通过单片机使 LED 熄灭，再次单击按钮，LED 亮。如此循环，LED 亮灭交替。若单击“停止”按钮■，则终止仿真。

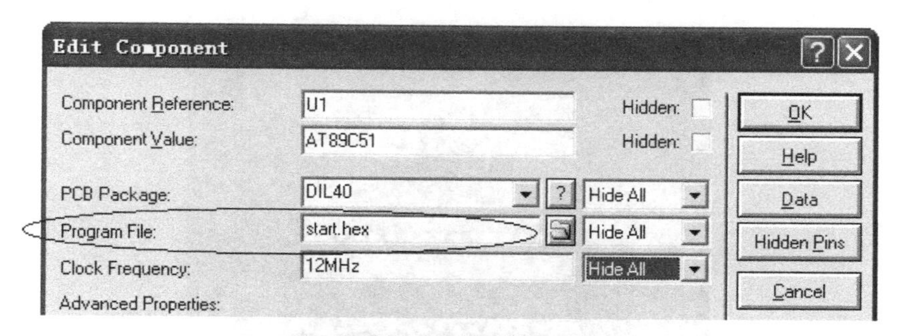

图 1-44 加载目标代码文件

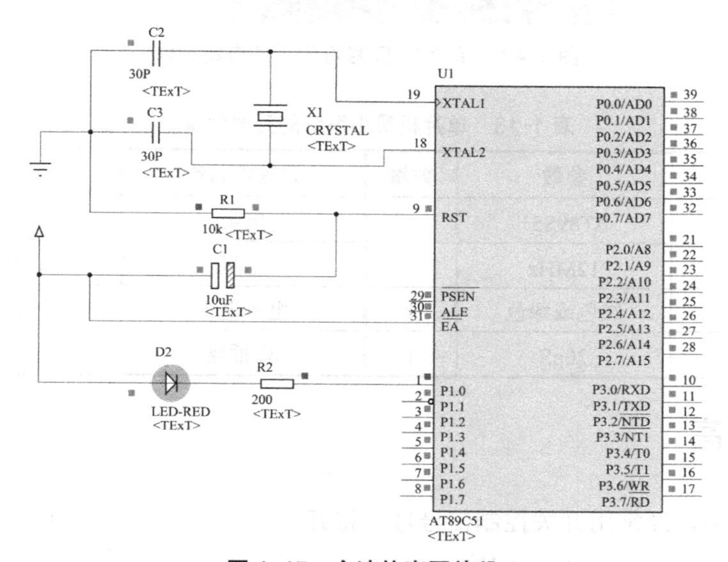

图 1-45 全速仿真图片段

5. 实物连接、制作

Proteus 中仿真调试结果正常后，用实际硬件搭建电路，如图 1-46 所示，通过编程器将 HEX 格式文件下载到 AT89C51 中，通电观察 LED 信号灯是否闪烁。

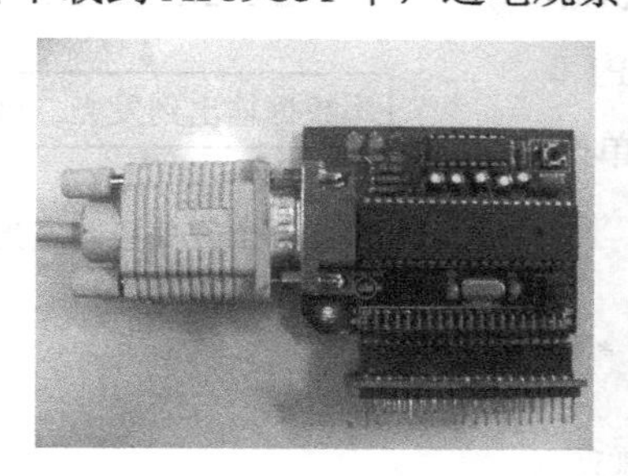

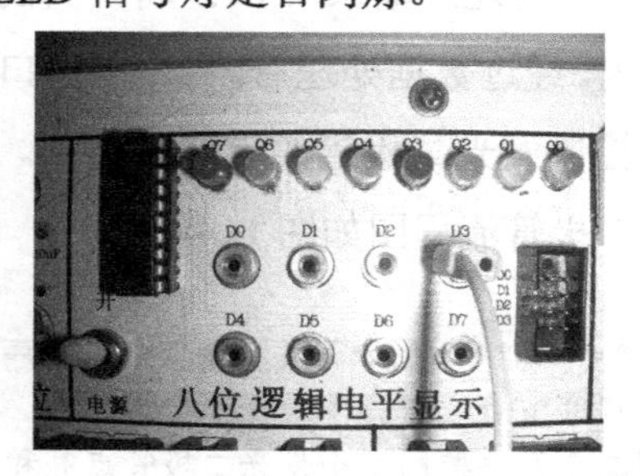

图 1-46 实物连接

在万能板上按照单片机控制 LED 信号灯电路图焊接元器件，图 1-47 所示为焊接好的电路板硬件实物，信号灯电路的元器件清单如表 1-13 所示。

图 1-47 单个 LED 彩灯闪烁的电路制作

表 1-13 单片机最小系统的元器件清单

元器件名称	参数	数量	元器件名称	参数	数量
单片机	AT89S51	1	电阻	1kΩ	2
晶体振荡器	12MHz	1	电阻	470Ω	1
发光二极管	红色或绿色	1	电解电容	22μF	1
瓷片电容	20pF	1	IC 插座	DIP40	1

五、技能提高

在实际应用中，经常用开关控制信号灯。将开关连接到 P1.7，LED 发光二极管连接到 P1.0。

控制要求：开关打开，发光二极管熄灭；开关闭合，发光二极管熄灭点亮。

设计思路：首先通过输入口 P1.7 将开关的状态读取到单片机内，经过数据处理后，再由输出口 P1.0 将结果输出来控制发光二极管的点亮和熄灭。单个开关控制发光二极管流程图如图 1-48 所示。

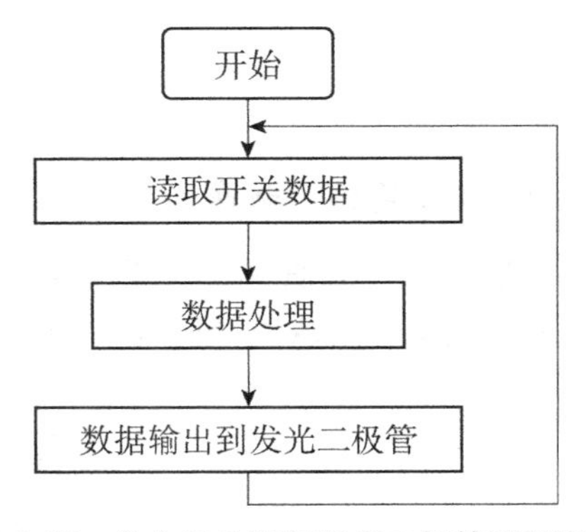

图 1-48 单个开关控制发光二极管流程图

```
//******************开关控制信号灯程序*******  ******
//程序名：控制程序 xm1_3.c
//程序功能：用单个开关控制 1 个发光二极管点亮和熄灭
   #include <reg51.h>              //51 系列单片机头文件

   sbit P1_7=P1^7;                 // 定义开关接到 P1.7 端口
   sbit P1_0=P1^0;                 // 定义 LED 灯接到 P1.0 端口
   void main  ()                   //主函数
   {  bit swich;
```

```
    while (1)                  //主循环
    {
    swich=P1_7;                //读取开关状态
   P1_0=swich;                 //输出显示
    }
}
```

知识网络归纳

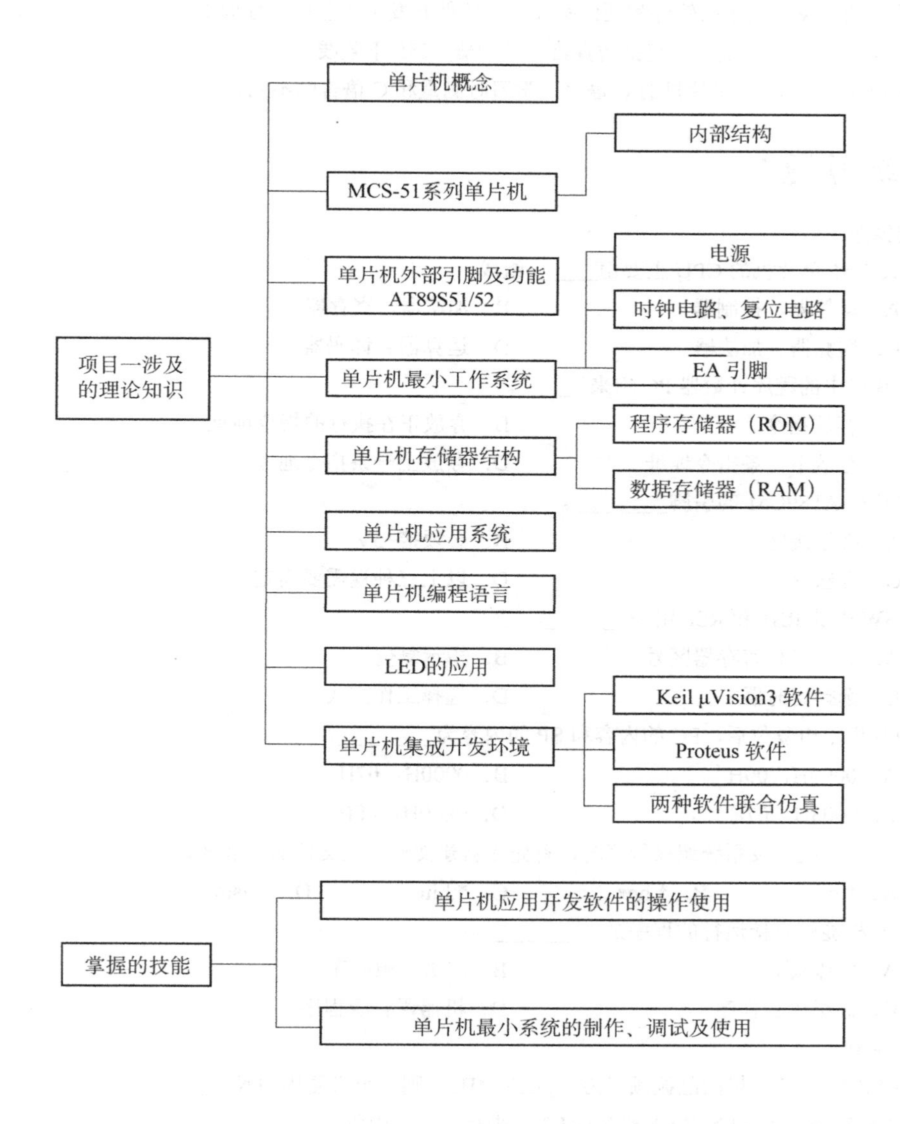

项 目 小 结

1. 单片机是把 CPU、RAM、ROM、定时/计数器以及 I/O 接口等功能模块集成在一块芯片上的微型计算机。单片机生产厂家众多，但最基本的还是采用 MCS-51 结构。

2. 单片机最小系统是指用最少的元件组成的单片机系统，也就是单片机在工作时至少具备的电路系统，即 CPU 芯片、电源、晶振电路和复位电路以及单片机内部存储器。

3. 单片机的开发工具包括软件和硬件两部分。软件开发工具包括编程调试程序 Keil μVision 软件，仿真程序 Proteus 软件；硬件开发工具包括仿真器、编程器、ISP 下载线。

4. C51 语言是基本 51 单片机的 C 语言，学习时侧重和 C 语言的不同。

练习题

一、选择题

（1） MCS-51 单片机的 CPU 主要由______组成。

A．运算器、控制器　　B．加法器、寄存器

C．运算器、加法器　　D．运算器、译码器

（2）单片机中的程序计数器 PC 用来______。

A．存放指令　　B．存放正在执行的指令地址

C．存放下一条指令地址　　D．存放上一条指令地址

（3）单片机 AT89C51 的引脚________。

A．必须接地　　B．必须接+5V

C．可悬空　　D．以上三种视需要而定

（4） PSW 中的 RS1 和 RS0 用来_______。

A．选择工作寄存器区号　　B．指示复位

C．选择定时器　　D．选择工作方式

（5）单片机上电复位后，PC 的内容和 SP 的内容为________。

A．0000H，00H　　B．0000H，07H

C．0003H，07H　　D．0800H，08H

（6）使用单片机开发系统调试程序时，首先应新建文件，该文件的扩展名是______。

A．*.c　　B．*.hex　　C．*.bin　　D．*.asm

（7）单片机能够直接运行的程序是__________。

A．汇编源程序　　B．C 语言源程序

C．高级语言程序　　D．机器语言源程序

二、填空题

（1）若 MCS-51 单片机的晶振频率为 f_{OSC}=12 MHz，则一个机器周期等于______μs。

（2）MCS-51 单片机的 XTAL1 和 XTAL2 引脚是______引脚。

（3）MCS-51 单片机的数据指针 DPTR 是一个 16 位的专用地址指针寄存器，主要用来______。

（4）MCS-51 单片机中输入/输出端口中，常用于第二功能的是______。

（5）单片机应用程序一般存放在______中。

三、简答题

1. 89S51/52 单片机由哪些主要功能部件组成？

2. 画图说明 89S51 单片机存储区空间结构。

3. 说明单片机的最小系统。

4. 简述单片机应用系统研发过程和研发工具。

5. 理解并掌握发光二极管的控制方法，若发光二极管接成共阳极型，试修改程序并调试。

四、训练题

1. 利用 P1 口的 P1.0、P1.1 的两个端口输出控制发光二极管，实现两个信号灯同时点亮和熄灭，设计方案如何修改？

2. 修改项目训练中的源程序，使 8 个发光二极管按照下面的形式发光。

P1 口引脚	P1.7	P1.6	P1.5	P1.4	P1.3	P1.2	P1.1	P1.0
对应灯的状态	○	●	○	●	●	○	●	●

注：●表示灭，○表示亮。

3．在日常生活中，经常用两个开关控制一盏灯。例如，楼梯口的灯 D1 通常要求用楼下的开关 K1 可以控制而楼上的开关 K2 也可以控制。利用单片机的 P1.0、P1.1 输入两个开关 K1 和 K2 的信号，当开关打开时，发光二极管熄灭；两个开关中任意一个开关闭合时，发光二极管点亮，P1.7 控制一个 LED 发光二极管 D1，实现上述功能。设计硬件电路并编写相应的程序。

项目二　灯光控制设计

应用案例——奥运五环彩灯

奥运五环由蓝、黄、黑、绿、红 5 种颜色组成如图 2-1 所示。环从左到右互相套接，上面是蓝、黑、红环，下面是黄、绿环。整个造形为一个底部小的规则梯形。五个不同颜色的圆环代表了参加现代奥林匹克运动会的五大洲——欧洲、亚洲、非洲、澳洲和美洲。黄色代表亚洲，黑色代表非洲，蓝色代表欧洲，红色代表美洲，绿色代表大洋洲。

图 2-1　奥运五环标志

我们用单片机扩展 I/O 口的方法，用串并移位寄存器来传送数据，采用 C 语言来设计控制程序，实现在 Proteus 软件环境下仿真奥运五环彩灯的控制过程。奥运五环彩灯的仿真图如图 2-2 所示。

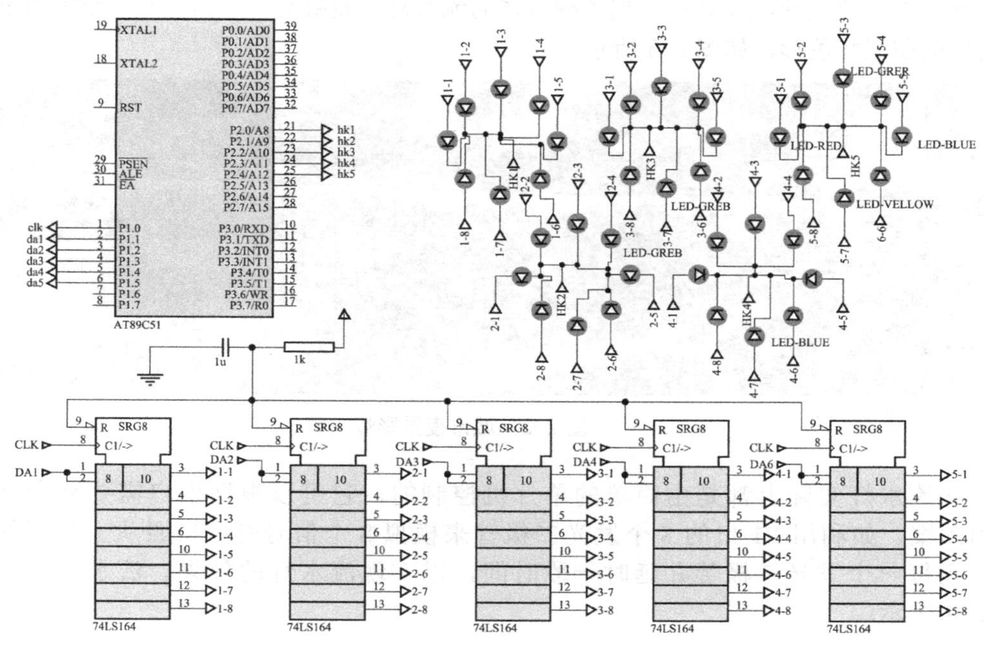

图 2-2　奥运五环彩灯的仿真图

任务一　流水灯控制

一、学习目标

知识目标

1. 单片机4个I/O端口的功能和使用特点
2. C语言程序设计的基本结构
3. 单片机最小系统的组成

技能目标

1. 熟悉单片机开发工具
2. 熟练操作使用Keil、Proteus软件
3. 根据任务要求能构建单片机最小应用系统

二、任务导入

在现代城市的夜晚，到处可见到各种各样的流水灯、霓虹灯、广告灯箱，这些灯变换着各种动感的图案和色彩，如图2-3所示。

图2-3　城市夜景彩灯

这些流水灯实际上都是由简单的单片机控制的，它可以根据用户需要来变换各种不同的图案，如利用P1口的8个发光二极管来模拟8个信号灯，按照从上到下的规律依次点亮每一个发光二极管并延时一段时间，以实现流水灯的效果。流水灯实现过程如图2-4所示。

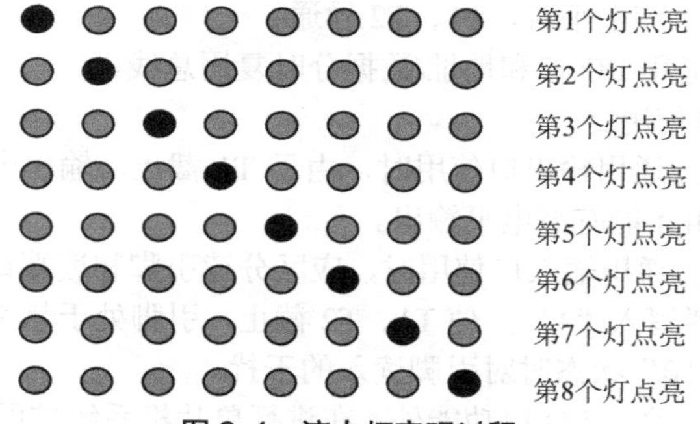

图 2-4　流水灯实现过程

三、相关知识

单片机经常要和外设之间进行数据传输（输入或输出），单片机的 P0～P3 口就是可以和外设完成并行数据传输的接口。

1. 单片机的并行 I/O 端口

MCS-51 共有 4 个 8 位的并行 I/O 口，分别记为 P0、P1、P2、P3。每个口都包含一个锁存器，一个输出驱动器和输入缓冲器。实际上它们已被归入专用寄存器之列，并且具有字节寻址和位寻址功能。

MCS-51 单片机的 4 个 I/O 口都是 8 位双向口，这些口在结构和特性上是基本相同的，但又各具特点，以下分别介绍。

（1）P0 口

①P0 口的结构。P0 口的口线逻辑电路如图 2-5 所示。

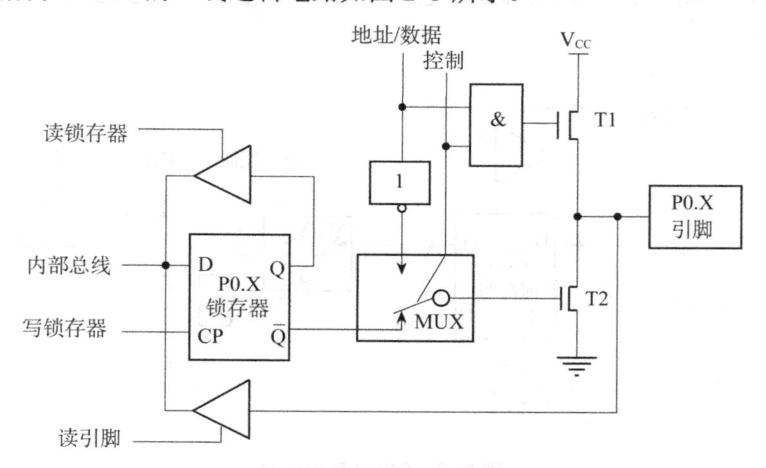

图 2-5　P0 口逻辑电路

在电路中包含有 1 个数据输出锁存器、2 个三态数据输入缓冲器、1 个数据输出的驱动电路和 1 个输出控制电路。输出控制电路由一个与门、一个非门和多路选择开关（MUX）构成；输出驱动电路由场效应晶体管（FET）T1 和 T2 组成漏极开路电路。当栅极输入低电平时，

T1、T2截止；当栅极输入高电平时，T1、T2导通。

P0口有两种功能：通用I/O口和地址/数据分时复用总线。

②作为通用I/O端口使用。

- 输出：P0口作为通用输出口使用时，由于T1截止，输出电路是漏极开路电路，必须外接上拉电阻才能有高电平输出。
- 输入：P0口作为通用输入口使用时，应区分读引脚和读端口。读引脚时，必须先向电路中的锁存器写入“1”，使T1、T2截止，引脚处于悬空状态而成为高阻抗，以避免锁存器为“0”状态时对引脚读入的干扰。

③地址/数据线使用。除了I/O口功能外，在进行单片机系统扩展时，P0口作为单片机系统的地址/数据线使用，一般称它为地址/数据分时复用引脚。

（2）P1口

P1口逻辑电路如图2-6所示。因为P1口通常是作为通用I/O口使用的，所以在电路结构上与P0口有一些不同之处。首先它不再需要多路转接电路MUX；其次是电路的内部有上拉电阻，与场效应管共同组成输出驱动电路。P1口作为输出口使用时，已能向外提供推拉电流负载，无须再外接上拉电阻。当P1口作为输入口使用时，同样也需先向其锁存器写“1”，使输出驱动电路的FET截止。

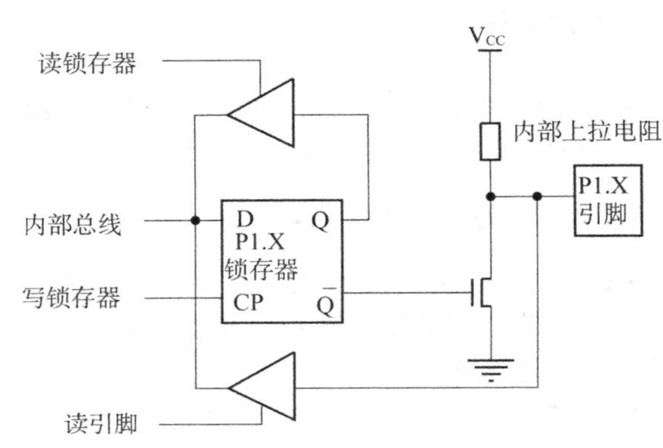

图2-6　P1口逻辑电路

（3）P2口

P2口逻辑电路如图2-7所示。P2口电路中比P1口多了一个多路转接电路MUX，这又正好与P0口一样。

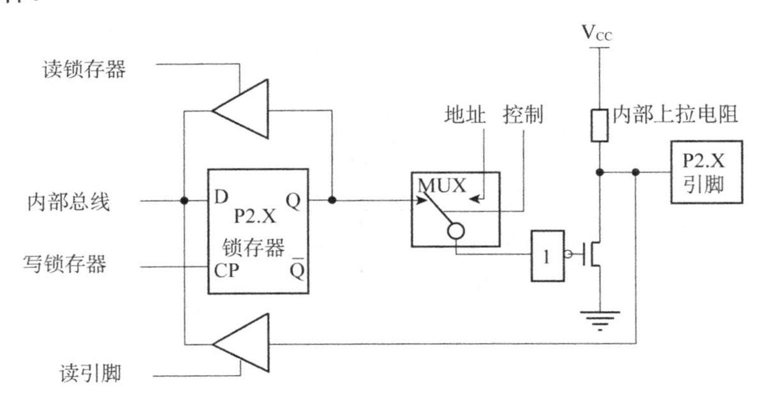

图2-7　P2口逻辑电路

P2口有两种功能：通用I/O口和地址总线。

①通用I/O口。在无外部存储器系统中，多路转接开头倒向锁存器Q端，此时和P1口功能一样。

②地址总线（高8位）。在有外部存储器系统中，此时多路开关应接通“地址”端。P2

口通常作为高 8 位地址线使用，与 P0 口的低 8 位地址共同组成 16 位地址总线。有了 16 位地址，单片机最大可以外接 60KB 的程序存储器和 64KB 数据存储器。

（4）P3 口

P3 口逻辑电路如图 2-8 所示。P3 口的特点在于为适应引脚信号第二功能的需要，增加了第二功能控制逻辑。P3 口有两种功能：通用 I/O 口和第二功能。

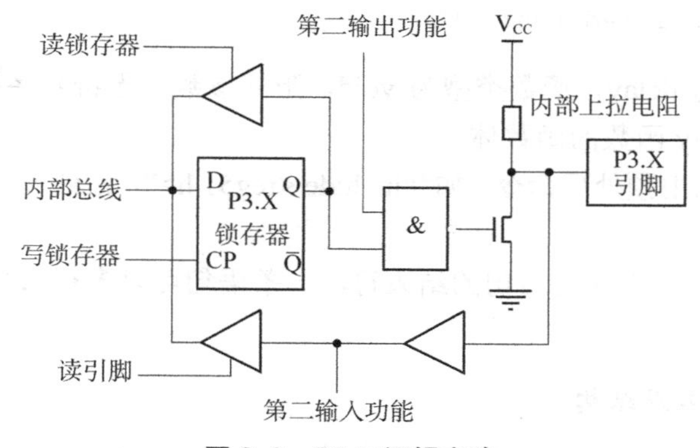

图 2-8 P3 口逻辑电路

①通用 I/O 口。P3 口作为通用 I/O 口使用，此时和 P1 口功能一样。

②第二功能。第二功能信号有输入、输出两种情况，在真正的单片机应用电路中，第二功能显得更为重要。当使用这些引脚时，P3 端口就不能再作为通用 I/O 端口使用了。

2. C 语言的基本结构

一个 C 语言源程序是由一个或若干个函数组成的，每一个函数完成相对独立的功能。每个 C 程序都必须有（且仅有）一个主函数 main()，程序的执行总是从主函数开始，再调用其他函数后返回主函数 main()，不管函数的排列顺序如何，最后在主函数中结束整个程序。C 语言的基本结构如图 2-9 所示。

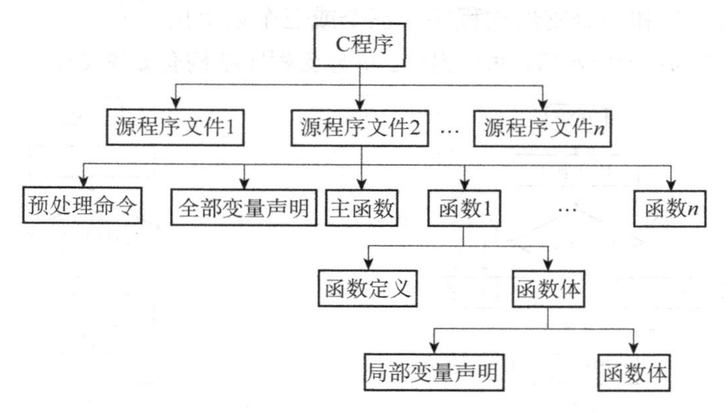

图 2-9 C 语言的基本结构

一个函数由两部分组成：函数定义和函数体。

函数定义部分包括函数名、函数类型、函数属性、函数参数（形式参数）名、参数类型等。对于 main() 函数来说，main 是函数名，函数名前面的 void 说明函数的类型（空类型，表示没有返回值），函数名后面必须跟一对圆括号，里面是函数的形式参数定义，这里的 main

没有形式参数。

main()函数后面一对大括号内的部分称为函数体，函数体由定义数据类型的说明部分和实现函数功能的执行部分组成。

对于 xm1_2.c 程序中的延时函数 delay()，函数定义为：

```
void delay(unsigned char i)
```

定义该函数名称为 delay，函数类型为 void，形式参数为无符号字符型变量 i。后面花边括号中的三句就是 delay 函数的函数体。

C 语言程序中可以由预处理命令，如“#include <reg51.h>”，预处理命令通常放在源程序的最前面。

C 语言程序使用“；”作为语句的结束符，一条语句可以多行书写，也可以一行书写多条语句。

3. C 语言的典型程序结构

C 语言是结构化程序设计语言，有三种基本程序结构：顺序结构、分支结构、循环结构，这三种基本的程序结构构成了各种更复杂的程序。

（1）顺序结构

顺序结构是一种最简单、最基本的程序。其工作特点是，程序按编写的顺序依次往下执行每一条指令，直到最后一条，之间没有分支。不管多么复杂的程序，总是由若干顺序程序段所组成的。

（2）分支结构

分支程序是根据不同的条件，执行不同的程序段。其主要特点是程序的流向有两个或两个以上的出口，根据指定的条件进行选择确定。通常根据分支程序中出口的个数分为单分支结构程序（两个出口）和多分支结构程序（三个或三个以上出口）。

单分支结构一般为：一个入口，两个出口。单分支程序结构有如图 2-10 所示两种典型形式。

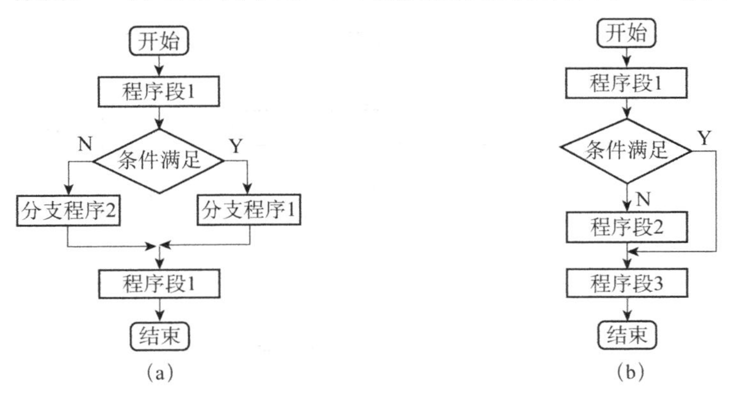

图 2-10　单分支程序结构的典型形式

在实际应用中，常常需要从两个以上的出口中选一，称为多分支程序或散转程序，如图 2-11 所示。

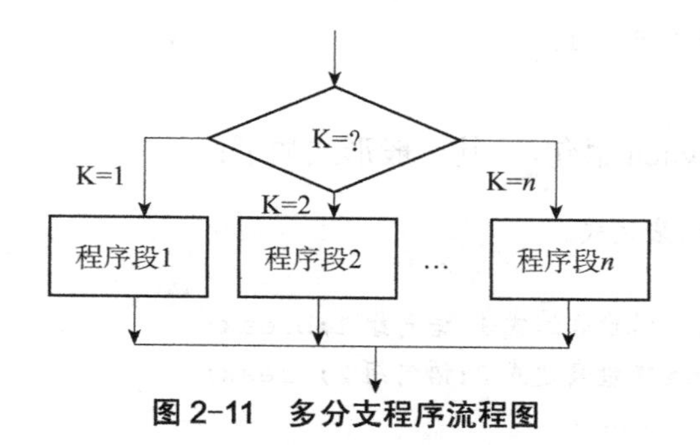

图 2-11　多分支程序流程图

下面介绍C语言分支结构的几种形式。

- 基本if语句的格式如下：

```
if (表达式)
 {
        语句组;
 }
```

- if-else语句的一般格式如下：

```
if (表达式)
    {
       语句组 1;
    }
   else
    {
       语句组 2;
    }
```

- if-else-if语句是由 if else 语句组成的嵌套，用来实现多个条件分支的选择，其一般格式如下：

```
if (表达式 1)
    {
      语句组 1;
    }
  else if (表达式 2)
    {
      语句组 2;
       }
      …
  else if (表达式 n)
    {
      语句组 n;
       }
   else
    {
```

```
            语句组 n+1;
          }
```

- 多分支选择的 switch 语句， 其一般形式如下：

```
switch(表达式)
{
    case 常量表达式 1:语句组 1;break;
    case 常量表达式 2:语句组 2;break;
        ……
    case 常量表达式 n:语句组 n;break;
    default          :语句组 n+1;
}
```

（3）循环结构

循环结构程序就是重复执行同一段的指令，如图 2-12 所示，一般包括如下 4 个部分。

①初始化部分。为循环程序做准备，如规定循环次数，给各变量和地址指针预置初值。

②处理部分。为反复执行的程序段，是循环程序的实体，也是循环程序的主体。

③循环控制部分。其作用是修改循环变量和控制变量，并判断循环是否结束，直到符合结束条件时，跳出循环为止。

④结束部分。是对循环程序的结果进行分析、处理和存放。

有一种特殊的循环程序，就是死循环，这种程序在循环时，不作条件判定，或是虽作条件判定但是永不满足循环结束的条件。在编程时要特别注意这点。循环程序按结构形式，有单重循环与多重循环。在多重循环中，只允许外重循环嵌套内重循环。不允许循环相互交叉，也不允许从循环程序的外部跳入循环程序的内部。

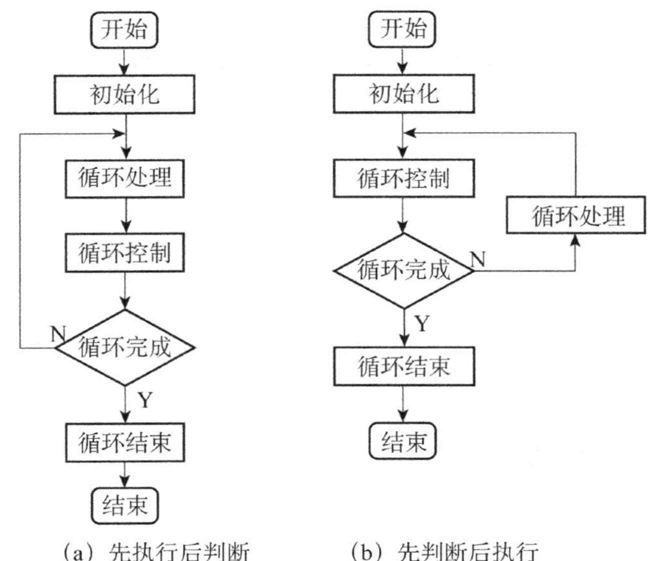

（a）先执行后判断　　　（b）先判断后执行

图 2-12　循环程序的两种基本结构

下面介绍 C 语言循环结构的几种形式。

构成循环结构的语句主要有：while、do while、for、goto 等。

- 当（while）型

```
while(循环继续的条件表达式)
        { 语句组; }
```

- 直到（do...while）型

```
do
    {
     循环体语句组;
    } while(循环继续条件) ;
```

- 在 C51 语言中，for 语句是使用最灵活、用得最多的循环控制语句，同时也最为复杂，其执行过程如图 2-13 所示。它可以用于循环次数已经确定的情况，也可以用于循环次数不确定的情况。它完全可以代替 while 语句，功能最强大。它的格式如下：

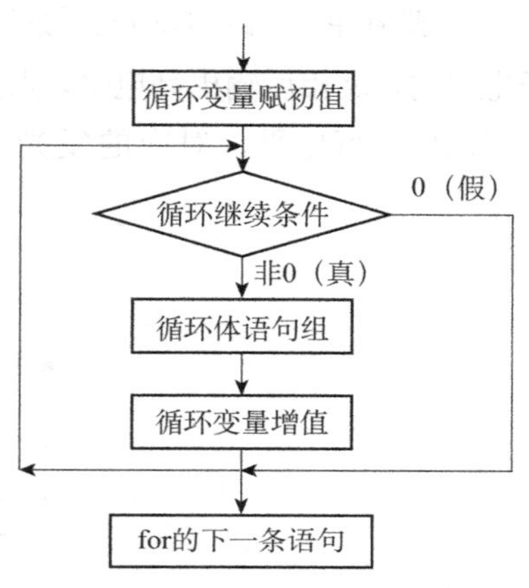

图 2-13 for 循环语句执行过程

```
for(表达式 1;表达式 2;表达式 3)
      { 循环语句组;}
```

四、任务实施

1. 确定设计方案

微控制器单元选用 AT89S51 芯片、时钟电路、复位电路、电源和 8 个发光二极管构成最小系统，完成对 8 个信号灯的控制。流水灯最小系统方案设计框图如图 2-14 所示。

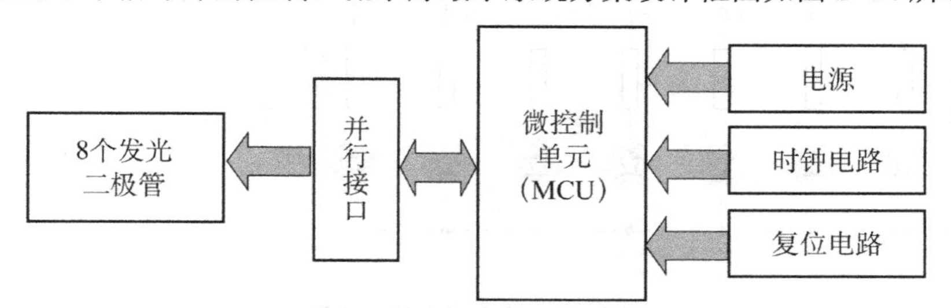

图 2-14 流水灯最小系统方案设计框图

2. 硬件电路设计

该任务采用单片机的 P1 端口来控制 8 个发光二极管，电路所用元器件如表 2-1 所示。

表 2-1　电路所用元器件

参数	元器件名称	参数	元器件名称
AT89S51	单片机芯片	CAP 30pF	电容
RES（200Ω）	电阻	LED-BIRG	蓝色发光二极管
CRYSTAL	晶振	LED-RED	红色发光二极管
CAP-ELEC	电解电容		

电路在 P1 端口与发光二极管中间增加了芯片 74LS04 反相器，当 P1 端口的某一位输出为低电平时，反相后输出高电平，点亮对应的发光二极管；当 P1 端口的某一位输出为高电平时，反相后输出低电平，对应的发光二极管熄灭。流水灯电路原理图如图 2-15 所示。

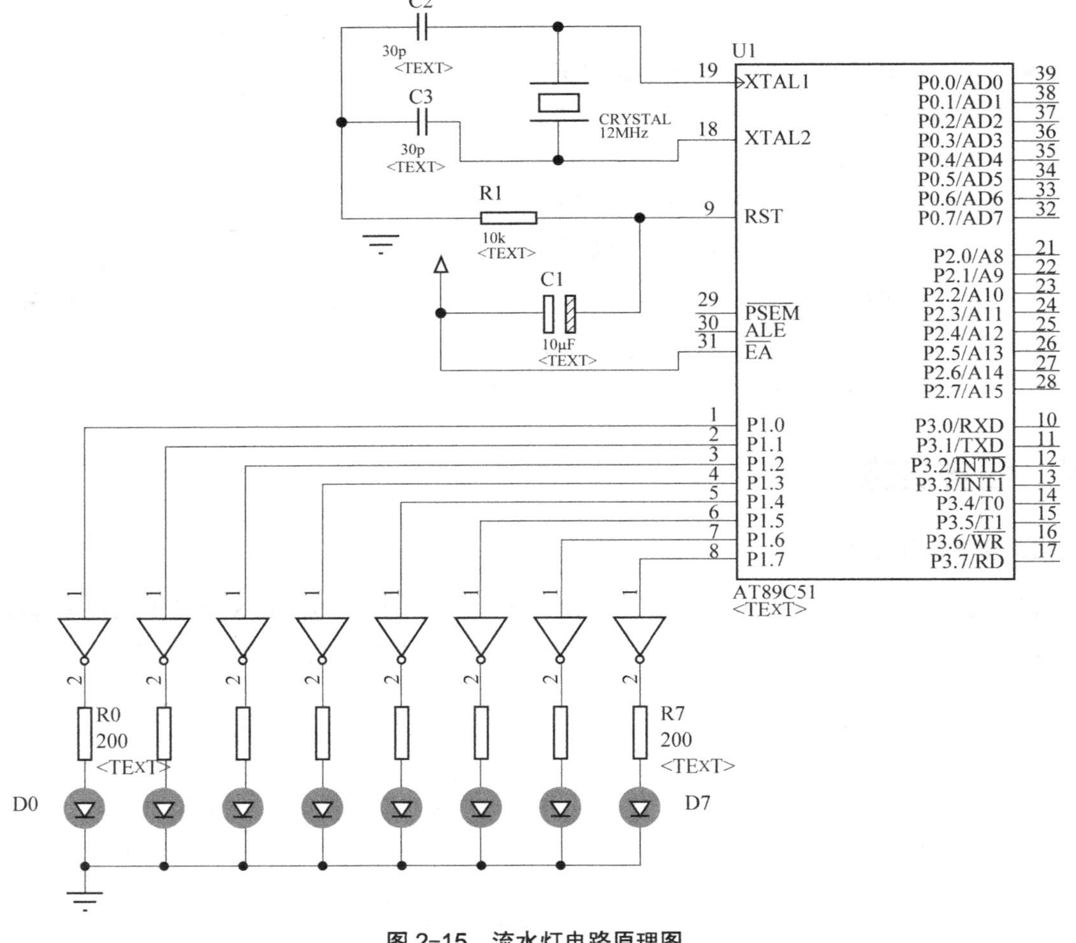

图 2-15　流水灯电路原理图

3. 源程序设计

步骤 1：按照控制要求绘制流程图。要求轮流点亮每个发光二极管，延时后熄灭。流水灯控制流程图如图 2-16 所示。

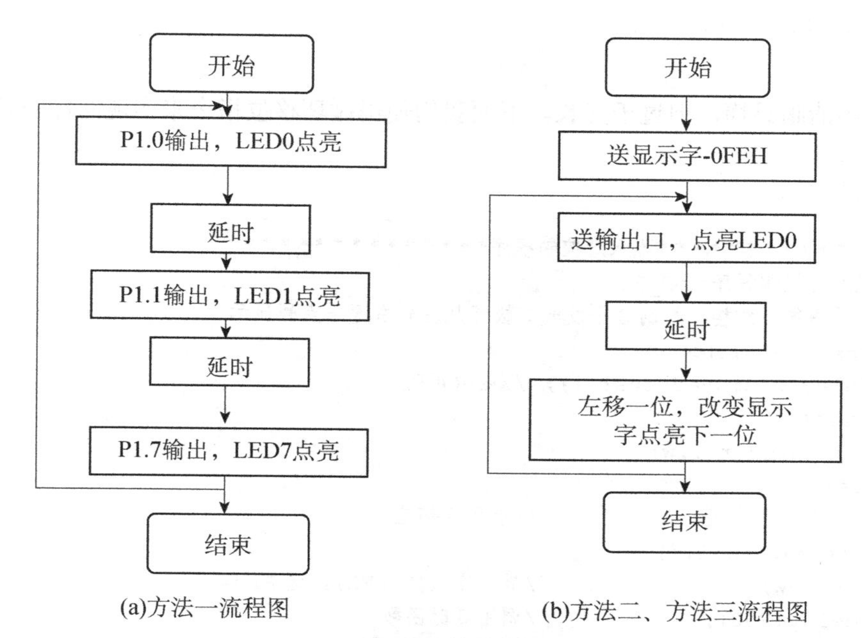

(a)方法一流程图　　(b)方法二、方法三流程图

图 2-16　流水灯控制流程图

步骤 2：根据流程图进行程序编写。

（1）方法一

此方法为最简单和直观的方法，只适用于灯的个数较少的情况。

```
//******************流水灯控制程序**************
//程序名：流水灯控制程序 xm2_1.c
//程序功能：采用顺序结构实现，控制 8 个发光二极管从左到右逐一点亮显示
#include <reg51.h>
   void delay(unsigned char i);  //函数声明
   void main()
   {  while(1)
      {
       P1=0xfe; delay(200); //第 1 个 LED 灯点亮；调用延时函数
       P1=0xfd;delay(200);  //第 2 个 LED 灯点亮；调用延时函数
       P1=0xfb;delay(200);  //第 3 个 LED 灯点亮；调用延时函数
       P1=0xf7;delay(200);  //第 4 个 LED 灯点亮；调用延时函数
       P1=0xef;delay(200);  //第 5 个 LED 灯点亮；调用延时函数
       P1=0xdf;delay(200);  //第 6 个 LED 灯点亮；调用延时函数
       P1=0xbf;delay(200);  //第 7 个 LED 灯点亮；调用延时函数
       P1=0x7f;delay(200);  //第 8 个 LED 灯点亮；调用延时函数
      }
     }
   void delay(unsigned char i)//延时函数
   {  unsigned char j,k;
      for(k=0;k<i;k++)
```

```
    for(j=0;j<255;j++);
  }
```

这个程序清晰易懂，但过于冗长。下面我们使用循环移位指令来实现同样的效果，程序长度可大缩短。

（2）方法二

```
//*******************流水灯控制程序**************
//程序名：流水灯控制程序 xm2_2.c
//程序功能：采用循环结构，控制 8 个发光二极管从左到右逐一点亮显示
    #include <reg51.h>
    void delay(unsigned char i); //函数声明
    void main()
    {  unsigned char i,w;
       while(1)
       { w=0x01;                    //显示字初值
         for(i=0;i<8;i++)
         {  P1=~w;                  //显示字取反(FEH)，送 P1 口
           delay(200);              //调用延时函数
           w<<=1;                   //显示字左移一位
          }
       }
    }
    void delay(unsigned char i)//延时函数
    {  unsigned char j,k;
       for(k=0;k<i;k++)
        for(j=0;j<255;j++);
    }
```

可以将循环左移指令“<<”改为循环右移指令“>>”看其运行效果。

（3）方法三

```
//*******************流水灯控制程序**************
//程序名：流水灯控制程序 xm2_3.c
//程序功能：采用函数（左移_crol_函数），控制 8 个发光二极管从左到右逐一点亮显示
    #include <reg51.h>              //51 系列单片机头文件
    #include <intrins.h>            //包含左移_crol_函数所在的头文件
    void delay(unsigned char i);    //函数声明
    void main()                     //主函数
     {  unsigned char i;
        P1=0xfe;                    //点亮第 1 个发光二极管
        delay(200);                 // 延时 200ms
      while(1)                      //大循环
        {
         for(i=0;i<8;i++)
        {
          P1=_crol_(P1,1);  //将 P1 循环左移 1 位后再赋值给 P1 或 P1=_crol_(P1,1);
```

```
        delay(200);                    // 延时200ms
      }
    }
  }
  void delay(unsigned char i)
  {  unsigned char j,k;
     for(k=0;k<i;k++)
      for(j=0;j<255;j++);
  }
```

注意：如果要制作复杂的效果，可以使用数组方法实现，关于数组的运用在任务二中介绍。

程序说明：

- 程序 xm2_1.c 与程序 xm2_2.c 相比较可以看出，顺序结构程序思路直观，简单易读，但程序代码较长；程序 xm2_2.c 的循环程序结构简捷，代码效率高，其外层循环为 while(1)无限循环，内层循环为 for 循环，循环次数为 8 次。
- 程序 xm2_2.c 中的以下两句的含义。

```
P1=~w;
```

此句中的“～”是按位取反运算符，它将变量 w 中的值按位取反。执行该语句之前 w 的值为 01H（二进制 00000001B），该语句执行完后，P1 口的内容为 FEH（二进制 1111110B）。

```
w<<=1;
```

此句中的“<<”是左移运算符，它将 w 的内容左移一位，再送回变量 w 中，例如 w 原来的内容为 01H（二进制 00000001B），该语句执行完后，内容为 02H（二进制 00000010B）。

- 在 C51 程序中常常把空语句作为循环体，用于消耗 CPU 时间等待事件发生的场合，例如 delay()延时函数中，有下面的语句：

```
for(k=0;k<i;k++)
  for(j=0;j<255;j++);
```

后一句 for 语句后面的“；”是一条空语句，作为循环体出现。又如：

```
while(1);
```

上面语句的循环条件永远为真，是无限循环；循环体为空，什么也不做。程序设计时，通常把该句作为停机语句使用。

- 程序 xm2_3.c 中的#include <reg51.h>和#include <intrins.h>都是一种文件包含形式。所谓文件包含是指一个文件将另一个文件的内容全部包含进来。#include <intrins.h>包含命令是指其头文件中含有循环左移函数，程序中使用了_crol_循环左移函数时为了由上一个控制码得到下一个控制码，所以在一开始就使用了此包含命令。

```
_crol_(unsigned char val,unsigned char n);    //将变量val循环左移n位
_irol_(unsigned char val,unsigned char n);    //将变量val循环右移n位
```

4．软、硬件调试与仿真

用Keil μVision2和Proteus软件联合进行程序调试。

（1）用Proteus软件进行硬件电路的设计。

（2）利用Keil软件进行源程序编辑、编译、生成目标代码文件。

①新建Keil项目文件。

②选择CPU类型（选择ATMEL中的AT89C51单片机）。

③新建汇编源程序（.ASM文件 ），编写程序并保存。

④源程序进行编译、生成目标代码文件（.HEX文件）。

（3）在Proteus软件中加载目标代码文件、设置时钟频率。

①加载目标代码文件：右击选中ISIS编辑区中的AT89S51，打开其属性窗口，在“Program File”右侧框中输入目标代码文件。

②设置时钟频率：在属性窗口的“Clock Frequency”时钟频率栏中设置12MHz。

（4）单片机系统的Proteus交互仿真。单击“启动”按钮▶启动仿真，此时D0亮，延时后熄灭D1亮，熄灭后下一个灯亮，一直到D7亮后熄灭D0再亮。如此循环，实现流水灯效果。若单击“停止”按钮■，则终止仿真。全速仿真图片段如图2-17所示。

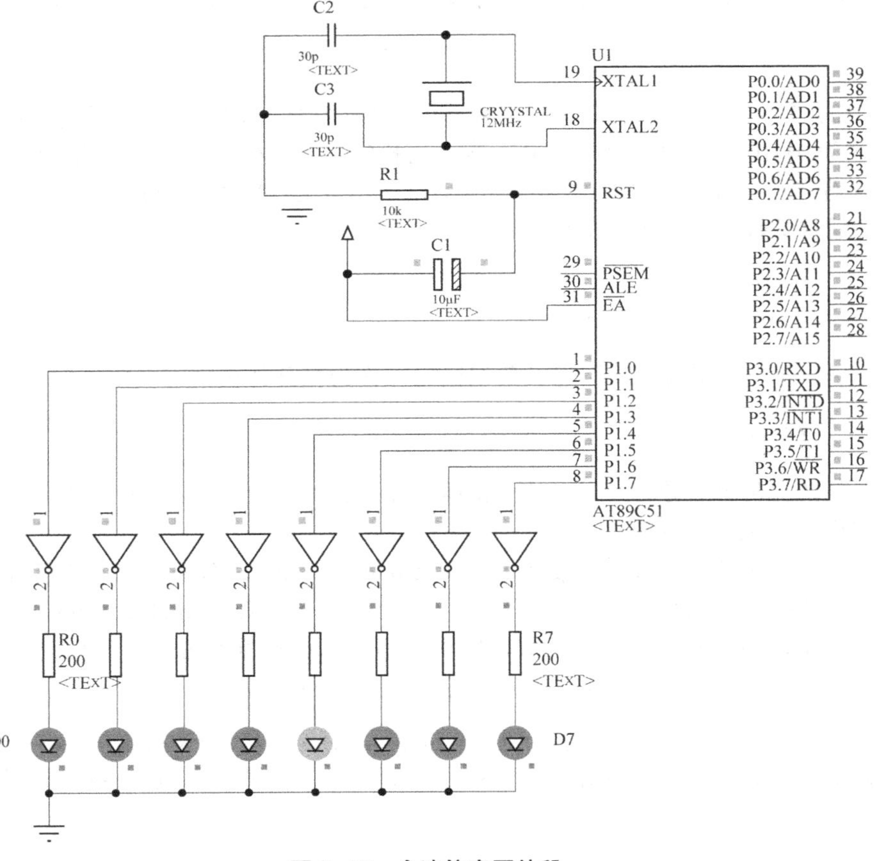

图2-17　全速仿真图片段

5. 实物连接、制作

图 2-18　实物连接

在 Proteus 中仿真调试结果正常后，用实际硬件搭建电路，通过编程器将 HEX 格式文件下载到 CPU 芯片中，通电观察 LED 信号灯亮灭效果。

在万能板上按照单片机控制 LED 信号灯电路图焊接元器件，图 2-18 为焊接好的电路板硬件实物，流水灯的电路制作如图 2-19 所示。信号灯电路的元器件清单如表 2-2 所示。

表 2-2　元器件清单

元器件名称	参数	数量	元器件名称	参数	数量
单片机	AT89S51	1	电阻	200Ω	8
晶体振荡器	12MHz	1	电阻	10 kΩ	1
发光二极管		8	电解电容	10μF	1
反相器	74LS04	8	瓷片电容	33pF	2
电源	+5V	1	IC 插座	DIP40	1

图 2-19　流水灯的电路制作

五、技能提高

利用 P1 口输出控制 8 个红、黄、绿三种不同颜色的发光二极管，彩灯从两端亮开始逐步向中间收缩，然后向两端扩展，再向中间收缩，如此反复，相邻状态的间隔时间为 0.5s，实现 8 盏灯的缩展式点亮，如图 2-20 所示。

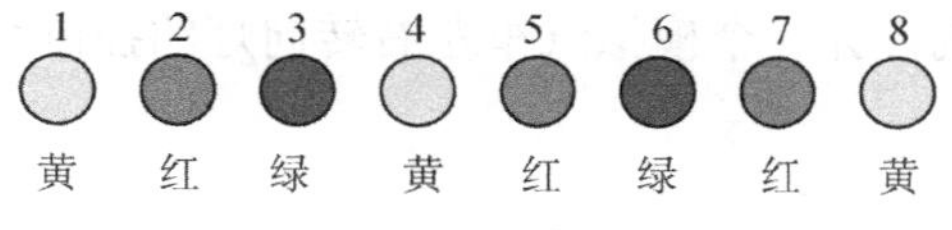

图 2-20　彩灯

设计思路：从设计要求中找出规律，可以考虑用循环结构来实现。经分析可知，设计的效果实际为彩灯从两端点亮开始逐步向中间收缩，然后向两端扩展，再向中间收缩，如此反复。

任务二　汽车转向灯控制

一、学习目标

知识目标

1. 单片机 4 个 I/O 端口的功能和使用特点
2. C 语言分支结构程序的设计方法

技能目标

1. 根据任务要求能构建单片机最小应用系统
2. 能够编写及调试分支结构程序

二、任务导入

汽车在不同位置都安装有信号灯，它们是汽车驾驶员之间及驾驶员向行人传递汽车行驶状况的表达工具，一般包括转向灯、刹车灯、倒车灯、雾灯等，其中转向灯包括左转灯和右转灯，其显示状态如表 2-3 所示。

表 2-3　汽车转向灯显示状态

驾驶员命令	转向灯显示状态	
	左转灯	右转灯
驾驶员未发出命令	灭	灭
驾驶员发出左转显示命令	闪烁	灭
驾驶员发出右转显示命令	灭	闪烁
驾驶员发出汽车故障显示命令	闪烁	闪烁

本次任务是利用单片机设计一个模拟汽车左右转向灯的控制系统。

三、相关知识

1. C51 的数据类型

C51 的基本数据类型如表 2-4 所示。

表 2-4 基本数据类型

类型	符号	关键字	所占位数	数的表示范围
整型	有	(signed) int	16	−32768～+32767
		(signed) short	16	−32768～+32767
		(signed) long	32	−2147483648～+2147483647
	无	unsigned int	16	0～65535
		unsigned short int	16	0～65535
		unsigned long int	32	0～4294967295
实型	有	float	32	$3.4e^{-38}$～$3.4e^{38}$
	有	double	64	$1.7e^{-308}$～$1.7e^{308}$
字符型	有	char	8	−128～+127
	无	unsigned char	8	0～255

C51 的数据类型扩充定义如下。

（1）sfr：特殊功能寄存器声明，占用 1B，值域为 0～255。

（2）sfr16：sfr 的 16 位数据声明，占用 2B，值域为 0～65535。

（3）sbit：特殊功能位声明，可为寻址，占用 1B，值域为 0 或 1。

（4）bit：位变量声明，占用 1B，值域为 0 或 1。

例如：

```
sfr  SCON = 0X98;      //定义特殊功能寄存器 SCON 的地址
sfr  P1 = 0x80;        //定义 P0 为 P0 端口在片内的寄存器，P0 端口地址为 80H
sfr16 T2 = 0xCC;       //定义 8052 定时器 2，地址为 T2L=CCH,T2H=CDH
sbit OV = PSW^2;       //定义特殊功能寄存器 PSW 的第 2 位为 OV
sbit P1_0 = P1^0;      //定义 P1_0 表示 P1 端口中的 P1.0 引脚
```

2. 常量和变量

单片机程序中处理的数据有常量和变量两种形式，区别在于：常量的值在程序执行期间是不能发生变化的，而变量的值在程序执行期间是可以发生变化的。

（1）常量

常量是指在程序执行期间其值固定、不能被改变的量。常量的数据类型有整型、浮点型、字符型、字符串型和位类型。

①整型常量可以表示为十进制数、十六进制数或八进制数等，例如十进制数 12、−70 等；十六进制数以 0x 开头，如 0x21，0xfe 等；八进制数以 o 开头，如 o15，o27 等。

若表示长整型，则在数字后面加字母 L，如 123L、0xF321L 等。

②浮点型常量可分为十进制表示形式和指数表示形式两种，如 0.111、123e3 等。

③字符型常量是用单引号括起来的单一字符，如‘a’、‘2’等。

④字符串型常量是用双引号括起来的一串字符，如“welcome”、“OK”等。

⑤位类型的值是一个二进制数，如 0 或 1。

常量可以是数值型常量，也可以是符号常量。

数值型常量就是平时说的常数，如 20、0x34、‘f’、“good”等，可以直接使用。

符号常量是指在程序中用标识符来代表的常量。符号常量在使用之前必须用编译预处理命令“define”先进行定义。例如：

```
#define  PI  3.1415    //用符号变量PI表示数值3.1415
```

在该句后面的程序代码中，凡是出现标识符PI的地方，均用3.1415来代替。

小贴士

- 单引号是字符常量的定界符，不是字符常量的一部分，且单引号中的字符不能是单引号本身或者反斜杠。要表示单引号或反斜杠，可以在该字符前面建一个反斜杠“\”，组成专用转义字符，如“\'”表示单引号字符，而“\\”表示反斜杠字符。
- 同样双引号是字符常量的定界符，不是字符常量的一部分。如果要在字符串常量中表示双引号，也要使用转义字符“\”。当引号内没有字符时，如“”，表示为空字符串。

（2）变量

变量是一种在程序执行过程中其值不断变化的量。

一个变量必须先定义、后使用，用标识符作为变量名，只有指出所用的数据类型和存储模式，这样编译系统才能为变量分配相应的存储空间。变量的定义格式如下：

```
[存储种类]    数据类型    [存储器类型]    变量名表;
```

其中，数据类型和变量名表是必要的，存储种类和存储器类型是可选项。

存储种类有四种：auto（自动变量）、extern（外部变量）、static（静态变量）、register（寄存器变量）。默认类型为auto（自动变量）。寄存器类型是指定该变量在MCS-51硬件系统中所使用的存储区域，并在编译时准确的定位。

小贴士

- 初学者容易混淆符号常量与变量，区别它们的方法是观察它们的值在程序运行过程中能否变化。符号常量的值在其作用域中不能改变。在编写程序时习惯将符号常量的标识符用大写字母来表示，而变量标识符用小写字母来表示，以示二者的区别。
- 在编程时如果不进行负数运算，应尽可能使用无符号变量或者位变量，因为它们能被C51直接接受，可以提高程序的运算速度。有符号字符变量虽然也占用1B，但需要进行额外的操作来测试代码的符号位，这将会降低代码的执行效率。

3. C语言数据与运算

C语言提供了丰富的运算符，它们能构成多种表达式，处理不同的问题，从而使C语言的运算功能十分强大。C语言的运算符可以分为12类，如表2-5所示。优先级别从高到低排列顺序为：!→算数运算符→关系运算符→&&→||→赋值运算符。

表 2-5　C 语言的运算符

运算符名	运 算 符	含义及说明
算数运算符	+、−、*、/、%、++、−−	加、减、乘、除、取余、自增 1、自减 1
关系运算符	>、<、>=、<=、==、!=	大于、小于、大于等于、小于等于、等于、不等于。前四个运算符优先级相同，后两个优先级相同；前者优先级高于后者
逻辑运算符	&&、||、!	逻辑与（AND）、逻辑或（OR）、逻辑非（NOT）。“!”优先级最高，其次“&&”，最低为“||”
赋值运算符	=	赋值符
位运算符	&、|、^、~ <<、>>	按位与、按位或、按位异或、按位取反、左移、右移
条件运算符	？、：	
逗号运算符	,	把两个表达式连接起来组成一个表达式
指针运算符	*、&	
求字节数运算符	sizeof	
强制类型转换运算符	（类型）	
下标运算符	[ ]	
函数调用运算符	( )	

表达式是由运算符及运算对象组成的、具有特定含义的式子。C 语言是一种表达式语言，表达式后面加上分好“；”就构成了表达式语句。在此主要介绍在 C51 编程中经常用到的算数运算、赋值运算、关系运算、逻辑运算、位运算、逗号运算及其表达式。

复合赋值运算符就是在赋值符“=”之前加上其他运算符。表 2-6 所示的是 C 语言的复合赋值运算符。构成复合赋值表达式的一般形式为：

```
变量= 变量　运算符　表达式
```

表 2-6　复合赋值运算符

运算符	功能	运算符	功能
+=	加法赋值	<<=	左移位赋值
-=	减法赋值	>>=	右移位赋值
*=	乘法赋值	&=	逻辑与赋值
/=	除法赋值	|=	逻辑或赋值
%=	取余赋值	^=	逻辑异或赋值
		~=	逻辑非赋值

例如：

```
a+=10                //相当于 a=a+10
x*=y+5               //相当于 x=x*(y+5)
m%=n                 //相当于 m=m%n
```

在程序中使用复合赋值运算符可以简化程序，有利于编译处理，提高编译效率及较高质量的目标代码。

4. 分支程序设计

通常，单纯的顺序结构程序只能解决一些简单的算术、逻辑运算，或者简单的查表、传送操作等。实际问题一般都是比较复杂的，总是伴随有逻辑判断或条件选择，要求计算机能根据给定的条件进行判断，选择不同的处理路径，从而表现出某种智能。分支程序的编程关键是如何确定供判断或选择的条件以及选择合理的分支指令。

例 2.1 单分支程序设计，在任务一流水灯程序中增加开关进行控制。

控制要求：用单个开关控制 8 个 LED 信号灯，开关分别接 P2.0。

（1）当开关 P2.0 打开时，LED 信号灯交叉亮；

（2）当开关闭合时，信号灯全亮。

程序示例如下：

```
#include"reg51.h"
sbit DIPswitch1=P2^0;           //声明单片机的 P2.0 位接开关
void main(void)
{
     P2=0XFF;                   //P2 口为输入口，置 1
     P1=0XFF;                   //信号灯全部熄灭
  while(1)
 { if(DIPswitch1==0)            //按下 K1,全亮
     { P1=0X00;}
   else
     {P1=0X55;}                 //开关打开，交叉亮
 }
}
```

例 2.2 多分支程序设计，在例 2.1 的基础之上，设计两个开关，使 CPU 可以查知两个开关组合出的 4 种不同状态。然后对应每种状态，使 8 个 LED 显示出不同的亮暗模式。

（1）硬件设计

在任务一的电路中，使用了单片机的并行口 P1 的输出功能来控制 8 个 LED 的显示，现在我们使用其 P3 口的输入功能设计两个输入开关，硬件原理图如图 2-21 所示。

如图 2-21 所示，当开关 K0 断开时，P3.4 引脚接地，P3.4=0；当 K0 接通时，P3.4 接+5V，P3.4=1。同样，当开关 K1 断开时，P3.5 引脚接地，P3.5=0；当 K1 接通时，P3.5 接+5V，P3.5=1。

假设要求 P3 口的开关状态对应的 P1 口的 8 个 LED 的显示方式如下：

P3.5（K1）	P3.4(KO)	显示方式
0	0	全亮
0	1	交叉亮
1	0	低四位连接的灯亮，高四位灭
1	1	低四位连接的灯灭，高四位亮

（2）软件设计

① 程序设计思想。利用 C 语言的多分支结构语句 if-else-if 语句进行编程。

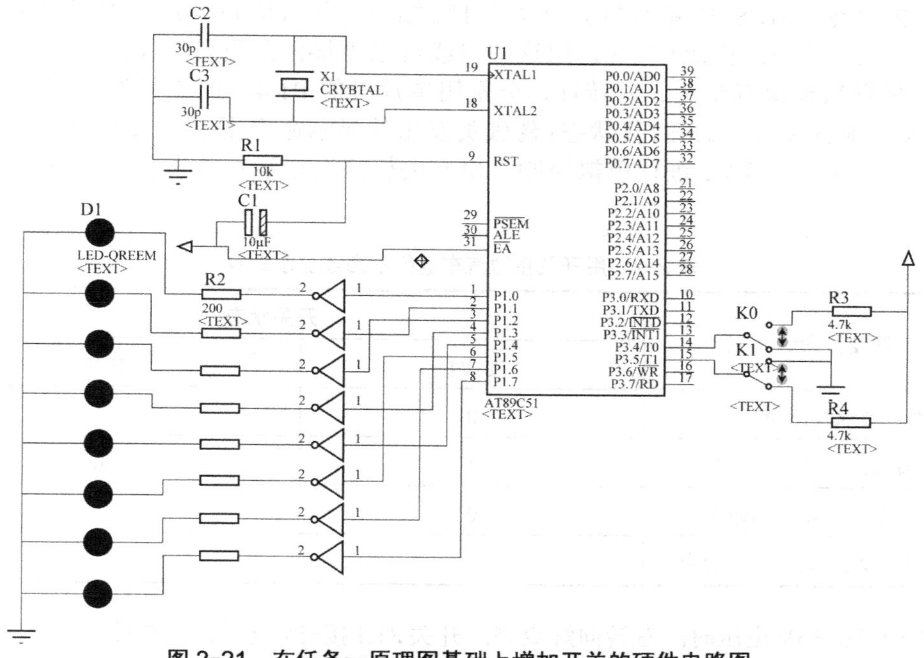

图 2-21　在任务一原理图基础上增加开关的硬件电路图

② 源程序。示例如下：

```
#include "reg51.h"                  //51 系列单片机头文件
sbit K0=P3^4;                       //定义单片机的 P3.4 和 P3.5 位
sbit K1=P3^5;
void main(void)
{    P2=0XFF;                       //P2 口为输入口，置 1
     P1=0XFF;                       //信号灯全部熄灭
  while(1)
 { if(K0==0 && K1==0 )              //断开 K0 和 K1,D1-D8 全亮
     {P1=0x00; }
  else if(K0==1 && K1==0 )          //接通 K0 ,交叉亮
     {P1=0x55;}
  else if(K0==0 && K1==1 )          //接通 K1 ,D1-D4 亮, D5-D8 灭
     {P1=0Xf0;}
 else
     {P1=0X0f;}                     //K0 和 K1 都接通 ,D1-D4 灭, D5-D8 亮
  }
}
```

四、任务实施

1. 任务分析

汽车左右转向灯控制系统的设计主要涉及两个部分：一个是汽车转向灯，另一个是驾

驶员发出的命令。MCS-51 单片机共有 4 个 I/O 端口，分别是 P0、P1、P2 和 P3，每一个端口都有 8 位，共 32 根 I/O 口线，用这些口线可以连接外部设备。在本任务中，采用 4 个发光二极管来模拟汽车左、右转灯，分别用单片机的 P1.4、P1.5 控制左转向灯、P1.6 和 P1.7 来控制右转弯灯的亮、灭状态；驾驶员发出的显示命令用 P1.0、P1.1 引脚连接左、右转向开关 SW1 和 SW2 进行模拟控制。用开关模拟汽车运行状态线显示命令如表 2-7 所示。

表 2-7　用开关模拟汽车运行状态或显示命令

驾驶员命令	开关状态	
	SW1	SW2
驾驶员未发出命令	0	0
驾驶员发出左转显示命令	1	0
驾驶员发出右转显示命令	0	1
驾驶员发出汽车故障显示命令	1	1

开关P1.0接+5V电压时，左转向灯点亮，开关P1.1接+5V电压时，右转向灯点亮，P1.0 、P1.1 同时接+5V 电压时，左、右转向灯同时点亮，P1.0 、P1.1 同时接地时，左、右转向灯同时熄灭。

2. 确定设计方案

微控制器单元选用 AT89S51 芯片、时钟电路、复位电路、电源、4 个发光二极管和 2 组开关构成单片机最小系统，模拟汽车转向灯控制。模拟汽车转向灯最小系统方案设计框图如图 2-22 所示。

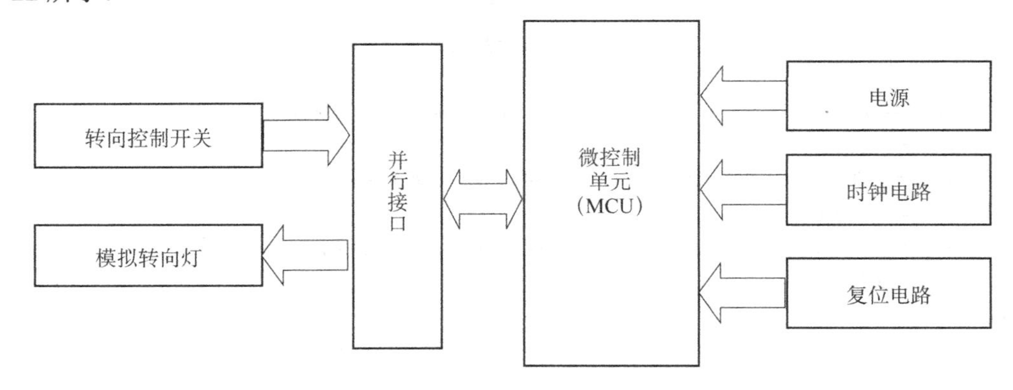

图 2-22　模拟汽车转向灯最小系统方案设计框图

3. 硬件电路设计

该任务采用单片机的 P1 端口的 P1.4～P1.7 来控制 4 个发光二极管，用 P1.0 和 P1.1，接两个开关，模拟汽车转向灯电路原理图如图 2-23 所示。

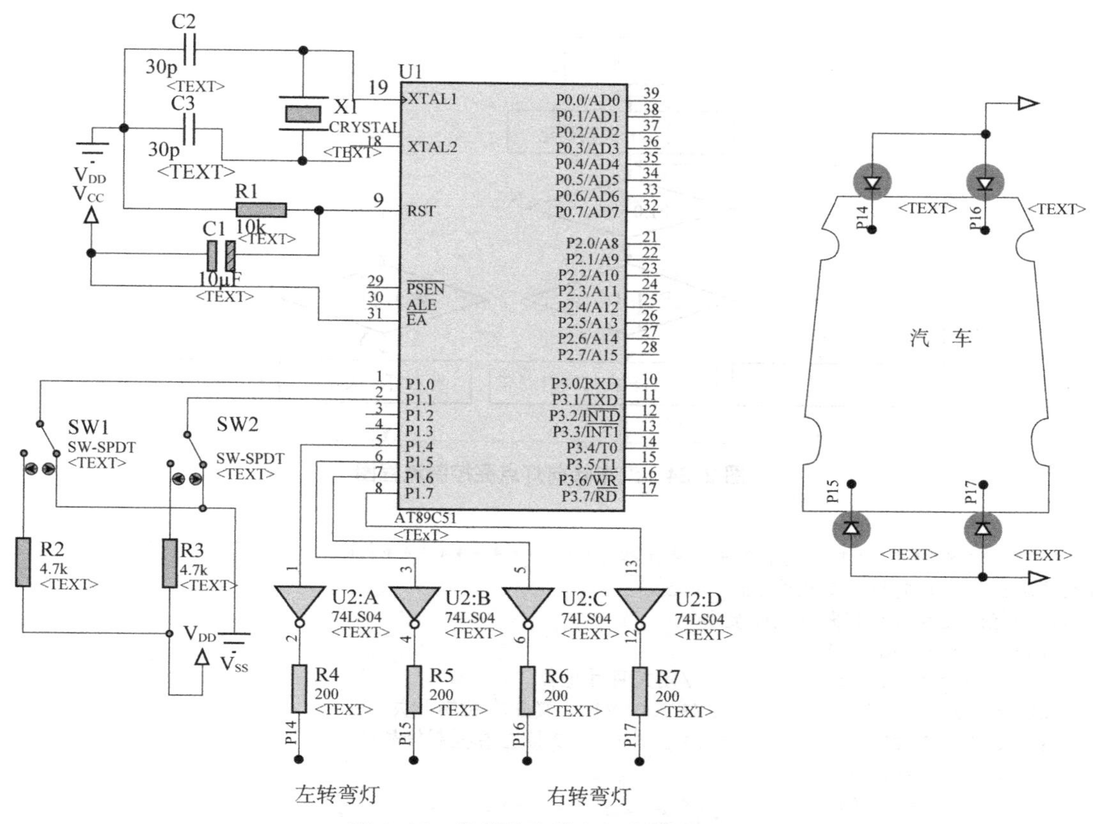

图 2-23　模拟汽车转向灯电路原理图

电路在 P1 端口的 P1.4～P1.7 与发光二极管中间增加了芯片 74LS04 反相器,当某一位输出为低电平时，反相后输出高电平，点亮对应的发光二极管；当某一位输出为高电平时，反相后输出低电平，对应的发光二极管熄灭。电路所用元器件如表 2-8 所示。

表 2-8　电路所用元器件

参数	元器件名称	参数	元器件名称
AT89S51	单片机	CAP 30pF	电容
RES（200Ω）	电阻	LED-GREEN	绿色发光二极管
CRYSTAL	晶振	74LS04	反相器
CAP-ELEC	电解电容	SW-SPDT	开关

4. 源程序设计

步骤 1：按照控制要求绘制流程图。汽车转向灯点亮控制流程图如图 2-24 所示。

步骤 2：根据流程图进行程序编写。示例源程序如下：

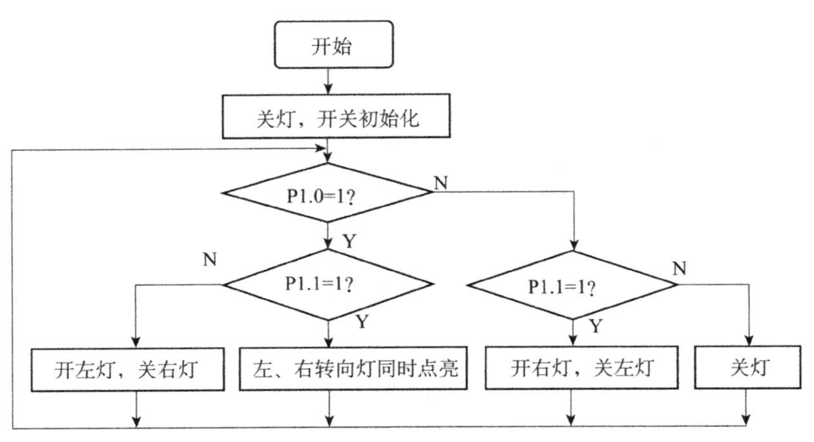

图 2-24　汽车转向灯点亮控制流程图

```
//*************** 汽车转向灯控制程序**************
//程序名: 汽车转向灯控制程序 xm2_4.c
//程序功能: 控制汽车转向灯点亮显示
    #include<reg51.h>
    sbit P1_0=P1^0;              //定义可寻址位
    sbit P1_1=P1^1;             //P1.0 P1.1 接左右控制开关
    sbit P1_4=P1^4;             //P1.4～P1.7 接左右控制信号灯
    sbit P1_5=P1^5;
    sbit P1_6=P1^6;
    sbit P1_7=P1^7;
    void main()
    {  P1=0x0f;                //P1 低四位置 1, 作为输入口
      while(1)
      {
       if(P1_0==0 && P1_1==0)   //若 P1.0 和 P1.1 均为 0, 即开关都闭合
       {
        P1_4=1;                 //左右转向灯同时点亮
        P1_5=1;
        P1_6=1;
        P1_7=1;
       }
    else if(P1_0==0 && P1_1!=0)          //若左转向开关闭合 P1.0=0
       {
        P1_4=1;                        //则左转向灯亮
        P1_5=1;
       }
    else if(P1_1==0 && P1_0!=0)        //若右转向开关闭合 P1.1=0
       {
        P1_6=1;                        //则右转向灯亮
        P1_7=1;
       }
    else                               //左右转向灯均熄灭
     {   P1_4=0;
```

```
        P1_5=0;
        P1_6=0;
        P1_7=0;
    }
      }
         }
```

汽车的转向灯在接到开关的命令后，实际上显示闪烁效果，因此程序中需要增加延时程序。汽车转向灯闪烁控制流程图如图 2-25 所示。

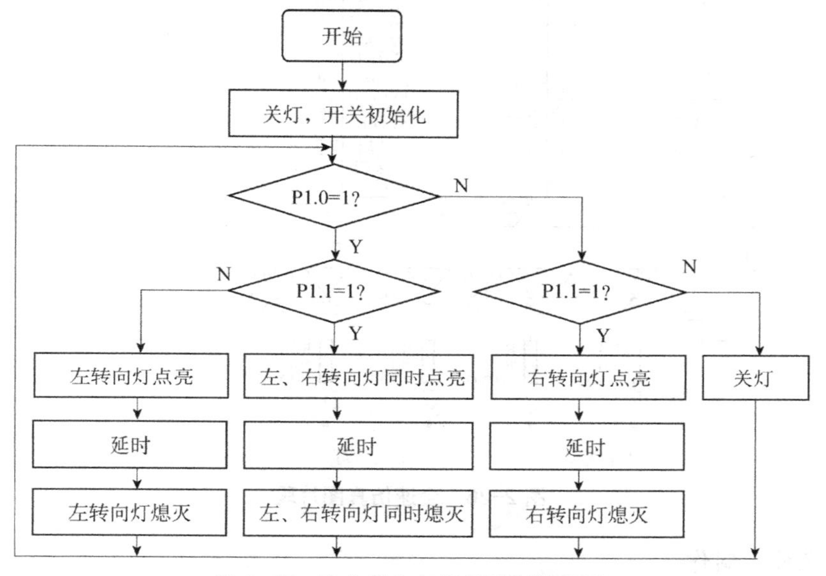

图 2-25　汽车转向灯闪烁控制流程图

5. 软、硬件调试与仿真

用 Keil μVision2 和 Proteus 软件联合进行程序调试。

（1）用 Proteus 软件进行硬件电路的设计。

（2）用 Keil 软件进行源程序编辑、编译、生成目标代码文件。

①新建 Keil 项目文件。

②选择 CPU 类型。

③新建汇编源程序（.ASM 文件），编写程序并保存。

④源程序进行编译、生成目标代码文件（.HEX 文件）。

（3）在 Proteus 软件中加载目标代码文件、设置时钟频率。

①加载目标代码文件：右击选中 ISIS 编辑区中 AT89S51，打开其属性窗口，在“Program File”右侧框中输入目标代码文件。

②设置时钟频率：在属性窗口的“Clock Frequency”时钟频率栏中设置 12MHz。

（4）单片机系统的 Proteus 交互仿真。仿真画面如图 2-26 所示，单击按钮▶启动仿真，此时 D0 亮，延时后熄灭 D1 亮，熄灭后下一个灯亮，一直到 D7 亮后熄灭 D0 再亮。如此循环，实现流水灯效果。若单击“停止”按钮■，则终止仿真。

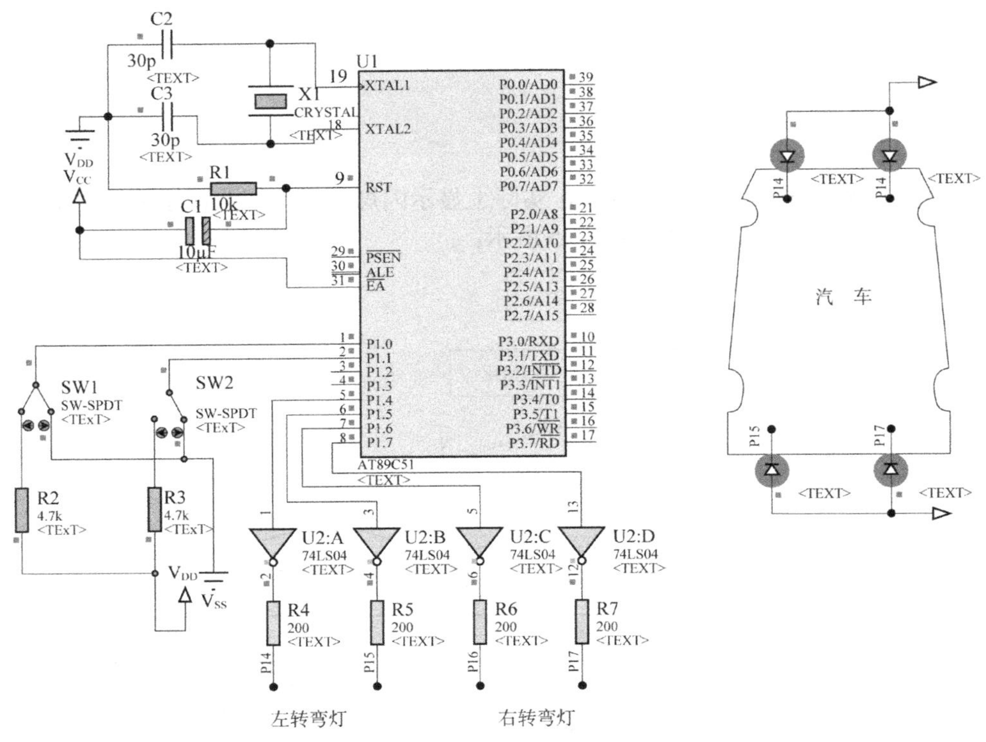

图 2-26 全速仿真图片段

6. 实物连接、制作

在 Proteus 中仿真调试结果正常后，用实际硬件搭建电路如图 2-27 所示，通过编程器将 HEX 格式文件下载到 CPU 芯片中，通电观察 LED 信号灯亮灭效果。

在万能板上按照单片机控制汽车转向灯电路图焊接元器件，表 2-9 所示为模拟汽车转向灯电路的元器件清单。

 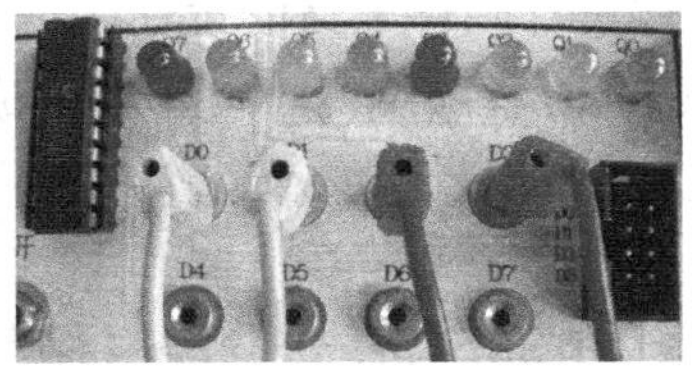

图 2-27 实际电路搭建

表 2-9 模拟汽车转向灯电路的元器件清单

元器件名称	参数	数量	元器件名称	参数	数量
单片机	AT89S51\52	1	电阻	200Ω	8
晶体振荡器	12MHz	1	电阻	10 kΩ	1
发光二极管	红色	4	电解电容	10μF	1
反相器	74LS04	8	瓷片电容	33pF	2
按键		2	IC 插座	DIP40	1

五、技能提高

控制要求：汽车除左、右转向灯外，还有前后灯、倒车灯等车灯的控制，修改硬件电路并补充程序实现汽车前后及左、右转向灯的控制。模拟汽车前、后及左、右转向灯的硬件电路图如图 2-28 所示。

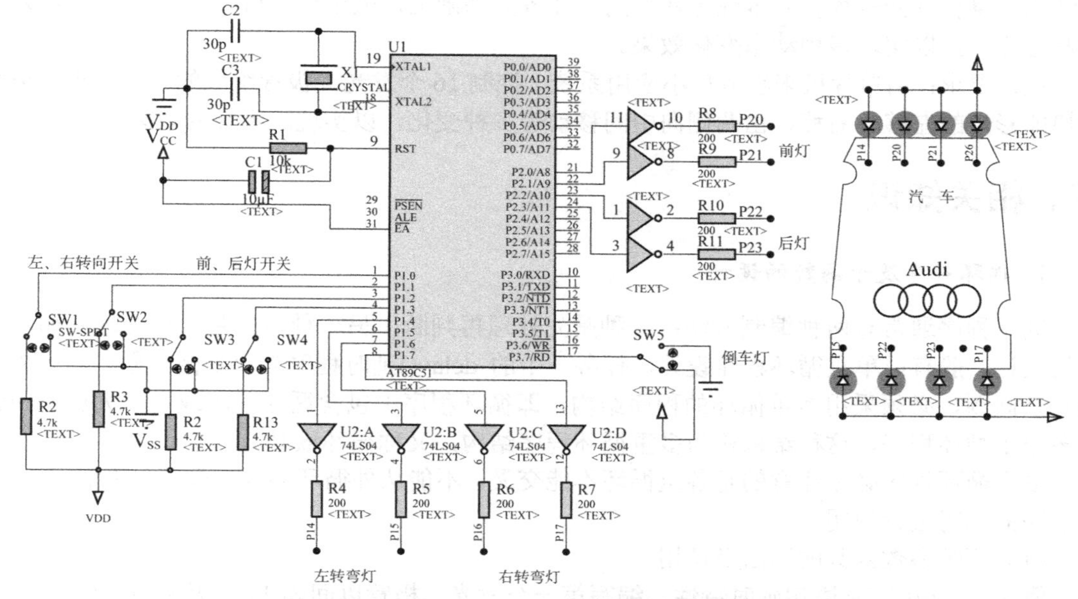

图 2-28　模拟汽车前、后及左、右转向灯的硬件电路图

设计思路：运用多分支结构程序语句 if-else-if 语句，根据实际汽车信号灯的控制要求采用 if 语句的嵌套来实现其控制效果。

任务三　模拟广告灯设计

一、学习目标

知识目标

1. 单片机 4 个 I/O 端口的功能和使用特点
2. C 语言循环结构程序的设计方法

技能目标

1. 熟练操作使用 Keil、Proteus 软件
2. 根据任务要求能构建单片机最小应用系统

3. 能够编写循环程序、延时子函数和数组程序

二、任务导入

用 LED 发光二极管形成彩灯阵列具有很好的广告灯装饰效果，广泛应用于广告宣传、店铺装饰、舞台灯光等场合。本任务在前两个任务的基础上，采用单片机的两组 I/O 端口来控制彩灯阵列，以实现多种动态变化效果。

设计要求：由单片机来组成最小应用系统，控制 16 个发光二极管组成的彩灯阵列，按照规律即彩灯的左移、右移、由两侧向中间移动等多种变化，以实现广告灯的效果。

三、相关知识

1. 循环程序及子函数的设计

循环程序通常有两种编制方法：一种是先处理再判断，另一种是先判断后处理。循环程序的设计一般有：单重循环程序设计、任务一中的 delay()延时程序为双重循环程序，另外有些复杂问题，必须采用多重循环的程序结构，即循环程序中包含循环程序或一个大循环中包含多个小循环程序，这种结构称为多重循环程序结构，又称循环嵌套。

多重循环程序必须注意的是各重循环不能交叉，不能从外循环跳入内循环。下面对 1s 延时程序的编写进行说明。

（1）不带参数函数的写法及调用

例 2.3 利用 for 语句延时特性，编写第一个发光二极管以间隔 1s 亮灭闪动的程序。

```
#include <reg52.h>                  //52 系列单片机头文件
#define uint unsigned int           //宏定义
sbit led1=P1^0;                     //声明单片机 P1 口的第一位
uint i,j;                           //定义为无符号的整型变量，范围 0~65535
void main()                         //主函数
{
    while(1)                        //大循环
    {
        led1=0;                     /*点亮第一个发光二极管*/
        for(i=1000;i>0;i--)         //延时
            for(j=110;j>0;j--);  //延时 968.31272ms 约 1s
        led1=1;                     /*关闭第一个发光二极管*/
        for(i=1000;i>0;i--)         //延时
            for(j=110;j>0;j--);
    }
}
```

（2）调用子函数的例子（不带参数）

例 2.4 编写程序使第一个发光二极管以间隔 500ms 亮灭闪动。

```
#include <reg52.h>                  //52 系列单片机头文件
#define uint unsigned int           //宏定义
```

```
sbit led1=P1^0;                     //声明单片机 P1 口的第一位
void delay1s();                     //声明子函数
void main()                         //主函数
{
  while(1)                          //大循环
  {
     led1=0;                        /*点亮第一个发光二极管*/
     delay1s();                     //调用延时子函数
     led1=1;                        /*关闭第一个发光二极管*/
     delay1s();                     //调用延时子函数
  }
}
void delay1s()                      //子函数体
{
   uint i,j;                        //定义局部变量
   for(i=500;i>0;i--)              //i=500,即延时约 500ms
      for(j=110;j>0;j--);
}
```

（3）带参数函数的写法及调用

例 2.5 编写程序使第一个二极管以亮 200ms、灭 800ms 的方式闪动。

```
#include <reg52.h>                  //52 系列单片机头文件
#define uint unsigned int           //宏定义
sbit led1=P1^0;                     //声明单片机 P1 口的第一位
void delayms(uint);                 //声明子函数
void main()                         //主函数
{
   while(1)                         //大循环
   {
      led1=0;                       /*点亮第一个发光二极管*/
      delayms(200);                     //延时 200 毫秒
      led1=1;                       /*关闭第一个发光二极管*/
      delayms(800);                     //延时 800 毫秒
   }
}
/*----------------------------------------
 延时函数，含有输入参数 unsigned int t，无返回值 unsigned int 是定义无符号整型
 变量，其值的范围是 0~65535
----------------------------------------*/
void delayms(uint xms)                  //带参数的延时子函数
{
   uint i,j;
   for(i=xms;i>0;i--)                 //i=xms 即延时约 xms 毫秒
      for(j=110;j>0;j--);
}
```

2. 数组

在本案例中，广告灯的显示码是一组有规律的同类型数据，如果定义大量的简单变量，程序将变得非常烦琐。为了处理方便，C 语言把具有相同类型的若干变量或常量，用一个带下标数组定义。对各个变量的相同操作可以利用循环改变下标值来进行重复的处理，使程序变得简明清晰。带下标的变量由数组名称和用方括号括起来的下标共同表示，称为数组元素。通过数组名和下标可直接访问数组的每个元素。数组有两个特点：一是其长度是确定的，在定义的同时确定了其数组的大小，在程序中不允许随机变动；二是其元素必须是相同类型，不允许出现混合类型。

数组可分为一维数组、二维数组和多维数组等，常见的是一维、二维和字符数组。

（1）一维数组

①一维数组定义。在 C 语言中使用数组必须先进行定义或声明，一旦定义了一个数组，系统就将在内存中为其分配一个所申请大小的空间，该空间大小固定，以后不能改变。一维数组的定义格式为：

```
        数据类型 数组名 [ 常量表达式 ];
```

在 C 语言中规定，一个数组的名字表示该数组在内存中所分配的一块存储区域的首地址，因此，数组名是一个地址常量，不允许对其进行修改。“常量表达式”表示该数组拥有的元素个数，即定义了数组的大小，必须是正整数。例如，以下语句定义了 int 型的长度为 10 的一维数组，定义了字符型数组 C，长度为 20。

```
int seg[10];      //定义整型数组 seg，有 10 个元素，seg[0]、seg[1]、…、seg[9]
char c[20];      //定义字符型数组 c，有 20 个元素，c[0]、c[1]、…、c[19]
```

在定义了一个数组后，系统在内存中分配一块连续的存储空间用于存储数组。一个数组中的元素下标必须从 0 开始。所以，定义数组时，若“常量表达式”指出数组长度为 n，数组元素下标只能从 0 到 n-1。“常量表达式”能包含常量，但不能包含变量。

②一维数组元素的引用。在程序中，一维数组元素可以直接作为变量或常量直接引用，其引用的格式为：

```
        数组名 [ 下标 ]
```

其中，“下标”可以是整型常量或是整型表达式。下标是数组元素到数组开始的偏移量，第一个元素的偏移量是 0（也称 0 号元素），第二个元素的偏移量是 1（也称 1 号元素），依此类推。例如，seg[5]表示引用数组 seg[]的下标为 5 的元素。

③一维数组的初始化。每个数组元素可以表示一个变量，对数组的赋值也就是对数组元素的赋值。在定义数组的语句中，可以直接为数组赋值，这称为数组的初始化。数组的初始化方法是将数组元素的初值存放在由大括号括起来的初始值表中，每个初值之间由逗号隔开。

```
如: int seg[10]={0x00,0x11,0x33,0x55,0x77,0x99,0x22,0x44,0x66,0x88};
```

（2）二维数组

定义二维数组的一般形式为：

```
    类型说明符  数组名 [ 常量表达式 1 ] [ 常量表达式 2 ];
```

其中常量表达式 1 表示第一维下标的长度，常量表达式 2 表示第二维下标的长度，例如：

```
int num[3][4] ;
```

说明一个 3 行 4 列的数组，数组名为 num，该数组共包括 3×4 个数组元素，即：

```
num[0][0]、num[0][1]、num[0][2]、num[0][3]
num[1][0]、num[1][1]、num[1][2]、num[1][3]
num[2][0]、num[2][1]、num[2][2]、num[2][3]
```

二维数组的存放方式是按行排列的，放完一行后顺次放入第二行。由于 num 数组定义为 Int 类型，该类型数据占 2 个字节的内存空间，所以每个元素均占有 2 个字节。

二维数组的初始化赋值可按行分段赋值，也可以按行连续赋值。

例如，对数组 num[3][4]可按下列方式进行赋值。

①按行分段赋值可写为：

```
int num[3][4]={{1,2,3,4},{5,6,7,8},{9,10,11,12}};
```

②按行连续赋值可写为：

```
int num[3][4]={1,2,3,4,5,6,7,8,9,10,11,12};
```

以上两种赋初值的结果完全相同。

（3）字符数组

用来存放字符量的数组称为字符数组，每一个数组元素就是一个字符。

字符数组的使用说明与整型数组相同，例如“char c[10];”语句，说明 c 为字符数组，包含 10 个字符元素。

字符数组的初始化赋值是直接将各字符赋给数组中的各个元素。例如：

```
char c[10]={'w','e','l','c','o','m','e','\0'};
```

以上定义说明一个包含 8 个数组元素的字符数组，并且将 7 个字符分别赋值到 c[0]～c[7]，而 c[8]和 c[9]系统将自动赋予空格字符。

当对全体数组元素赋初值时也可省去长度说明，例如：

```
char c[]={'w','e','l','c','o','m','e','\0'};
```

此时该数组的长度自动定义为 8。

通常用字符数组来存放一个字符串。字符串总以“\0”作为结束符。因此当把一个字符串存入一个数组时，也要把结束符“\0”存入数组，并以此作为字符串的结束标志。

C 语言允许用字符串的方式对数组作初始化赋值，例如：

```
char c[]={'w','e','l','c','o','m','e','\0'};
```

可写为：

```
char c[]={"welcome"};
```

或去掉{}，写为：

```
char c[]="welcome";
```

一个字符串可以使用一维数组，但数组的元素数目一定比字符多一个，即字符串结束符“\0”，由C编译器自动加上。

字符串数组的应用参见项目八中任务二的字符型LCD液晶显示广告牌控制程序。

四、任务实施

1. 任务分析

要控制彩灯的多种动态变化，必须要解决单片机的控制方式和灯光的延时、循环等问题，分析如下：

（1）P2端口和P3端口的每一位都能独立地定义为输入线或输出线，所以采用P2端口和P3端口作为输出控制端口，利用指令控制端口，实现16个LED形成的彩灯变化。

（2）延时程序的实现，常用的两种方法为：一是利用定时器中断来实现（将在项目三中介绍），二是用指令循环来实现。在本任务中采用后一种方法。

（3）彩灯的变化可采用左移、右移或查表等指令，由程序来控制。

2. 确定设计方案

微控制器单元选用AT89S51芯片、时钟电路、复位电路、电源和16个发光二极管构成单片机最小系统，模拟广告灯的控制。广告灯最小系统方案设计框图如图2-29所示。

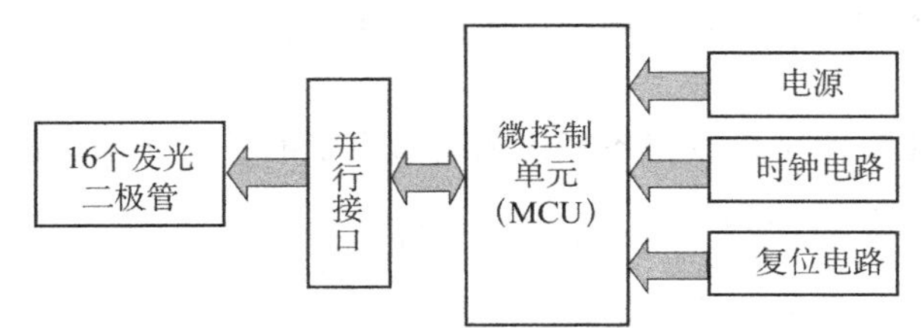

图2-29　广告灯最小系统方案设计框图

3. 硬件电路设计

根据设计要求分析，采用直接驱动，为提高驱动电流能力，LED采用共阳极接法，广告灯输出心形或苹果图案，电路所用元器件如表2-10所示。电路原理图如图2-30所示。

表2-10　电路所用元器件

参数	元器件名称	参数	元器件名称
AT89S51	单片机	CAP 30pF	电容
RES（200Ω）	电阻	LED-YELLOW	黄色发光二极管
CRYSTAL	晶振	LED-RED	红色发光二极管
CAP-ELEC	电解电容		

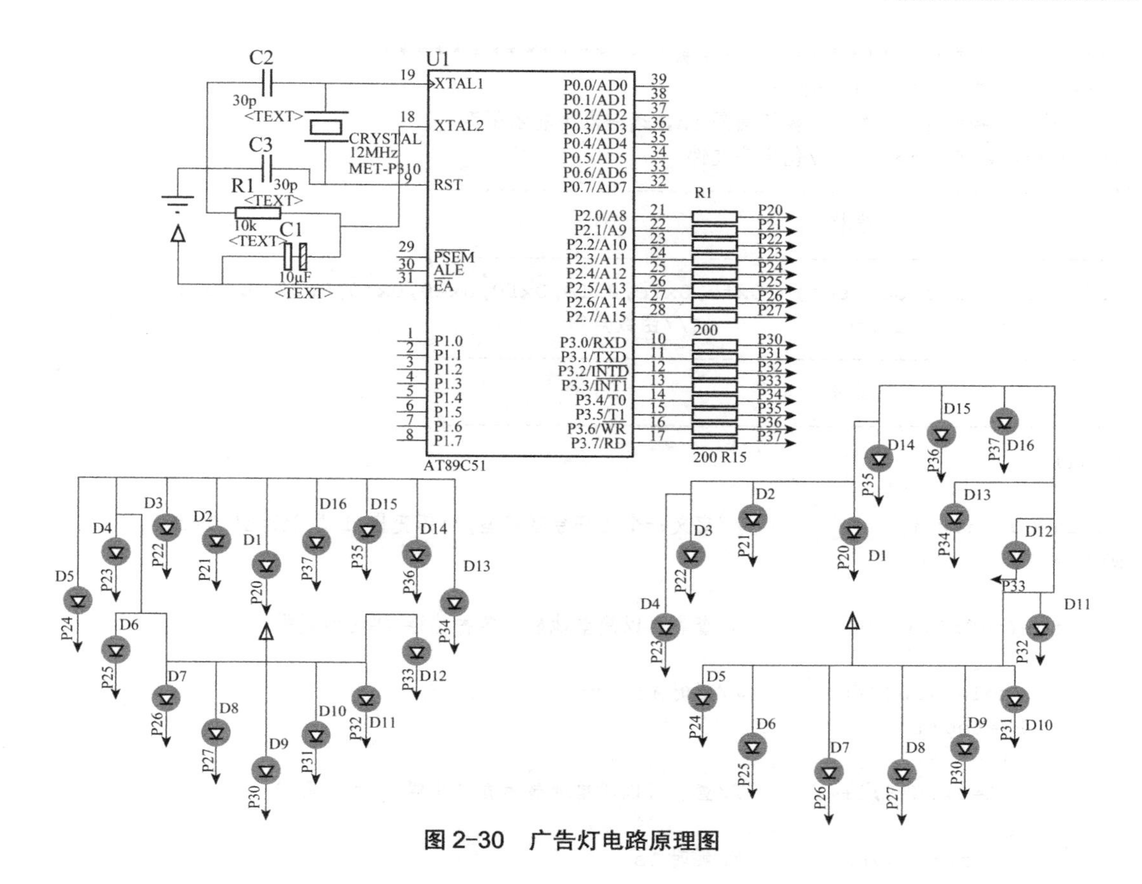

图 2-30 广告灯电路原理图

4. 源程序设计

步骤 1：按照控制要求绘制流程图。流程图如图 2-31 所示。要求 P2 端口 8 个彩灯间隔 1s 依次点亮，然后 P3 端口的彩灯间隔 1s 依次点亮，最终点亮整个彩灯图案。

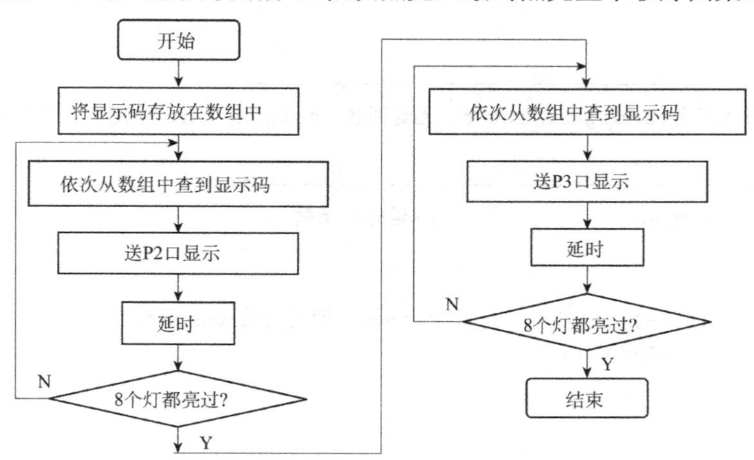

图 2-31 广告灯控制流程图

步骤 2：根据流程图进行程序编写。源程序如下：

```
//******************广告灯控制程序**************
//程序名: 广告灯控制程序 xm2_5.c
//程序功能: 控制 16 个发光二极管间隔 1s，逐一点亮显示图案
#include<reg51.h>     //包含头文件
/*-------------------------------------------------
                花样表格
-------------------------------------------------*/
unsigned char code seg[]={0xfe,0xfc,0xf8,0xf0,0xe0,0xc0,0x80,0x00};
void delayms(uint xms);          //函数声明
/*-------------------------------------------------
                  主函数
-------------------------------------------------*/
main()
{
 unsigned char i;              //定义一个无符号字符型,局部变量 i 取值范围 0~255
 while(1)
     {
    for(i=0;i<8;i++)           //查表可以简单地显示各种花样 实用性更强
       {
        delay(1000);           //延时 1s
       P2=seg[i];
        }
     for(i=0;i<=8;i++)         //查表可以简单地显示各种花样 实用性更强
       {
        delay(1000);           //延时 1s
        P3=seg[i];
       }
        P2=0xff;               //所有的 LED 灯熄灭
        P3=0xff;
     }
}
/*-------------------------------------------------
 延时函数，含有输入参数 unsigned int t，无返回值 unsigned int 是定义无符号整形变量，其值的
范围是 0~65535
-------------------------------------------------*/
void delayms(uint xms)                //延时子函数
{
    uint i,j;
    for(i=xms;i>0;i--)                //i=xms 即延时约 xms 毫秒
        for(j=110;j>0;j--);
}
```

程序说明：

- 程序 xm2_5.c 中使用了名为 seg 的无符号字符数组，定义如下：

```
unsigned char code seg[]={0xfe,0xfc,0xf8,0xf0,0xe0,0xc0,0x80,0x00};
```

该数组包含 8 个分量 seg[0]、seg[1]、…、seg[7]，数组名为 seg，表示数组的地址。

- 在数组定义语句中，关键字“code”是为了把数组 seg 数组存储在片内程序存储器 ROM 中，该数组与程序代码固化在程序存储器中。

5. 软、硬件调试与仿真

用 Keil μVision2 和 Proteus 软件联合进行程序调试。

（1）用 Proteus 软件进行硬件电路的设计。

（2）用 Keil 软件进行源程序编辑、编译、生成目标代码文件。

①新建 Keil 项目文件。

②选择 CPU 类型（选择 ATMEL 中的 AT89S51 单片机）。

③新建汇编源程序（.ASM 文件），编写程序并保存。

④源程序进行编译、生成目标代码文件（.HEX 文件）。

（3）在 Proteus 软件中加载目标代码文件、设置时钟频率。

①加载目标代码文件：右击选中 ISIS 编辑区中 AT89S51，打开其属性窗口，在“Program File”右侧框中输入目标代码文件。

②设置时钟频率：在属性窗口的“Clock Frequency”时钟频率栏中设置 12MHz。

（4）单片机系统的 Proteus 交互仿真。如图 2-32 所示，单击按钮启动仿真，此时 D1 亮，延时 1s 后 D2 亮，直到 D16 点亮后整个图案点亮。如此循环，实现广告灯的效果。若单击“停止”按钮，则终止仿真。

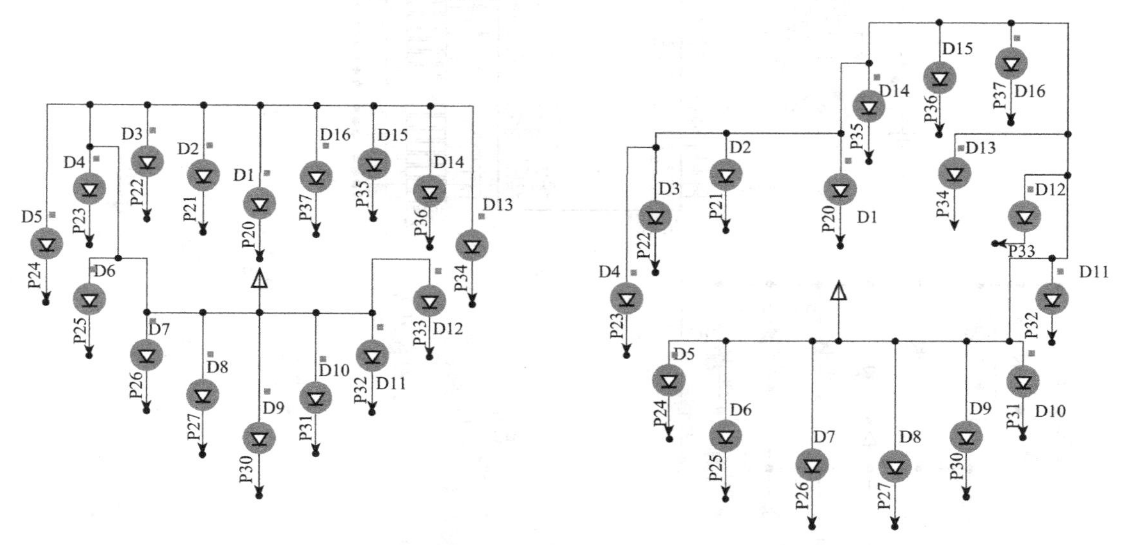

图 2-32 全速仿真图片段

5. 实物制作

在万能板上按照单片机控制 16 个 LED 信号灯电路图焊接元器件,广告灯电路的元器件清单如表 2-11 所示。

表 2-11　元器件清单

元器件名称	参数	数量	元器件名称	参数	数量
单片机	AT89S51	1	电阻	200Ω	8
晶体振荡器	12MHz	1	电阻	10 kΩ	1
发光二极管		16	电解电容	10μF	1
电源	+5V	1	瓷片电容	33pF	2
IC 插座	DIP40	1			

五、技能提高

控制要求：修改程序，给 16 个 LED 控制的广告灯增加开关控制（接在 P1.0），使正常情况下（开关未闭合），广告灯图案闪烁显示；开关闭合时，广告灯从 D1→D16，再 D16→D1 循环移动点亮，再依次点亮显示，直至点亮整个图案。广告灯电路原理图如图 2-33 所示。

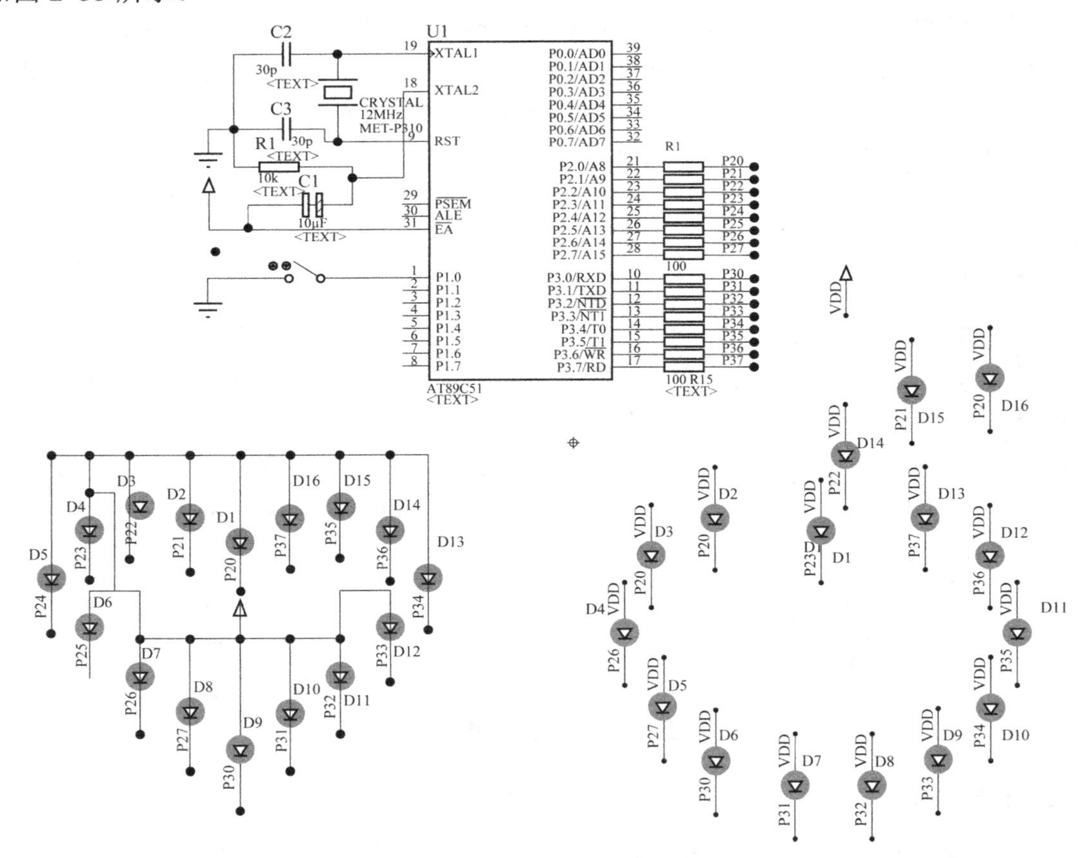

图 2-33　广告灯电路原理图

知识网络归纳

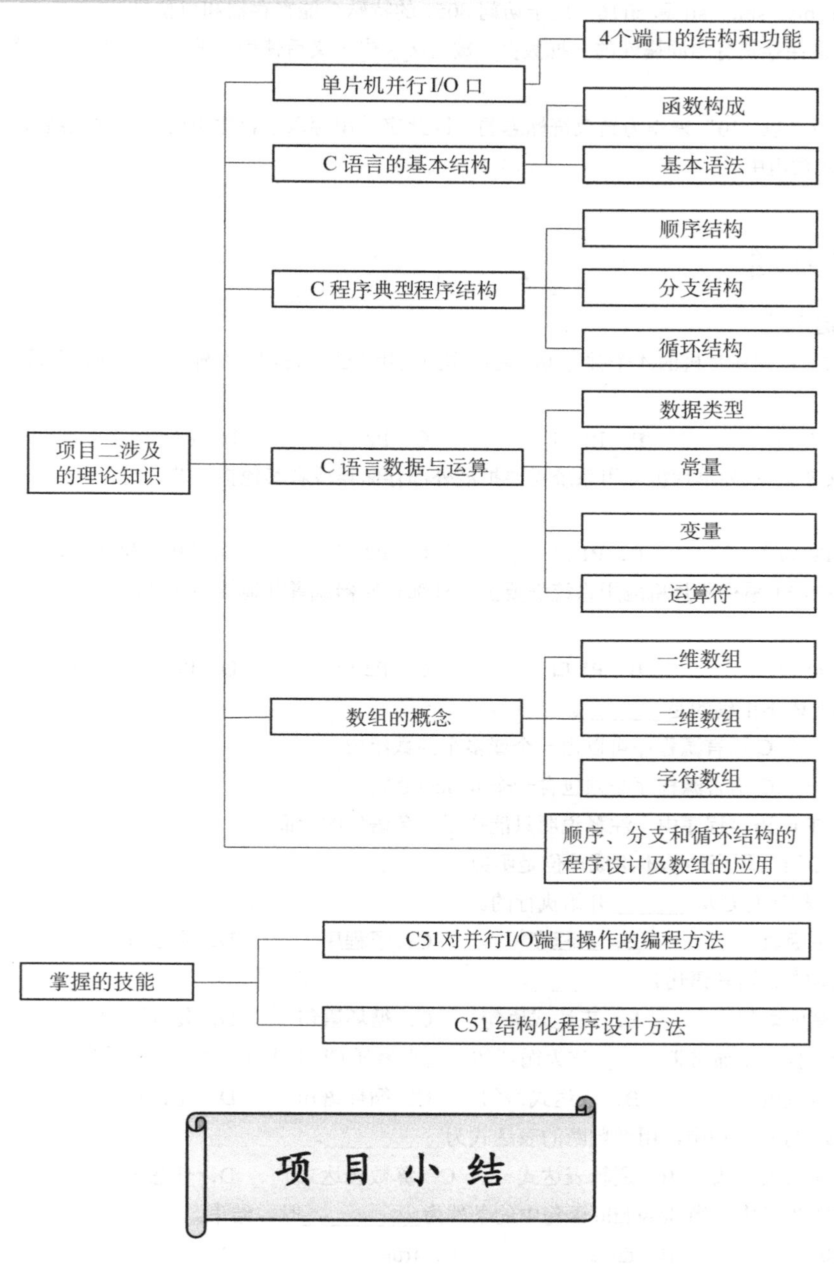

项 目 小 结

1．MCS-51系统单片机有4个双向并行8位I/O端口，都可以用于数据的输入/输出控制，其中P0口是三态双向I/O端口，可驱动8个TTL电路，P1～P3口是准双向I/O端口，可驱动4个TTL电路。

2. C语言是结构化程序设计语言，有三种基本程序结构：顺序结构、分支结构和循环结构，且具有丰富的运算符和面向单片机硬件结构的数据类型，处理能力很强。

3．函数是C语言的基本组成单位，一个C语言源程序中至少包括一个函数，一个C语言源程序中有且只有一个主函数main()。C语言程序总是从main()函数开始执行。

4. C语言除了具有标准C的所有标准数据类型外，为了更加有效地利用8051的结构，还扩展了一些特殊的数据类型：bit、sbit、sfr和sfr16，用于访问8051的特殊功能寄存器和可位寻址。

5. 数组用来保存具有相同属性的一批数据。数组必须先定义后使用。常用的数组是一维数组、二维数组和字符数组。

6. 字符串总是以“\0”来作为结束符标志的。因此字符串存入字符数组时，必须把结束符“\0”作为一个数组元素存入数组中。

练习题

一、单项选择题

（1）MCS-51系列单片机的4个并行I/O端口作为通用I/O口使用，在输出数据时，必须外接上拉电阻的是______。

A．P0口　　B．P1口　　C．P2口　　D．P3口

（2）当MCS-51系列单片机应用系统需要扩展外部存储器或者其他接口芯片时，______可作为低8位地址总线使用。

A．P0口　　B．P1口　　C．P2口　　D．P0口和P2口

（3）当MCS-51系列单片机应用系统需要扩展外部存储器或者其他接口芯片时，______可作为高8位地址总线使用。

A．P0口　　B．P1口　　C．P2口　　D．P0口和P2口

（4）下列叙述不正确的是_______。

A．一个C语言源程序可以由一个或多个函数组成

B．一个C语言源程序必须包含一个main()函数

C．在C语言程序中，注释说明只能位于一条语句的后面

D．C语言程序的基本组成单位是函数

（5）C语言程序总是从_______开始执行的。

A．主函数　　B．主程序　　C．子程序　　D．主过程

（6）最基本的C语言语句是_________。

A．赋值语句　　B．表达式语句　　C．循环语句　　D．复合语句

（7）在C51程序中通常把______作为循环体，用于消耗CPU时间，产生延时效果。

A．赋值语句　　B．表达式语句　　C．循环语句　　D．空语句

（8）在C51的if语句中，用做判断的表达式为__________。

A．关系表达式　　B．逻辑表达式　　C．算数表达式　　D．任意表达式

（9）在C51程序中，当do-while语句中的条件为__________时，结束。

A．0　　B．false　　C．true　　D．非0

（10）下面的while循环执行了________次空语句。

```
    while(i=5);
```

A．无限　　B．0　　C．1　　D．2

（11）在C51的数据类型中，unsigned char型的时间长度和值域为__________。

A．单字节，-128～127　　B．双字节，-32768～+32767

C．单字节，0～255　　D．双字节，0～65535

（12）下面对一维数组s的初始化，其中不正确的是__________。

A．char s[5]={“abc”};　　B．char s[5]={‘a’,‘b’,‘c’};

C．char s[5]=“ ”;　　D．char s[5]=“abcdef”;

（13）对两个数组a和b进行如下初始化：

```
char a[]="ABCDEF"
char b[]={'A','B','C','D','E','F'};
```

则以下叙述正确的是_________。

A．a和b数组完全相同　　B．a和b长度相同

C．a和b中都存放字符串　　D．a数组比b数组长度长

（14）在C语言中，引用数组元素时，其数组下标的数据类型允许是________。

A．整型常量　　B．整型表达式

C．整型常量或整型表达式　　D．任何类型的表达式

二、填空题

（1）在MCS-51系列单片机的4个并行I/O端口，常用于第二功能的是_______口。

（2）用C51编程访问MCS-51单片机的并行I/O端口时，可以按_____寻址操作，还可以按_____操作。

（3）一个C语言程序至少应包括一个__________函数。

（4）C51扩充的数据类型_________________用来访问MCS-51单片机内部的所有特殊功能寄存器。

（5）结构化程序设计的三种基本结构是____________________________。

（6）___________语句一般用做单一条件或分支数目较少的场合，如果编写超过3个以上分支的程序，可用多分支选择的___________语句。

（7）while语句和do-while语句的区别在于：_______________语句是先执行、后判断，而___________语句是先判断、后执行。

（8）下面的while循环执行了_______________次空语句。

```
i=3;
while(i!=0);
```

（9）下面的延时函数delay()_______________次空语句。

```
void delay()
{
  int t;
  For(i=0;i<10000;i++);
}
```

（10）在单片机的C语言程序设计中，__________类型数据经常用于处理ASCII字符或用于处理小于255的整型数。

（11）C51的字符串总是以________作为字符串的结束符，通常用字符数组来存放。

（12）在以下数组定义中，关键字“code”是为了把tab数组存储在_____________。

```
unsigned char code m[]={'A','B','C','D','E','F'};
```

三、训练题

修改项目训练中的源程序，利用 P1 口输出控制 8 个发光二极管，实现以下流水灯效果：

1. 8 个发光管间隔 200ms 先由上至下，后由下至上，再重复一次，然后全部熄灭再以 300ms 间隔全部闪烁 5 次。重复此过程。

2. 间隔 300ms 第一次一个管亮流动一次，第二次两个管亮流动，依次到 8 个管亮，然后重复整个过程。

3. 间隔 300ms 先奇数亮再偶数亮，循环三次；一个灯上下循环三次；两个分别从两边往中间流动三次；再从中间往两边流动三次；8 个全部闪烁 3 次；关闭发光管，程序停止。

4. 使 8 个灯依次顺序点亮，再顺序熄灭，然后 8 个灯全亮、全灭交替闪烁 4 遍，最后整个程序循环 1 遍。

提示：采用数组的方法实现。

项目三　交通信号灯和抢答器设计

应用案例——啤酒装瓶系统

啤酒厂有一条用于装罐啤酒的生产线，如图 3–1 所示。由单片机的 P1.0 口首先送出清洗信号，将空瓶进行清洗，啤酒罐的右侧方有一个阀门，用于控制啤酒的流量，这个阀门由单片机的 P1.1 口控制，高电平使能，假设阀门打开 5s 就能把一个空酒瓶灌满，则每一次 P1.1 口输出一个持续 8s 的高电平（5s 装瓶、3s 外包装）。与此同时，压瓶盖机向下冲压，完成一个啤酒瓶盖的安装，由单片机 P1.2 口送出包装指令，进行酒瓶包装，然后通过“包装完成信号线”向单片机的 P3.4（T0）口输出一个完成计数信号，表明一个啤酒已经灌制完成。此时，单片机驱动用于显示装瓶数的七段数码管的显示数字加 1，再同时，单片机的 P1.3 口输出一个高电平触发信号，让传送带带动下一组空瓶子准备装瓶和压盖，如果有紧急情况发生，如啤酒瓶爆炸，可以按下“紧急停止”开关以关闭这个系统。

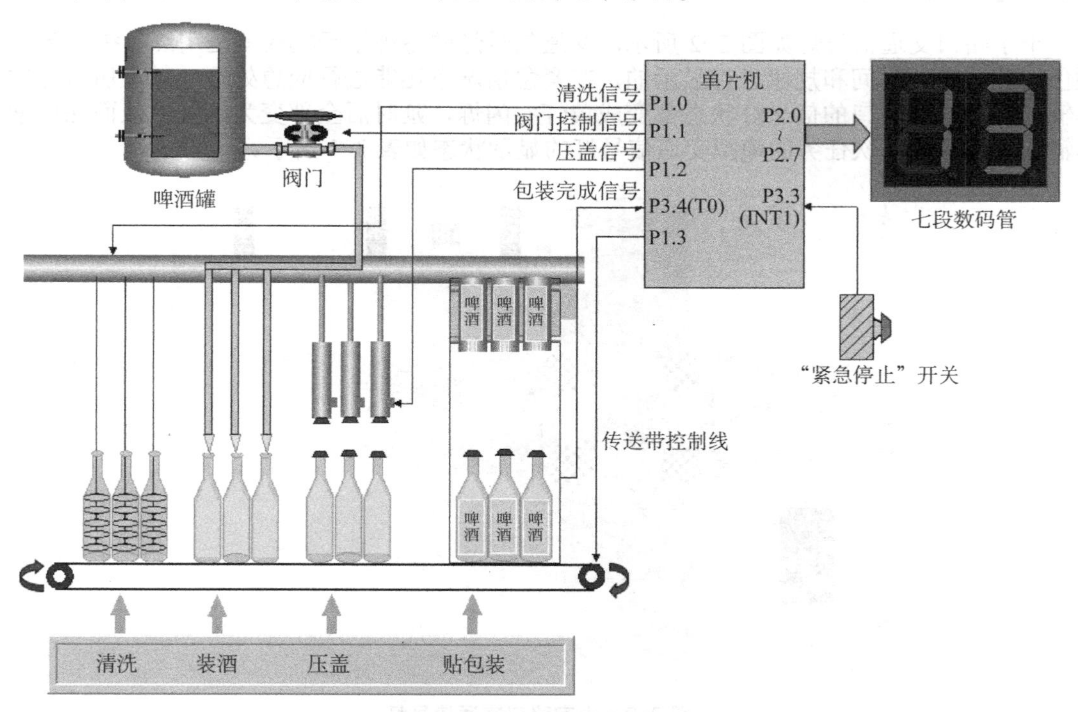

图 3–1　啤酒装瓶系统示意图

在该系统中，使用单片机 Timer 的计数器功能，每当外包装完成信号线输入一个计数信号时，表明已经装完一个啤酒瓶，单片机使能传送带带动瓶子移动，并打开阀门开始清洗空瓶子，再进行装瓶操作。一旦出现意外，“紧急停止”开关触发外部中断，使系统中断。

任务一　交通信号灯设计

一、学习目标

知识目标

1. 掌握单片机中断相关的基本概念
2. 掌握中断控制寄存器各位的功能及中断标志的功能
3. 掌握中断服务程序的编写方法和步骤

技能目标

1. 能正确选用中断源，会进行中断及中断源的优先级设置
2. 利用单片机中断系统设计实际的应用控制系统，能绘制单片机硬件原理图、会编写控制主程序和外部中断服务程序

二、任务导入

十字路口交通信号灯如图 3-2 所示。交通信号灯的各种指示模式就是用红、绿、黄 3 种颜色按照特定的时间和规律进行显示的，在紧急情况下还能进行应急处理，禁止所有方向的车辆通行，4 个路口的信号灯状态都变成黄灯并闪烁，延时后全部变为红灯，从而保证紧急车辆及时通过。本次任务的模拟交通信号灯的显示状态如表 3-1 所示。

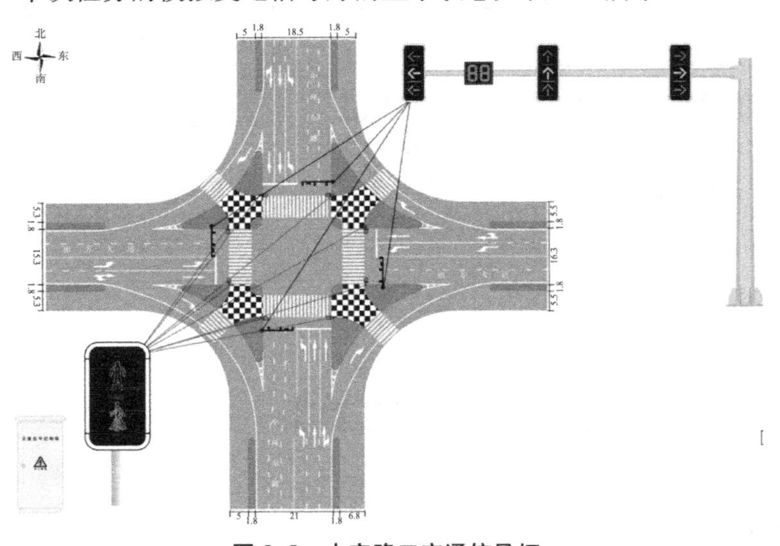

图 3-2　十字路口交通信号灯

表 3-1 交通信号灯显示状态表

方向	状态	初始状态	状态 1	状态 2	状态 3	状态 4
东西方向	信号	全部熄灭	绿灯亮	黄灯闪烁	红灯亮	红灯亮
	时间	300ms	5s	间隔 300ms 闪烁 3 次	5s	1.8s
南北方向	信号	全部熄灭	红灯亮	红灯亮	绿灯亮	黄灯闪烁
	时间	300ms	5s	1.8s	5s	间隔 300ms 闪烁 3 次

本任务就是利用单片机设计一个交通指示灯的模拟控制系统（晶振频率采用 12MHz）。

三、相关知识

1. 中断的基本概念

（1）概念

中断是指计算机在执行某一程序的过程中，由于计算机系统内、外的某种原因，而必须中止原程序的执行，转去执行相应的处理程序，待处理结束之后，再回来继续执行被中止的原程序的过程。中断的示意图如图 3-3 所示。

中断需要解决两个主要问题：如何从主程序转到中断服务程序和如何从中断服务程序返回主程序。

（2）特点

计算机采用中断技术大大提高了它的工作效率和处理问题的灵活性，主要表现在以下几个方面：

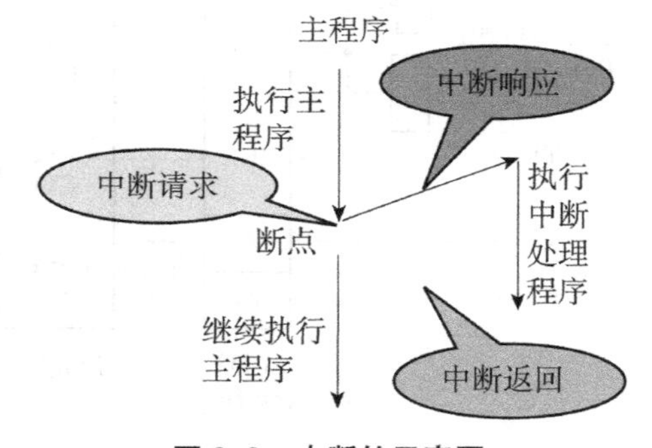

图 3-3 中断的示意图

①分时操作。解决了快速 CPU 与慢速外设之间的矛盾，可使 CPU 与外设并行工作。这样，CPU 可启动多个外设同时工作，大大提高了工作效率。

②实时处理。及时处理控制系统中许多随机产生的参数与信息,即计算机具有实时处理的能力，从而提高了控制系统的性能。

③故障处理。使系统具备处理故障的能力，如出现掉电、存储出错、运算溢出等故障,从而提高了系统自身的可靠性。

（3）与中断相关的几个概念

①中断服务子程序。中断之后处理的程序，也称为中断处理子程序。

②主程序。原来正常执行的程序。

③中断源。发出中断申请的信号或引起中断的事件。

④中断请求。CPU 接收到中断源发出的申请信号。

⑤中断响应。接收中断申请，转到相应中断服务子程序处执行。

⑥断点。主程序被断开的位置（即地址），转入中断程序的位置。

⑦中断入口地址。中断响应后，中断程序执行的首地址。

⑧中断返回。从中断服务程序返回到主程序。

计算机处理中断过程类似于子程序的处理过程，但它们是有区别的，表 3-2 给出了它们的不同点。

表 3-2　中断与调用子程序的区别

不同点	中断	调用子程序
产生原因	随机产生	程序中事先安排
保护内容	既保护断点，又保护现场	只保护断点
处理事件	为外设服务和处理各种事件服务	为主程序服务，与外设无关

2. MCS-51 单片机的中断系统及其管理

1）MCS-51 中断系统的结构

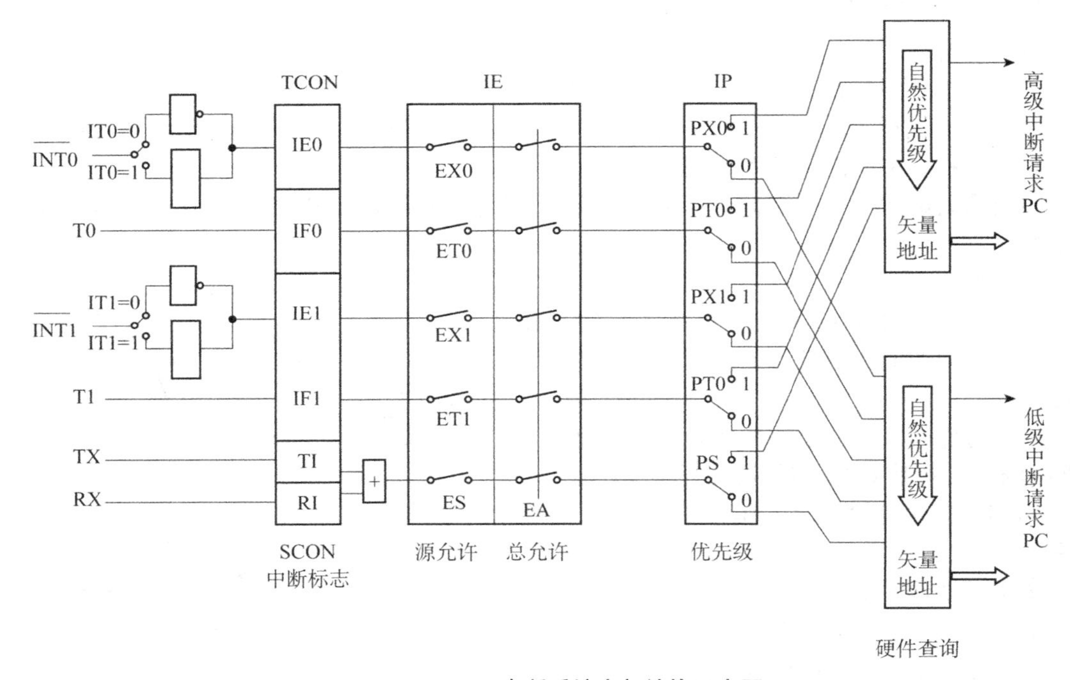

图 3-4　MCS-51 中断系统内部结构示意图

中断过程是在硬件基础上再配以相应的软件而实现的，不同的计算机其硬件结构和软件指令是不完全相同的，因此，中断系统也是不相同的。

MCS-51 中断系统简单实用，其基本特点是：有 5 个固定的可屏蔽中断源，片内有 3 个，片外有 2 个，它们在程序存储器中各有固定的中断入口地址，由此进入中断服务程序。5 个中断源有两级中断嵌套，还有 2 个特殊功能寄存器用于中断控制和条件设置的编程。其结构图如图 3-4 所示。

2）中断源

MCS-51 单片机有 5 个中断源，包括 2 个外部中断 $\overline{\text{INT0}}$、$\overline{\text{INT1}}$、2 个内部定时器/计数器溢出中断 TF0、TF1 和 1 个内部串行口中断 TI 或 RI。每个中断源可由程序开中断或者关中断，每个中断源的优先级别也可由程序设置。

其中，外部中断 0——$\overline{\text{INT0}}$，由 P3.2 提供，外部中断 1——$\overline{\text{INT1}}$，由 P3.3 提供，外部中断有两种信号方式，即电平方式和脉冲方式；T0 溢出中断——由片内定时/计数器 0 提供，T1 溢出中断——由片内定时/计数器 1 提供；串行口中断 RI/TI——由片内串行口提供。

3）特殊功能寄存器 TCON 和 SCON

MCS-51 单片机 5 个中断源的中断请求信号分别锁存在特殊功能寄存器 TCON 和 SCON 中。

（1）中断控制寄存器 TCON

TCON 用于中断请求标志，格式如下：

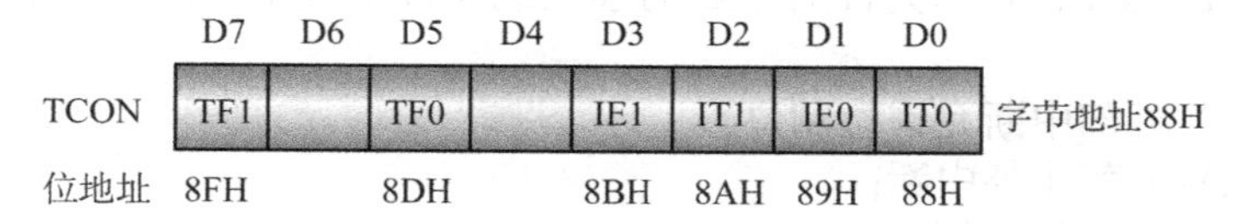

①IE0 和 IE1——外中断请求标志位。当 CPU 采样到 $\overline{\text{INT0}}$（或 $\overline{\text{INT1}}$）端出现有效中断请求时，IE0（IE1）位由硬件置“1”。在中断响应完成后转向中断服务时，再由硬件自动清“0”。

②IT0 和 IT1——外中断请求触发方式控制位。

IT0(IT1)=1 脉冲触发方式，后沿负跳变有效。

IT0(IT1)=0 电平触发方式，低电平有效。

由软件置“1”或清“0”。

③TF0 和 TF1 ——计数溢出标志位。

当计数器产生计数溢出时，相应的溢出标志位由硬件置“1”。当转向中断服务时，再由硬件自动清“0”。计数溢出标志位的使用有以下两种情况：

- 采用中断方式时，作中断请求标志位来使用；
- 采用查询方式时，作查询状态位来使用。

（2）串行口控制寄存器 SCON

串行口控制寄存器 SCON 格式如下：

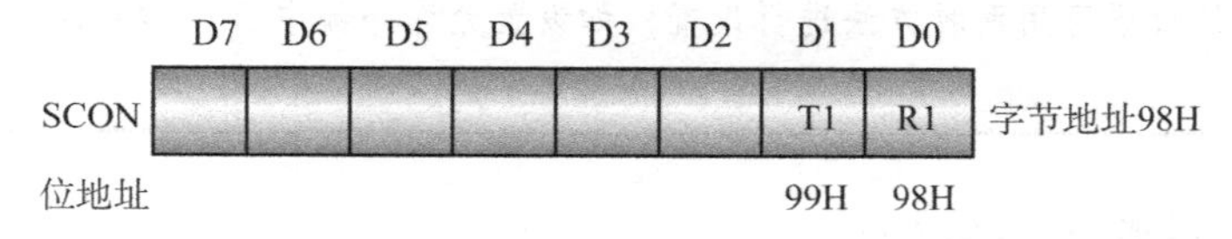

SCON 的低 2 位（TI 和 RI）是串行口的发送中断请求标志和接收中断请求标志，其格式说明如下。

①TI：串行口发送中断请求标志位。当发送完一个字节或发送停止位时 TI 置 1，向 CPU 请求中断处理，TI 由中断服务程序清 0。

②RI：串行口接收中断请求标志位。当接收完一个字节或停止位时 RI 置 1，向 CPU 请求中断处理，RI 也要由中断服务程序清 0。 串行中断请求由 TI 和 RI 的逻辑或得到。

注意：当系统复位后，TCON 和 SCON 均清 0，应用时要注意各位的初始状态。

4）中断的开放和禁止

计算机中断系统有两种不同类型的中断：非屏蔽中断和可屏蔽中断。对非屏蔽中断，用户无法使用软件的方法加以禁止，一旦有中断申请，CPU 必须予以响应。对可屏蔽中断，用户可以通过软件的方法来控制是否允许某中断源的中断。如果允许中断，则称为中断开放；

如果不允许，则称为中断屏蔽。MCS-51 系列单片机的 5 个中断源都是可屏蔽中断，由中断系统内部的专用寄存器 IE 负责控制各中断源的开放或屏蔽。

IE 寄存器的地址为 0A8H，位地址 0AFH～0A8H。各位的内容及位地址表示如下：

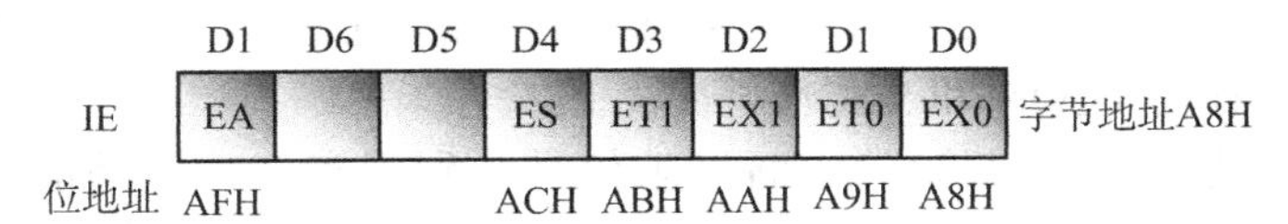

①EA 中断允许总控制位。

- EA=0 中断总禁止，禁止所有中断；
- EA=1 中断总允许，总允许后中断的禁止或允许由各中断源中断允许控制位进行设置。

②EX0（EX1）外部中断允许拉制位。

- EX0(EX1)=0 禁止外中断；
- EX0(EX1)=1 允许外中断。

③ET0 和 ET1 定时 / 计数中断允许控制位。

- ET0(ET1)=0 禁止定时（或计数）中断；
- ET0(ET1)=1 允许定时（或计数）中断。

④ES 串行中断允许控制位。

- ES=0 禁止串行中断；
- ES=1 允许串行中断。

单片机复位后，IE 寄存器被清 0，用户可根据需要置“1”或清“0”IE 相应的位，来允许或禁止各中断源的中断申请，要使某中断源允许中断，必须同时使 EA=1，即首先使 CPU 开放中断。

小贴士

IE 寄存器的设置可用两种方法进行设置，如设置允许外部中断 1 和定时器 1 的中断，其他不允许。

方法一：根据要求 IE 设置为：

EA	×	×	ES	ET1	EX1	ET0	EX0
1	0	0	0	1	1	0	0

即用指令“IE=0x8C；”实现。

方法二：用位操作指令来实现。

```
EA=1;
EX1=1;
ET1=1;
```

5）中断优先权的处理

MCS-51 中断系统设立了两级优先级——高优先级和低优先级，可以设置 5 个中断源优先级，由中断优先级寄存器 IP 进行控制。它的字节地址为 0B8H，位地址为 0BFH～0B8H，其格式如下：

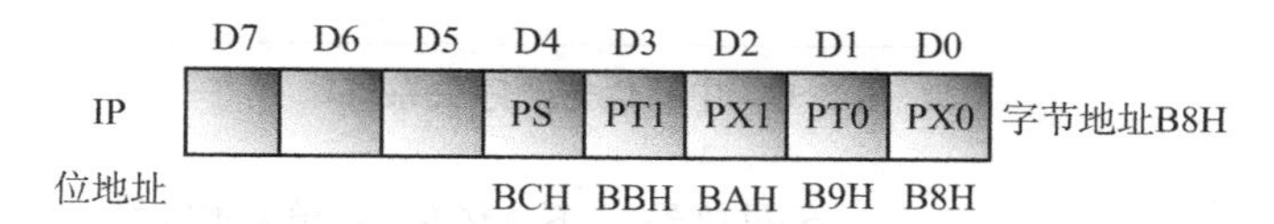

- PX0（PX1）外部中断 0（外部中断 1）优先级设定位。
- PT0（PT1）定时中断 0（定时中断 1）优先级设定位。
- PS 串行中断优先级设定位。

为“0”的位优先级为低；为“1”的位优先级为高。

单片机复位后，IP 寄存器被清 0，所以每个中断都处于低优先级，可以用指令对优先级进行设置。

小贴士

IP 寄存器的设置也可用两种方法进行设置，如将定时器 0 中断和外部中断 1 设为高优先级，其他都为低优先级。

方法一：根据要求 IP 设置为

×		×	PS	PT1	PX1	PT0	PX0
0	0	0	0	0	1	1	0

即用指令“IP=0x06；”实现。

方法二：用位操作指令来实现。

```
PX1=1;
PT0=1;
```

优先级的问题不仅发生在几个中断同时产生的情况，也发生在一个中断已产生，又有一个中断产生的情况。

若有优先权高的中断源发出中断请求，则 CPU 能中断正在进行的中断服务程序，并保留这个程序的断点，响应高级中断，高级中断处理结束以后，再继续进行被中断的中断服务程序，这个过程称为中断嵌套，其示意图如图 3-5 所示，如果发出新的中断请求的中断源的优先权级别与正在处理的中断源同级或更低时，CPU 不会响应这个中断请求，直至正在处理的中断服务程序执行完以后才能去处理新的中断请求。

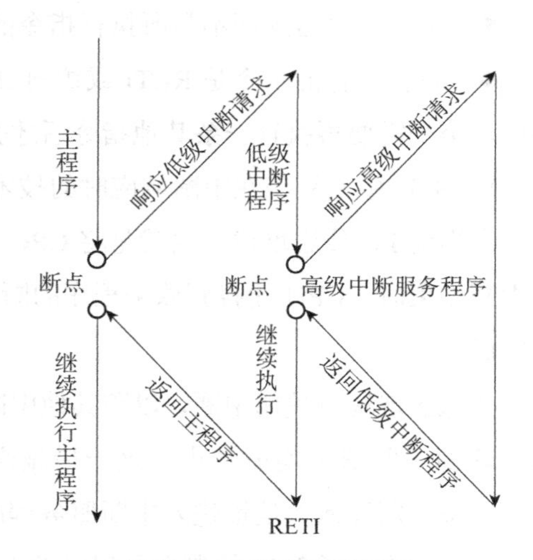

图 3-5　中断嵌套示意图

当有多个同级别的中断源同时申请时，按自然优先级顺序确定先响应哪个中断请求。自然优先级由硬件形成，中断优先顺序关系如图 3-6 所示。

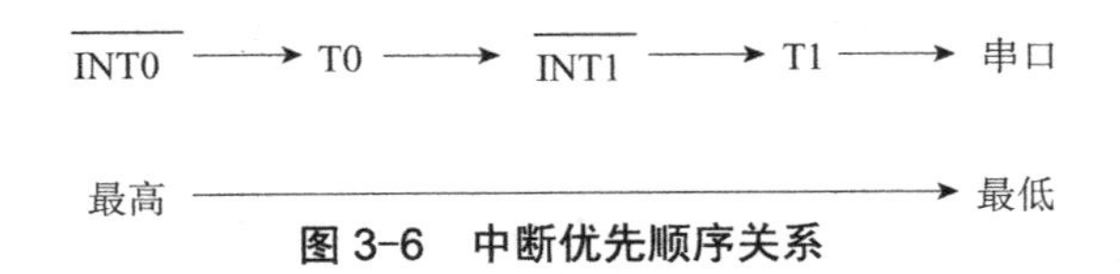

图 3-6　中断优先顺序关系

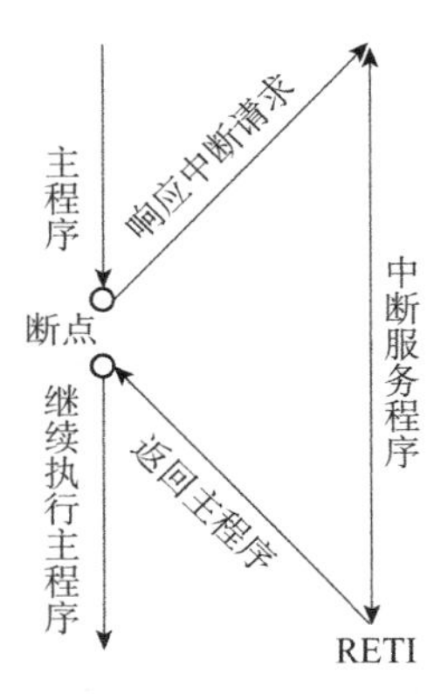

图 3-7　中断响应过程流程

下面总结一下 MCS-51 单片机对中断优先权的处理原则：

- 不同级的中断源同时申请中断时——先高后低。
- 同级的中断源同时申请中断时——事先规定。
- 处理低级中断又收到高级中断请求时——停低转高。
- 处理高级中断又收到低级中断请求时——高不理低。

3. 中断处理过程

（1）中断响应

中断响应过程流程如图 3-7 所示。中断响应的条件为：

- 有中断源提出中断请求。
- 中断总允许位 EA=1，即 CPU 开放中断。
- 申请中断的中断源的中断允许位为 1，即没有被屏蔽。

MCS-51 的 CPU 在每个机器周期采样各中断请求标志位，如有置位，只要以上条件满足，且下列三种情况都不存在，那么，在下一周期 CPU 响应中断。否则，采样的结果被取消。这 3 种情况是：

- CPU 正在处理同级或高级优先级的中断。
- 现行的机器周期不是所执行指令的最后一个机器周期。
- 正在执行的指令是 RETI 或访问 IE、IP 指令。CPU 在执行 RETI 或访问 IE、IP 的指令后，至少需要再执行一条其他指令后才会响应中断请求。

MCS-51 中断系统在中断响应时的技术措施为：

①当前 PC 值送堆栈，也就是将 CPU 本来要取用的指令地址暂存到堆栈中保护起来，以便中断结束时，CPU 能找到原来程序的断点处，继续执行下去。这一措施是中断系统自动保存完成。

②保护现场时关闭中断，以防其他中断信号干扰。此时，中断系统关闭该中断源接收电路，其他中断请求均被禁止。这一措施需用指令完成。

③按中断源入口地址进入中断服务程序。

表 3-3 给出了 8051 控制器所提供的 5 个中断源所对应的中断类型号和中断服务程序的入口地址。

表 3-3　中断源入口地址一览表

中断源	入口地址	
外部中断 0	0003H	interrupt　0
定时器/计数器 0	000BH	interrupt　1
外部中断 1	0013H	interrupt　2
定时器/计数器 1	001BH	interrupt　3
串行口	0023H	interrupt　4

（2）中断服务程序

在中断响应后，计算机调用的子程序称为中断服务程序。这是专门为外部设备或其他内部部件中断源服务的程序段，其结尾必须是中断返回指令 RETI。

（3）中断返回

计算机在中断响应时执行到 RETI 指令时，立即结束中断并从堆栈中自动取出在中断响应时压入的 PC 当前值，从而使 CPU 返回源程序中断点继续进行下去。

（4）外部中断触发方式选择

TCON 寄存器的 IT0 和 IT1 可以将外部中断 0 和外部中断 1 设置为电平触发和边沿触发方式。当 IT0=0 时，外部中断 0 为电平触发方式，当 IT0=1 时，外部中断 0 为边沿触发方式。当 IT1=0 时，外部中断 1 为电平触发方式，当 IT1=1 时，外部中断 1 为边沿触发方式。其中电平触发方式适合于外部中断输入（低电平有效），而且中断服务程序能清除外部中断输入请求源的情况。而边沿触发方式适合于以脉冲形式输入的外部中断请求。

（5）中断请求的撤除

CPU 响应中断请求后即进入中断服务程序，在中断返回前，应撤除该中断请求，否则，会重复引起中断而导致错误。中断标志清除方式有三种情况：

①定时器 T0、T1 及边沿触发方式的外部中断标志，TF0、TF1、IE0、IE1 在中断响应后由硬件自动清除，无须采取其他措施。

②电平触发方式的外部中断标志 IE1、IE0 不能自动清除，必须撤除 $\overline{INT0}$ 或 $\overline{INT1}$ 的电平信号。

③串行口中断标志 TI、RI 不能由硬件清除，需用指令清除，图 3-8 所示的撤除外部中断请求的方案是用于撤除 $\overline{INTX}$ 信号的方案之一。如果外部中断 0 采用电平触发方式，外部的中断信号不直接加在 $\overline{INT0}$ 端，而是加在 D 触发器的时钟 CP 端，当外部有中断请求信号时，时钟脉冲使 D 触发器置 0，由此向 CPU 发中断请求，当 CPU 响应中断进入中断服务程序后，用软件使 P1.1 输出一负脉冲，使 $\overline{S}$=0，则 D 触发器的输出置 1，撤除中断请求。

（6）外部中断源的扩展

MCS-51 单片机的中断系统有 2 个外部中断源，引脚信号为 $\overline{INT0}$ 和 $\overline{INT1}$（即 P3.2 和 P3.3）。但在应用系统中，往往要求较多的外部中断源，所以需要对外部中断源进行扩展。当外部中断源多于中断输入引脚时，可采取以下措施：

①用定时/计数器输入信号端 T0、T1 作为外部中断入口引脚。

②用串行口接收端 RXD 作为外部中断入口引脚。

③中断和查询相结合，用一个中断入口接受多个外部中断源（见图 3-9），并加入查询电路。

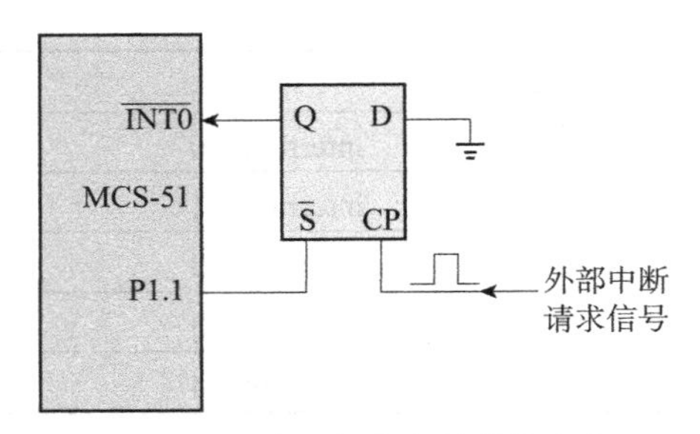

图 3-8　撤除外部中断请求的方案

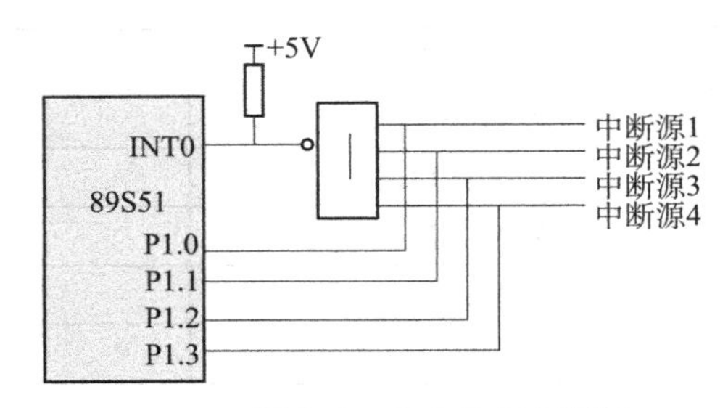

图 3-9　多个外部中断源

4. 中断程序编写

（1）中断初始化

在用到外部中断之前，要先用指令来设置相关寄存器的初始值，设定外部中断的初始条件，即外部中断的初始化，包括：

① 开放 CPU 中断和有关中断源的中断允许，设置中断允许寄存器 IE 中相应的位。

② 根据需要确定外部中断的触发方式，设置定时控制寄存器 TCON 中相应的位。

③ 根据需要确定个中断源的优先级别，设置中断优先级寄存器 IP 中相应的位。

（2）程序结构

根据中断的定义，这个程序应包括两个程序函数：主函数和中断服务函数。

①主函数。主函数是指单片机在响应外部中断之前和之后所做的事情。它的结构为：

```
void main()
  {
   …
}
```

②中断服务函数。中断服务程序函数是外部设备要求单片机相应中断所做的事情。当中断申请发生并被接受后，单片机就跳到相对应的中断服务程序——子程序即中断服务函数执行，以处理中断请求。中断服务函数有一定的格式编写要求，C51 编译器支持在 C 源程序中直接以函数形式编写中断服务程序。常用的中断函数的定义形式如下：

```
void 函数名() interrupt n [using 寄存器组号码]
   {
      中断服务函数的内容
}
```

其中 n 为中断类型号，C51 编译器允许 0～31 个中断，n 的取值范围为 0～31。对于 51 而言，其中断类型号可以为 0～4 的数字，如表 3-3 所示。例如：

```
void int_0 interrupt 0  //interrupt 0表示该函数为中断类型号0的中断函数
{
   …
}
```

为了方便起见，在包含文件 reg51.h 中定义了这些常量，如下所示：

```
#define  IE0_VECTOR  0     /* 0x03 External Interrupt 0 */
#define  TF0_VECTOR  1     /* 0x0B Timer 0 */
#define  IE1_VECTOR  2     /* 0x13 External Interrupt 1 */
#define  TF1_VECTOR  3     /* 0x1B Timer 1*/
#define  SIO_VECTOR  4     /* 0x23 Serial port*/
```

因此用户只要使用以上定义的常量即可。Using 寄存器组号码是指使用的第几组工作寄存器，常可省略，默认第 0 组工作寄存器。

中断函数名同普通函数名一样，只要符合标识符的书写规则就行。那么如何区别中断函数和普通函数呢？只要是通过关键字“interrupt”及中断号来区分，不同的单片机中断源对应不同的中断号。中断函数不能有形参和返回值，也不能被其他函数调用。中断函数可以调用其他函数，使用时要十分小心，应尽可能不在中断函数里调用其他函数。中断函数应尽可能简短，以保证主函数的执行流畅。

知识拓展：单个数码管显示

一般的单片机系统设计都需要有人机接口（人机对话）设计，例如空调的遥控面板有按键输入和液晶显示输出，全自动洗衣机的控制面板有按键输入、发光二极管指示和数码显示输出等。常用的 LED 显示器有 LED 状态显示器（俗称发光二极管）、LED 七段显示器（俗称数码管）和 LED 十六段显示器。发光二极管可显示两种状态，用于系统状态显示；数码管用于数字显示；LED 十六段显示器用于字符显示。

LED 显示器内部是由若干个发光二极组成的。根据内部二极管连接方式的不同，LED 显示器在结构上分为共阴极和共阳极两种。共阴极内部发光二极管阴极连在一起，需接低电平。共阳极内部发光二极管阳极连在一起，需接高电平。单个数码管内部有 8 个发光二极管，7 个为字段，可组成字形，第 8 个为小数点，故单个数码管称为七段数码显示。

由图 3-10（a）所示，a、b、c、d、e、f、g 分别为 7 个发光段引脚，dp 引脚为小数点，8 号引脚接电源或地，共 10 个引脚。图 3-10（b）和图 3-10（c）分别为共阴极和共阳极的内部电路图。数码管工作时每段需串联一个限流电阻，而不能将一个电阻放在共阳极或共阴极端，否则，由于各发光段的参数不同，容易引起某段过流而烧坏数码管。另外，电阻值的选取只要保证管子正常发光即可。一般单个数码管电流控制在 10～20mA 较合适。电流太大会加大耗电量，而电流太小又无法得到足够的发光度。

数码管的发光原理分两种情况：共阴极和共阳极。但无论哪种，对于发光二极管来说，要使其发光，只要阳极提供高电平，阴极提供低电平即可。数据线 D7～D0 的信号输入到数码管 dp、g、f、e、d、c、b、a 各段，称为字型码（或称字段码），数码管显示的结果为字形。

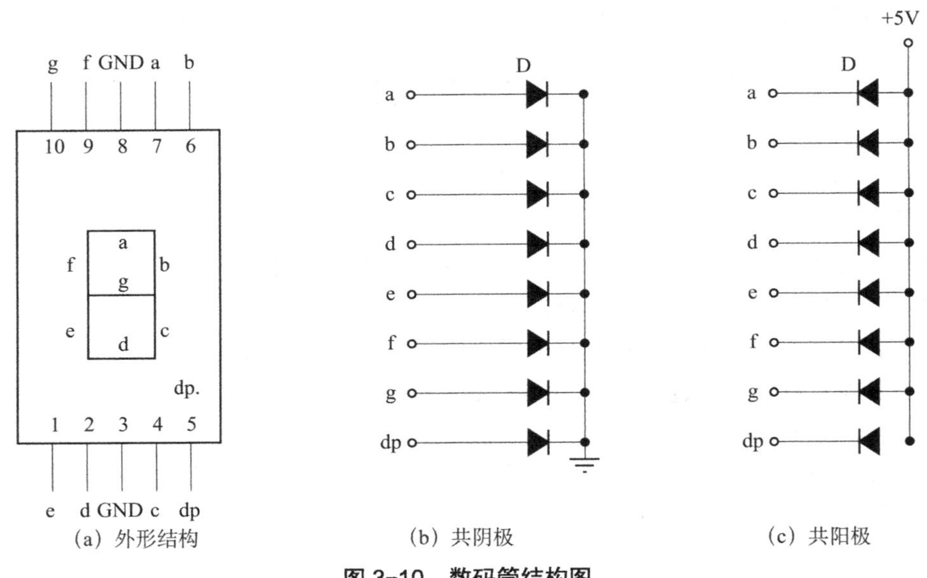

（a）外形结构　（b）共阴极　（c）共阳极

图 3-10　数码管结构图

表 3-4　数码管字型编码表

显示字形	共阳极字型码	共阴极字型码	显示字形	共阳极字型码	共阴极字型码
0	C0H	3FH	D	A1H	5EH
1	F9H	06H	E	86H	79H
2	A4H	5BH	F	8EH	71H
3	B0H	4FH	H	89H	76H
4	99H	66H	L	C7H	38H
5	92H	6DH	P	8CH	73H
6	82H	7DH	R	CEH	31H
7	F8H	07H	U	C1H	3EH
8	80H	7FH	Y	91H	6EH
9	90H	6FH	–	BFH	40H
A	88H	77H	.	7FH	80H
B	83H	7CH	灭	FFH	00H
C	C6H	39H			

表 3-4 所示的是显示字形与共阳极和共阴极两种接法的字型码的对应关系。其中共阴极数码管的公共端接低电平，共阳极数码管的公共端接高电平。

若将数码管按照引脚 a、b、c、d、e、f、g、dp 的顺序分别接于单片机输出端口，将字型码送至端口即可在数码管上显示字形。若采用共阴极的数码管，执行指令“ P1=0x3f”，则数码管显示“0”；若采用共阳极数码管，执行指令“ P1=0xC0”，则数码管显示“0”。

例 3.1　设计单个数码管显示电路，编程实现 0～9 数字的循环显示。

将单片机的 P0 端口的 P0.0～P0.7 连接到一个共阳极数码管的 a～g 上，数码管的公共端接电源。在数码管上循环显示 0～9 数字，时间间隔 1s，电路如图 3-11 所示。单个数码管显示控制流程图如图 3-12 所示。

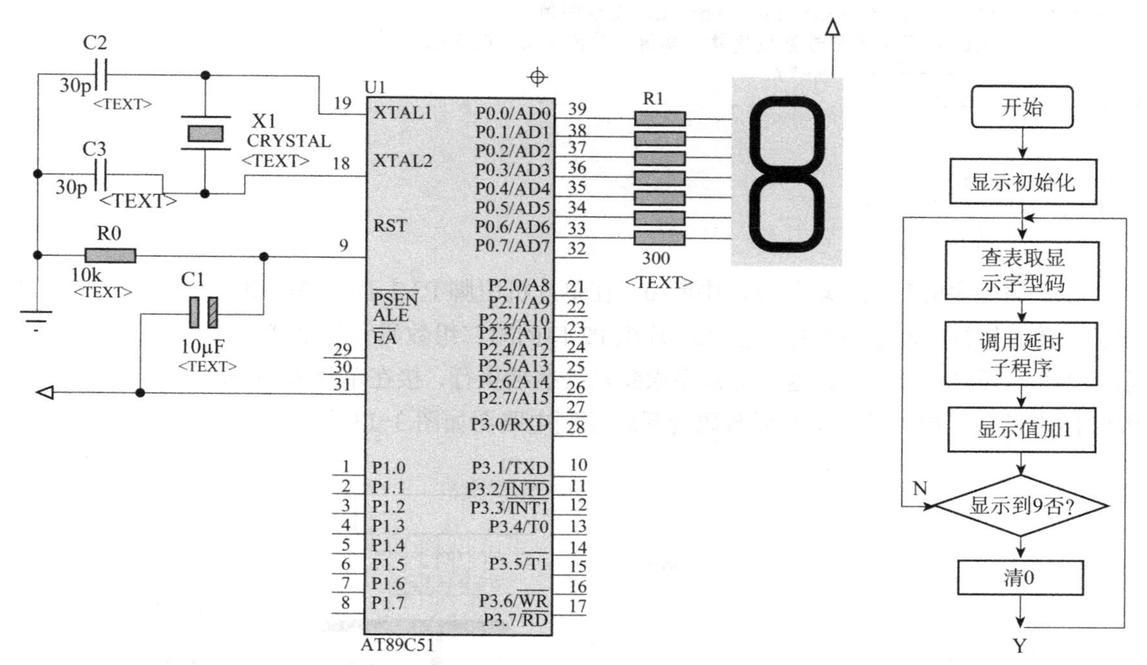

图 3-11　单个数码管显示控制电路图

图 3-12　单个数码管显示控制流程图

C 程序代码如下：

```
#include<reg52.h>                //包含头文件
#define uint unsigned int         //宏定义
/*---------------------------------
              花样表格
---------------------------------*/
unsigned char code seg[]={0xc0,0xf9,0xa4,0xb0,0x99,0x92,0x82,0xf8,0x80,0x90,};
//code 是将定义的数组存放在 ROM 中，因为单片机的片内 RAM 容量太小
void Delay(unit);               //函数声明
/*-------------------------------
               主函数
-------------------------------*/
main()
{
 unsigned char i;          //定义一个无符号字符型，局部变量 i 取值范围 0~255
 while(1)
     {
     for(i=0;i<10;i++)
        {
         P0=seg[i];
         Delay(500);          //延时 500ms

        }
      P0=0xff;
```

```
    }
}
/*-------------------------
 延时函数，含有输入参数 unsigned int t，无返回值
 unsigned int 是定义无符号整型变量，其值的范围是 0~65535
-------------------------*/
void Delay(uint t)
{
 uint i,j;
 for(i=t;i>0;i--)
  for(j=110;j>0;j--);
}
```

在上面程序的基础上增加外部中断 0（在单片机引脚 P3.2 有下降沿电压）输入时，产生中断，转而执行中断服务程序，接在单片机 P2 口的第二组数码管显示状态改为“1～8”的显示，亮灭闪烁显示 8 次后，返回主程序原断点处继续执行，接在单片机 P0 口的第一组数码管继续循化显示。加入外部中断后数码管显示控制电路图如图 3-13 所示。

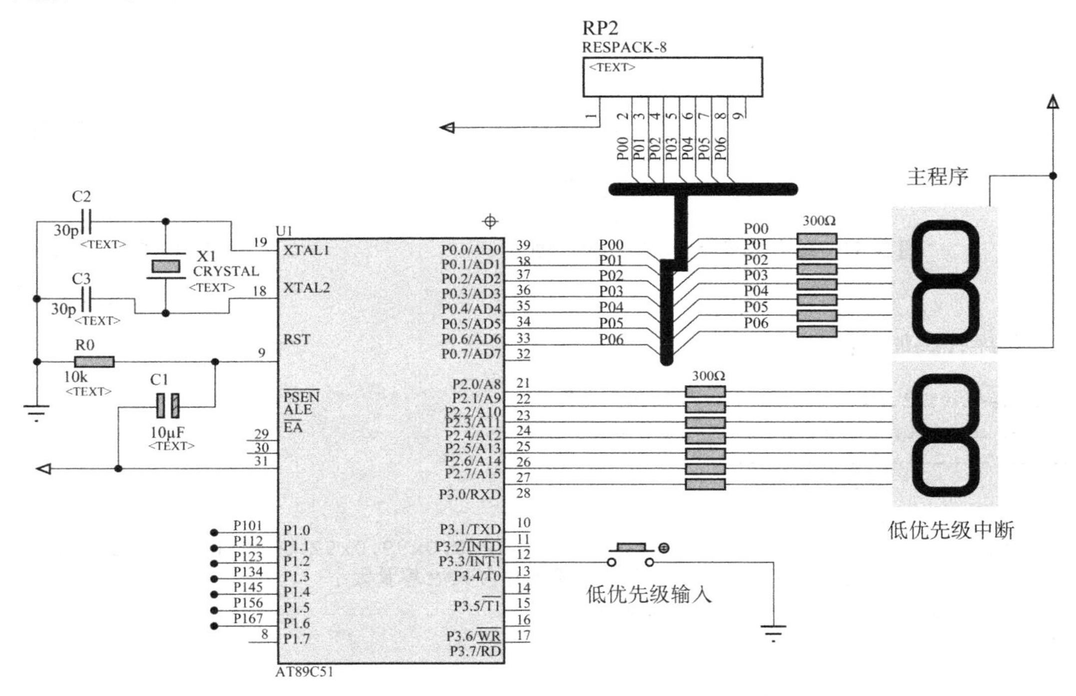

图 3-13　加入外部中断后数码管显示控制电路图

C 语言程序代码如下：

```
#include<reg52.h>              //包含头文件,
#define uint unsigned int     //宏定义，用 uint 代替 unsigned int 范围 0~65535
/*---------------------------
                花样表格--共阳极数码管
---------------------------*/
unsigned char code seg[]={0xc0,0xf9,0xa4,0xb0,0x99,0x92,0x82,0xf8,0x80,
                          0x90,0x88,0x83,0xc6,0xa1,0x86,0x8e,};
```

```
/*--------------------------------
 延时函数，含有输入参数 unsigned int t，无返回值
 unsigned int 是定义无符号整形变量，其值的范围是 0～65535
--------------------------------*/
void Delay(uint t)
{
 uint i,j;
 for(i=t;i>0;i--)
  for(j=110;j>0;j--);
}
/*--------------------------
  INT0 中断函数
--------------------------*/
 void int_0() interrupt 0
 {  unsigned char j;
     for(j=0;j<16;j++)
         {
          P2=seg[j];
          Delay(500);                    //延时 500ms
          }
       P2=0xff;                        //数码管熄灭
 }
/*-----------------------------------
                    主函数
-----------------------------------*/
main()
{ unsigned char i;      //定义一个无符号字符型局部变量， i 取值范围 0～255
/*两种写法
  EA=1;                 //CPU 开放中断即 IE=0x81
  EX0=1;                //INT0 允许中断
  IT0=1;                //INT0 为下降沿触发即 TCON=0x01
 */
   IE=0x81;
   TCON=0x01;
 while(1)
      {
      //下面通过查表方法获得花样参数
      for(i=0;i<16;i++)//查表可以简单地显示各种花样 实用性更强
          {
          P0=seg[i];
          Delay(500);                //延时 500ms
          }
       P0=0xff;                  //数码管熄灭
      }
}
```

加入外部中断后的运行效果图如图 3-14 所示。

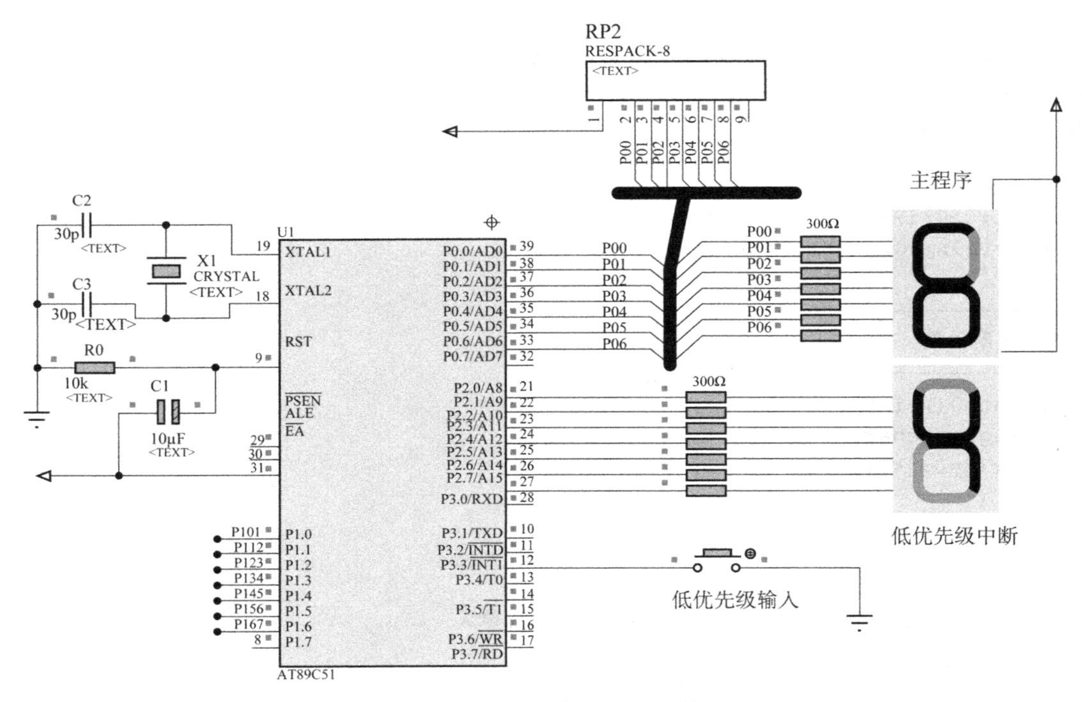

图 3-14　加入外部中断后的运行效果图

在此基础上，再增加外部中断的优先级，单片机的主程序控制 P0 口数码管循化显示 0～8；外部中断 0（INT0）、外部中断 1（INT1）中断产生时分别在 P2、P1 依次显示 0～8；INT1 为高优先级中断，INT0 为低优先级中断。加入高中断优先级后的数码管显示控制电路图如图 3-15 所示。

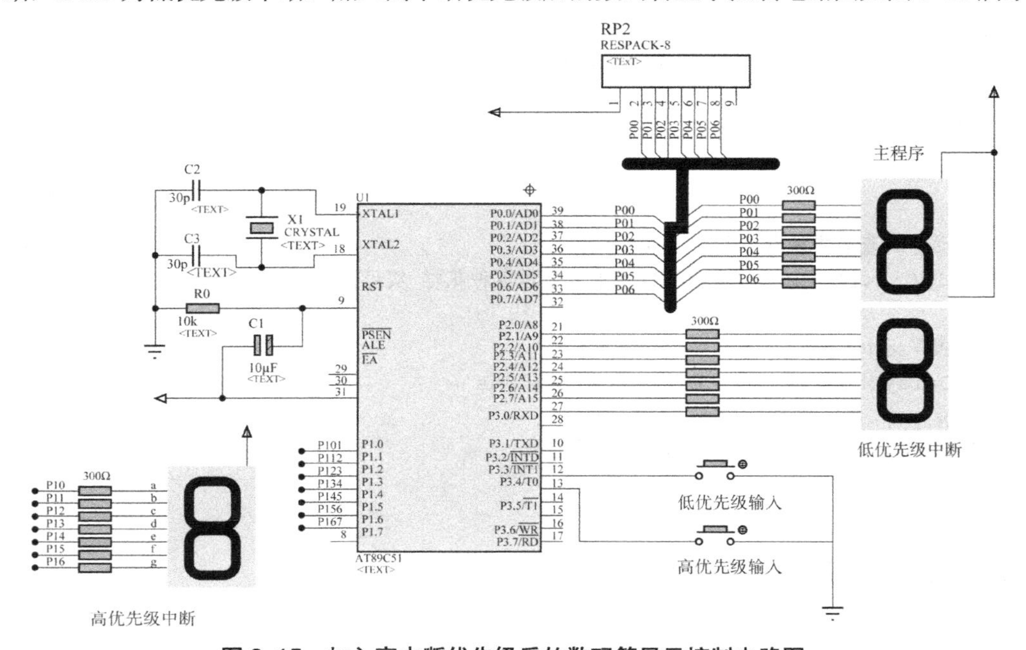

图 3-15　加入高中断优先级后的数码管显示控制电路图

C 语言程序代码如下：

```
#include<reg52.h>     //包含头文件，
#define uint unsigned int     //宏定义，用 uint 代替 unsigned int 范围 0~65535
/*----------------------------------
     花样表格--共阳极数码管
----------------------------------*/
unsigned char code seg[]={0xc0,0xf9,0xa4,0xb0,0x99,0x92,0x82,0xf8,0x80,
                          0x90,0x88,0x83,0xc6,0xa1,0x86,0x8e,};
void Delay(uint); //函数声明
/*-------------------------------
                主函数
-------------------------------*/
main()
{ unsigned char i;          //定义一个无符号字符型
 EA=1;                      //CPU 开放中断 IE=0x85
 IT0=1;                     //INT0 为下降沿触发
 EX0=1;                     //INT0 允许中断
 IT1=1;                     //INT1 为下降沿触发 TCON=0x05
 EX1=1;                     //INT1 允许中断
 PX1=1;                     //INT1 比 INT0 优先级高 IP=0x04
 while(1)
     {
     //下面通过查表方法获得花样参数
     for(i=1;i<10;i++)//查表可以简单地显示各种花样 实用性更强
        {  P0=seg[i];
          Delay(500);          //延时 500ms
         }
      P0=0xff;                 //数码管熄灭
     }
}
/*------------------------------
     INT0 中断函数
------------------------------*/
 void int_0() interrupt 0
 {  unsigned char j;
     for(j=1;j<10;j++)
      {  P2=seg[j];
         Delay(500);             //延时 500ms
      }
      P2=0xff;                   //数码管熄灭
 }
/*-----------------------------------------
       INT1 中断函数
-----------------------------------------*/
 void int_1() interrupt 2
 {  unsigned char k;
     for(k=1;k<10;k++)
       { P1=seg[k];
          Delay(500);            //延时 500ms
```

```
        }
      P1=0xff;                          //数码管熄灭
 }
/*------------------------------------------------
 延时函数，含有输入参数 unsigned int t，无返回值
 unsigned int 是定义无符号整形变量，其值的范围是 0~65535
------------------------------------------------*/
void Delay(uint t)
{
 uint i,j;
 for(i=t;i>0;i--)
  for(j=110;j>0;j--);
}
```

加入高中断优先级后的运行效果图如图 3-16 所示。

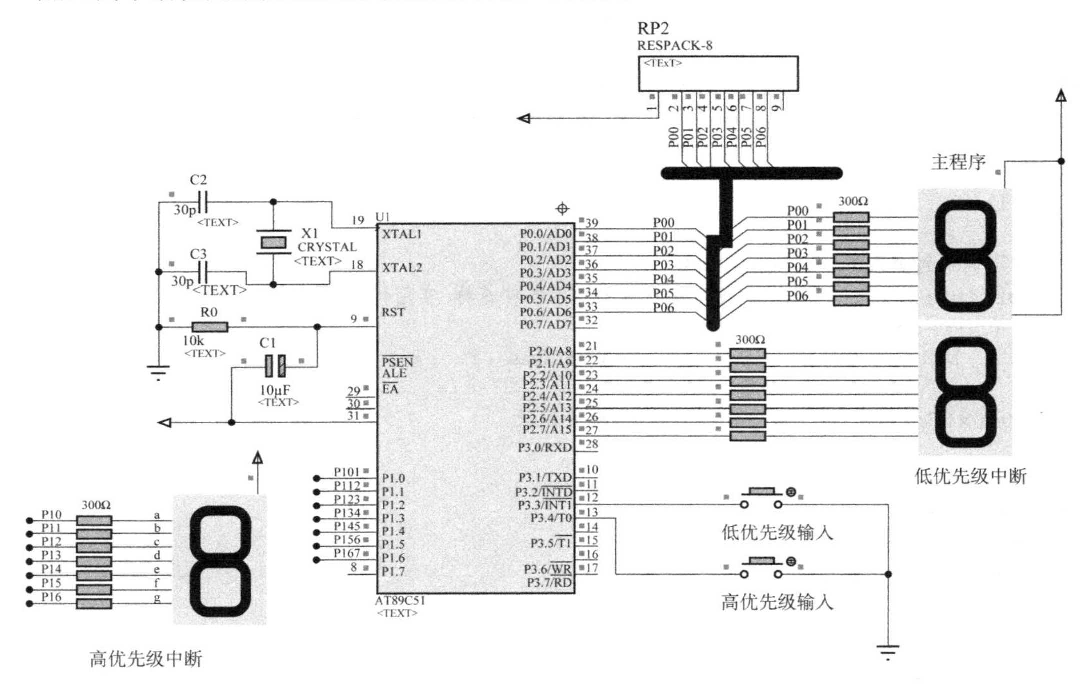

图 3-16　加入高中断优先级后的运行效果图

知识拓展：单片机系统的按键使用

1. 按键与单片机的链接

对于一个由单片机构成的系统，人机交互中的输入接口是很重要的一部分。从实际的产品来说，绝大多数基于单片机的产品都提供人机交互功能，如各种仪器上的各种按键和开关、手机键盘、MP3 上的按键等。最常见的输入部分就是按键。

按键按照结构原理可分为以下两类：

- 触点式开关按键，如机械式开关、导电橡胶式开关等。
- 无触点开关按键，如电气式按键，磁感应按键等。

前者造价低，后者寿命长。目前，单片机系统中最常见的是触点式开关按键。轻触开关如图 3-17 所示。按键与单片机的连接如图 3-18 所示。

图 3-18 中的电阻值一般取 4.7k～10kΩ，内部端口有上拉电阻可省略此电阻。单片机通过检测相应引脚上的电平来判断按键是否按下。对于图 3-18 而言，当单片机 P1.0 引脚上的电平为低时，表示按键已经按下；反之，则表明按键没有按下。在程序中主要检测到 P1.0 引脚的电平为低时，就可判断按键按下。

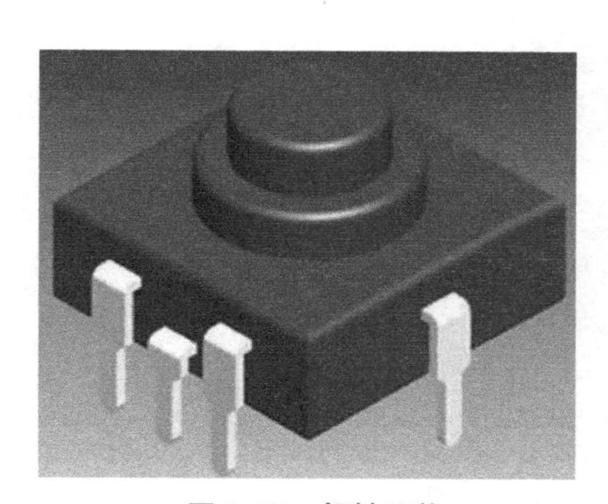

图 3-17　轻触开关

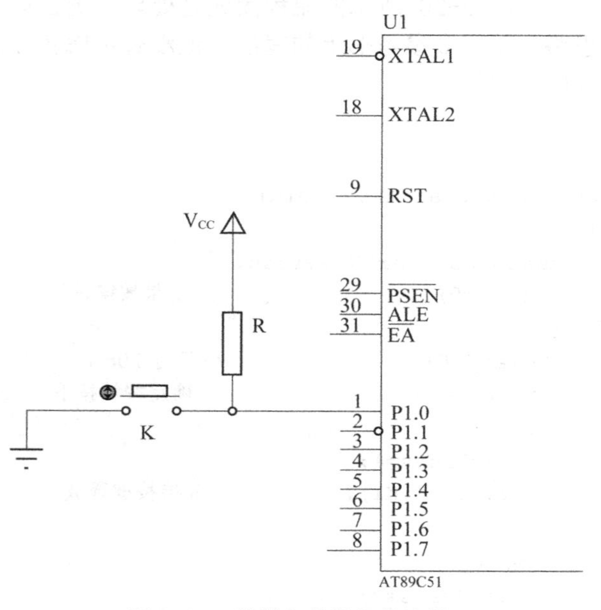

图 3-18　按键与单片机的连接

一个电压信号通过机械触点的开/关过程中，由于机械触点的弹性作用，在开关瞬间均有抖动过程，会出现一系列的负脉冲，如图 3-19 所示。

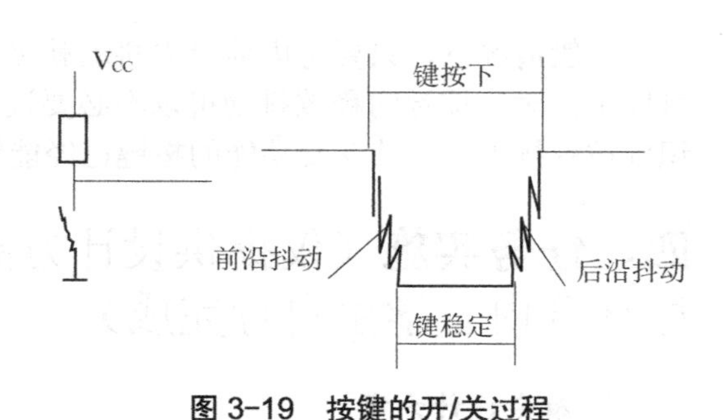

图 3-19　按键的开/关过程

键盘接口的基本功能就是按键的扫描和去抖动。

按键的键扫描用于监测有无键按下。

判别是否有键按下的方式有中断方式和查询方式两种。

- 中断方式：当键按下时，就向 CPU 发出中断请求。CPU 响应后，对键盘扫描，进行识别，取出键值，做相应处理。
- 查询方式：每隔一定时间，CPU 扫描键盘一次，查询有无键按下。若有键按下，则再查键值，做相应处理。

而操作人的动作确定，一般为十分之几秒至几秒时间。为了保证CPU对键的一次闭合仅作一次键输入处理，克服按键触点机械抖动所致的检测误判，必须采取去抖动措施，可从硬件、软件两方面予以考虑。在键数较少时，可采用硬件去抖，而当键数较多时，应采用软件去抖，根据按键的机械特点，以及按键的新旧程度等来判断，这段抖动的时间一般在5～20ms。

2. 按键抖动的软件处理

如图3-20所示的流程图就是处理按键去抖动的设计思路，是很多参考书上的写法，但没有考虑实际情况。其程序示例如下：

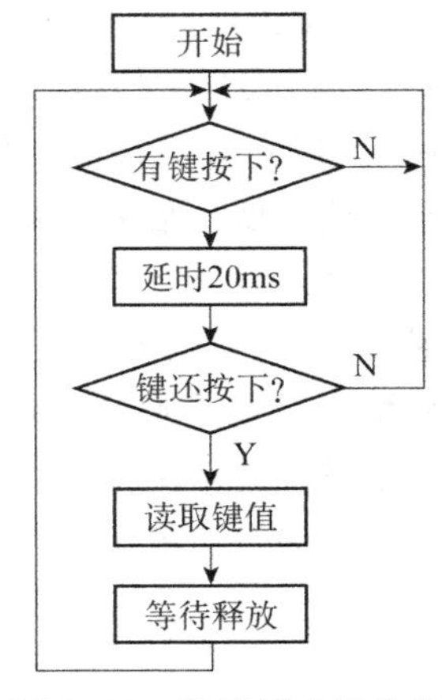

图3-20　按键抖动的软件处理流程图

```
unsigned char key (void)
{
   unsigned char KeyPress;
   if(K1==0)                    //如果按键按下
   {
    Delay(10);                 //延时10ms
     if(K1==0)                  //确定按键按下
     {
       KeyPress=1;
       while (!K1);           //等待按键释放
     }
     else
       KeyPress=0;
   }
 }
```

一般情况下，只要考虑前沿去抖动就可以了。也就是说，只需要在按键按下后去抖动就可以了，对于按键的释放抖动可以不必要过于关注。当然，这和应用场合有关，一个能有效识别按键按下并支持连发功能的按键已经能够应用到大多数场合了。

四、任务实施（仅提供设计方案和思路，其余编程及外部中断程序部分内容学生自行完成）

1. 确定设计方案

交通信号灯模拟控制系统设计框图如图3-21所示，采用10个发光二极管模拟红、黄、绿交通指示灯，用单片机的P0、P2端口控制发光二极管的亮灭状态。当I/O口线输出高电平时，对应的交通指示灯灭；反之当I/O口线输出低电平时，对应的交通指示灯亮。

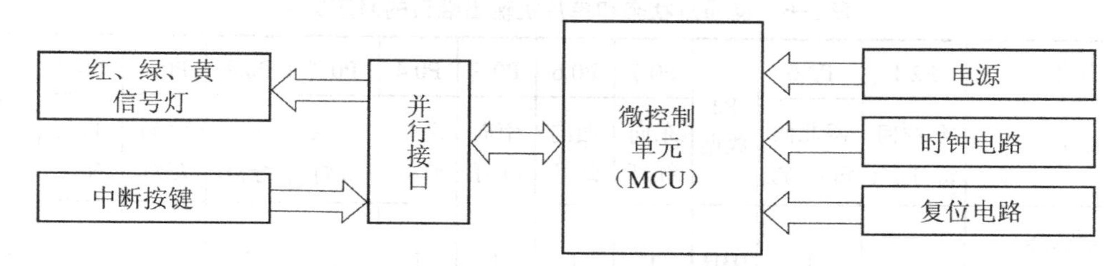

图 3-21　交通信号灯模拟控制系统设计框图

2. 硬件电路设计

控制电路采用单片机的 P0 端口的 P0.0～P0.3 来控制东西南北四个方向的 4 个绿色发光二极管，用 P0.4～P0.7 来控制东西南北四个方向的 4 个红色发光二极管，用 P2.0～P2.1 来控制东西南北四个方向的 2 组换色发光二极管。紧急情况下，用紧急按键连接外部中断 0 信号引脚，模拟进入紧急状态的触发信号；特殊情况下，用特殊按键连接外部中断 1 信号引脚，模拟进入特殊状态的触发信号。交通指示灯模拟控制电路原理图如图 3-22 所示。电路所用的元器件如表 3-5 所示，交通灯状态和单片机输出端口的对应关系如表 3-6 所示。

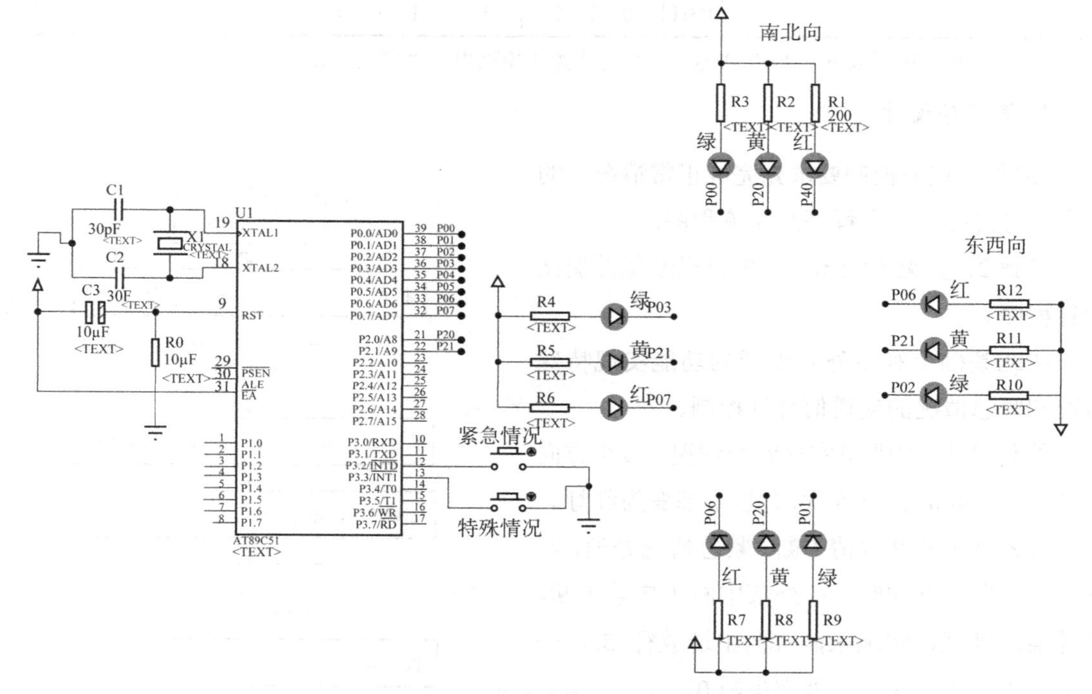

图 3-22　交通信号灯模拟控制电路原理图

表 3-5　电路所用的元器件

参数	元器件名称	参数	元器件名称
AT89C51	单片机	LED- GREEN	绿色发光二极管
RES（300Ω）	电阻	LED- YELLOW	黄色发光二极管
CRYSTAL	晶振	LED- RED	红色发光二极管
CAP、CAP-ELEC	电容、电解电容	BUTTON	按键

表 3-6　交通灯状态和单片机输出端口的对应关系

引脚		P2.1	P2.0	P2数据	P0.7	P0.6	P0.5	P0.4	P0.3	P0.2	P0.1	P0.0	P0数据
状态		东西向黄灯 Y1	南北向黄灯 Y2		东向红灯	西向红灯	南向红灯	北向红灯	东向绿灯	西向绿灯	南向绿灯	北向绿灯	
初始状态—300ms		1	1	03H	1	1	1	1	1	1	1	1	FFH
状态 1~5s		1	1	03H	1	1	0	0	0	0	1	1	C3H
状态 2—300ms	黄灯亮	0	1	03H	1	1	0	0	1	1	1	1	CFH
	黄灯灭	1	1	03H	1	1	0	0	1	1	1	1	CFH
状态 3~5s		1	1	03H	0	0	1	1	1	1	0	0	3CH
状态 4—300ms	黄灯亮	1	0	03H	0	0	1	1	1	1	1	1	3FH
	黄灯灭	1	1	03H	0	0	1	1	1	1	1	1	3FH

表中：信号灯点亮用用低电平“0”表示，信号灯点熄灭用高电平“1”表示。

3. 源程序设计

步骤 1：按照控制要求先完成正常情况下的交通信号灯控制，主程序绘制流程图。

步骤 2：参见流程图，学生自己编程并调试运行程序。

在此基础上利用外部中断的功能实现特殊情况和紧急情况的交通信号灯控制。

①利用外部中断 0 实现紧急情况时 4 个方向黄灯间隔 300ms 闪烁 5 次，之后全部变为红灯。

②外部中断 0 申请中断，紧急情况处理，实现两个方向红灯同时亮；外部中断 1 申请中断，特殊情况处理，实现东西方向主道放行 5s，外部中断 1 的优先级高于外部中断 0。

可参照如图 3-23 至图 3-25 所示的流程图编写程序。

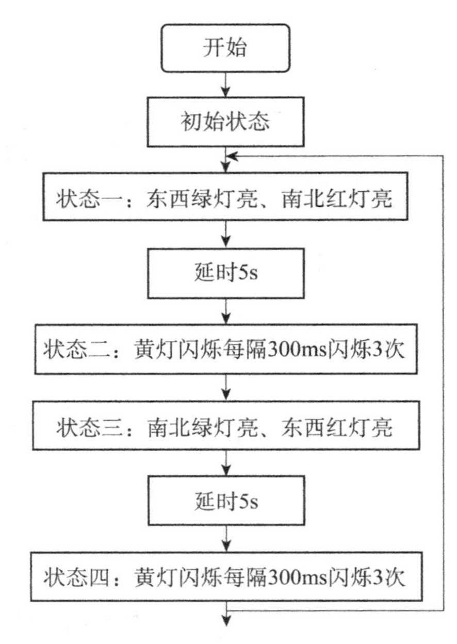

图 3-23　交通信号灯模拟控制主程序流程图

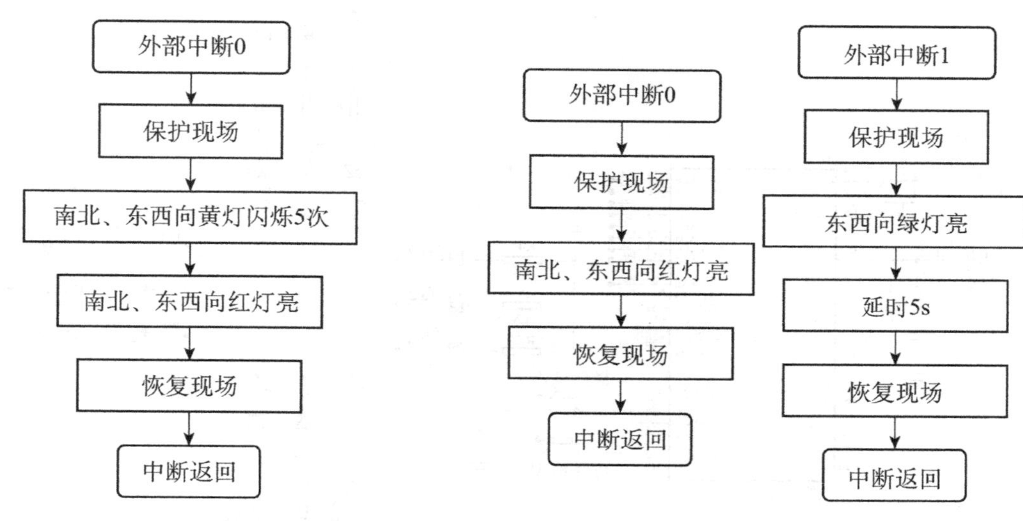

图 3-24　中断服务程序 1 流程图　　　　**图 3-25　中断服务程序 2 流程图**

4. 软、硬件调试与仿真

用 Keil μVision2 和 Proteus 软件联合进行程序调试。

（1）用 Proteus 软件进行硬件电路的设计。

（2）用 Keil 软件进行源程序编辑、编译、生成目标代码文件。

①新建 Keil 项目文件。

②选择 CPU 类型（选择 ATMEL 中的 AT89C51 单片机）。

③新建汇编源程序（.ASM 文件），编写程序并保存。

④源程序进行编译、生成目标代码文件（.HEX 文件）。

（3）在 Proteus 软件中加载目标代码文件、设置时钟频率。

①加载目标代码文件：右击选中 ISIS 编辑区中 AT89S51，打开其属性窗口，在“Program File”右侧框中输入目标代码文件。

②设置时钟频率：在属性窗口的“Clock Frequency”时钟频率栏中设置 12MHz。

（4）单片机系统的 Proteus 交互仿真。仿真画面见图 3-26 所示，单击按钮▶启动仿真，首先东西方向绿灯亮，南北方向红灯亮 3s；之后东西向黄灯闪烁，然后南北方向绿灯亮，东西方向红灯亮 5s，再南北向黄灯闪烁，双方向轮流放行。当有紧急情况，按下紧急按键开关时，4 个路口的信号灯都变成红灯。当有特殊情况，按下特殊按键开关时，东西向绿灯点亮。若单击“停止”按钮■，则终止仿真。

5. 实物连接、制作

Proteus 中仿真调试结果正常后，用实际硬件搭建电路，通过编程器将 HEX 格式文件下载到 CPU 芯片中，通电观察交通信号灯实际亮灭效果。交通灯信息灯模拟控制硬件实物如图 3-27 所示。

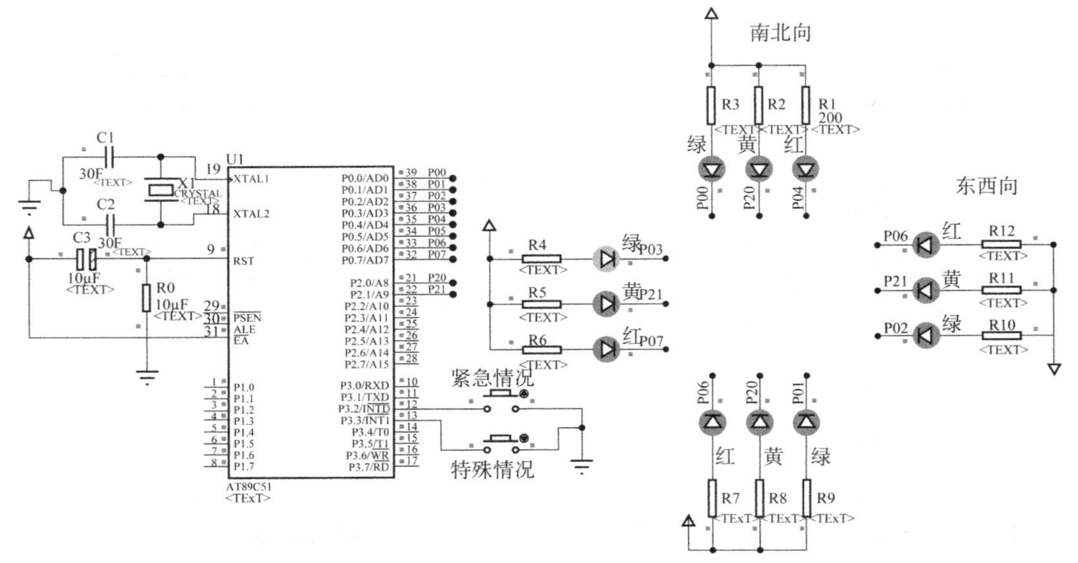

图 3-26　全速仿真图片段

图 3-27　交通灯信号灯模拟控制硬件实物

交通灯信号灯模拟控制电路元器件清单如表 3-7 所示。

表 3-7　元器件清单

元器件名称	参数	数量	元器件名称	参数	数量
单片机	AT89S51	1	电阻	300Ω	12
晶体振荡器	12MHz	1	电阻	10 kΩ	2
发光二极管	红、绿、黄色	12	电解电容	10μF	1
按键		2	瓷片电容	33pF	2
IC 插座	DIP40	1			

任务二　抢答器设计

一、任务导入

抢答器在各种知识竞赛以及此类电视节目中都能看到这种设备。它实际上是一个简单的电子测控装置，通过检测外接的若干按键看哪一个参赛选手最先被按下从而确定谁抢到了回答问题的权利。

本任务是设计一个 4 人抢答器，由 1 个主持人按键、4 个抢答按键、1 只显示号码的数码管、8 只用于渲染气氛的 LED 及 1 只蜂鸣器组成。

二、任务分析

抢答器的基本功能为：

（1）开机后，显示流水灯。

（2）主持人没有按下“开始”键，不可抢答。

（3）主持人按下“开始”键后，流水灯停止，数码管显示“-”。

（4）甲、乙、丙、丁 4 人可以按键抢答，当有人按下键后，喇叭响，同时显示座位号。

（5）显示 3s 后，流水灯从停止的位置继续显示，回到初始状态。

按照抢答器的功能，在设计中 LED 流水灯、主持人按键、选手按键等与单片机的接口设计在任务一中已经涉及，在硬件设计上比较容易解决。在程序设计上，让流水灯循环显示、接收按键输入等功能的编程在前面的项目中实践过。但根据抢答器的要求，在流水灯不停地循环显示过程中，要处理及时接收按键的输入，为此要利用单片机的中断功能来解决。

在设计过程中要考虑中断源的处理。主持人与 4 个抢答人共有 5 个按键，对单片机来说有 5 个输入状态，若都采用中断方式，则 5 个输入均为外部中断源。但 MCS-51 单片机只有 2 个外部中断，因此主持人采用中断方式，甲、乙、丙、丁 4 人按键采用查询方式实现，主要保证查询的过程足够快，就不会影响比赛的公正性。

三、任务实施

1. 确定设计方案

整个硬件电路包括微控制器 AT89S51 芯片、时钟电路、复位电路、电源和 8 个发光二极管、5 个按键、一个数码管和一个蜂鸣器构成最小系统，完成对抢答器的控制。抢答器最小系统方案设计框图如图 3-28 所示。

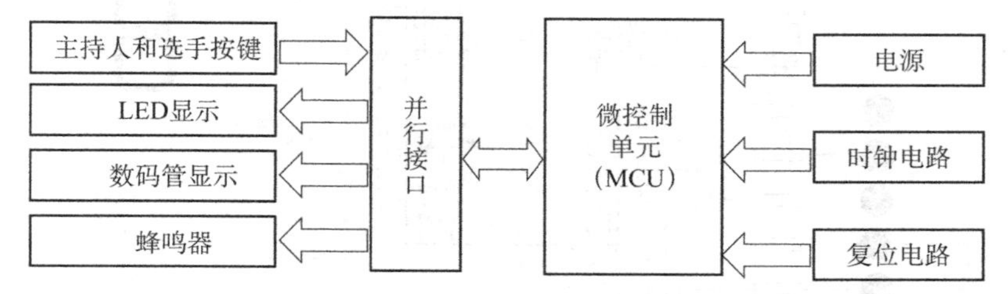

图 3-28　抢答器最小系统方案设计框图

2. 硬件电路设计

根据设计要求，用 P1 口驱动 8 只共阳极接法的 LED，做流水灯，当 P1 口输出为低电平时 LED 点亮。P2 口输出一只共阳极的 LED 数码管，显示选手号，数码管采用静态显示方式，流水灯电路中的电阻是限流电阻，电阻范围在 200Ω～1kΩ，电阻不要小于 200Ω，以免电流过大，否则增加电路功耗，甚至损坏器件。P3.4 用于驱动蜂鸣器，仿真时直接连接蜂鸣器，实际使用由于蜂鸣器需要较大的电流才能鸣响，而单片机的 I/O 口输出电流较小，可采用小功率的晶体管放大电流。用 PNP 晶体管时，驱动口为低电平，晶体管导通，蜂鸣器鸣响；若用 NPN 管则反之。P0.0～P0.3 作为输入口，外接 4 个按键，因为 P0 口作为 I/O 口用时，是集电极开路结构，因此必须外接上拉电阻，通常取 10kΩ。

主持人按键采用中断方式，因此接在 P3.2，它是外部中断 0 的请求输入端，当其输入一个负跳变或一个低电平时，会引起外部中断 0 的响应。电路所用仿真元器件如表 3-8 所示。抢答器电路原理图如图 3-29 所示。

3. 源程序设计

步骤 1：甲、乙、丙、丁 4 人控制按键，对应数码管显示“1、2、3、4”同时蜂鸣器响起。绘制流程图，如图 3-30 所示。

步骤 2：根据流程图进行程序编写。

表 3-8　电路所用仿真元器件

参数	元器件名称	参数	元器件名称
AT89C51	单片机	CAP 30pF	电容
RES（200Ω）	电阻	LED-GREEN	绿色发光二极管
CRYSTAL	晶振	7SEG-COM-ANODE	共阳极红色数码管
CAP-ELEC	电解电容	BUTTON	按钮
SPEAKER	蜂鸣器		

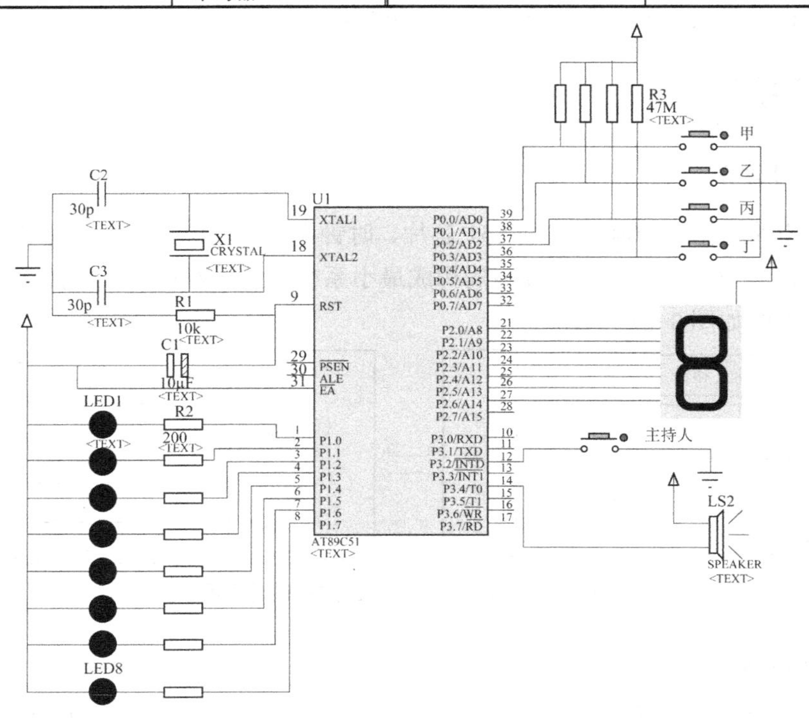

图 3-29　抢答器电路原理图 1

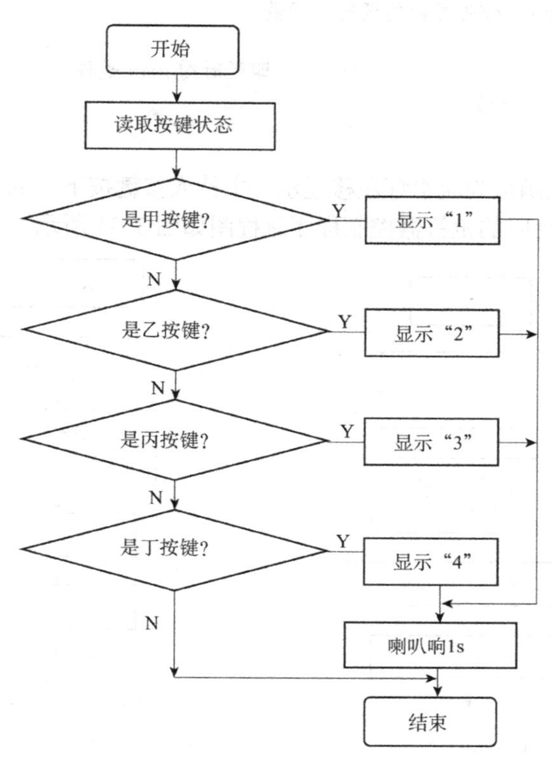

图 3-30　抢答器控制程序流程图 1

源程序示例如下：

```
//*******************抢答器控制程序***************
//程序名：抢答器控制程序 xm3_21.c
//程序功能：按键按下，对应地显示数字并且喇叭响起
 #include <reg51.h>
 #define uint unsigned int      //宏定义
 #define uchar unsigned char
 sbit P3_4=P3^4;                //蜂定义鸣器接口
 void delayms(uint xms);        //延时函数声明
 void main()                    //主函数
{  uchar button;                //保存按键信息
  uchar code tab[7]={0xf9,0xa4,0xb0,0x99};//定义显示段码表，显示字符
  P0=0xff;                      //读 P0 口引脚状态，需先置全 1
  button=P0;                    //读取 P0 口上的按键状态并赋值到变量 button
  button&=0x0f;                 //采用与操作保留低 4 位的按键状态，其他位清 0
  switch (button)               //判断按键的键值
    {
      case 0x0e: P2=tab[0];P3_4=~P3_4;delayms(1);break;//0#键按下,显示 “1”
      case 0x0d: P2=tab[1];P3_4=~P3_4;delayms(1);break;//1#键按下,显示 “2”
      case 0x0b: P2=tab[2];P3_4=~P3_4;delayms(1);break;//2#键按下,显示 “3”
      case 0x07: P2=tab[3];P3_4=~P3_4;delayms(1);break;//3#键按下,显示 “4”
       default:break;          //如果都没按下，直接跳出
    }
}
```

```
void delayms(uint xms)  //带参数的延时子函数
{   uint i,j;
    for(i=xms;i>0;i--)              //i=xms 即延时约 xms 毫秒
        for(j=110;j>0;j--);
}
```

增加中断的控制，主函数为流水灯左移显示，主持人按键按下（INT1 中断）进入中断服务程序数码管显示“-”。此时的抢答器控制程序流程图如图 3-31 所示。源程序示范如下：

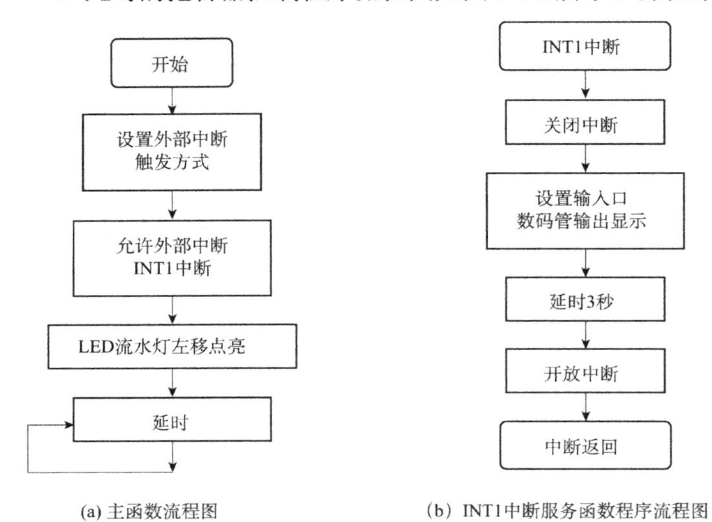

(a) 主函数流程图　　(b) INT1中断服务函数程序流程图

图 3-31　抢答器控制程序流程图 2

```
//*******************抢答器控制程序***************
//程序名：抢答器控制程序 xm3_22.c
//程序功能：流水灯左移显示，当主持人按键按下时，流水灯显示暂停，数码管显示“-”
#include <reg51.h>
#define uint unsigned int        //宏定义
#define uchar unsigned char
sbit P3_3=P3^3;                  //定义主持人按键
void delayms(uint xms) ;         //延时函数声明
/*-----------------------------------
          INT1 中断函数
-----------------------------------*/
 void int_1() interrupt 2
 {     EA=0;             // 关闭中断
      P3=0x0f;           //设置输入口
       P2=0xbf;          //显示 “-”
       delayms(3000);    //延时 3s，显示结果
       P2=0xff;          //显示器熄灭
      EA=1;              //开中断
 }
/*-----------------------------------
                 主函数
```

```
---------------------------------------*/
void main()
{   uchar i,w;
  //两种写法：或写成 IE=0x82;TCON=0x04;
    EA=1;                         //CPU 开放中断
    EX1=1;                        //INT1 允许中断
    IT1=1;                        //INT1 为下降沿触发
  while(1)
  {  w=0x01;                  //显示字初值
    for(i=0;i<8;i++)
    {    P1=~w;               //显示字取反(FEH)，送 P1 口
       delayms(500);            //延时 0.5s
      w<<=1;               //显示字左移一位
     }
  }
}
void delayms(uint xms)                    //带参数的延时子函数
{   uint i,j;
    for(i=xms;i>0;i--)                 //i=xms 即延时约 xms 毫秒
        for(j=110;j>0;j--);
}
```

修改程序，实现以下控制：主函数为流水灯左移显示，INT0 申请中断（采用查询方式），4 人抢答；主持人按键按下（INT1 申请中断）进入中断服务程序数码管显示“-”。INT1 的中断优先级要高于 INT0，即只有当主持人按下按键后，选手才能进行抢答。此时的抢答器电路原理如图 3-32 所示。源程序示范如下：

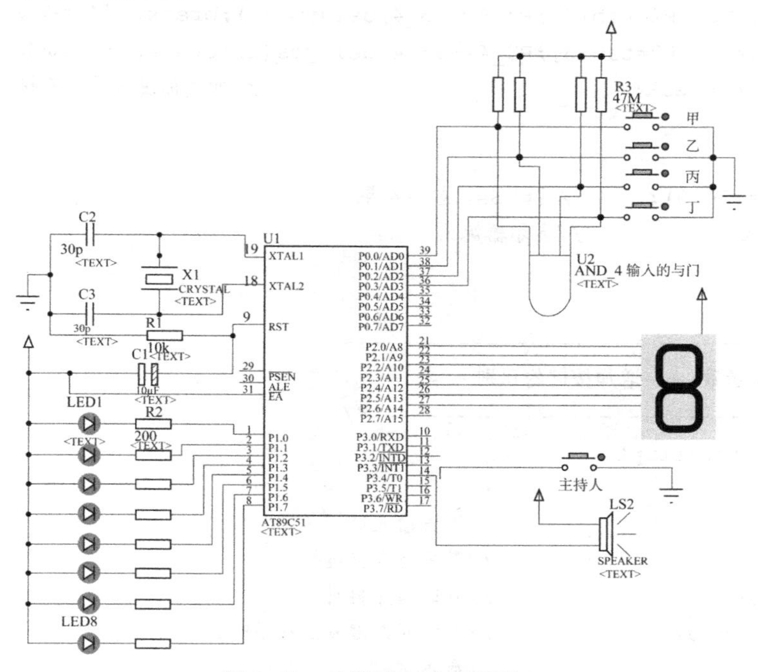

图 3-32　抢答器电路原理图 2

```
//*******************抢答器控制程序**************
//程序名：抢答器控制程序 xm3_23.c
//程序功能：流水灯左移显示，当主持人按键按下时，流水灯显示暂停，数码管显示“-”；
         4 人开始抢答，由 INT0 申请中断，
#include <reg51.h>
#define uint unsigned int        //宏定义
#define uchar unsigned char
 sbit P3_3=P3^3;              //主持人按键
 sbit P3_4=P3^4;              //蜂鸣器
void delayms(uint xms) ;      //延时函数声明
uchar code tab[7]={0xf9,0xa4,0xb0,0x99};//定义显示段码表，显示字符：1、2、3、4

/*-----------------------------------
          INT0 中断函数
-----------------------------------*/
 void int_0() interrupt 0
 {    uchar button;              //保存按键信息
      P0=0xff;                   //设置输入口
    button=P0;                   //读取 P0 口上的按键状态并赋值到变量 button
    button&=0x0f;                //采用与操作保留低 4 位的按键状态，其他位清 0
    switch (button)    //判断按键的键值
     {
      case 0x0e: P2=tab[0];P3_4=~P3_4;delayms(1);break;  //0#键按下,显示“1”
      case 0x0d: P2=tab[1];P3_4=~P3_4;delayms(1);break; //1#键按下,显示“2”
      case 0x0b: P2=tab[2];P3_4=~P3_4;delayms(1);break; //2#键按下,显示“3”
      case 0x07: P2=tab[3];P3_4=~P3_4;delayms(1);break; //3#键按下,显示“4”
      default:break;                                  //如果都没按下，直接跳出

     }
      delayms(3000);       //延时 3s，显示结果
       P2=0xff;            //显示器熄灭
 }

/*---------------------------------------
     INT1 中断函数----增加按键的识别
    -----------------------------------*/
 void int_1() interrupt 2
 {
   P3=0x0f;                           //设置输入口
     if(P3_3==0)                      //若主持人按键按下
      delayms(10);                    //延时消除抖动
       if(P3_3==0)                    //主持人按键真的按下吗？
       { P2=0xbf;                     //显示“-”
```

```
      while(P3_3==0);             //如果按键没有松开则等待
        do
        { delayms(10);   }        // 松开，延时 10ms 消除抖动
        while(P3_3==0);           //如果是干扰则循环等待 10ms
      }
    delayms(3000);                // 延时 3s，显示结果
     P2=0xff;                     //显示器熄灭
 }
/*----------------------------------------
               主函数
----------------------------------------*/
void main()
{  uchar k,w;
  //两种写法：或写成 IE=0x85;TCON=0x05;IP=0x04;
  EA=1;                          //CPU 开放中断
  EX0=1;                         //INT0 允许中断
  IT0=1;                        //INT0 为下降沿触发
  EX1=1;                         //INT1 允许中断
  IT1=1;                         //INT1 为下降沿触发
  PX1=1;                        //INT1 优先级高于 INT0
   while(1)
   { w=0x01;                    //01 显示字初值
     for(k=0;k<8;k++)
     {
       P1=~w;                //显示字取反(FEH)，送 P1 口
      delayms(500);           //延时 0.5s
      w<<=1;                 //显示字左移一位
     }
   }
}
/*------------------------------------------------*/
void delayms(uint xms)                    //带参数的延时子函数
{
   uint i,j;
   for(i=xms;i>0;i--)                 //i=xms 即延时约 xms 毫秒
      for(j=110;j>0;j--);
}
```

4. 软、硬件调试与仿真

用 Keil μVision2 和 Proteus 软件联合进行程序调试。

（1）用 Proteus 软件进行硬件电路的设计。

（2）用 Keil 软件进行源程序编辑、编译、生成目标代码文件。

①新建 Keil 项目文件。

②选择 CPU 类型（选择 ATMEL 中的 AT89S51 单片机）。

③新建汇编源程序（.ASM 文件），编写程序并保存。

④源程序进行编译、生成目标代码文件（.HEX 文件）。

（3）在 Proteus 软件中加载目标代码文件、设置时钟频率。

①加载目标代码文件：右击选中 ISIS 编辑区中 AT89S51，打开其属性窗口，在“Program File”右侧框中输入目标代码文件。

②设置时钟频率：在属性窗口的“Clock Frequency”时钟频率栏中设置 12MHz。

（4）单片机系统的 Proteus 交互仿真。如图 3-33 所示，单击按钮启动仿真，此时流水灯显示，当主持人按键按下，数码管显示“-”，此时进入抢答状态，当有选手按下抢答键后，喇叭响，同时显示座位号；延时后，流水灯继续显示，主持人按下按键后继续抢答。若单击“停止”按钮，则终止仿真。

5. 电路搭建

Proteus 中仿真调试结果正常后，用实际硬件搭建电路，通过编程器将 HEX 格式文件下载到 CPU 芯片中，通电观察抢答器的实际应用效果。

在万能板上按照单片机控制抢答器电路原理图焊接元器件，表 3-9 所示为焊接电路板的元器件清单。

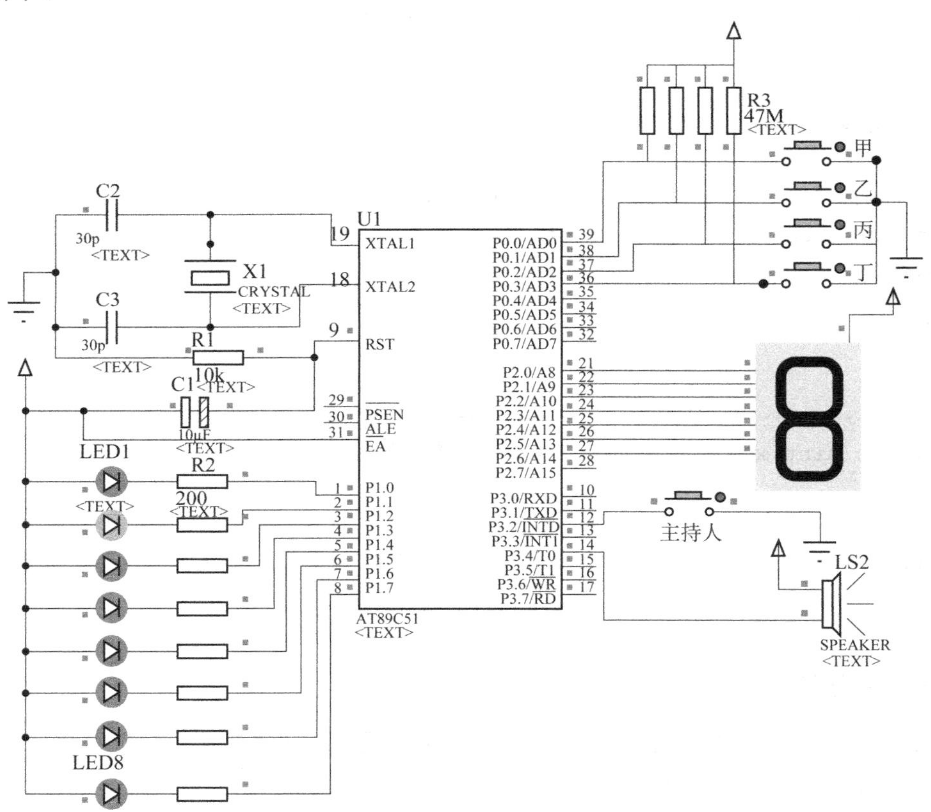

图 3-33 全速仿真图片段

表 3-9　元器件清单

元器件名称	参数	数量	元器件名称	参数	数量
单片机	AT89S51	1	限流电阻	1 kΩ	16
晶体振荡器	12MHz	1	电阻	1 kΩ、10 kΩ	1、4
发光二极管		8	电解电容	10μF	1
共阳极数码管		1	瓷片电容	33pF	2
蜂鸣器	+5V	1	PNP 晶体管		1
按键		5	IC 插座	DIP40	1

四、技能提高

任务二中的抢答器主持人采用中断方式，甲、乙、丙、丁 4 人按键采用查询方式实现。现将其改为全部采用中断方式实现。

设计思路：由于本任务的实现需要有 5 个外部中断输入，但一般的 MCS-51 单片机只有 2 个外部中断，解决问题的方法有两种，一是采用多中断输入的芯片；二是用扩展外部中断的方法。主持人占用一个中断，另外 4 个参赛者按键采用“线与”的方式共用一个外部中断，即可以采用方法二设计。

知识网络归纳

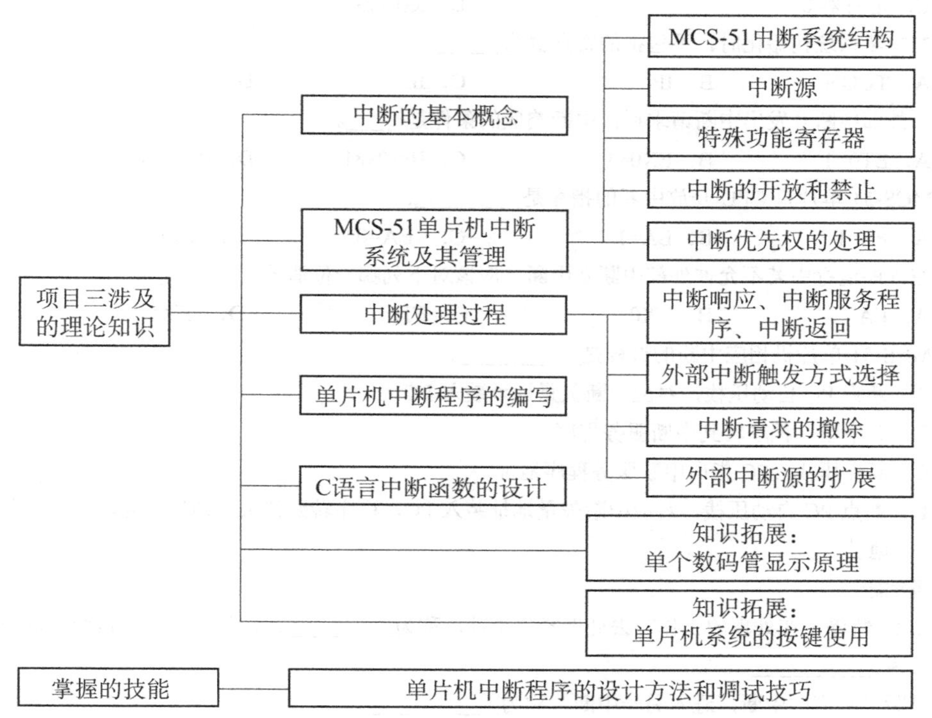

项目小结

1．单片机外部中断关键是理解中断的整个过程。另外要掌握 C 语言的程序结构：主函数、中断服务函数。主函数包括中断初始化、CPU 平时做的事情；中断服务函数是外设要求 CPU 响应中断后做的事情。

2. 数码管从内部结构上分为共阴极和共阳极两种，数码管内部没有限流电阻，在使用时需外接限流电阻。要使数码管显示某个数值，需注意两种结构的字型码（即段值）不同。

练习题

一、选择题

（1）当 CPU 相应外部中断 0（$\overline{\text{INT0}}$）的中断请求后，程序计数器 PC 的内容是______。

A．0003H　　B．000BH　　C．0013H　　D．001BH

（2）若外部中断 1 向 CPU 提出中断请求，则中断类型号 n 的值为______。

A．0　　B．1　　C．2　　D．3

（3）MCS-51 单片机在同一级别里除串行口外，级别最低的中断源是______。

A．外部中断 0　　B．外部中断 1

C．定时器 0　　D．定时器 1

（4）在中断系统初始化时，不包括的寄存器为______。

A．TCON　　B．IP　　C．IE　　D．PSW

（5）当外部中断 0 发出中断请求后，中断响应的条件是_____。

A．ET0=1　　B．EX0=1　　C．IE=0x81　　D．IE=0x61

（6）MCS-51 单片机 CPU 开放中断的指令是_________。

A．ES=1　　B．EA=1　　C．　EA=0　　D．EX0=1

（7）在程序运行中若不允许外部中断 0 中断，应该对下列哪一位清零_________。

A．EA　　B．EX0　　C．ET0　　D．　EX1

（8）MCS-51 单片机相应中断的过程是__________。

A．断点 PC 自动压栈，对应中断矢量地址装入 PC

B．关中断，程序转到中断服务程序

C．断点压栈，PC 指向中断服务程序地址

D．断点 PC 自动压栈，对应中断矢量地址装入 PC，程序转到该矢量地址，再转至中断服务程序首地址

二、填空题

（1）CPU 暂停正在处理的工作转去处理紧急事件，称为_________；待处理完后，再回到原来暂停处往下执行，称为___________。

（2）打断已响应的中断，进入另一中断，称为___________。

（3）MCS-51 的中断系统由__________、__________、__________、__________等寄存器组成；其中断

源有__________、__________、__________、__________、__________。

（4）MCS-51 单片机的中断矢量地址有______________________、______________________、______________、______________、______________。

（5）中断源中断请求撤除包括______________、________________、____________三种形式。

（6）中断响应条件是________________、_______________、_______________；阻止 CPU 响应中断的因素可能是_____________、_____________、_____________。

三、简答题

1. 简述中断的概念及特点。

2. 各中断标志位是如何产生的？中断标志是如何复位的？

3. 外部中断源有电平触发和边沿触发两种触发方式，这两种触发方式在应用中有何不同？怎样设定？

4. 分析以下几种中断优先级的排列顺序（级别由高到低）是否可能？若可能，则应该如何设置中断源的中断级别？否则，简述不可能的理由。

（1）串行口中断、外部中断 0、定时器 T0 溢出中断、外部中断 1、定时器 T1 溢出中断；

（2）外部中断 0、定时器 T1 溢出中断、外部中断 1、定时器 T0 溢出中断、串行口中断；

（3）串行口中断、定时器 T0 溢出中断、外部中断 0、外部中断 1、定时器 T1 溢出中断；

（4）外部中断 0、外部中断 1、串行口中断、定时器 T0 溢出中断、定时器 T1 溢出中断；

5. 写出对外部中断配置时相关的寄存器名，简述初始化时的操作要点。

四、训练题

1. 利用 89S51 的 P1 口 ，检测某一按键开关，使每按键一次，输出一个正脉冲（宽度任意）。用中断和查询两种方式实现。画出电路并编写程序。

2. 试用中断实现下面的设计要求：设计一个电路，按键 K1 和 K2 都可以控制 8 个 LED，当按下按键 K1 时，8 个 LED 闪烁 5 次，亮灭时间为 0.5 秒；当按下按键 K2 时，先使单个灯从左至右移动点亮两轮，然后再使单个灯从右至左移动点亮两轮，移动的间隔时间为 0.5 秒。

3. 用外部中断 0 和外部中断 1 设计一个选举器，假设有甲、乙两人参加竞选，甲设一个键，乙设一个键，50 人参加投票，选出得票多的人选。

项目四　音乐演奏器设计

应用案例——音乐盒

小时候我们都玩过音乐盒（见图 4-1）。各种各样的机械音乐盒对我们来说很神奇。而单片机同样可以奏乐，通过单片机和普通的蜂鸣器可以产生所需要的音乐效果。

图 4-1　各式各样的音乐盒

现在应用非常广泛的音乐播放器，也可以用单片机进行控制，以实现多功能的音乐播放，其功能主要包括：

- 可播放多首音乐，且通过按键选择播放顺序。
- 选择音乐时，音乐名称要在 LCD 液晶显示器上显示。
- 音乐播放种类要跨度稍大一些，播放声音要清晰。

单片机控制的音乐播放器是利用其定时/计数器产生延时来实现各个音符的播放，音乐播放器简谱码等内容均可放在软件程序设计中。在总体设计中硬件模块的设计比较简单，除了单片机外，只需设计 LCD 液晶显示器模块以及歌曲选择按钮模块，其中，LCD 液晶显示器用于显示播放乐曲的名称，歌曲选择按键则用于对播放的乐曲切换选择。多功能音乐播放器设计框图如图 4-2 所示。

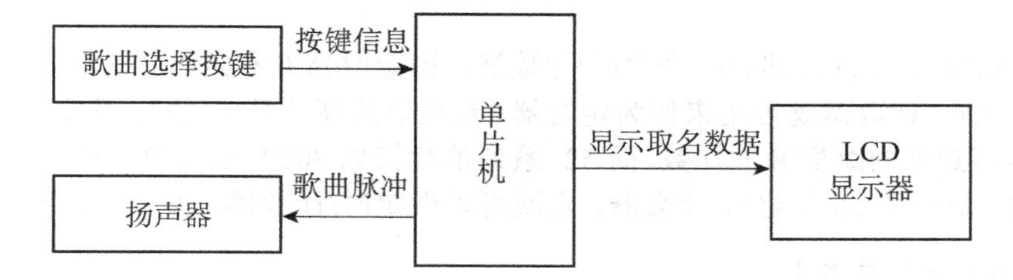

图 4-2　多功能音乐播放器设计框图

任务一　音乐门铃

一、学习目标

知识目标

1. 熟练掌握 51 单片机的定时/计数器的内部结构、工作原理
2. 定时器几种工作方式的编程方法

技能目标

1. 会运用定时器的几种工作方式编写延时程序
2. 能用定时器查询方式和中断两种方式编写控制程序
3. 能利用定时器的定时功能产生不同频率的音符和音调
4. 会按照歌谱编写演奏程序

二、任务导入

单片机除了在测控领域中有着广泛的应用外，还经常应用于智能玩具、电子贺卡等场合。在这些产品中，可以使用单片机驱动蜂鸣器发出声音，而且还可以控制其发出不同的声调，从而连接起来构成一首曲子。

声音是由物体的振动产生的，而振动的频率不同，发出的声音也就不同，有规律的振动发出的声音叫“乐音”。那如何用单片机技术来实现音乐门铃？

三、相关知识

标准的 8051 单片机内部有两个定时/计数器，即定时器 0 和定时器 1，每个定时/计数器有 16 位。定时/计数器既可用来作为定时器（对机器周期计数），也可用来对相应 I/0 口 TO、T1 上从高到低的跳变脉冲计数。而 52 系列单片机如 8052 还有第三个定时/计数器，即定时器 T2，是一个 16 位定时/计数器，它既可以做定时/计数器，也可以做事件计数器。

1. 定时器 0 和定时器 1

1）定时器/计数器组成框图

8051 单片机内部有两个 16 位的可编程定时器/计数器，称为定时器 0（T0）和定时器 1（T1），可编程选择其作为定时器用或作为计数器用。此外，工作方式、定时时间、计数值、启动、中断请求等都可以由程序设定，其逻辑结构图如图 4-3 所示。

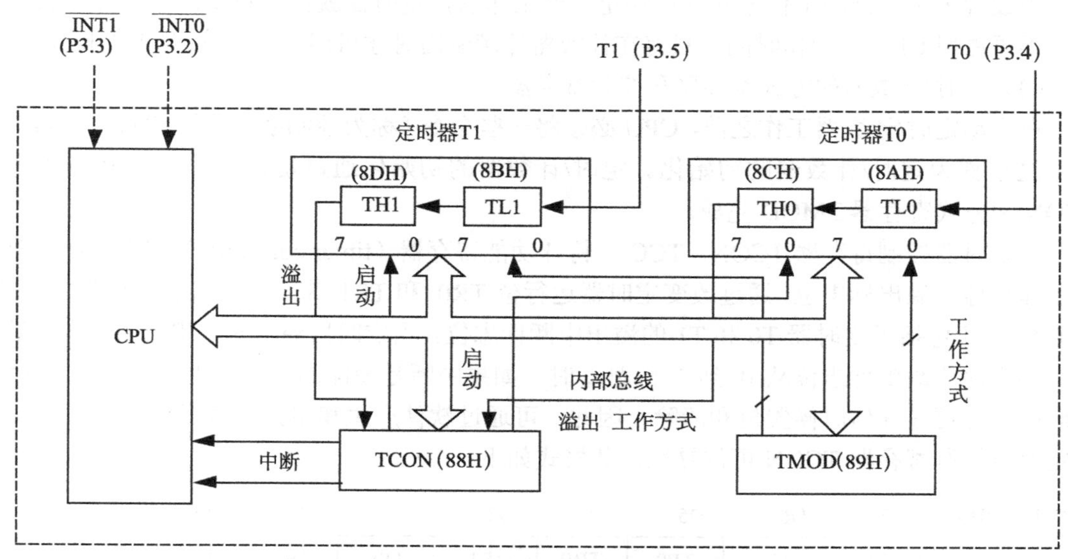

图 4-3 8051 定时器/计数器逻辑结构图

由图 4-3 可知，8051 定时器/计数器由定时器 T0、定时器 T1、定时器方式寄存器 TMOD 和定时器控制寄存器 TCON 组成。

T0、T1 是 16 位加法计数器，分别由两个 8 位专用寄存器组成：T0 由 TH0 和 TL0 构成，T1 由 TH1 和 TL1 构成。TL0、TL1、TH0、TH1 的访问地址依次为 8AH~8DH，每个寄存器均可单独访问。T0 或 T1 用做计数器时，对芯片引脚 T0（P3.4）或 T1（P3.5）上输入的脉冲计数，每输入一个脉冲，加法计数器加 1；其用做定时器时，对内部机器周期脉冲计数，由于机器周期是定值，故计数值一定时，时间也随之确定。

TMOD、TCON 与 T0、T1 间通过内部总线及逻辑电路连接，TMOD 用于设置定时器的工作方式，TCON 用于控制定时器的启动与停止。

（2）定时/计数器工作原理

当定时/计数器设置为定时工作方式时，计数器对内部机器周期计数，每过一个机器周期，计数器增 1，直至计满溢出。定时器的定时时间与系统的振荡频率紧密相关，因 8051 单片机的一个机器周期由 12 个振荡脉冲组成，所以，计数频率 $f_{\mathrm{c}}=\dfrac{1}{12}f_{\mathrm{osc}}$。如果单片机系统采用 12M 晶振，则计数周期为：$T=\dfrac{1}{12\times10^{6}\times1/12}=1\,\mu\mathrm{s}$，这是最短的定时周期，适当选择定时器的初值可获取各种定时时间。

当定时/计数器设置为计数工作方式时，计数器对来自输入引脚 T0（P3.4）和 T1（P3.5）的外部信号计数，外部脉冲的下降沿将触发计数。在每个机器周期的 S5P2 期间采样引脚输入电平，若前一个机器周期采样值为 1，后一个机器周期采样值为 0，则计数器加 1。新的计数值是在检测到输入引脚电平发生 1 到 0 的负跳变后，于下一个机器周期的 S3P1 期间装入计数器中的，可见，检测一个由 1 到 0 的负跳变需要两个机器周期，所以，最高检测频率为振荡频率的 1/24。计数器对外部输入信号的占空比没有特别的限制，但必须保证输入信号的高电平与低电平的持续时间在一个机器周期以上。

当设置了定时器的工作方式并启动定时器工作后，定时器就按被设定的工作方式独立工作，不再占用CPU的操作时间，只有在计数器计满溢出时才可能中断CPU当前的操作。

（3）定时/计数器的方式寄存器和控制寄存器

在启动定时/计数器工作之前，CPU必须将一些命令（称为控制字）写入定时/计数器中，这个过程称为定时/计数器的初始化。定时/计数器的初始化通过定时/计数器的控制寄存器TCON和方式寄存器TMOD完成。

①定时器控制寄存器TCON。TCON 特殊功能寄存器（timer controller）用来控制定时器的工作启停和溢出标志位，通过改变定时器运行位TR0 和TR1 来启动和停止定时器的工作。TCON 中还包括了定时器T0和T1的溢出中断标志位。当定时器溢出时，相应的标志位被置位。当程序检测到标志位从 0 到 1 的跳变时，如果中断是使能的，将产生一个中断。注意，中断标志位可在任何时候置位和清除，因此，可通过软件产生和阻止定时器中断。

定时器控制寄存器TCON可位寻址，其格式如下：

TCON（88H）	D7	D6	D5	D4	D3	D2	D1	D0
	TF1	TR1	TF0	TR0	IE1	IT1	IE0	IT0

各位含义说明如下。

- TCON.7 TF1：定时器1溢出标志位。当定时器1计数满产生溢出时，由硬件自动置TF1=1。在中断允许时，向CPU发出定时器1的中断请求，进入中断服务程序后，由硬件自动清零。在中断屏蔽时，TF1可作查询测试用，此时只能由软件清零。
- TCON.6 TR1：定时器1运行控制位。由软件置1或清零来启动或关闭定时器1。当GATE=1，且$\overline{\text{INT1}}$为高电平时，TR1置1启动定时器1；当GATE=0时，TR1置1即可启动定时器1。
- TCON.5 TF0：定时器0溢出标志位。其功能及操作情况同TF1。
- TCON.4 TR0：定时器0运行控制位。其功能及操作情况同TR1。
- TCON.3 IE1：外部中断1（$\overline{\text{INT1}}$）请求标志位。当检测到P3.3 有从高到低的跳变电平时（IT1=1）或P3.3 为低电平时（IT1=0）置位。处理器响应中断后，由硬件自动清零。
- TCON.2 IT1：外部中断1触发方式选择位。置位时为跳变触发，清零时为低电平触发。
- TCON.1 IE0：外部中断0（$\overline{\text{INT0}}$）请求标志位。
- TCON.0 IT0：外部中断0触发方式选择位。

TCON中的低4位用于控制外部中断，与定时器/计数器无关。

当系统复位时，TCON的所有位均清零。

②定时/计数器方式寄存器TMOD。 定时器的工作方式由特殊功能寄存器TMOD 来设置。通过改变TMOD，软件可控制两个定时器的工作方式和时钟源（是I/O 口的触发电平还是处理器的时钟脉冲）。TMOD的高4位控制定时器1，低4位控制定时器0，它们的含义完全相同。

定时器控制寄存器TMOD不可位寻址，其格式如下：

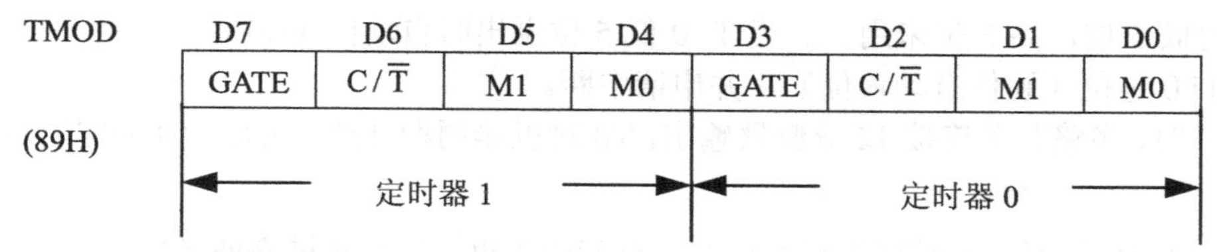

各位含义说明如下。

- M1 和 M0：方式选择位。定义如表 4-1 所示。

表 4-1　定时器/计数器工作方式控制

M1　M0	工 作 方 式	功 能 说 明
0　　0	方 式 0	13 位计数器
0　　1	方 式 1	16 位计数器
1　　0	方 式 2	自动再装入 8 位计数器
1　　1	方 式 3	定时器 0：分成两个 8 位计数器 定时器 1：停止计数

- $C/\overline{T}$：功能选择位。$C/\overline{T}=0$ 时，设置为定时器工作方式；$C/\overline{T}=1$ 时，设置为计数器工作方式。
- GATE：门控位。当 GATE=0 时，软件控制位 TR0 或 TR1 置 1 即可启动定时器；当 GATE=1 时，软件控制位 TR0 或 TR1 须置 1，同时还须 $\overline{\text{INT0}}$（P3.2）或 $\overline{\text{INT1}}$（P3.3）为高电平方可启动定时器，即允许外中断 $\overline{\text{INT0}}$ 、$\overline{\text{INT1}}$ 启动定时器。

复位时，TMOD 所有位均置 0。

2. 定时器/计数器的工作方式

由前述内容可知，通过对 TMOD 寄存器中 M0、M1 位进行设置，可选择 4 种工作方式，下面逐一进行论述。

（1）方式 0

方式 0 构成一个 13 位定时器/计数器。图 4-4 所示的是定时器 0 在方式 0 时的逻辑电路结构，定时器 1 的结构和操作与定时器 0 完全相同。

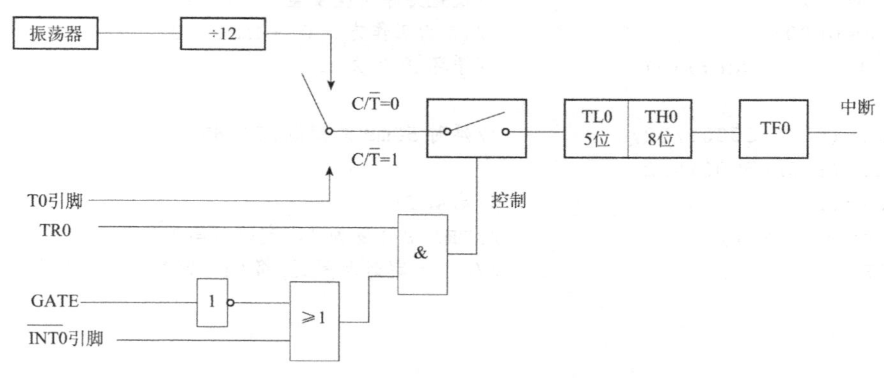

图 4-4　T0（或 T1）方式 0 时的逻辑电路结构图

由图可知：16 位加法计数器（TH0 和 TL0）只用了 13 位。其中，TH0 占高 8 位，TL0

占低5位（只用低5位，高3位未用）。当TL0低5位溢出时自动向TH0进位，而TH0溢出时向中断位TF0进位（硬件自动置位），并申请中断。

当$C/\overline{T}=0$时，多路开关连接12分频器输出，T0对机器周期计数，此时，T0为定时器。其定时时间为：

（M−T0初值）×时钟周期×12＝（8192−T0初值）×时钟周期×12

当$C/\overline{T}=1$时，多路开关与T0（P3.4）相连，外部计数脉冲由T0脚输入，当外部信号电平发生由0到1的负跳变时，计数器加1，此时，T0为计数器。

当GATE = 0时，或门被封锁，$\overline{INT0}$信号无效。或门输出常1，打开与门，TR0直接控制定时器0的启动和关闭。TR0 = 1，接通控制开关，定时器0从初值开始计数直至溢出。溢出时，16位加法计数器为0，TF0置位，并申请中断。如要循环计数，则定时器T0需重置初值，且需用软件将TF0复位。TR0 = 0，则与门被封锁，控制开关被关断，停止计数。

当GATE = 1时，与门的输出由$\overline{INT0}$的输入电平和TR0位的状态来确定。若TR0 = 1则与门打开，外部信号电平通过$\overline{INT0}$引脚直接开启或关断定时器T0，当$\overline{INT0}$为高电平时，允许计数，否则停止计数；若TR0 = 0，则与门被封锁，控制开关被关断，停止计数。

例4.1　假设晶振频率是12MHz，用定时器1方式0实现1s的延时。

解：因方式0采用13位计数器，其最大定时时间为：8192×1μs = 8.192ms，因此，可选择定时时间为5ms，再循环200次。定时时间选定后，再确定计数值为5 000，则定时器1的初值为：

$$X = M-计数值= 8192-5000 = 3192 = C78H = 0110001111000B$$

因13位计数器中TL1的高3位未用，应填写0，TH1占高8位，所以，X的实际填写值应为：

$$X = 0110001100011000B = 6318H$$

即：TH1 = 0x63，TL1 = 0x18，又因采用方式0定时，故TMOD =0x00。

可编制1s延时子程序如下：

```
void delay1s()
{
   uchar i;                          //设置为字符型变量
   TMOD=0x00;                        //T0为工作方式0--M1M0=00
   for(i=0;i<0xc8;i++)               //循环200次
   {
    TH1=(8192-5000)/32;              //延时50ms的初值(6318H)
    TL1=(8192-5000)%32;
    TR1=1;                           //启动T1
     while(!TF1);                    //TF1由0变为1，定时时间到
     TF1=0;                          //50ms定时时间到,将TF1清零
   }
}
```

（2）方式1

定时器工作于方式1时，其逻辑结构图如图4-5所示。

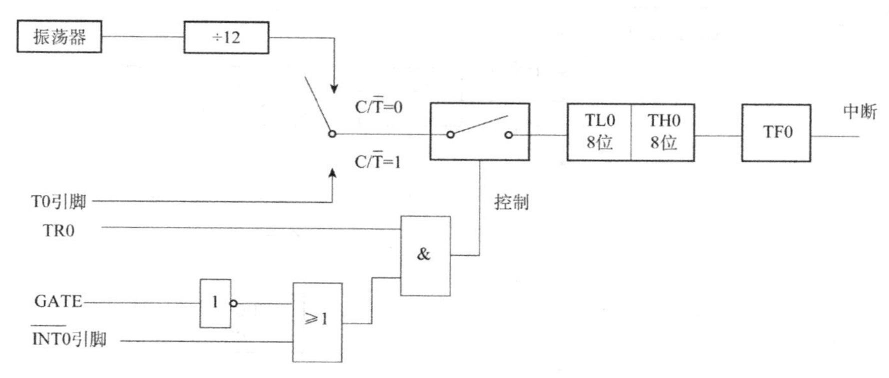

图 4-5　T0（或 T1）方式 1 时的逻辑结构图

由图可知，方式 1 构成一个 16 位定时器/计数器，其结构与操作几乎完全与方式 0 相同，唯一差别是二者计数位数不同。作定时器用时其定时时间为：

$$(\mathrm{M} - \mathrm{T0}\text{初值}) \times \text{时钟周期} \times 12 = (65536 - \mathrm{T0}\text{初值}) \times \text{时钟周期} \times 12$$

例 4.2　假设晶振频率是 12MHz，用定时器 1 方式 1 实现 1s 的延时。

解：因方式 1 采用 16 位计数器,其最大定时时间为：65536×1μs = 65.536ms，因此，可选择定时时间为 50ms，再循环 20 次。定时时间选定后，再确定计数值为 50000，则定时器 1 的初值为：

$$X = \mathrm{M} - \text{计数值} = 65536 - 50000 = 15536 = \mathrm{3CB0H} = 00111100\ 10110000\mathrm{B}$$

因 16 位计数器中 TH1 占高 8 位，TL1 占低 8 位，所以

TH1 = 0x3c，TL1 = 0xb0，又因采用方式 1 定时，故 TMOD =0x10。

编制程序示例如下：

```
void delay1s()
{
   uchar i;                               //设置为字符型变量
   TMOD=0x10;                             //T1 为工作方式 1--M1M0=10
   for(i=0;i<0x14;i++)                    //循环 20 次
   {
    TH1=(65536-50000)/256;                //延时 50ms 的初值(3CB0H)
    TL1=(65536-50000)%256;
    TR1=1;
    while(!TF1);                          //TF1 由 0 变为 1，定时时间到
    TF1=0;                                //查询方式时，TF*必须由软件清零
   }
}
```

（3）方式 2

定时器/计数器工作于方式 2 时，其逻辑结构图如图 4-6 所示。

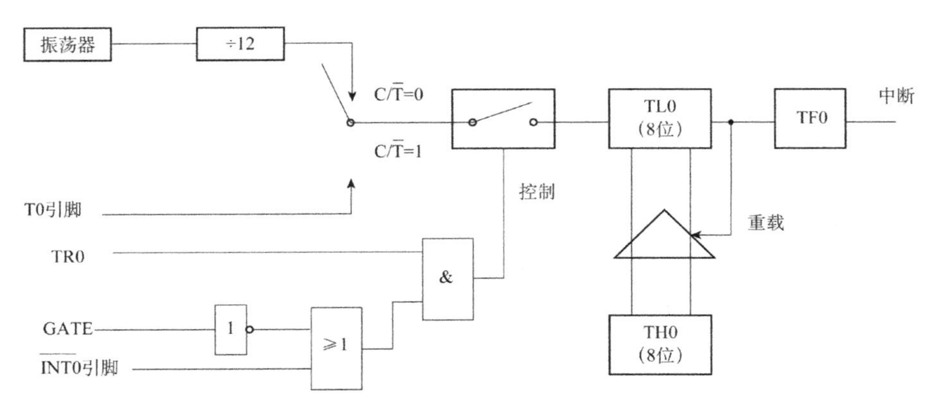

图 4-6　T0（或 T1）方式 2 时的逻辑结构图

由图 4-6 可知，方式 2 中 16 位加法计数器的 TH0 和 TL0 具有不同功能，其中，TL0 是 8 位计数器，TH0 是重置初值的 8 位缓冲器。

方式 0 和方式 1 用于循环计数在每次计满溢出后，计数器都复 0，要进行新一轮计数还需重置计数初值。这不仅导致编程麻烦，而且影响定时时间精度。方式 2 具有初值自动装入功能，避免了上述缺陷，适合用做较精确的定时脉冲信号发生器。其定时时间为：

$$（M - T0初值）\times 时钟周期 \times 12 =（256 - T0初值）\times 时钟周期 \times 12$$

方式 2 中 16 位加法计数器被分割为两个，TL0 用作 8 位计数器，TH0 用以保持初值。在程序初始化时，TL0 和 TH0 由软件赋予相同的初值。一旦 TL0 计数溢出，TF0 将被置位，同时，TH0 中的初值装入 TL0，从而进入新一轮计数，如此重复循环不止。

方式 2 特别适用于把定时/计数器作串口波特率发生器使用。

例 4.3　假设晶振频率是 12MHz，试用定时器 1 方式 2 实现 1s 的延时。

解：因方式 2 是 8 位计数器，其最大定时时间为：256×1μs = 256μs，为实现 1s 延时，可选择定时时间为 250μs，再循环 4000 次。定时时间选定后，可确定计数值为 250，则定时器 1 的初值为：X = M −计数值=256 − 250 = 6 即 6H。采用定时器 1 方式 2 工作，因此，TMOD =0x20。

可编制 1s 延时子程序如下：

```
void delay1s()
{
   uint i;                          //设置为整型变量，范围为 0~65535
   TMOD=0x20;                       //T1 为工作方式 2--M1M0=10
   TH1=6;                           //延时 250μs 的初值
   TL1=6;
   for(i=0;i<40000;i++)             //循环 4000 次
   {
    TR1=1;                          //启动 T1
    while(!TF1);                    //TF1 由 0 变为 1，定时时间到
    TF1=0;                          //250us 定时时间到，将 TF1 清零
   }
}
```

（4）方式 3

定时器/计数器工作于方式 3 时，其逻辑结构图如图 4-7 所示。

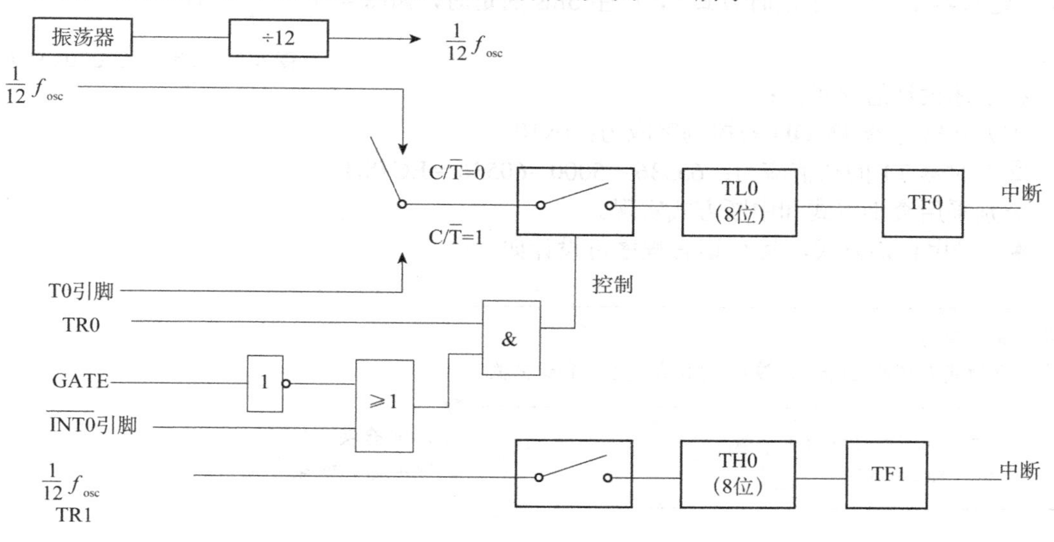

图 4-7　T0 方式 3 时的逻辑结构

由图 4-7 可知，方式 3 时，定时器 T0 被分解成两个独立的 8 位计数器 TL0 和 TH0。其中，TL0 占用原 T0 的控制位、引脚和中断源，即 $C/\overline{T}$ 、GATE、TR0、TF0 和 T0（P3.4）引脚、$\overline{INT0}$ （P3.2）引脚。除计数位数不同于方式 0、方式 1 外，其功能、操作与方式 0、方式 1 完全相同，可定时亦可计数。而 TH0 占用原定时器 T1 的控制位 TF1 和 TR1，同时还占用了 T1 的中断源，其启动和关闭仅受 TR1 置 1 或清零控制，TH0 只能对机器周期进行计数，因此，TH0 只能用做简单的内部定时，不能用做对外部脉冲进行计数，是定时器 T0 附加的一个 8 位定时器。二者的定时时间分别为：

$$\text{TL0：}(M-\text{TL0初值})\times\text{时钟周期}\times 12=(256-\text{TL0初值})\times\text{时钟周期}\times 12$$

$$\text{TH0：}(M-\text{TH0初值})\times\text{时钟周期}\times 12=(256-\text{TH0初值})\times\text{时钟周期}\times 12$$

采用方式 3 时，定时器 1 仍可设置为方式 0、方式 1 或方式 2。但由于 TR1、TF1 及 T1 的中断源已被定时器 T0 占用，此时，定时器 T1 仅由控制位 $C/\overline{T}$ 切换其定时或计数功能，当计数器计满溢出时，只能将输出送往串行口。在这种情况下，定时器 1 一般用做串行口波特率发生器或不需要中断的场合。因定时器 T1 的 TR1 被占用，因此其启动和关闭较为特殊，当设置好工作方式时，定时器 1 即自动开始运行，若要停止操作，只需送入一个设置定时器 1 为方式 3 的方式字即可。

3. 定时器/计数器的编程和应用

定时器/计数器是单片机应用系统中的重要部件，通过下面实例可以看出，灵活应用定时器/计数器可提高编程技巧，减轻 CPU 的负担，简化外围电路。

例 4.4　用单片机定时器/计数器设计方波发生器，方波周期为 10ms，有 P3.0 引脚输出。

解：取晶振频率为 12MHz。方波周期为 10ms，则半周期为 5ms。定时器 T0 工作于定时方式 1，产生 5ms 的定时，如图 4-8 所示。

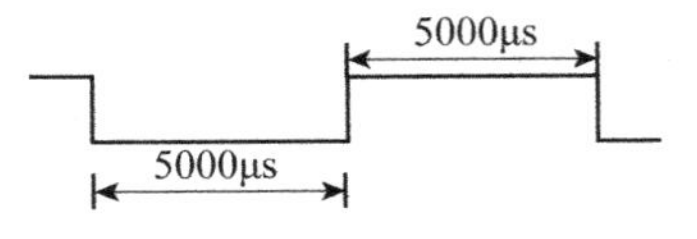

图 4-8　周期为 5000μs 的方波

按上述设计思路可知：

①方式寄存器 TMOD 的控制字应为：0x10。

②定时器 T1 的初值应为：65536 – 5000 =60536 = EC78H。

分别采用查询方式和中断方式实现。

● 采用查询方式，其 C 语言程序可设计如下：

```
/*-----------------------------------------------
名称：定时器 0
内容：通过定时产生 10ms 方波---T0 方式 1、查询方式
-----------------------------------------------*/
    #include<reg52.h>                              //包含头文件
    sbit OUT=P3^0;                                 //定义 OUT 输出端口
/*------------------------------------
          主程序
------------------------------------*/
    main()
    {
     TMOD = 0x01;       //使用模式 1，16 位定时器，
     while(1)
     {
      TH0=(65536-5000)/256;        //重新赋值 12M 晶振计算，指令周期 1μS，
      TL0=(65536-5000)%256;        //10mS 方波半个周期 5000μs，即定时 5000 次
      TR0=1;                       //定时器开关打开
      OUT=~OUT;                    //溢出然后输出端取反
      while(!TF0);                 //TF0 由 0 变为 1，定时时间到
      TF0=0;                       //查询方式时，TF*必须由软件清零
     }
    }
```

● 采用中断方式，其 C 语言程序可设计如下：

```
/*-----------------------------------------------
名称：定时器 0
内容：通过定时产生 10ms 方波---T0 方式 1、中断方式
-----------------------------------------------*/
    #include<reg52.h>                              //包含头文件
    sbit OUT=P3^0;                                 //定义 OUT 输出端口
/*-----------------------------------------------
              主程序
-----------------------------------------------*/
    main()
    {
```

```
  TMOD = 0x01;              //使用模式 1，16 位定时器，
   EA=1;                    //总中断打开
   ET0=1;                   //定时器中断打开
   TR0=1;                   //定时器开关打开
   while(1);
  }
/*-----------------------------------------
        定时器中断服务子程序
-----------------------------------------*/
 void  T0_time()  interrupt 1 using 1
  {
   TH0=(65536-5000)/256;           //重新赋值 12M 晶振计算，指令周期 1μs，
   TL0=(65536-5000)%256;           //10ms 方波半个周期 5000μs，即定时 5000 次
                                   //溢出然后输出端取反
   OUT=~OUT;                       //用示波器可看到方波输出

  }
```

通过以上叙述可知，定时器/计数器既可用做定时也可用做计数，而且其应用方式非常灵活；同时还可看出，软件定时不同于定时器定时（也称硬件定时）。软件定时是对循环体内指令机器数进行计数，定时器定时是采用加法计数器直接对机器周期进行计数。二者工作机理不同，置初值方式也不同，相比之下定时器定时在方便程度和精确程度上都高于软件定时。此外，软件定时在定时期间一直占用 CPU，而定时器定时如采用查询工作方式，一样占用 CPU，如采用中断工作方式，则在其定时期间 CPU 可处理其他指令，从而可以充分发挥定时器/计数器的功能，大大提高 CPU 的效率。

4. 定时器/计数器的初值

（1）最大计数容量

定时器/计数器的最大计数容量是指能够计数的总量，与定时器/计数器的二进制位数 N 有关，即最大计数容量=2^N。例如，若为 2 位计数器，则计数状态为 00、01、10、11，共 4 个状态，最大计数容量为 $2^N=4$。

（2）计数初值

定时器/计数器的计数不一定是从 0 开始计数的，这要根据需要来设定结束的初始值。这个预先设定的计数起点称为计数初值。

（3）定时器/计数器的初值计算

设 t 为定时器的定时时间，N 为计数器的位数，其公式为：

$$t=（2^N-\text{定时器初值}）\times 12/f_{osc}\,(\mu s)$$

则求解定时器初值的公式为：

$$\text{定时器初值}\ X=（2^N-t）\times 12/f_{osc}\,(\mu s)$$

不同工作方式的定时初值或计数器初值的计算值见表 4-2 所示。

表 4-2　定时器/计数器初值计算

工作方式	计数位数	最大计数容量	最长定时时间（单位：μs）	定时器初值计算公式（单位：μs）	计数初值计算公式
方式 0	13	$2^{13}=8192$	$2^{13}\times12/f_{osc}$	$X=(2^{13}-t)\times12/f_{osc}$	$X=2^{13}-$计数值
方式 1	16	$2^{16}=65536$	$2^{16}\times12/f_{osc}$	$X=(2^{16}-t)\times12/f_{osc}$	$X=2^{16}-$计数值
方式 2	8	$2^{8}=256$	$2^{8}\times12/f_{osc}$	$X=(2^{8}-t)\times12/f_{osc}$	$X=2^{8}-$计数值

5. 定时器/计数器程序的编程方法

（1）定时/计数的初始化

在用到单片机的定时器/计数器之前，要先用指令来设置相关寄存器的初始值，设定定时/计数的初始条件，即定时/计数的初始化，通常定时器初始化过程如下：

①确定定时器/计数器的工作方式，确定 TMOD 方式控制字，编程时将控制字写入 TMOD。

②根据定时时间/计数初值，计算其初值：

编程时将计数初值写入 TH*i*、TL*i*(*i*=0 或 *i*=1)。

③（如果使用中断方式）开中断：

编程时置位 EA、ET*i*

（如果使用查询方式）观察 TF*i*

④ TRi 位置位控制定时器的启动和停止。

（2）程序结构

单片机的定时/计数使用的是单片机的中断功能，而且是内部中断，所以它的程序结构也是中断的程序结构，整个程序包括两个函数：主函数、中断服务函数。

①主函数。主函数是指单片机在响应定时/计数中断之前和之后所做的事情。它的结构为：

```
void main()
  {
      …
  }
```

②中断服务函数。中断服务函数是当 1 次定时/计数结束后，外部设备要求单片机相应中断所做的事情。C51 的中断服务函数格式如下：

```
void  函数名 ( )  interrupt  n  [using 寄存器组号码]
  {
      中断服务函数的内容
  }
```

其中 n 为中断类型号，见项目三的任务一中表 3-3 中断源入口地址表所示。这里是单片机的定时/计数的溢出中断，所以中断类型号是 1 和 3，1 表示 T0 溢出中断，3 表示 T1 溢出中断。例如

```
void T1_time()  interrupt  3
{
  TH1=(65536-10000)/256;
  TL1=(65536-10000)%256;
 }
```

上面这个代码是一个定时器 1 的中断服务程序，定时器 1 的中断类型号是 3，因此要写成 interrupt 3，服务程序的内容是给两个初值寄存器装入新值。

例 4.5　用单片机定时器/计数器的计数功能，T1 为方式 2，计数次数为 3 次时产生中断使 P1 口的 8 个发光二极管循环点亮 2 遍。计数器功能的使用如图 4-9 所示。程序示例如下：

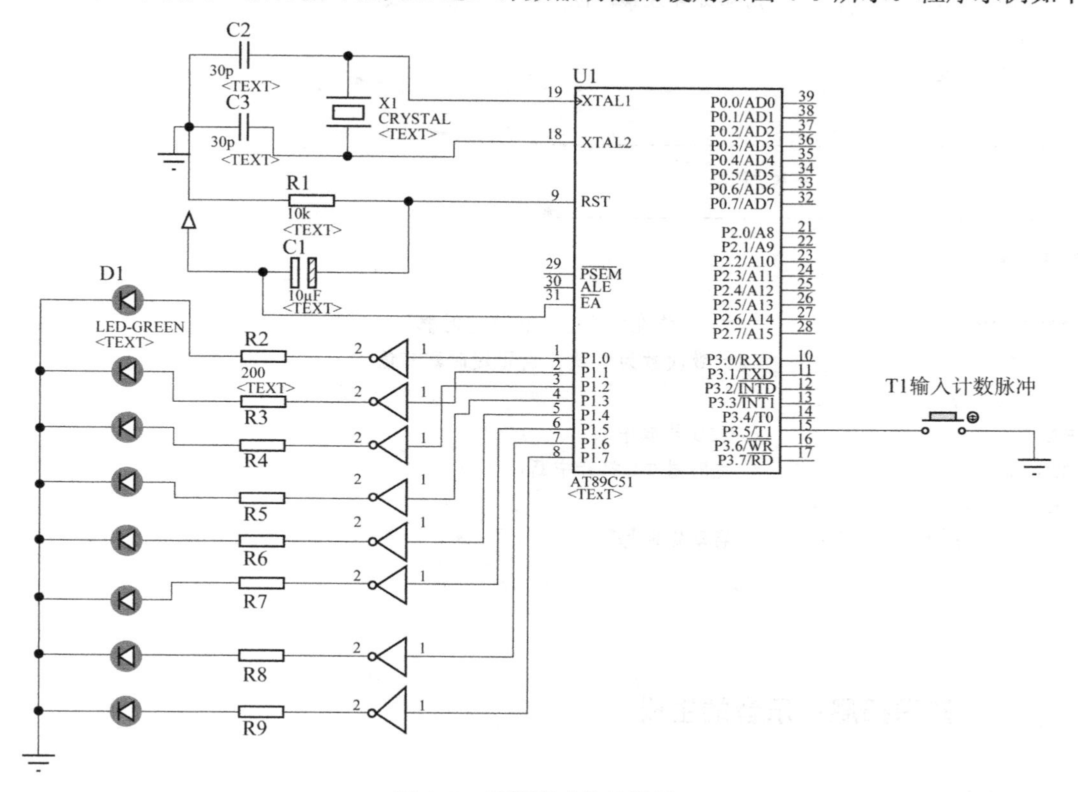

图 4-9　计数器功能的使用

```
#include <reg51.h>
void  delay(unsigned char i)     //延时函数
{   unsigned char j,k;
    for(k=0;k<i;k++)
      for(j=0;j<255;j++);
}
//------------------------------------
//         定时器 T1 中断服务程序---工作方式 2
//------------------------------------
void T1_time() interrupt 3
{
   unsigned char m=0,i,w;     //定义无符号字符型变量
    for(m=0;m<2;m++)
     { w=0x01;               //显示字初值
```

```
    for(i=0;i<8;i++)
    {
       P1=~w;                    //送 P1 口
      delay(200);            //延时
      w<<=1;                 //显示字左移一位
     }
    }  P1=0xff;
}
/*----------------------------------------
                     主程序
----------------------------------------*/
void main()
{
  TMOD=0X60;                 //T1 工作在方式 2--8 位定时器
  TH1=0xfd;                  //计数次数为 3 次，设置定时器初值
  TL1=0xfd;
  EA=1;                      //CPU 开放中断
  ET1=1;                     //定时器 T1 打开中断
  while(1)
  {  TR1=1; }                //启动定时器
}
```

知识拓展：乐音的生成

1. 调号

调号，音乐上指用以确定乐曲主音高度的符号。用 CDEFGAB 这些字母来表示固定的音高。比如，A 这个音，标准的音高为每秒钟振动 440 周，即频率 *f*=440Hz。十二平均律各音的频率如表 4-3 所示。

表 4-3 十二平均律各音的频率

调号（音名）	C	D	E	F	G	A	B
频率/Hz	262	294	330	349	392	440	494
调号（音名）	#C（升 C 调）	#D（升 D 调）	#F（升 F 调）	#G（升 G 调）	#A（升 A 调）		
频率/Hz	277	311	369	415	466		

所谓 1＝C，就是说，这首歌曲的“DO”要唱得同 C 一样高，或者说“这歌曲唱 C 调”。同样是“DO”，不同的调唱起来的高低是不一样的。

使用单片机配合蜂鸣器来发声，只需弄清楚两个概念即可，也就是“音调”和“节拍”。

2. 音调与节拍

简单地说，人耳对声音频率高低的感觉称为音调，即音调表示一个音符演奏的频率。而节拍表示一个音符演奏多长的时间。一般来说，单片机演奏音乐基本都是单音频率，它不包含相应幅度的谐波频率。

在音乐中所谓“音调”，其实就是我们常说的“音高”。当两个声音信号的频率相差一倍时，也即 $f_2=2f_1$ 时，则称 f_2 比 f_1 高一个倍频程，在音乐学中称它相差一个八度音。在一个八度音内，有 12 个半音。以 1—i 八音区为例，12 个半音是：1—＃1、＃1—2、2—＃2、＃2—3、3—4、4—＃4，＃4—5、5—＃5、＃5—6、6—＃6、＃6—7、7—i。这 12 个音阶的分度基本上是以对数关系来划分的。如果我们知道了这十二个音符的音高，也就是其基本音调的频率，我们就可根据倍频程的关系得到其他音符基本音调的频率。

知道了一个音符的频率后，要产生相应频率的声音信号，只要计算出该音频的半周期（1/（2×频率）)，每半周期时间，将单片机上对应声音输出的 I/O 脚取反，或者说来回清零，置位，就可在此 I/O 脚上输出此频率的信号。常采用的方法就是通过单片机的定时器定时中断，来得到这个半周期时间。为了让单片机发出不同频率的声音，我们只需将定时器预置不同的定时值就可实现。那么怎样确定一个频率所对应的定时器的定时值呢？以标准音高 A 为例：

A 的频率 f = 440 Hz，其对应的周期为：

$$T = 1/f = 1/440 = 2272\mu s$$

由图 4-10 可知，单片机上对应蜂鸣器的 I/O 口来回取反的半周期时间应为：

$$t = T/2 = 2272/2 = 1136\mu s$$

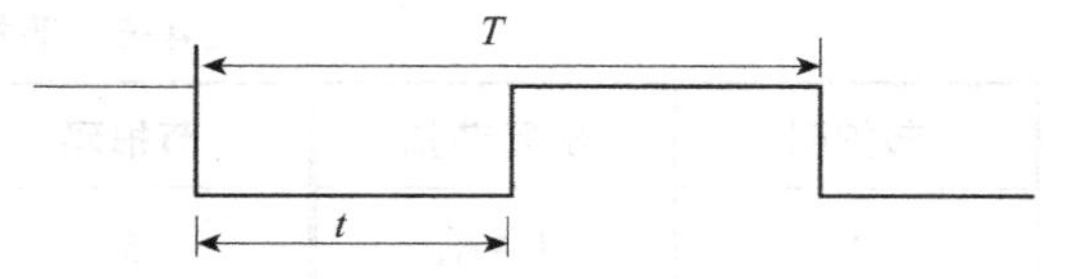

图 4-10　脉冲信号的周期

这个时间 t 也就是单片机上定时器应有的中断触发时间。

假设单片机晶振频率为 f_0，音符的演奏频率为 f，采用定时器 T0 的工作方式 1 来定时，则与音符半周期对应的定时器 T0 的计数初值为：$N = 2^{16} - \dfrac{f_0}{2 \times 12 f}$

例如，要产生 200Hz 的音频信号，200Hz 的音频对应的变化周期为 1/200s 即 5ms。其对应的半周期时间为 2.5ms，由此分析，主要设计一个能实现 2.5ms 延时的子程序就能完成 200Hz 音频信号的输出。

假设单片机晶振频率为 12MHz，C 调各音符的频率与定时初值的关系如表 4-4 所示。

表 4-4　C 调各音符、频率和定时初值的关系

音符（低音）	频率/Hz	定时初值	音符（中音）	频率/Hz	定时初值	音符（高音）	频率/Hz	定时初值
1 DO	262	F88C	1 DO	523	FC44	1 DO	1046	FE22
#1 DO#	277	F8F3	#1 DO#	554	FC79	#1 DO#	1109	FE3D
2 RUI	294	F95B	2 RUI	587	FCAC	2 RUI	1175	FE56
#2 RUI#	311	F9B8	#2 RUI#	622	FCDC	#2 RUI#	1245	FE6E

续表

音符（低音）	频率/Hz	定时初值	音符（中音）	频率/Hz	定时初值	音符（高音）	频率/Hz	定时初值
3 MI	330	FA15	3 MI	659	FD09	3 MI	1318	FE85
4 FA	349	FA67	4 FA	698	FD34	4 FA	1397	FE9A
#4 FA#	370	FAB9	#4 FA#	740	FD5C	#4 FA#	1480	FEAE
5 SO	392	FB04	5 SO	784	FD82	5 SO	1568	FEC1
#5 SO#	415	FB4B	#5 SO#	831	FDA6	#5 SO#	1661	FED3
6 LA	440	FB90	6 LA	880	FDC8	6 LA	1760	FEE4
#6 LA#	466	FBCF	#6 LA#	932	FDE8	#6 LA#	1865	FEF4
7 XI	494	FC0C	7 XI	988	FE06	7 XI	1976	FF03

例如，要计算中音 DO 的计数初值，可以从表 4-4 中查出其频率值，根据计算器选择的方式来计算它的初值。

中音 DO：$TC=2^{16}-10^{6}/(523\times 2)=65536-956=64580=$FC44H

一首乐曲的每一个音符除了频率之外，还有不同的节拍，可以编写一个音符节拍与节拍码的对照表，表 4-5 所示为节拍码与实际节拍之间的对照表。各节拍与时间的设定如表 4-6 所示。

表 4-5　节拍与实际节拍对照表

节拍码	实际节拍	节拍码	实际节拍	节拍码	实际节拍
1	1/4 拍	5	1 又 1/4 拍	C	3 拍
2	1/2 拍	6	1 又 1/2 拍	F	3 又 3/4 拍
3	3/4 拍	8	2 拍		
4	1 拍	A	2 又 1/2 拍		

表 4-6　各节拍与时间的设定

曲调值	1/4 拍时间/ms	1/8 拍时间/ms
调 4/4	125	62.5
调 3/4	187.5	93.75
调 2/4	250	125

在单片机上实现音乐播放，一般只需逐个播放音符即可。用单片机播放音乐的方法如下：

①初始化单片机定时器。

②将乐谱中每个音符的音调及节拍变换成相应的音调参数和节拍参数。

③将乐谱中音符的参数做成数据表格，存放在存储器中。

④通过程序取出一个音符的相关参数，启动蜂鸣器播放该音符。

⑤该音符演奏完后，接着取出下一个音符的相关参数……，如此直到播放完最后一个音符，根据需要也可循环不停地播放整个乐曲。

这里需要注意，多于一个乐曲中的休止符，一般讲其音调设为 FFH，而其节拍参数为 00H 来表示。

一个音符需要音调和节拍两个参数来表示。这里讲常用的音符所对应的计数器初值放在数组 music 中，以便查表获得，示例如下：

```
unsigned char code music[30]=
{
    0xFF,0xFF,0xFB,0x90,0xFC,0x0C,0xFC,0x44,0xFC,0xAC,
    0xFD,0x09,0xFD,0x34,0xFD,0x82,0xFD,0xC8,0xFE,0x06,
    0xFE,0x22,0xFA,0X15,0XFB,0x04,0xFA,0x67,0xFE,0x85
};
```

对于一首音乐，可以将每个音符所代表的音调和频率信息组成一个数组。其中，每个元素的前 4 位字节乘 2 表示为音符在数组 music 中的位置，后 4 位字节为多上 1/4 拍。以 0x34 为例，其表示音符的音调所对应的计数器初值为 music[6]和 music[7]，节拍数为 1 拍，共 4 个 1/4 拍。下面给出歌曲所对应的音符数组。

```
unsigned char code Mmusic[]=
{
    0x22,0x52,0x52,0x56,0x56,0x42,0x32,0x42,0x32,0x22
    0x18,0x82,0x82,0x82,0x82,0x86,0x72,0xB2,0x72,0x72,
    0x62,0x58,0x52,0x82,0x82,0x724,0x56,0x42,0x32,0x42,
    0x32,0x22,0x16,0xB2,0xB2,0x32,0x32,0x22,0x16,0x51,
    0x42,0x31,0x21,0xC1,0x88,0xFF
};
```

四、任务分析

- ❖ 门铃按键从 P1.0 端口输入，声音信号从 P1.7 端口输出到放大电路，经过放大后送入扬声器发声。
- ❖ 首先实现“滴”的声音。要求，扬声器响声反复循环频率为 500Hz；再实现“滴、滴”报警门铃。
- ❖ 再实现按键按下后门铃，产生“叮咚” 声。
- ❖ 最后实现音乐门铃，要求由单片机演奏任意一首乐曲。

五、任务实施

1. 确定设计方案

选用 AT89C51 芯片、时钟电路、复位电路、电源和一个按键和一个扬声器等元件构成系统，构成门铃电路的设计方案。系统设计框图如图 4-11 所示。

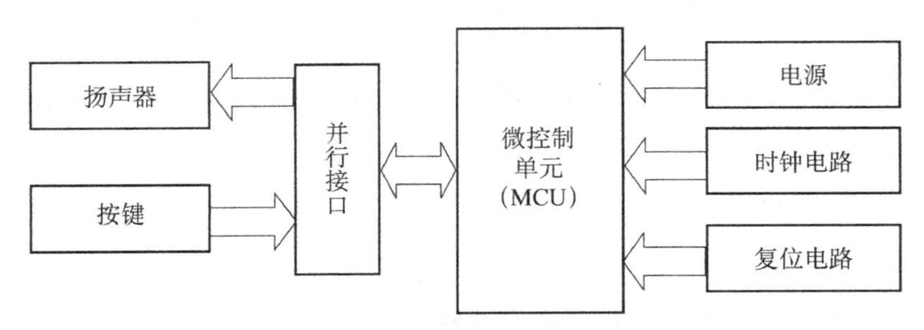

图 4-11　系统方案设计框图

2. 硬件电路设计

用 Proteus 软件进行原理图设计与绘制。电路所用元器件如表 4-7 所示。门铃电路原理图如图 4-12 所示。

表 4-7　电路所用元器件

参数	元器件名称	参数	元器件名称
AT89C51	单片机		
RES	电阻	CAP	电容
CRYSTAL	晶振	CAP-ELEC	电解电容
BUTTON	按钮	SPEAKER	扬声器

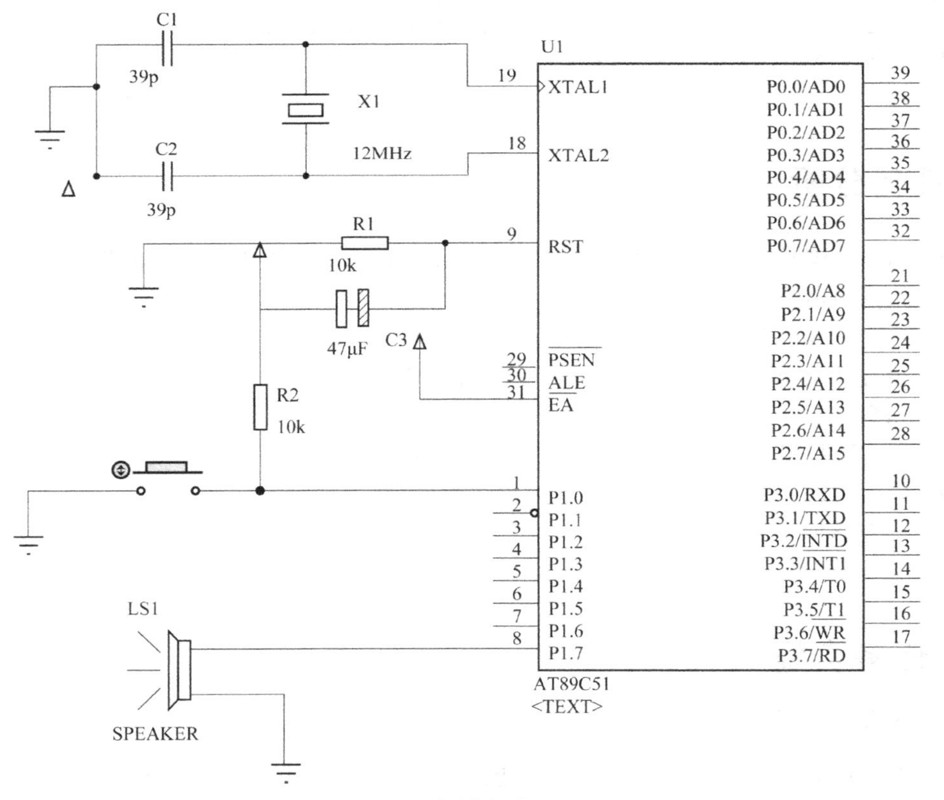

图 4-12　门铃电路原理图

小贴士

- 实用的电路需要增加功放，如图 4-13 所示。但目前 Proteus 对其不能实时仿真，出现声音失真。故用图 4-12 所示进行 Proteus 仿真。

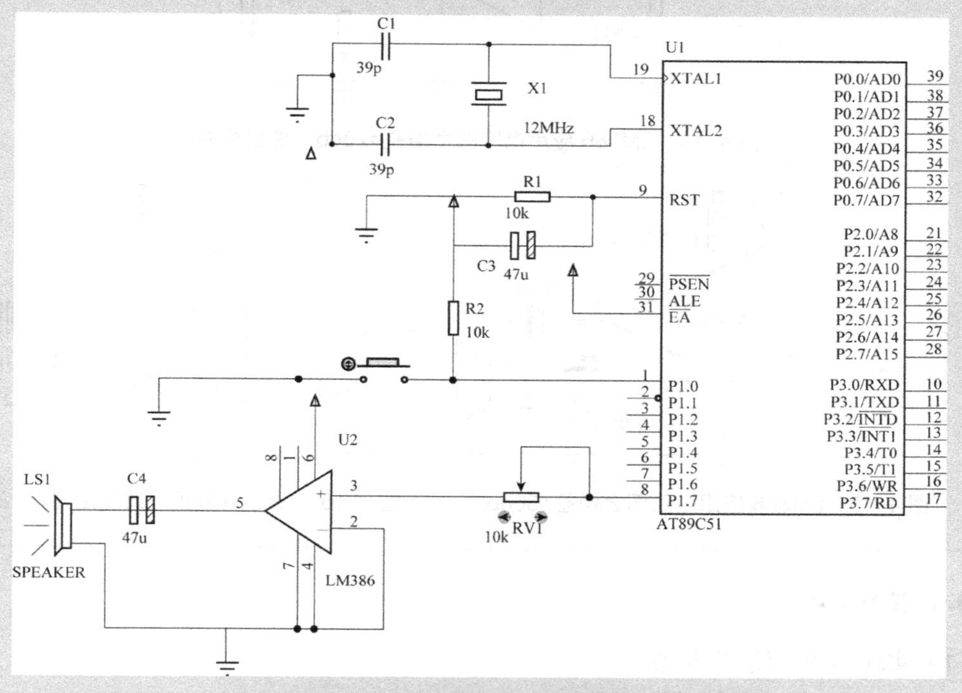

图 4-13 实用门铃电路原理图

- LM386 低电压音频功率放大器的原理与典型应用电路。LM386 是美国国家半导体公司生产的音频功率放大器，主要应用于低电压消费类产品。为使外围元器件数最少，电压增益内置为 20。但在 1 脚和 8 脚之间增加一只外接电阻和电容，便可将电压增益调为任意值，直至 200。输入端以地位参考，同时输出端被自动偏置到电源电压的一半，在 6V 电源电压下，它的静态功耗仅为 24mW，使得 LM386 特别适用于电池供电的场合。其特性（Features）为：

  * 静态功耗低，约为 4mA，可用于电池供电。
  * 工作电压范围宽，4～12V 或 5～18V。
  * 电压增益可调，20～200db。
  * 外围元器件少。
  * 低失真度。

  典型应用电路图如图 4-14～图 4-16 所示。

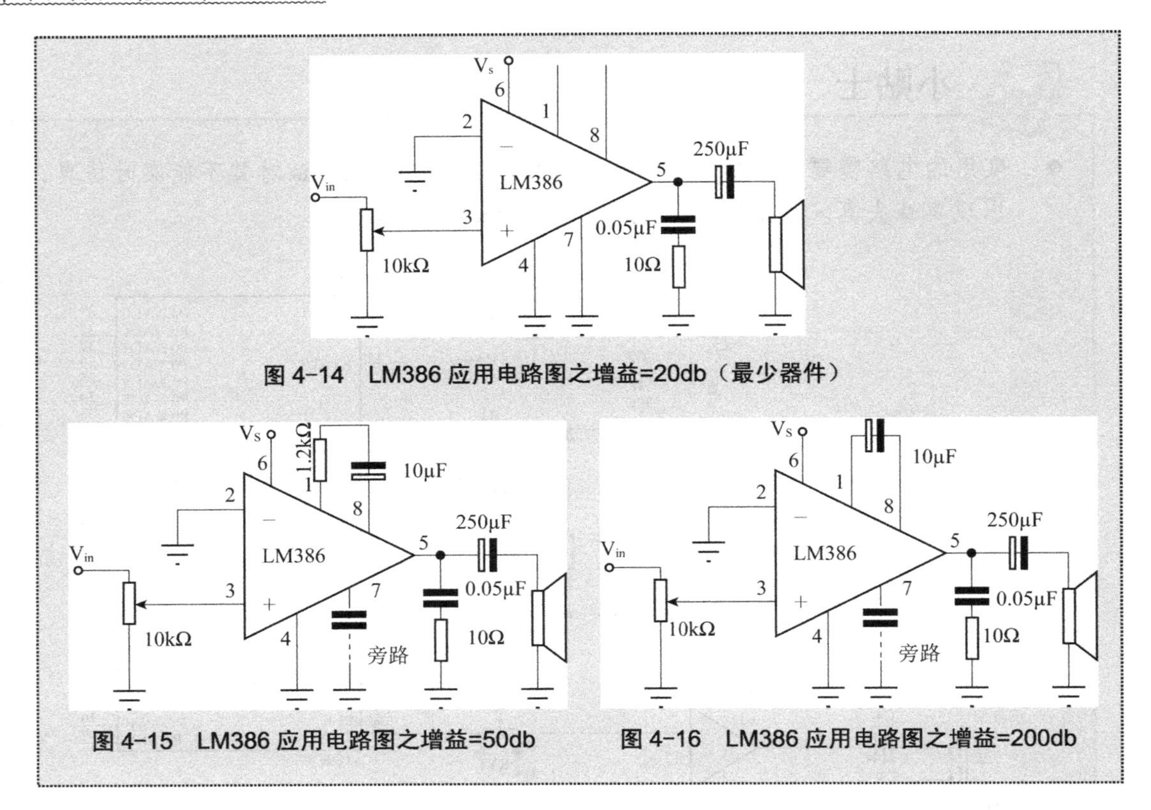

图 4-14　LM386 应用电路图之增益=20db（最少器件）

图 4-15　LM386 应用电路图之增益=50db

图 4-16　LM386 应用电路图之增益=200db

3. C 程序设计

（1）实现门铃“滴　”声音

步骤 1：定时参数的计算。

① 要产生频率为 500Hz“滴”的方波信号，方波信号的周期为 2ms　。电路采用 12MHz 的晶振，利用定时器 T0 的方式 1，产生 1ms 的定时，在 P1.7 上输出周期为 2ms 的方波。

- T0 的方式控制字 TMOD:

M1M0=01，GATE=0，C/T=0，可取方式控制字为 01H。

- 计算计数初值 X。由于晶振为 12MHz，机器周期 T=1μs，要产生产生 1ms 的定时，计数初值为

$$X = 65536 - 1000 = 64536 = \mathrm{FC18H}$$

分别预置给 TH0=0xfc、TL0=0x18。

或如下计算：

TH0=(65536-1000)/256=0xfc　(整数取商)

TL0=(65536-1000)%256=0x18　（取模）

步骤 2：绘制流程图。实现“滴”声音流程图如图 4-17 所示。

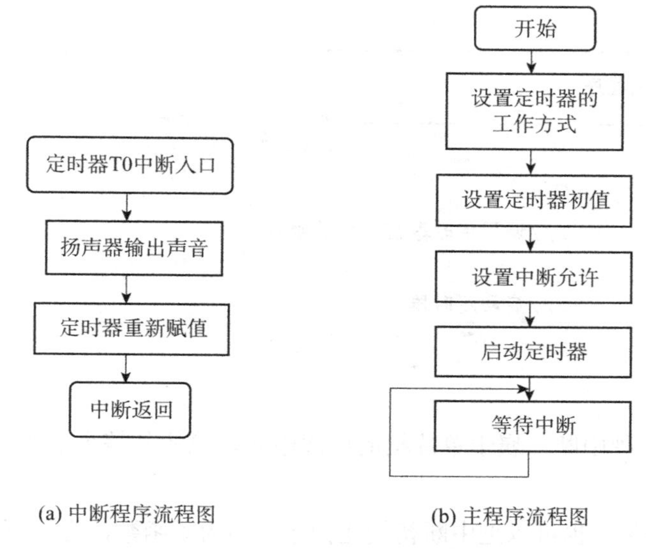

(a) 中断程序流程图　　(b) 主程序流程图

图 4-17　实现“滴”声音流程图

步骤 3：根据流程图进行程序编写。门铃控制程序示例如下：

```
//****************** 门铃控制程序**************
//程序名：门铃控制程序 xm4_1.c
//程序功能：扬声器输出“滴 ”声音
#include <reg51.h>
sbit DoorBell = P1^7;            //扬声器接单片机 P1.7 端口
//------------------------------------------
//    T0 中断服务程序---方式 1、16 位定时器
//------------------------------------------
void T0_time()  interrupt 1
{
  DoorBell=~DoorBell;
   TH0=0xfc;                      //重新赋值
   TL0=0x18;
}
/*------------------------------------
      定时器初始化子函数
------------------------------------*/
void Init_Timer0(void)
{
  TMOD = 0x01;                    //使用模式 1，16 位定时器
  EA=1;                           //总中断打开
  ET0=1;                          //定时器中断打开
  TH0=0xfc;                       //定时器初值
  TL0=0x18;
```

```
}
/*-----------------------------------------
                  主程序
-----------------------------------------*/
main()
{
  Init_Timer0();           //调用定时器初始化子函数
  while(1)
  {TR0=1; }                //启动定时器
}
```

程序说明：

- 定时/计数也是一种中断，属于单片机的内部中断，搞清其整个工作流程，有助于理解中断。
- 为了使程序模块化，也可以把中断初始化程序编写为子函数，方便调用和修改。
- 在中断服务程序中，为了下一次定时，要重新赋值。
- 当程序中只涉及一个中断时，可以不对中断的优先级进行设置，可以省略。但当有多个中断没有进行优先级设定的情况下，单片机遵循系统默认的自然优先级顺序。
- 利用定时/计数器定时中断时，在程序中首先要设置工作模式，并计算它的定时/计数初值，计算初值不好计算，常利用表达式来代替。如上述程序赋初值部分也可写为：

```
//定时器赋初值
 TH0=(65536-1000)/256;          //取高 8 位
 TL0=(65536-1000)%256;          //取低 8 位
```

步骤 4：程序运行。

①在 Keil μVision2 仿真软件中，编译调试本程序，直至没有错误。

②Keil 与 Proteus 联合调试，在 Proteus 环境中运行。

③按电路原理图实验箱连接，用串行数据通信线连接计算机与仿真器，打开实验箱总电源和模块电源，下载程序到仿真器，运行程序。

（2）实现门铃“滴 、滴”报警声

在上面程序的基础上进行程序修改，使门铃的声音变成模拟“滴 、滴”的报警声。程序示例如下：

```
//****************** 门铃控制程序**************
//程序名：门铃控制程序 xm4_2.c
//程序功能：扬声器输出“滴、滴 ”报警声
//-------------------------------------
//  说明：若改变输出声音的频率，500μs 延时初值
//        若改变输出声音的长度，可修改 800 的值
//-------------------------------------
```

```
#include <reg51.h>
#define uchar  unsigned char
#define uint unsigned int
sbit DoorBell =  P1^7;    //喇叭接 P1.7
uint p = 0;
//---------------------------------------
//          T0 中断服务程序---方式 1、16 位定时器
//---------------------------------------
void T0_time()  interrupt 1
{
   DoorBell=~DoorBell;p++;
   if(p<800)
   {
    TH0=(65536-500)/256;        //重新赋值
    TL0=(65536-500)%256;
   }
   else
   {TR0=0;
   p=0;
   }
}
/*----------------------------
                 定时器初始化子程序
----------------------------*/
void Init_Timer0(void)
{
 IE=0X82;            //CPU 允许中断、定时器 T0 允许中断-EA=1、ET0=1
 TMOD = 0x01;      //使用模式 1，16 位定时器
}
/*--------------------------
                 主程序
--------------------------*/
main()
{
 Init_Timer0();
 while(1)
  {TR0=1; }
}
//-----------------------------
```

（3）实现“叮咚”门铃

要求：按下一次按钮，产生一次“叮咚”声。“叮”和“咚”声音各保持一段时间。

步骤 1：定时参数的计算。

①“叮”和“咚”声分别为 667Hz 和 500Hz 的频率，即声音信号周期为 1.5ms 和 2.0ms，P1.7 脚输出信号的高或低电平的宽度为 0.75ms(1.5ms/2)和 1.0ms(2.0ms/2)。电路采用 12MHz 的晶振，利用定时器 T0 的方式 1，产生 750μs 和 1000μs 的定时。

- T0 的方式控制字 TMOD：

M1M0=01，GATE=0，C/T=0，可取方式控制字为 01H（定时器 T0 为工作方式 1）

- 计算计数初值 X。由于晶振为 12MHz，机器周期 T=1μs，要产生产生 750 μs 的定时，计数初值为：

```
TH0=(65536-750)/256;        //“叮”声为 667Hz 的频率，定时 750 μs 延时
TL0=(65536-750)%256;
```

要产生产生 1000 μs 的定时，计数初值为：

```
TH0=(65536-1000)/256;       //“咚”声 500Hz 的频率，定时 1000 μs
TL0=(65536-1000)%256;
```

②只有当按下按钮 KEY 之后，才启动 T0 开始工作，当 T0 工作完毕，回到最初状态。

步骤 2：绘制流程图。实现“叮咚”门铃主程序流程图如图 4-18 所示。实现“叮咚”门铃中断服务程序流程图如图 4-19 所示。

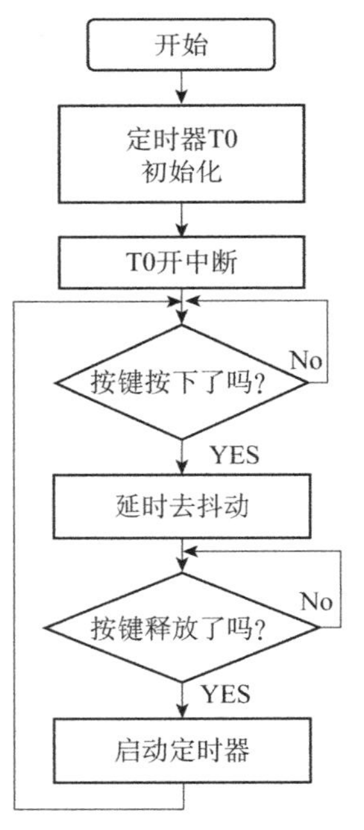

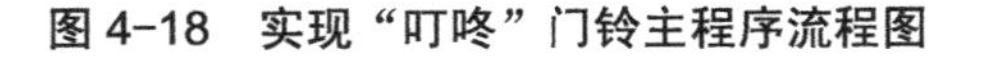
图 4-18　实现“叮咚”门铃主程序流程图

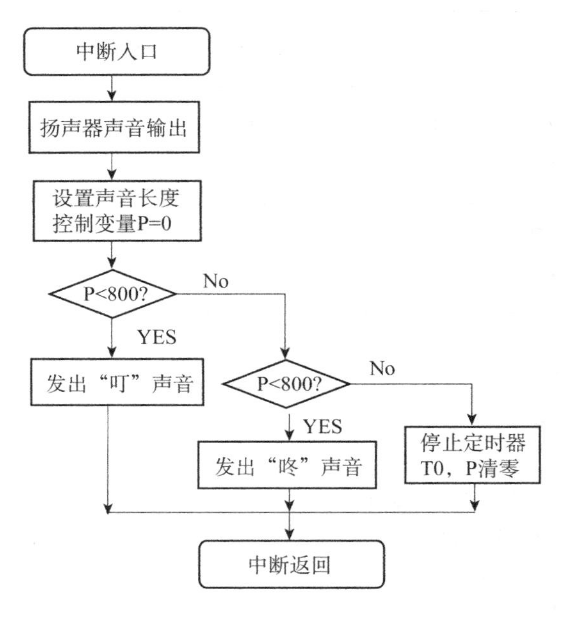

图 4-19　实现“叮咚”门铃中断服务程序流程图

步骤 3：汇编源程序，根据流程图进行程序编写。门铃控制程序示例如下：

```
//***************** 门铃控制程序**************
//程序名：门铃控制程序 xm4_3.c
//程序功能：按下按键时扬声器发出叮咚的门铃声
//------------------------------------------------------------------
//  说明：若改变输出声音的频率，可修改 700μs 或 1000μs 延时初值
//        若改变输出声音的长度，可修改 400 和 800 的值
//------------------------------------------------------------------
#include <reg51.h>
#define uchar  unsigned char         //宏定义
#define uint unsigned int
sbit Key = P1^0;                     //按键接 P1.0
sbit DoorBell =  P1^7;               //喇叭接 P1.7
uint p=0;
//--------------------------
//  带参数的延时子函数
//--------------------------
void delayms(uint xms)
{
   uint i,j;
   for(i=xms;i>0;i--)                //i=xms 即延时约 xmsms
       for(j=110;j>0;j--);
}
//--------------------------------------
//   T0 中断服务程序---方式 1、16 位定时器
//--------------------------------------
void  T0_time()  interrupt 1
{
  DoorBell=~DoorBell;
  p++;
  if(p<400)
  {
   TH0=(65536-750)/256;        //“叮”声为 667Hz 的频率
   TL0=(65536-750)%256;        //定时 750μs
  }
  else if(p<800)
  {
   TH0=(65536-1000)/256;    //“咚”声 500Hz 的频率
   TL0=(65536-1000)%256;    //定时 1000μs
  }
  else
  {TR0=0;
   p=0;
  }
```

```
}
//-----------------------------------
// 主程序
//-----------------------------------
void main()
{
  IE=0X82;                          //CPU允许中断、定时器T0允许中断-EA=1、ET0=1
 TMOD=0X01;                         //T0工作在方式1~16位定时器
  TH0=(65536-750)/256;              //定时750μs
  TL0=(65536-750)%256;
  while(1)
  {
    if(Key==0)                      //如果按下按键
    {
    delayms(10);                    //10ms延时去抖动
    if(Key==0)                      //按下按键则在按键释放后启动T0
    {
     while(!Key);
       TR0=1;
     }
    }
  }
}
```

步骤4：程序运行。

①在Keil μVision2仿真软件中，编译调试本程序，直至没有错误。

②Keil与Proteus联合调试，在Proteus环境中运行。

③按电路原理图实验箱连接，用串行数据通信线连接计算机与仿真器，打开实验箱总电源和模块电源，下载程序到仿真器，运行程序。

4. 实物制作

在万能板上按照实用门铃电路原理图焊接元器件，报警门铃控制电路的元器件清单如表4-8所示。

表4-8　元器件清单

元器件名称	参数	数量	元器件名称	参数	数量
单片机	AT89S51	1	电阻	10 kΩ	3
晶体振荡器	12MHz	1	电解电容	47μF	2
功率放大器	LM386	1	电容	30pF	2
扬声器	SPEAKER	1	IC插座	DIP40	1
电源	+5V	1			

六、技能提高

修改程序，根据乐谱（见图 4-20）由单片机演奏一首乐曲，实现音乐门铃。

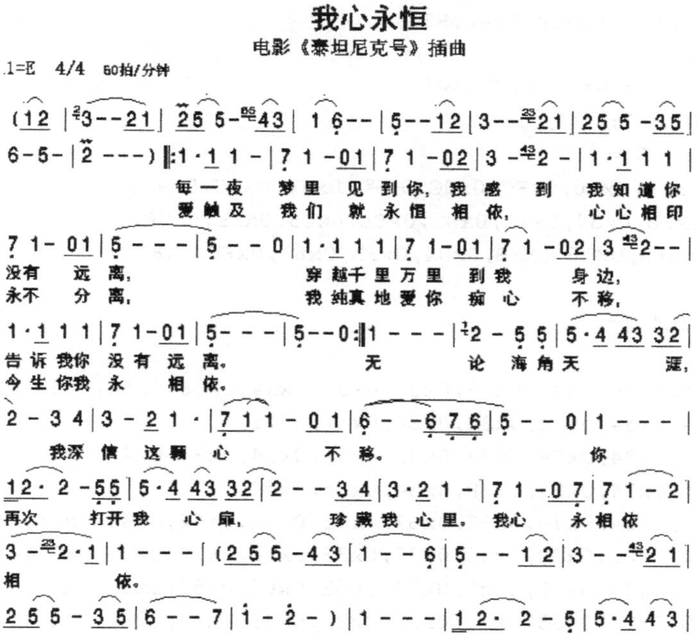

我心永恒

电影《泰坦尼克号》插曲

1=E 4/4 60拍/分钟

每一夜 梦里 见到你，我感 到 我知道你
爱触及 我们 就永恒 相依， 心心相印
没有 远 离， 穿越千里万里 到我 身边，
永不 分 离， 我纯真地爱你 痴 心 不移，
告诉我你 没有 远 离。 无 论 海角天 涯，
今生你我 永 相 依。
我深 信 这颗 心 不 移。 你
再次 打开我 心 扉， 珍藏我 心里。 我心 永相依
相 依。

图 4-20 歌曲《我心永恒》的简谱图

按照歌曲《我心永恒》的简谱，再根据音乐软件的设计方法，其音符对应的简谱码（即音符在表格中的实际位置）如表 4-9 所示。

表 4-9 节拍与实际节拍对照表

定时器初值	发音	简谱码	定时器初值	发音	简谱码
0xFB，0x90	低音 6	1	0xFD，0xC8	中音 6	8
0xFC，0x0C	低音 7	2	0xFE，0x06	中音 7	9
0xFC，0x44	中音 1	3	0xFE，0x22	高音 1	A
0xFC，0xAC	中音 2	4	0xFA，0X15	低音 3	B
0xFD，0x09	中音 3	5	0XFB，0x04	低音 5	C
0xFD，0x34	中音 4	6	0xFA，0x67	低音 4	D
0xFD，0x82	中音 5	7	0xFE，0x85	高音 3	E

```
//****************** 音乐门铃控制程序***************
//程序名：门铃控制程序 xm4_4.c
//程序功能：按下按键时扬声器发出歌曲“我心永恒”的门铃声
#include <reg51.h>
```

```
#define uint unsigned int          //宏定义
#define uchar unsigned char
sbit Y=P1^0;                       //播放按键
sbit Speaker=P1^7;                 //扬声器
static unsigned char bdata StateREG;
sbit m=StateREG^0;
unsigned char code * data Mymusic;
unsigned char data l;
uchar code music[30]=
{    0xFF,0xFF,0xFB,0x90,0xFC,0x0C,0xFC,0x44,0xFC,0xAC,
     0xFD,0x09,0xFD,0x34,0xFD,0x82,0xFD,0xC8,0xFE,0x06,
     0xFE,0x22,0xFA,0X15,0XFB,0x04,0xFA,0x67,0xFE,0x85
};
uchar code Mmusic[ ]=
{
  0x36,0x32,0x34,0x34,0x24,0x38,0x32,0x32,0x24,0x38,0x42,0x42,0x58,0x48,
  0x36,0x32,0x34,0x34,0x24,0x38,0x34,0xcf,0xcf,
  0x36,0x32,0x34,0x34,0x24,0x38,0x32,0x32,0x24,0x38,0x42,0x42,0x58,0x48,
  0x36,0x32,0x34,0x34,0x24,0x38,0x34,0xcf,0xcf,
  0x3f,0x48,0xc4,0xc4, x76,0x62,0x62,0x52,0x52,0x42,0x48,0x54,0x64,
  0x58,0x42,0x36,0x22,0x32,0x38,0x32,0x32,0x1c,0x12,0x21,0x11,0xcf,
  0x3f, x31,0x43,0x48,0xc2,0xc2,0x74,0x62,0x62,0x52,0x52,0x42,0x4c,0x52,0x62,
  0x56,0x42,0x38,0x24,0x38,0x22,0x22,0x24,0x38,0x44,0x58,0x46,0x32,0x3f,0xff
};
/*********************带参数的延时子函数*****************************
void delay(uint xms)
{
   uint i,j;
   for(i=xms;i>0;i--)
      for(j=110;j>0;j--);
}
//主程序
void main()
{
   uint data j;
   uchar data i;
   uchar data k;
   uchar data p11;
   uchar data p33;
  TMOD=0x01;                          //设置定时器工作方式
  IE=0x82;                            //CPU 开放中断，定时器开放中断
   while(1)
   { j=0;
   m=0;
   while(Y==0)
   {
```

```
    for(i=0;i<5;i++)
    {
     delay(125);                          //延时时间为125ms
    }
   p11=P1;
    p33=P3;
   while(*(Mmusic+j)!=0xFF)
   {
       k=*(Mmusic+j)&0x0F;           //音长
       l=*(Mmusic+j)>>4;              //音高
      if((p11!=P1)||((p33&0x0f)!=(P3&0x0f)))
          {
            goto Next;                //表示有新的按键按下，退出播放
          }
      TH0=music[2*l];                //初始化定时器
      TL0=music[2*l+1];
      TR0=1;
       if ((music[2*l]==0xff)&&(music[2*l+1]==0xff)) //歌曲结束
          {
               TR0=0;
            }
      for(i=k;i>0;--i)
          {
                delay(125);          //延时表示该音调持续的节拍，即音长
          }
       TR0=0;
       j++;
   }
 Next: ;
    }
    }
}
/******定时器0中断服务程序*******************/
void timer0() interrupt 1 using 1
{
   TH0=music[2*l];
   TL0=music[2*l+1];
   Speaker = !Speaker;
}
```

任务二　音乐演奏器的设计

一、学习目标

知识目标

1. 熟练掌握51单片机的定时/计数器的内部结构、工作原理
2. 掌握独立式键盘和矩阵式键盘的使用方法，按键的识别方法
3. 熟练掌握定时器的编程方法

技能目标

1. 能利用定时器的定时功能产生不同频率的音符和音调
2. 会用独立式键盘和矩阵式键盘
3. 采用查询或中断方式编写键盘扫描程序

二、任务导入

在本项目任务一中，应用定时器的工作原理，实现了固定乐曲的播放。那么，在此介绍利用键盘来实现音乐演奏。

三、相关知识

1. 独立式按键

单片机控制系统中，往往需要设置几个功能键，此时，可采用独立式按键结构。

（1）独立式按键结构

独立式按键是直接用I/O口线构成的单个按键电路，如图4-21所示。其特点是：配置灵活，软件结构简单，但是每个按键必须占用一个I/O口线，在按键数目较多时，占用I/O口资源会较多。所以，一般仅用于按键数目不多的场合。

图4-22中按键输入均采用低电平有效，此外，上拉电阻保证了按键断开时，I/O口线有确定的高电平。当I/O口线内部有上拉电阻时，外电路可不接上拉电阻。

（2）独立式按键的软件结构

独立式按键的软件可采用中断方式和查询方式，本项目项目中按键程序的编写采用的是中断方式。在这种方式下，按键往往连接到外部中断INT0或INT1和T0、T1等几个外部I/O上。编写程序时，需要在主程序中将相应的中断允许打开；各个按键的功能应在相应的中断子程序中编写完成。

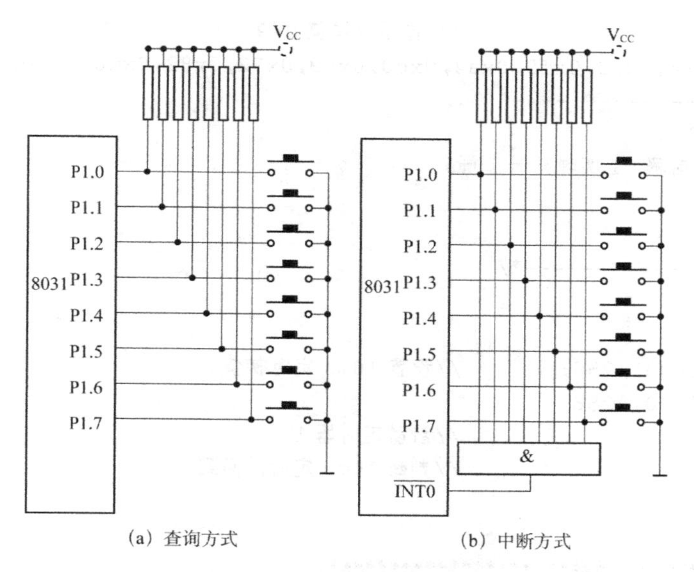

(a) 查询方式　　　(b) 中断方式

图 4-21　独立式按键电路

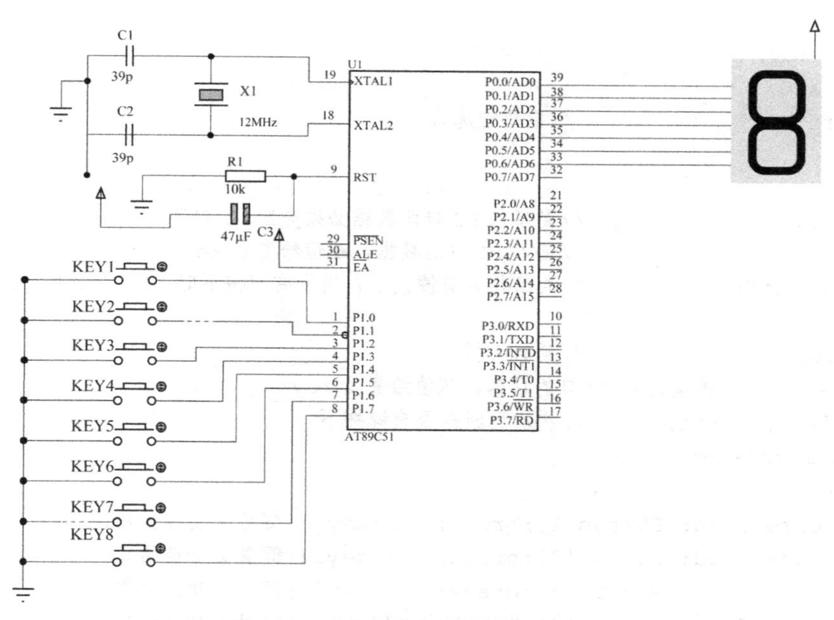

图 4-22　独立式按键控制数码管显示

独立式按键的另一种软件方式为查询方式，具体做法是：先逐位查询每根 I/O 口线的输入状态，如某一根 I/O 口线的输入为低电平，则可确认该 I/O 口线所对应的按键已按下，然后再转向该键的功能处理程序。

例 4.6　独立式按键 1～8，按下按键，数码管对应显示数字，可编制查询方式程序如下：

```
#include  <reg51.h>
#define uint unsigned int       //宏定义
#define uchar unsigned char
```

```
                          // 显示段码值 0~9
uchar code tab[]={0xc0,0xf9,0xa4,0xb0,0x99,0x92,0x82,0xf8,0x80,0x90,};
/*----------------------------
//函数名: delay10ms
//函数功能: 采用定时器 T1 实现延时 10ms
//形式参数: 无
//返回值: 无
----------------------------*/
void delay()
{
  TH1=(65536-10000)/256;          //设置 10ms 定时初值
  TL1=(65536-10000)%256;
  TR1=1;                          //启动定时器 1
  while(!TF1);                    //判断 10ms 定时时间到
  TF1=0;
}
//********************主函数********************
void  main(void)
{
    uchar  key;
    TMOD=0X10;
    P0=0xff;                          //数码管熄灭
  while(1)
   {
    P1=0xff;                      //要想从 P3 口读数据必须先给 P1 口写 1
    key=P1;                       //读入 P1 口的数据，赋值给变量 key
   if(key!=0xff)                  //判断是否有键按下，当没有键按下时，P3 口的数据为 0xff
     {
      delay();                    //延时去抖
      key=P1;  //再次读入 P3 口的数据，赋值给变量 key
       if(key!=0xff)              //再次判断是否有键按下
       switch(key)
        {
         case 0xfe: P0=tab[1];break;   //key1()键盘 1 功能函数。
         case 0xfd: P0=tab[2];break;   //key2()键盘 2 功能函数。
         case 0xfb: P0=tab[3];break;   //key3()键盘 3 功能函数。
         case 0xf7: P0=tab[4];break;   //key4()键盘 4 功能函数。
         case 0xef: P0=tab[5];break;   //key5()键盘 5 功能函数。
         case 0xdf: P0=tab[6];break;   //key6()键盘 6 功能函数。
         case 0xbf: P0=tab[7];break;   //key7()键盘 7 功能函数。
         case 0x7f: P0=tab[8]; break;  //key8()键盘 8 功能函数。
         default:break;
       }
     }
  }
}
```

2. 矩阵式按键

单片机系统中，当按键较多时，通常采用矩阵式（也称行列式）键盘。

（1）矩阵式键盘的结构及原理

矩阵式键盘由行线和列线组成，按键位于行、列线的交叉点上，其结构如图 4-23 所示。

由图可知，一个 4×4 的行、列结构可以构成一个含有 16 个按键的键盘，显然，在按键数量较多时，矩阵式键盘较之独立式按键键盘要节省很多 I/O 口。

（2）矩阵式键盘按键的识别

识别按键的方法很多，其中，最常见的方法是扫描法。下面以图 4-23 为例来确定矩阵式键盘上何键被按下，介绍一种“行扫描法”。

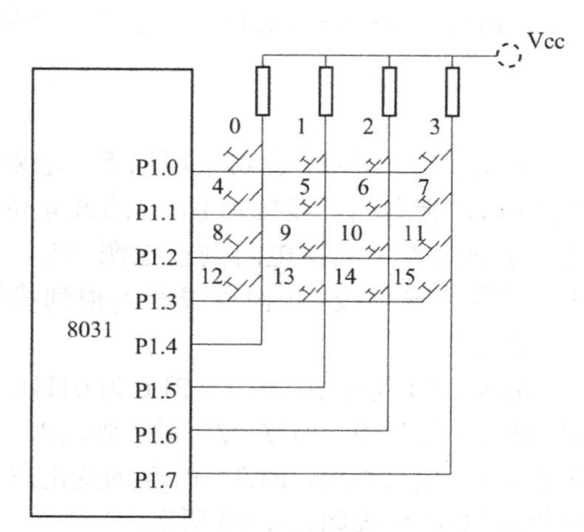

图 4-23 矩阵式键盘电路图

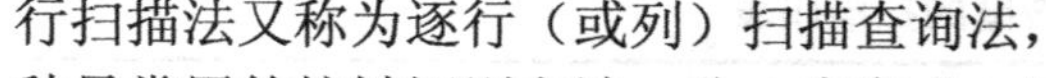
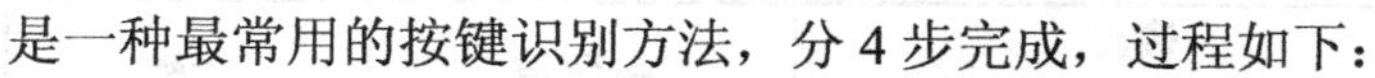
行扫描法又称为逐行（或列）扫描查询法，是一种最常用的按键识别方法，分 4 步完成，过程如下：

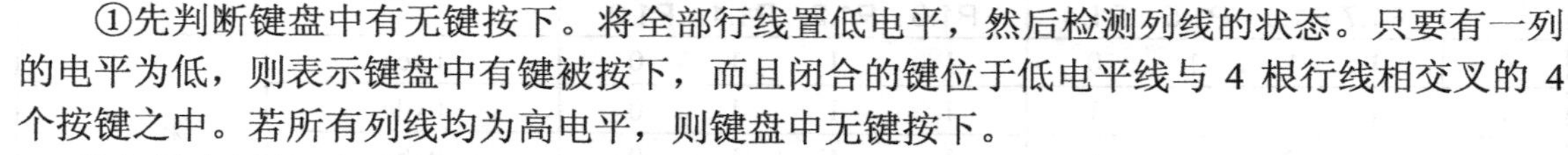
①先判断键盘中有无键按下。将全部行线置低电平，然后检测列线的状态。只要有一列的电平为低，则表示键盘中有键被按下，而且闭合的键位于低电平线与 4 根行线相交叉的 4 个按键之中。若所有列线均为高电平，则键盘中无键按下。

②如果有键按下，则进行延时消抖处理，再判断按键是否仍然闭合，确定有键稳定按下。

③利用扫描法逐行或逐列判断哪一个键按下，并得到键码值和键号。

④等待按键释放，根据键码值转向不同的功能程序。矩阵式键盘扫描子程序示例如下。

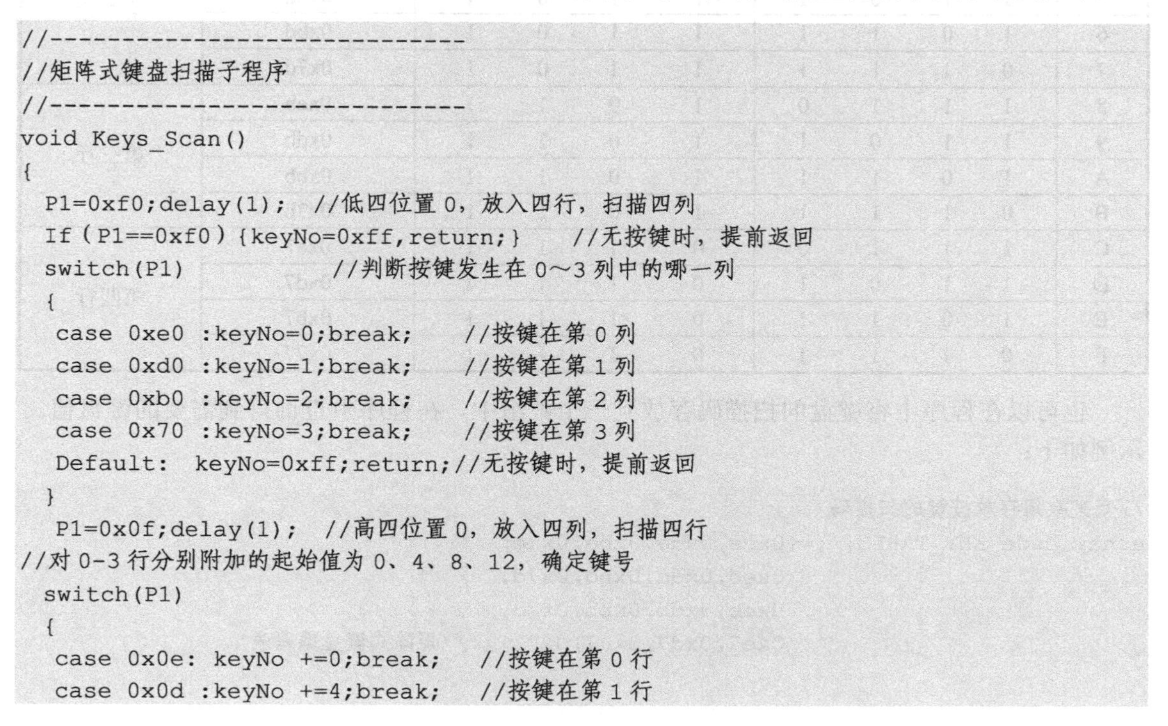

```
//------------------------------
//矩阵式键盘扫描子程序
//------------------------------
void Keys_Scan()
{
  P1=0xf0;delay(1);  //低四位置 0，放入四行，扫描四列
  If（P1==0xf0）{keyNo=0xff,return;}    //无按键时，提前返回
  switch(P1)            //判断按键发生在 0～3 列中的哪一列
  {
   case 0xe0 :keyNo=0;break;    //按键在第 0 列
   case 0xd0 :keyNo=1;break;    //按键在第 1 列
   case 0xb0 :keyNo=2;break;    //按键在第 2 列
   case 0x70 :keyNo=3;break;    //按键在第 3 列
   Default:  keyNo=0xff;return;//无按键时，提前返回
  }
   P1=0x0f;delay(1);  //高四位置 0，放入四列，扫描四行
//对 0-3 行分别附加的起始值为 0、4、8、12，确定键号
  switch(P1)
  {
   case 0x0e: keyNo +=0;break;   //按键在第 0 行
   case 0x0d :keyNo +=4;break;   //按键在第 1 行
```

```
    case 0x0b :keyNo +=8;break;    //按键在第 2 行
    case 0x07 :keyNo +=12;break;   //按键在第 3 行
    Default:  keyNo=0xff;          //无键按下
  }
}
```

如图 4-23 所示，也可采用以下方法对键盘的行线进行扫描。8031 单片机的 P1 口用做键盘 I/O 口，键盘的行线接到 P1 口的低 4 位，键盘的列线接到 P1 口的高 4 位。行线 P1. 1～P1.3 分别接 4 个上拉电阻到正电源+5V，并把行线 P1.1～P1.3 设置为输入线，列线 P1.4～P1.7 设置为输出线。4 根行线和 4 根列线形成 16 个相交点。若有键被按下，应识别出是哪一个键闭合。

先送 1110 到行线，P1.3～P1.0 为 0111B，再从列线 P1.7～P1.4 读入数据。若有按键按下，则其中必有一位为 0，如按“2”键，则读入 P1.7～P1.4=1011B；接着送出 P1.3～P1.0=1011B，扫描第二行，依次类推。P1.3～P1.0 的变化按 0111B→1011B→1101B→1110B→0111B 循环进行。各按键的扫描码表如表 4-10 所示。

表 4-10　各按键的扫描码表

键值	输入				输出				编码值	行数
	P1.7	P1.6	P1.5	P1.4	P1.3	P1.2	P1.1	P1.0		
0	1	1	1	0	1	1	1	0	0xee	第一行
1	1	1	0	1	1	1	1	0	0xde	
2	1	0	1	1	1	1	1	0	0xbe	
3	0	1	1	1	1	1	1	0	0x7e	
4	1	1	1	0	1	1	0	1	0xed	第二行
5	1	1	0	1	1	1	0	1	0xdd	
6	1	0	1	1	1	1	0	1	0xbd	
7	0	1	1	1	1	1	0	1	0x7d	
8	1	1	1	0	1	0	1	1	0xeb	第三行
9	1	1	0	1	1	0	1	1	0xdb	
A	1	0	1	1	1	0	1	1	0xbb	
B	0	1	1	1	1	0	1	1	0x7b	
C	1	1	1	0	0	1	1	1	0xe7	第四行
D	1	1	0	1	0	1	1	1	0xd7	
E	1	0	1	1	0	1	1	1	0xb7	
F	0	1	1	1	0	1	1	1	0x77	

也可以在程序中将键盘的扫描码存放到一个数组中，在程序中查询得到需要的键盘值。示例如下：

```
//定义数组存放按键的扫描码
uchar code KEY_TABLE[ ]={0xee,0xde,0xbe,0x7e,
                         0xed,0xdd,0xbd,0x7d,
                         0xeb,0xdb,0xbb,0x7b,
                         0xe7,0xd7,0xb7,0x77}; //矩阵式键盘编码表
```

在单片机应用系统中，键盘扫描只是 CPU 的工作内容之一。通常，键盘的工作方式有三种，即编程扫描、定时扫描和中断扫描。

①编程扫描方式。编程扫描方式是利用 CPU 完成其他工作的空余调用键盘扫描子程序来响应键盘输入的要求。上面所讲述的即为编程扫描。

②定时扫描方式。定时扫描方式就是每隔一段时间对键盘扫描一次，它利用单片机内部的定时器产生一定时间(例如 10ms)的定时，当定时时间到就产生定时器溢出中断，CPU 响应中断后对键盘进行扫描，并在有键按下时识别出该键，再执行该键的功能程序。

③中断扫描方式。采用上述两种键盘扫描方式时，无论是否按键，CPU 都要定时扫描键盘，而单片机应用系统工作时，并非经常需要键盘输入，因此，CPU 经常处于空扫描状态，为提高 CPU 工作效率，可采用中断扫描工作方式。其工作过程如下：当无键按下时，CPU 处理自己的工作，当有键按下时，产生中断请求，CPU 转去执行键盘扫描子程序，并识别键号。

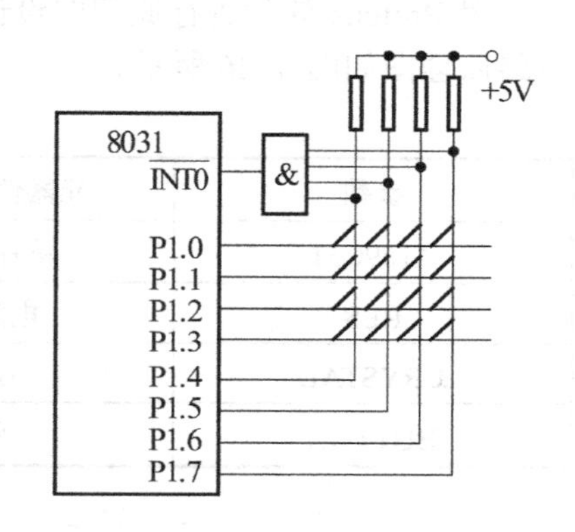

图 4-24　中断扫描键盘电路

图 4-24 是一种简易中断扫描键盘电路，该键盘是由单片机 P1 口的高、低字节构成的 4×4 键盘。键盘的列线与 P1 口的高 4 位相连，键盘的行线与 P1 口的低 4 位相连，因此，P1.4～P1.7 是键输出线，P1.0～P1.3 是扫描输入线。图中的 4 输入与门用于产生按键中断，其输入端与各列线相连，再通过上拉电阻接至+5V 电源，输出端接至单片机的外部中断输入端 $\overline{\text{INT0}}$ 。具体工作如下：当键盘无键按下时，与门各输入端均为高电平，保持输出端为高电平；当有键按下时，$\overline{\text{INT0}}$ 端为低电平，向 CPU 申请中断，若 CPU 开放外部中断，则会响应中断请求，转去执行键盘扫描子程序。

四、任务实施

1. 任务分析

在音乐门铃电路基础上，增加硬件（独立式或矩阵式键盘）和修改软件程序，利用定时器，完成音乐演奏器（简易电子琴）的设计和实现：

❖　首先采用独立式键盘，完成简易电子琴的设计和实现。

❖　在采用矩阵式键盘，完成简易电子琴的设计和实现。

2. 确定设计方案

选用 AT89C51 芯片，采用独立式键盘，三个按键代表 do，rui，mi 3 个音阶，采用查询方式，可弹奏三种不同的声音。系统方案设计框图如图 4-25 所示。

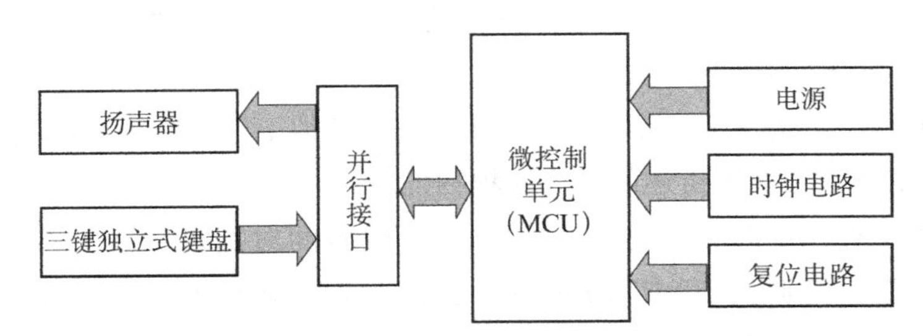

图 4-25　系统方案设计框图

3. 硬件电路设计

用 Proteus 软件进行原理图设计与绘制。电路所用元器件如表 4-11 所示。三键音符演奏电路原理图如图 4-26 所示。

表 4-11　电路所用元器件

参数	元器件名称	参数	元器件名称
AT89C51	单片机	OSCILLOSCOPE	示波器
RES	电阻	CAP	电容
CRYSTAL	晶振	CAP-ELEC	电解电容
BUTTON	按钮	SPEAKER	扬声器

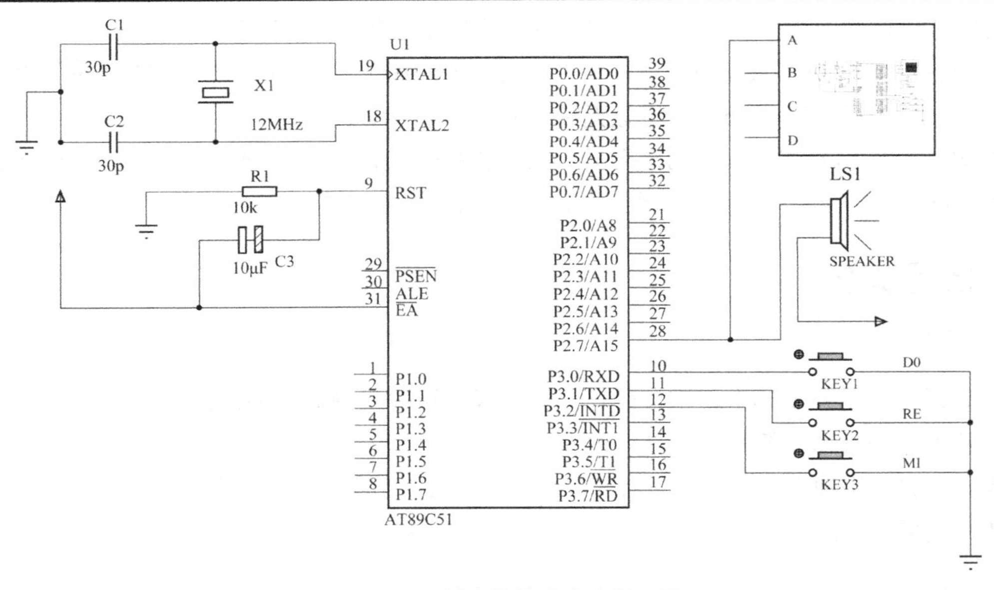

图 4-26　三键音符演奏电路原理图

4. 源程序设计

步骤 1：定时参数的计算。

① T0 的方式控制字 TMOD：

M1M0=01，GATE=0，C/T=0，可取方式控制字为 01H（定时器 T0 为工作方式 1）。

②计算计数初值 *X*。晶振为 12MHz，按表 4-4 中 do，rui，mi 三个音符确定定时器 T0 初值分别为：

FC44H，FCACH，0FD09H

步骤 2：绘制流程图，如图 4-27 所示。

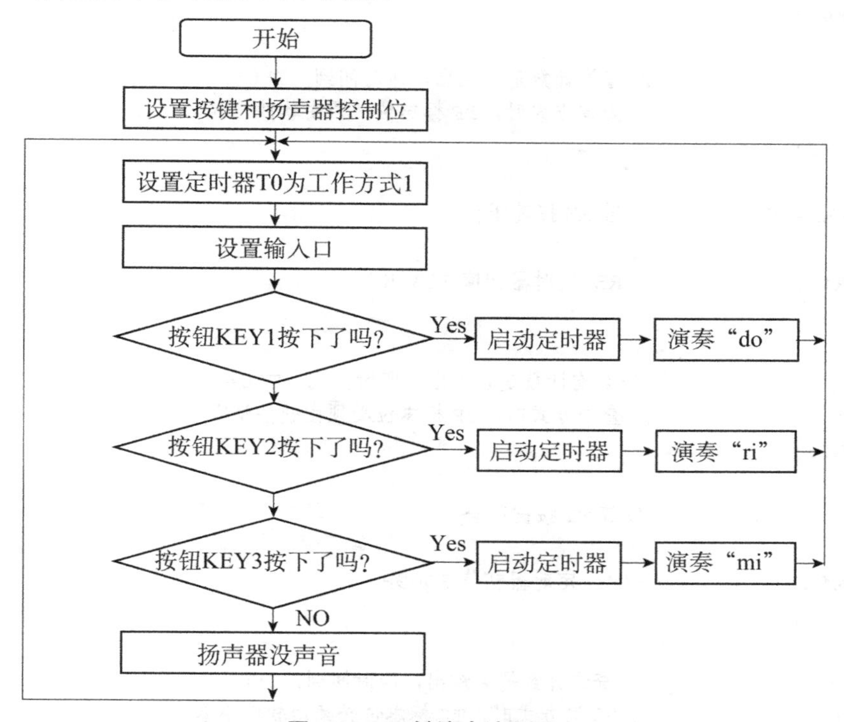

图 4-27　三键演奏流程图

步骤 3：根据流程图进行程序编写。程序示例如下：

```
//******************三音符演奏控制
程序**************
//程序名：抢答器控制程序 xm4_5.c
//程序功能：按下按键时扬声器演奏 do、rui、
mi 三个音符
//-------------------------------------------------------
#include<reg51.h>
sbit DO=P3^0;         //定义 DO 按键位
sbit RE=P3^1;         //定义 RE 按键位
sbit MI=P3^2;         //定义 MI 按键位
sbit SPK=P2^7;            //定义扬声器
void main()
{
  TMOD=0X01;              //T0-方式 1
  P3=0x0f;                //P3 低四位置
1，作为输入口
 while(1)
```

```
{
  if(DO==0)                    //若 DO 按键闭合
  {
    TH0=0xfc;                  //DO-定时器初值 FC44H
     TL0=0x44;
     TR0=1;
    while(!TF0);               //查询计数是否溢出，即时间到，TF0=1
     TF0=0;                    //查询方式时，TF 标志位必须由软件清零
     SPK=~SPK;
   }
  else if(RE==0)               //若 RE 按键闭合
  {
     TH0=0xfc;                 //RE-定时器初值 FCACH
     TL0=0xac;
     TR0=1;
    while(!TF0);               //查询计数是否溢出，即时间到，TF0=1
     TF0=0;                    //查询方式时，TF 标志位必须由软件清零
     SPK=~SPK;
   }
  else if(MI==0)               //若 MI 按键闭合
  {
     TH0=0xfd;                 //MI-定时器初值 FD09H
     TL0=0x09;
     TR0=1;
    while(!TF0);               //查询计数是否溢出，即时间到，TF0=1
     TF0=0;                    //查询方式时，TF 标志位必须由软件清零
     SPK=~SPK;
   }
  else
   {  SPK=0;  }                //均不响
  }
}
```

程序说明：

- 程序先用查询方式判断是哪一个按键按下，再运用定时器分别装入三个音符的定时器初值，启动定时器，驱动扬声器输出 do、rui、mi 的声音。
- 可将程序扩展到 8 个按键的独立式按键，可以演奏 do(中音),rui,mi,fa,so,la,xi,do(高音)8 个音符。

步骤 4：程序运行。

①在 Keil μVision2 仿真软件中，编译调试本程序，直至没有错误。

②Keil 与 Proteus 联合调试，在 Proteus 环境中运行。

③按电路原理图实验箱连接，用串行数据通信线连接计算机与仿真器，打开实验箱总电源和模块电源，下载程序到仿真器，运行程序全速仿真图片段如图 4-28 所示。

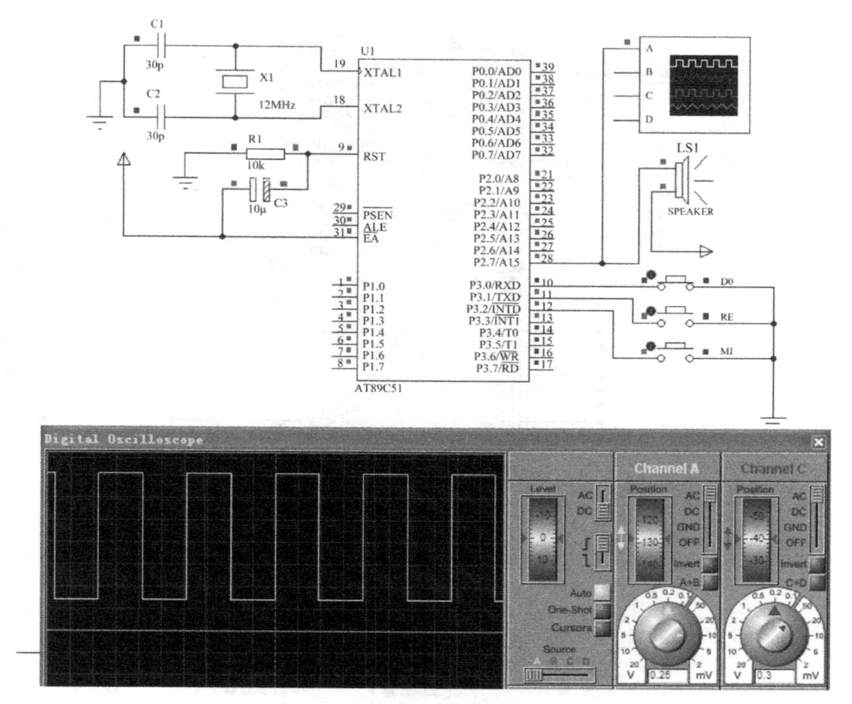

图 4-28　全速仿真图片段

在上述程序中，没有考虑按键的抖动问题。若考虑由于演奏的实时性，应该加入防抖处理，时间采用 2ms。请读者参考本节相关知识链接内容。

5. 实物制作

在万能板上按照简易电子琴电路原理图焊接元器件，简易电子琴控制电路的元器件清单如表 4-12 所示，程序调试时可外接示波器。

表 4-12　元器件清单

元器件名称	参数	数量	元器件名称	参数	数量
单片机	AT89S51	1	电阻	10 kΩ	1
晶体振荡器	12MHz	1	电解电容	47μF	1
按键	BUTTON	8	电容	30pF	2
扬声器	SPEAKER	1	IC 插座	DIP40	1
电源	+5V	1			

五、技能提高

键盘采用 4×4 矩阵式键盘，并采用编程扫描或定时中断方式编程，16 个按键按下分别演奏 C 调低音的 3，4，5，6，7，中音的 1，2，3，4，5，6，7，高音的 1，2，3，4，并用数码管显示按下的键值。矩阵式键盘简易电子琴电路原理图如图 4-29 所示。参考程序如下：

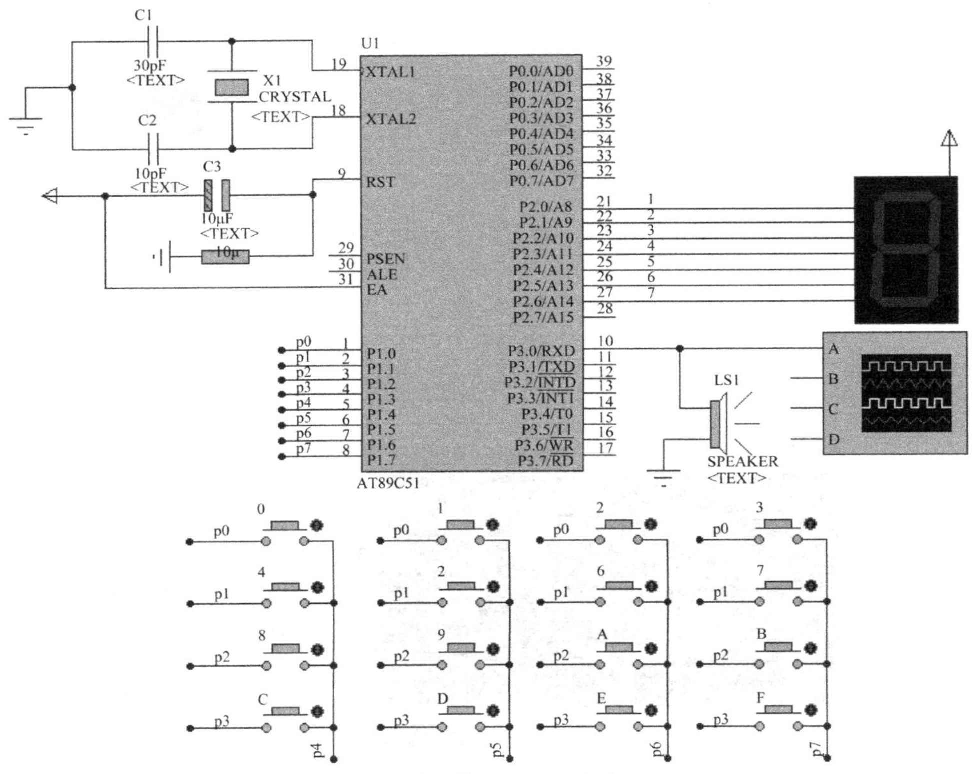

图 4-29　矩阵式键盘简易电子琴电路原理图

```
//************************ 矩阵式键盘建议电子琴************************************
//程序名: 电子琴控制程序 xm4_6.c
//程序功能:采用编程扫描方式，16个按键按下分别演奏C调的低音的3，4，5，6，7;
; 中音的1，2，3，4，5，6，7; 高音的1，2，3，4
;并显示按下的键值
;采用定时器T0工作方式1
#include<reg51.h>                          //头文件
#define uint unsigned int                  //宏定义
#define uchar unsigned char
sbit speaker=P3^0;                         //定义扬声器控制位
uchar num;                                 //定义全局变量
uchar code KEY_TABLE[ ]={0xee,0xde,0xbe,0x7e,
                        0xed,0xdd,0xbd,0x7d,
                        0xeb,0xdb,0xbb,0x7b,
                        0xe7,0xd7,0xb7,0x77};  //矩阵式键盘编码表
uchar code TABLE[ ]={0xc0,0xf9,0xa4,0xb0,0x99,0x92,0x82,0xf8,
                    0x80,0x90,0x88,0x83,0xc6,0xa1,0x86,0x8e};
                    //共阳极数码管编码表
                            //低音3（MI）~高音4（FA）编码表
uint code TABLE1[ ]={0xfa15,0xfa67,0xfb04,0xfb90,0xfc0c,0xfc44,0xfcac,0xfd09,
                0xfd34,0xfd82,0xfdc8,0xfe06,0xfe22,0xfe56,0xfe85,0xfe9a};
```

```
void delay(uint t)                    //延时函数
{
 uint i,j;
 for(i=t;i>0;i--)
  for(j=110;j>0;j--);
}
void time_0() interrupt 1             //定时器 T0 中断服务程序
{
  TH0=TABLE1[num]/256;
  TL0=TABLE1[num]%256;
  speaker=~speaker;
}
main()
{
  uchar  X,Y,key,k;                   //定义键盘的行、列及键值变量
  P1=0xff;                            //设置 P1 口为输入口
  TMOD=0X01;                          //定时器 T0，方式 1
  ET0=1;                              //定时器 T0 开中断
  EA=1;                               //CPU 开中断
  while(1)
     {
       P1=0xf0;                       //置行为 0，列为 1，读列值。
       if(P1!=0xf0)                   //判断有无键盘按下
       {
         delay(10);                   //消振
          if(P1!=0xf0)                //如果 if 的值为真，这时可以确定有键盘按下
            {
              X=P1;                   //存储列读入的值
              P1=0x0f;                //置列为 0，行为 1，读行值。
               Y=P1;
               key=X|Y;               //将行，列值综合，赋给 key。
               for(k=0;k<16;k++)
                 if(key==KEY_TABLE[k])    //读键盘编码表，确定读入的按键值
                { num=k;break;}
                  TH0=TABLE1[num]/256;    //取音符编码的高 8 位
                TL0=TABLE1[num]%256;      //取音符编码的低 8 位
                TR0=1;                    //启动定时器 0
                  P2=TABLE[num];          //点亮数码管，显示按键值。
                 delay(200);
            }
       }
          TR0=0;                          //关闭定时器 0
          P2=0xff;                        //显示器初始化，先黑屏
     }
}
```

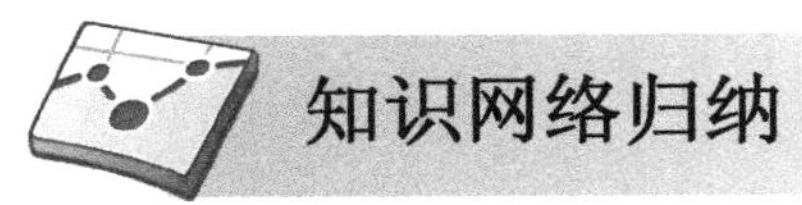

知识网络归纳

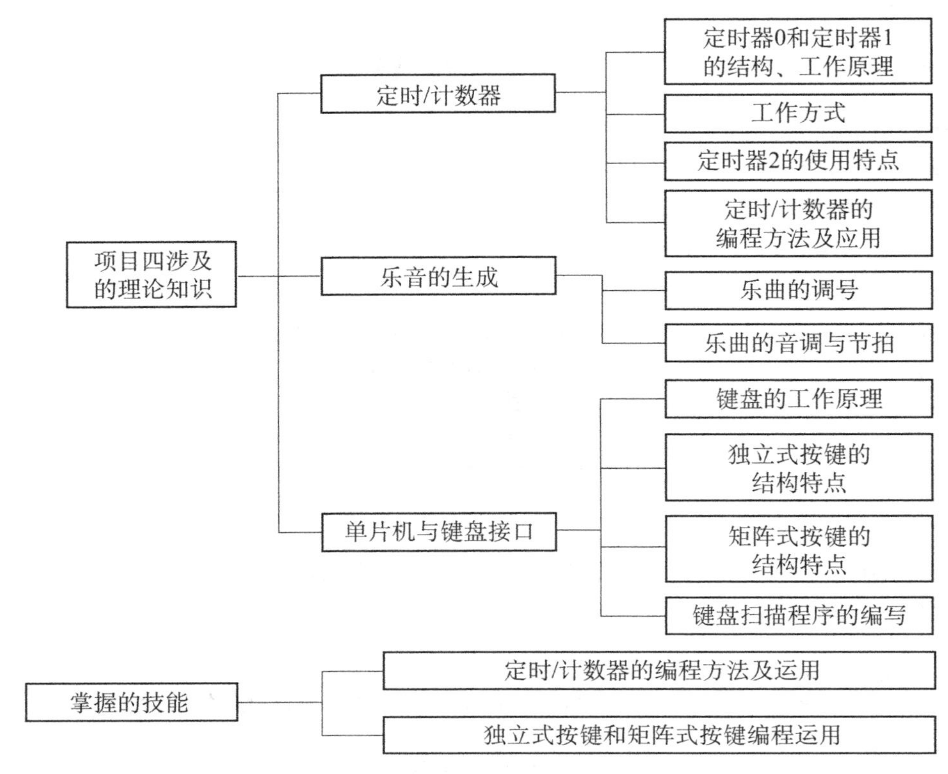

项 目 小 结

1．MCS-51 单片机内部有两个可编程定时器/计数器 T0 和 T1，每个定时器/计数器有 4 种工作方式：方式 0～方式 3。方式 0 是 13 位的定时器/计数器，方式 1 是 16 位的定时器/计数器，方式 2 是初值重载的 8 位定时器/计数器，方式 3 只适用于 T0，将 T0 分为两个独立的定时器/计数器，同时 T1 可以作为串行接口波特率发生器。不同位数的定时器/计数器其最大计数值也不同。

对于定时器/计数器的编程包括设置方式寄存器、初值及控制寄存器（可位寻址）。初值由定时时间及定时器/计数器的位数决定。

2. 按键按结构原理可分为触点式开关按键（如机械式按键）和无触点开关按键（如电气式按键），其中，机械式开关按键使用最为频繁，使用机械式按键时，应注意进行去抖处理。多个按键组合在一起可构成键盘，键盘可分为独立式按键和矩阵式（也叫行列式）按键两种，MCS-51 可方便地与这两种键盘接口。独立式键盘配置灵活，软件结构简单，但占用 I/O 口线多，不适合较多按键的键盘。矩阵式键盘占用 I/O 口线少，节省资源，但软件相对复杂。矩阵键盘一般采用扫描方式识别按键，键盘扫描工作方式有三种，即编程扫描、定时扫描和中断扫描。

练习题

一、选择题

（1）89C51 单片机的定时器 T1 用作定时方式时是__________。

A．由内部时钟频率定时，一个时钟周期加 1

B．由内部时钟频率定时，一个机器周期加 1

C．由外部时钟频率定时，一个时钟周期加 1

D．由外部时钟频率定时，一个机器周期加 1

（2）89C51 单片机的定时器 T1 用作计数方式时计数脉冲是__________。

A．外部计数脉冲，由 T1（P3.5）输入

B．外部计数脉冲，由内部时钟频率提供

C．外部计数脉冲，由 T0（P3.4）输入

D．由外部计数脉冲计数

（3）若单片机的定时器 T1 用作定时方式，模式 1，则工作方式控制字为_________。

A．0x01　　B．0x05　　C．0x10　　D．0x50

（4）若单片机的定时器 T1 用作计数方式，模式 2，则工作方式控制字为______。

A．0x60　　B．0x02　　C．0x06　　D．0x20

（5）若单片机的定时器 T0 用作定时方式，模式 1，则初始化编程为______。

A．TMOD=0x01;　　B．TMOD=0x50;　　C．TMOD=0x10;　　D．TCON=0x02;

（6）启动定时器 0 开始计数的指令是使 TCON 的______。

A．TF0 位置 1　　B．TR0 位置 1

C．TR0 位置 0　　D．TR1 位置 0

（7）使单片机的定时器 T0 停止计数的指令是______。

A．TR0=0　　B．TR1=0

C．TR0=1　　D．TR1=1

（8）若外部中断 1 向 CPU 提出中断请求，则中断类型号 n 的值为______。

A．0　　B．1　　C．2　　D．3

（9）MCS-51 单片机在同一级别里除串行口外，级别最低的中断源是______。

A．外部中断 0　　B．外部中断 1　　C．定时器 0　　D．定时器 1

（10）在中断系统初始化时，不包括的寄存器为______。

A．TCON　　B．IP　　C．IE　　D．PSW

（11）当外部中断 0 发出中断请求后，中断响应的条件是_____。

A．ET0=1　　B．EX0=1　　C．IE=0x81;　　D．IE=0x61;

（12）MCS-51 单片机 CPU 开放中断的指令是_________。

A．ES=1　　B．EA=1　　C．EA=0　　D．EX0=1

（13）在程序运行中若不允许外部中断 0 中断，应该对下列_________位清零。

A．EA　　B．EX0　　C．ET0　　D．EX1

（14）在单片机计数初值的计算中，若设最大计数值为M，在模式1下，M值为__________。

A．$M=2^{13}=8192$　　　B．$M=2^{8}=256$

C．$M=2^{4}=16$　　　D．$M=2^{16}=65536$

（15）某一应用系统需要扩展10个功能键，通常采用_______方式更好。

A．独立式按键　　　B．矩阵式按键

C．动态键盘　　　D．静态键盘

（16）按键开关的结构通常是机械性元件，在按键按下和断开时，触点在闭合和断开瞬间会产生接触不稳定，为消除抖动引起的不良后果常采用的方法有________。

A．硬件去抖动　　　B．软件去抖动

C．硬、软件两种方法　　　D．单稳电路去抖动

（17）行列式（矩阵式）键盘的工作方式有________。

A．编程扫描方式和中断扫描方式　　　B．独立式查询方式和中断扫描方式

C．中断扫描方式和直接访问方式　　　D．直接访问方式和直接输入方式

二、 填空题

（1）MCS-51单片机的内部设置有两个16位可编程的定时器/计数器，简称定时器T0和T1，通过编程可设置__________、__________、__________、__________、__________。

（2）MCS-51单片机的定时器内部结构由以下4部分组成：

①____________　　②________________________

③____________　　④________________________。

（3）对于单片机的定时器，若用软启动，应使TOMD中的_________________。

（4）使定时器T0未计满数就原地等待的指令是__________________。

（5）若单片机的定时器T0用作计数方式，模式1（16位），则工作方式控制字为_______________。

（6）定时器方式寄存器TMOD的作用是________________。定时器控制寄存器TCON的作用是_______________。

（7）定时器/计数器0的中断类型号为________________。

三、简答题

1. MCS-51定时器/计数器的定时功能和计数功能有什么不同？分别应用在什么场合下？

2. MCS-51单片机的定时器/计数器是增1计数器还是减1计数器？增1和减1计数器在计数和计算计数初值时有什么不同？

3. 当定时器/计数器工作于方式1下，晶振频率为8MHz，请计算最短定时时间和最长定时时间各是多少？

4. 简述MCS-51单片机定时器/计数器四种工作方式的特点、如何选择和设定。

6. 机械式按键组成的键盘，应如何消除按键抖动？独立式按键和矩阵式按键分别具有什么特点？适用于什么场合？

7. 分别应用定时器0和定时器2，采用5种方法设计周期为4ms的方波发生器。

8. 应用定时器1的工作方式2，在P3.0引脚上产生方波，高电平为50μs，低电平为300μs。

9. 设计电路和软件：利用定时器1的计数功能，在单片机的P3.2和P3.5引脚上分别接一个按键，用P3.5的按键计数，用P3.2的按键对计数清零。

项目五　电子时钟设计

应用案例——篮球赛计分显示屏

在篮球比赛中，有用以显示两队比分的显示屏，还有用以显示计时的显示屏。利用单片机的定时/计数器功能及C程序的设计，采用用数码管作为显示电路，实现篮球赛计分显示屏的控制。

程序控制要求：

（1）开始时所有显示屏上显示数字均为0。

（2）有预置比赛时间的功能。

（3）具有两队分别计分的功能。

（4）有鸣嘀警示功能。

系统设计框图如图5-1所示。篮球赛计分显示屏仿真电路图如图5-2所示。

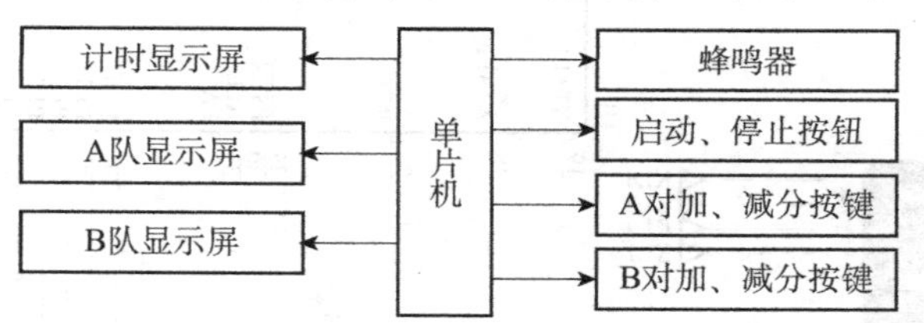

图5-1　篮球赛计分显示屏设计框图

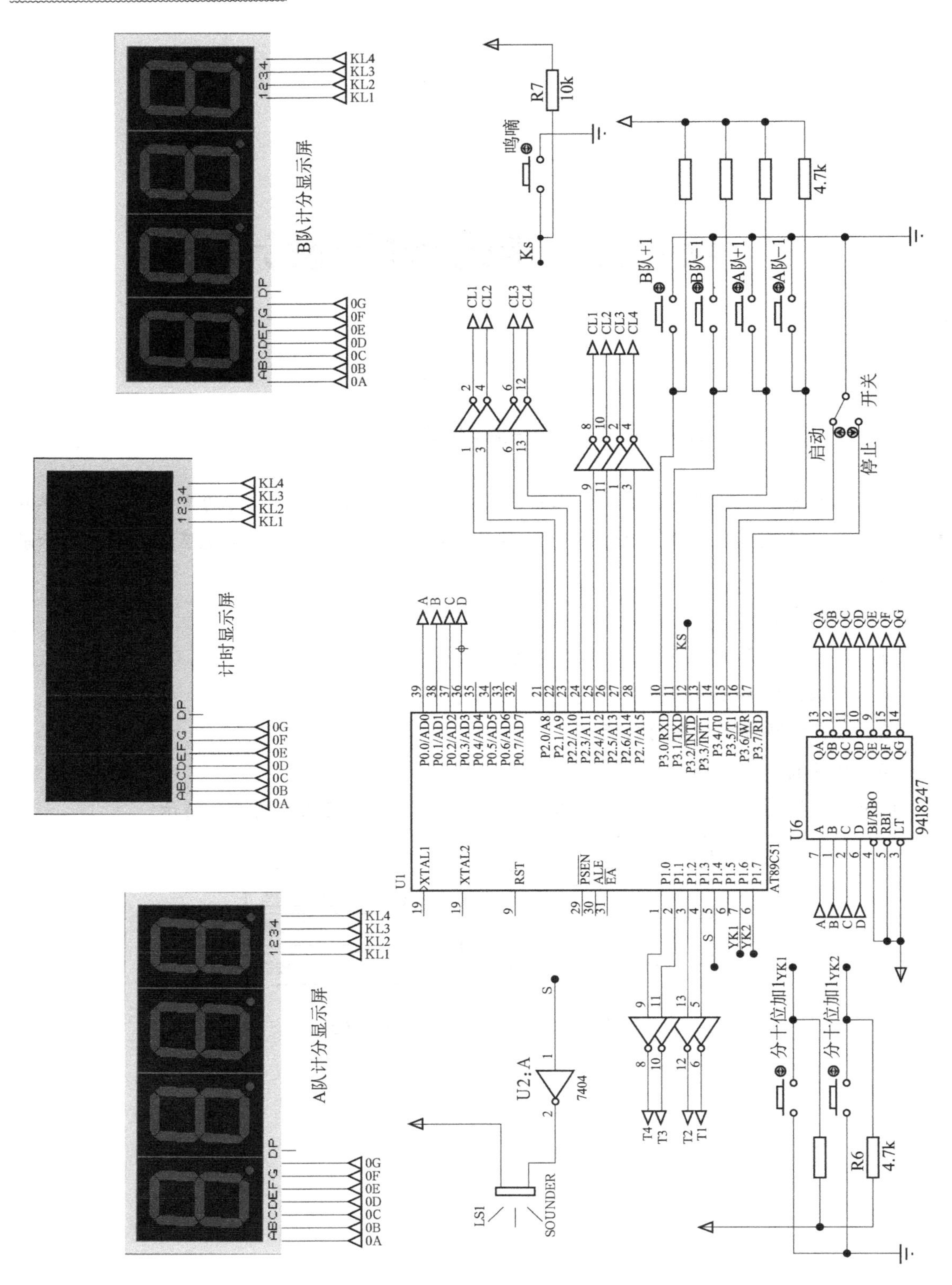

图 5-2　篮球赛计分显示屏仿真电路图

任务一　电子秒表的设计与实现

一、学习目标

知识目标

1. 掌握 51 单片机驱动 LED 数码管显示方式及其优缺点
2. LED 数码管静态显示程序的编写方法
3. LED 数码管动态显示程序的编写方法

技能目标

1. 会运用相关芯片设计 LED 数码管静态显示电路
2. 能够根据相关电路编写 LED 数码管静态显示程序
3. 会运用相关芯片设计 LED 数码管动态显示电路
4. 能够根据相关电路编写 LED 数码管动态显示程序

二、任务导入

在各类体育比赛中，我们经常会使用秒表，它一般需要有计时、暂停、记录及显示等功能。实用电子秒表如图 5-3 所示。如何用单片机技术来实现电子秒表？

图 5-3　实用电子秒表

三、相关知识

在项目三中说明 LED 了数码管的显示原理。根据 LED 数码管和单片机的连接方式，数码管的显示方式分为静态显示和动态显示。

1. LED数码管静态显示的实现

数码管显示的电路连接图如图5-4所示，图中有4位数码管，连接时将所有LED的位选均共同连接到$+V_{CC}$或GND，每个LED的8根段选线分别连接一个8位并行I/O口，从该I/O口送出相应的字型码显示字型。静态显示的特点有：原理简单；显示亮度强，无闪烁；占用I/O资源较多。

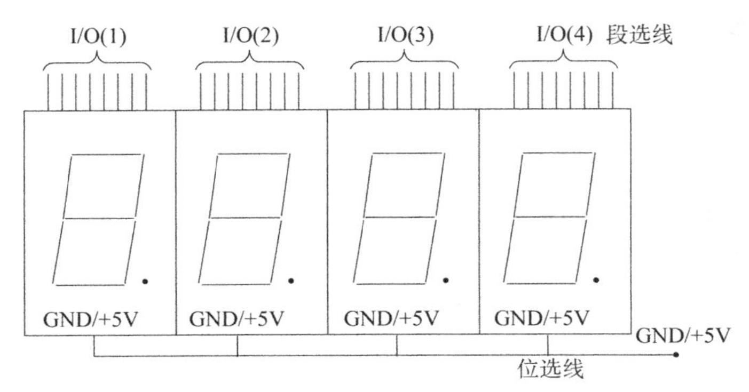

图5-4　数码管显示的电路连接图

（1）并行静态显示电路

图5-5所示为6位并行静态显示电路原理图。该显示电路中的74LS244为总线驱动器，6位数字显示共用一组总线。电路中每个LED显示器均配有一个锁存器（74LS377），用来锁存待显示的数据。当被显示的数据从数据总线经74LS244传送到各锁存器的输入端后，到底哪一个锁存器选通，取决于地址译码74LS138各输出位的状态。

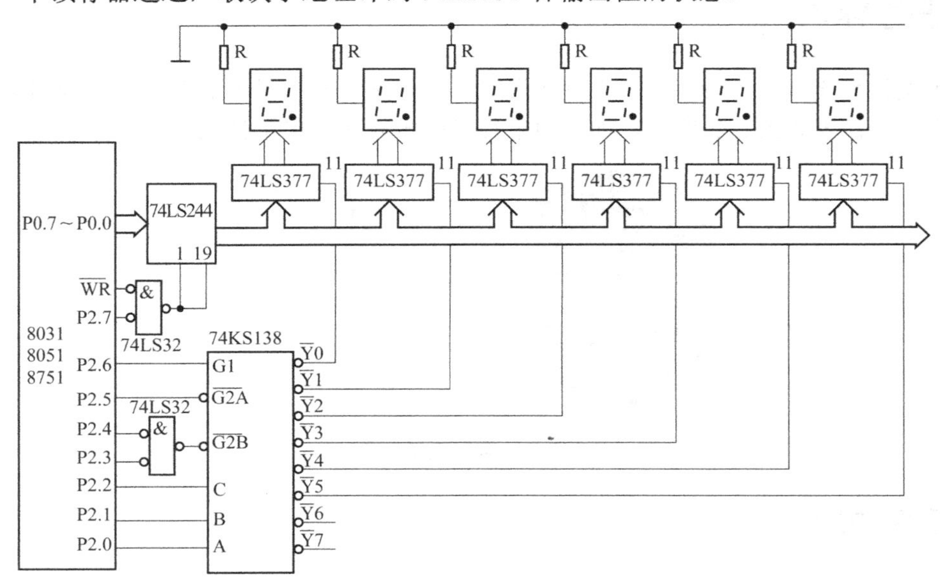

图5-5　6位并行静态显示电路原理图

总线驱动器74LS244由$\overline{WR}$和P2.7控制，当$\overline{WR}$和P2.7同时为低电平时，74LS244打开，将P0口线上的数据传送到各个显示器的锁存器74LS377中。

（2）串行静态显示电路

利用单片机内部的串行接口，也可以实现LED数码管的静态显示，同样可以节省单片机的并行接口资源，而且在大多数不使用并行接口的系统中，可免去（或减少）扩展接口。图5-6所示即为串行静态显示电路。电路中每个LED显示器均配有一个移位寄存器(74LS164)，用来转换单片机串口送出的待显示数据并锁存待。

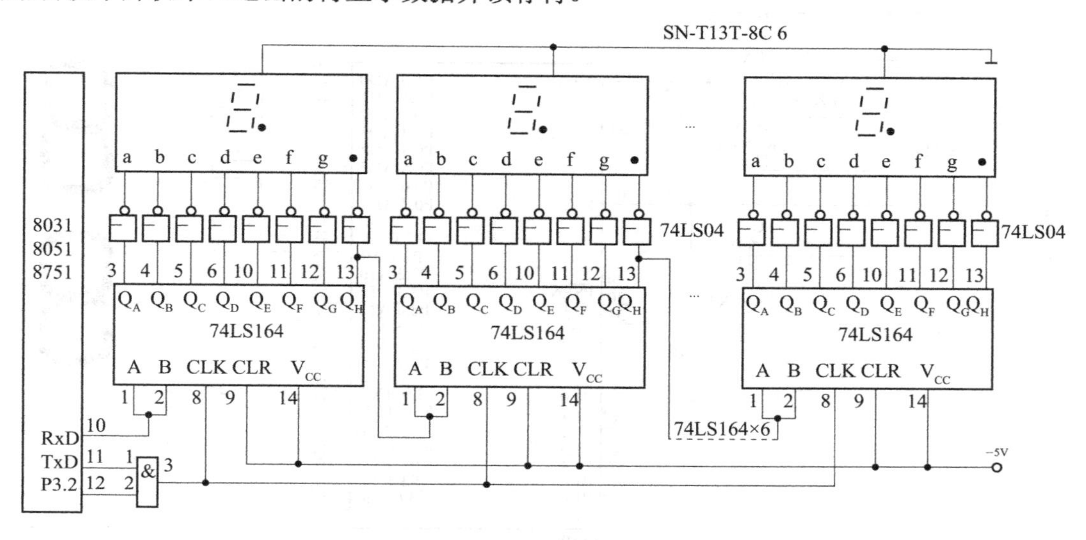

图5-6　串行静态显示电路

在这种设计中，串行口同样工作于方式0，数据的输入输出都通过单片机引脚TXD实现，移位脉冲则由单片机引脚RXD发出。每次传送出一个字节数据，单片机自行使串行中断请求标志TI置位。通过改位的判断，即可确认一个字节是否发送完毕。

（3）静态硬件译码显示电路

静态硬件译码显示电路与之前所述电路的主要区别也在于BCD码（或十六进制码）与7段显示码的转换方法不同。之前的静态显示电路利用软件查表法求得显示代码，而静态硬件译码显示电路采用硬件译码器代替软件求得显示代码，这样不仅可以节省单片机工作时间，而且程序简单；其缺点是电路变复杂，成本增加。静态硬件译码显示电路如图5-7所示。

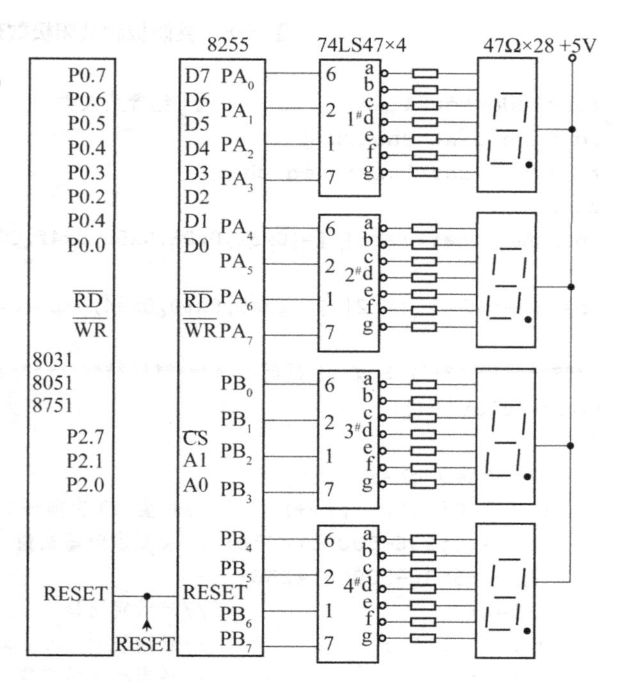

图5-7　静态硬件译码显示电路

例 5.1 采用静态显示的方法使共阴极和共阳极数码管同时显示如图 5-8 所示。利用外部中断 0 使共阳极数码管与共阴极显示相同的数字，外部中断 1 使共阳极数码管显示清除。程序示例如下：

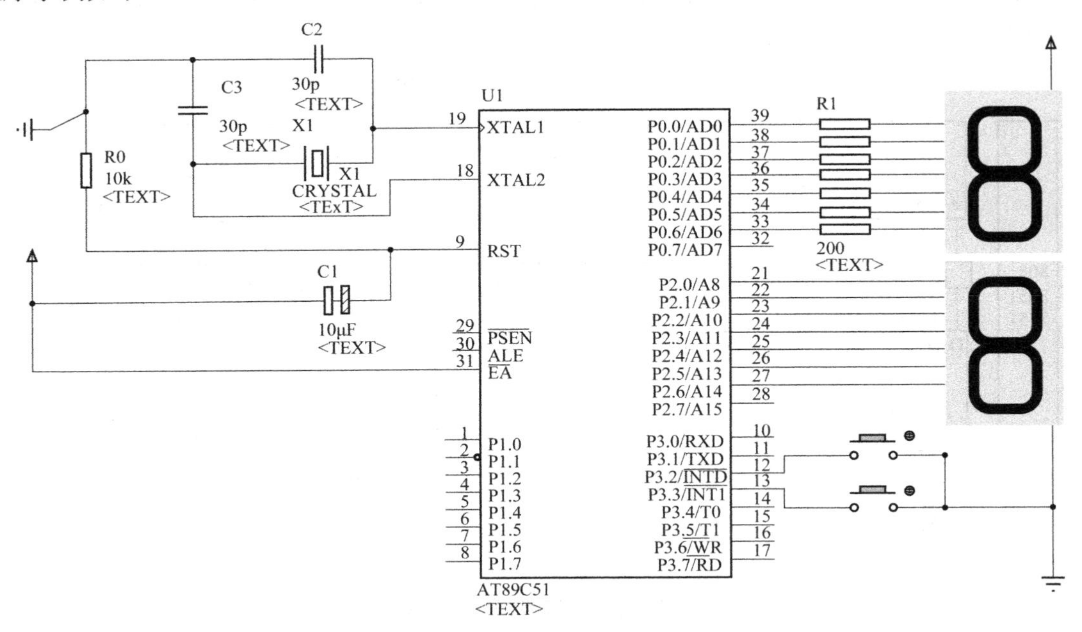

图 5-8 共阴极和共阳极数码管同时显示电路图

```
#include<reg51.h>                  //包含头文件
#define uint unsigned int
#define uchar unsigned char
uchar i,j;
unsigned char tab1[ ]={0x3f,0x06,0x5b,0x4f,0x66,0x6d,0x7d,0x07,0x7f,0x6f,};
                                                              //共阴极字型码
unsigned char tab2[ ]={0xc0,0xf9,0xa4,0xb0,0x99,0x92,0x82,0xf8,0x80,0x90,};
                                                              //共阳极字型码
/**************定时器 T1 延时 1s******************/
void Delay1s()
{
   unsigned char i;
   for(i=0;i<0x14;i++)             //设置 20 次循环次数
   {TH1=(65536-50000)/256;  //设置定时器初值
   TL1=(65536-50000)%256;
   TR1=1;                          //启动定时器
   while(!TF1);                    //查询定时 50ms 时间到，则 TF1=1
   TF1=0;                          //溢出标志位清零
   }
}
/************外部中断 0 中断服务函数*****************/
```

```
void INT0_0(void) interrupt 0
{
  uchar a;
  a=tab2[j];                    //使共阳极数码管显示与共阴极相同的数字
  P0=a;
}
/************外部中断 1 中断服务函数*****************/
void INT1_1(void) interrupt 2
{
  P0=0xff;                    //使共阳极数码管显示清除
}
/**********中断初始化****************/
void Init_Int(void)
{
   EX0=1;                      //INT0 中断开放
   IT0=1;                      //INT0 下降沿触发
   EX1=1;                      //INT1 中断开放
   IT1=0;                      //INT1 边沿触发
   EA=1;                       //CPU 中断开放
   TMOD=0X10;                  //设置 T1 为工作方式 1
}
/*--------------------------------------------------
                    主函数
--------------------------------------------------*/
main()
{
 P1=0Xff;                //使共阳极数码管熄灭
 Init_Int();
 while(1)
     {
       for(j=0;j<10;j++)     //查表
          {
           P2=tab1[j];
          Delay1s();
          }
     }
}
```

2. LED 数码管动态显示的实现

动态显示是指一位一位地轮流点亮各位数码管，这种逐位点亮显示器的方式称为位扫描。通常，各位数码管的段选线相应并联在一起，由一个 8 位的 I/O 口控制；各位的位选线（公共阴极或公共阳极）由另外的 I/O 口线控制。以动态方式显示时，各数码管分时轮流选通。动态显示电路图如图 5-9 示。

字符是在不同的时刻分别显示的，但由于人眼存在视觉暂留效应，因此只要每位显示间隔足够短就可以给人以同时显示的感觉。

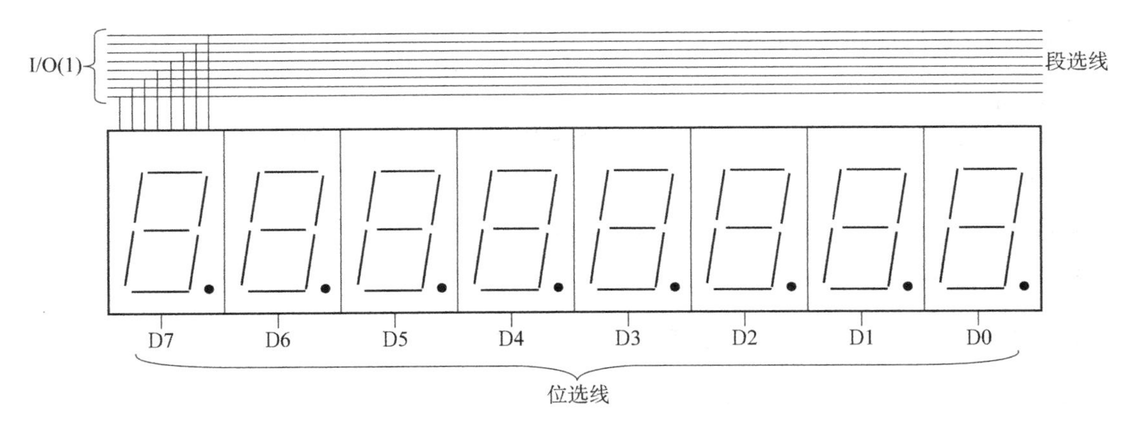

图 5-9 动态显示电路图

其特点是节省 I/O 口，硬件电路也较静态显示方式简单，但其亮度不如静态显示方式，而且在显示位数较多时，CPU 要依次扫描，这会占用 CPU 较多的时间。

（1）并行动态显示电路

图 5-10 所示的是电路设计中常用的并口动态显示电路。电路中用 8155 的 PA 口输出显示码，PB 口用来输出位选码；采用 74LS07 作为 6 位驱动器，它为 LED 提供一定的驱动电流，由于一片 74LS07 只有 6 个驱动器，故七段数码管需要 2 片进行驱动；8255 的 PB 口经 75452 缓冲器 / 驱动器反向后，作为位控信号。

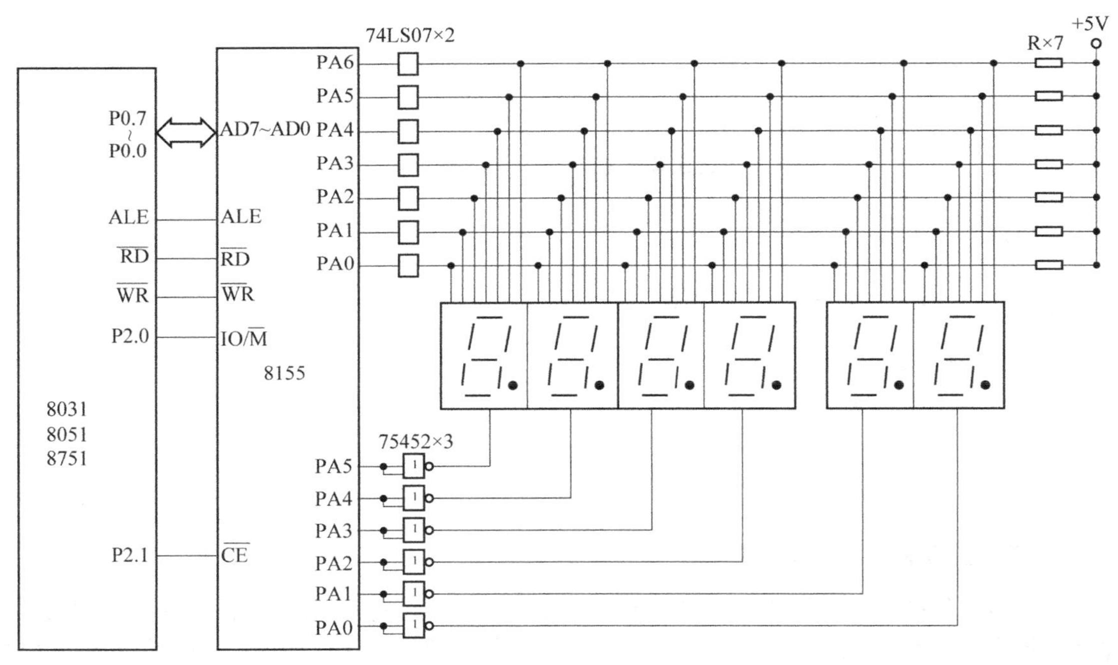

图 5-10　并行动态显示电路

该电路的工作流程为完成对 8255 初始化后取出一位要显示的数（十六进制数），利用软件译码的方法求出待显示的数所对应的七段显示码，然后由 PA 口输出，并经过 74LS07 驱动器放大后送到各显示器的数据总线上。到底哪一位数码管显示，主要取决于位选码。只有位选信号 PBi=1（经驱动器变作低电平）时，对应位上的选中段才发光。若将各位从左至右依次进行显示，每个数码管连续显示 1ms，显示完最后一位数后，再重复上述过程，这样，人们看到的就好像 6 位数“同时”显示一样。

（2）串行动态显示电路

利用单片机内部的串行接口，也可以实现 LED 数码管的动态显示，这样不仅可以节省单片机的并行接口资源，而且在大多数不使用并行接口的系统中，可免去（或减少）扩展接口。图 5-11 所示即为串行动态显示电路。

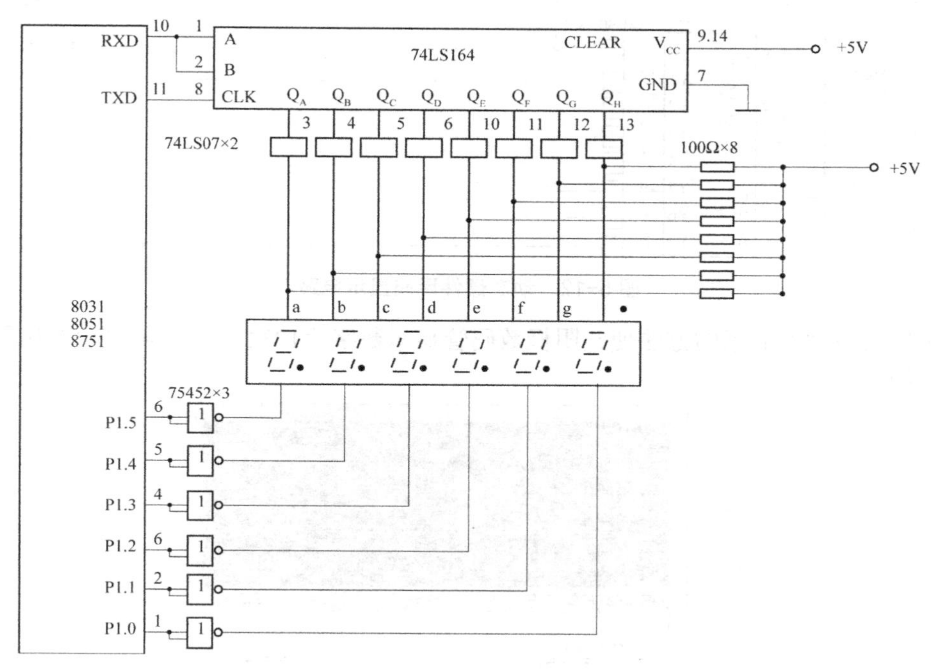

图 5-11 串行动态显示电路

在这种设计中，串行口工作于方式 0，数据的输入输出都通过单片机引脚 TXD 实现，移位脉冲则由单片机引脚 RXD 发出。每次传送出一个字节数据，单片机自行使串行中断请求标志 TI 置位。通过该位的判断，即可确认一个字节是否发送完毕。

该电路的工作流程为完成对单片机串行通信初始化后取出一位要显示的数（十六进制数），利用软件译码的方法求出待显示的数所对应的七段显示码，然后写入单片机 SBUF 寄存器，通过串行中断请求标志 TI 位判断一个字节发送完毕了，启动位选信号 PBi=1（经驱动器变作低电平）时，对应位上的选中段才发光。然后如并行动态显示一样从左至右依次进行显示，每个数码管连续显示 1ms，显示完最后一位数后，再重复上述过程。这里需要注意的因为单片机数据时串行输出，所以在一个字节没有完全送出的时候，不要启动任何一个 LED 数码管位选信号，不然 LED 数码管会显示出乱码并闪烁。

（3）动态硬件译码显示电路

动态硬件译码显示电路（见图 5-12）与前面所述电路的主要区别在于 BCD 码（或十六进制码）与 7 段显示码的转换方法不同。之前的动态显示电路都是利用软件查表法求得显示代码，而动态硬件译码显示电路采用硬件译码器代替软件求得显示代码，这样不仅可以节省单片机工作时间，而且程序简单；其缺点是电路变复杂，成本增加。

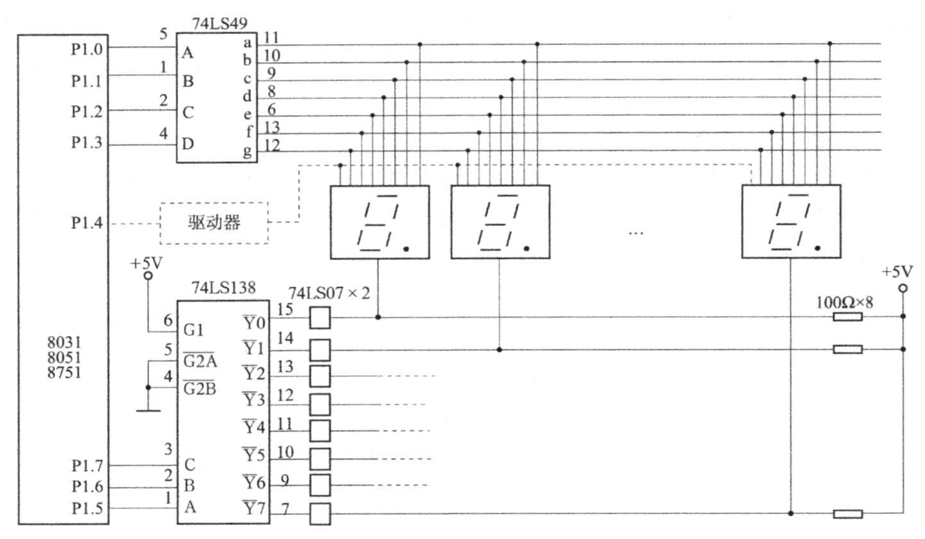

图 5-12　动态硬件译码显示电路

例 5.2 采用动态显示的方法使共阴极数码管显示数字“1234”。其 4 位动态显示电路如图 5-13 所示。

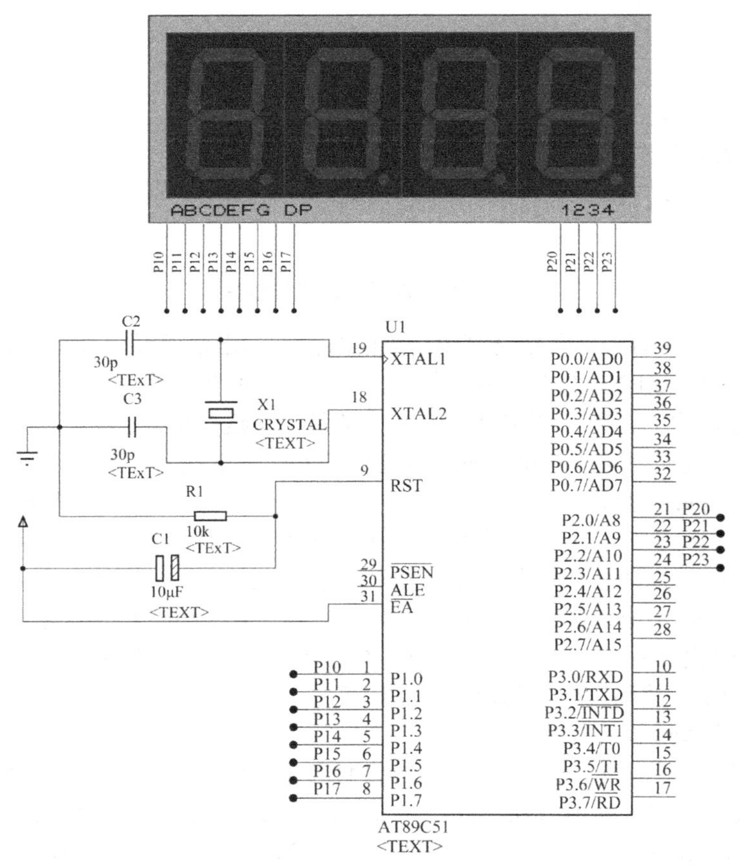

图 5-13　4 位动态显示电路

固定显示数字“1234”，程序如下：

```
#include<reg51.h>
#define uchar unsigned char
#define uint unsigned int        //宏定义
sbit P20=P2^0;                  //定义动态显示的位选位
sbit P21=P2^1;
sbit P22=P2^2;
sbit P23=P2^3;
uchar DuanMa[]={0x3f,0x06,0x5b,0x4f,0x66,0x6d,0x7d,0x07,0x7f,
               0x6f,0x77,0x7c,0x39,0x5e,0x79,0x71};  //0-F显示的段码(字形码)

/**********************延时函数************************/
void delay(uint xms)
{
      uint i,j;
      for(i=xms;i>0;i--)
           for(j=110;j>0;j--);
}
/**********************数码显示函数************************/
void LedScan(void)
{
                                        //延时时间加长，动态效果更明显
    P1=DuanMa[1];P20=0;P21=1;P22=1;P23=1;delay(10);P1=0x00;//位码
    P1=DuanMa[2];P20=1;P21=0;P22=1;P23=1;delay(10);P1=0x00;
    P1=DuanMa[3];P20=1;P21=1;P22=0;P23=1;delay(10);P1=0x00;
    P1=DuanMa[4];P20=1;P21=1;P22=1;P23=0;delay(10);P1=0x00;
}
/**********************主函数************************/
void main(void)
{
 P2=0xff;
while(1)
 { LedScan(); }                    //调用数码显示函数
}
```

移动显示数字“1234”，程序如下：

```
#include<reg52.h>                  //包含头文件
#define DataPort P1                //定义数据端口
                                   //移动显示1234的段码
unsigned char code DuanMa[]={0x00,0x00,0x00,0x06,0x5b,0x4f,0x66,0x00,0x00,0x00,};
                                 //分别对应相应的数码管点亮,即位码
unsigned char code WeiMa[]={0xfe,0xfd,0xfb,0xf7,0xef,0xdf,0xbf,0x7f};
```

```
void Delay(unsigned int t); //函数声明
/*------------------------------------------------
                 主函数
------------------------------------------------*/
main()
{
 unsigned char i=0,num;                  // 定义无符号字符型变量
 unsigned int j;                         // 定义无符号整型变量
 while(1)
      {
        P2=WeiMa[i];                     //取位码
        DataPort=DuanMa[num+i];          //取显示数据的段码
        Delay(200);                      //扫描间隙延时，时间太长会闪烁，太短会造成重影
        i++;j++;
        if(i==4)            //检测4位扫描完全结束？如扫描完成则从第一个开始再次扫描4位
          i=0;
        if(j==500)
          //检测当前数值显示了一小段时间后，需要显示的数值加1，实现数据显示的变化
           {
           j=0;
           num++;
           if(num==7)                    //字符从出现到消失需要8屏(0~7)
              num=0;
           }
      }
}
/*********************延时函数************************/
void Delay(unsigned int t)
{
 while(--t);
}
```

四、任务分解

❖ 用2位LED数码管，采用静态显示实现0～59秒的秒表显示。
❖ 用2位LED数码管，采用动态显示实现0～59秒的秒表显示。
❖ 再增加按键控制，利用中断的知识，实现可调秒表。

五、任务实施

1. 确定设计方案

微控制器单元选用AT89S51芯片、时钟电路、复位电路、电源和8个发光二极管构成最

小系统，完成对 8 个信号灯的控制。系统方案设计框图如图 5-14 所示。

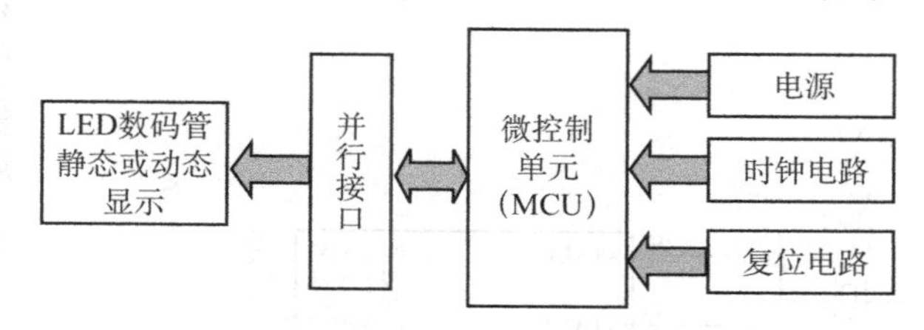

图 5-14　系统方案设计框图

2. 硬件电路设计

静态显示电路利用单片机 P3 口的 P3.0～P3.6 控制秒表的十位，用 P2 口的 P2.0～P2.6 控制秒表的个位，电路所用元器件如表 5-1 所示，电路如图 5-15 所示。

表 5-1　电路所用元器件

参数	元器件	参数	元器件
AT89C51	单片机	CAP	电容
RES	电阻	7SEG-COM-CAT-GRN	七段共阴绿色数码管
CAP-ELEC	电解电容	CRYSTAL	晶振

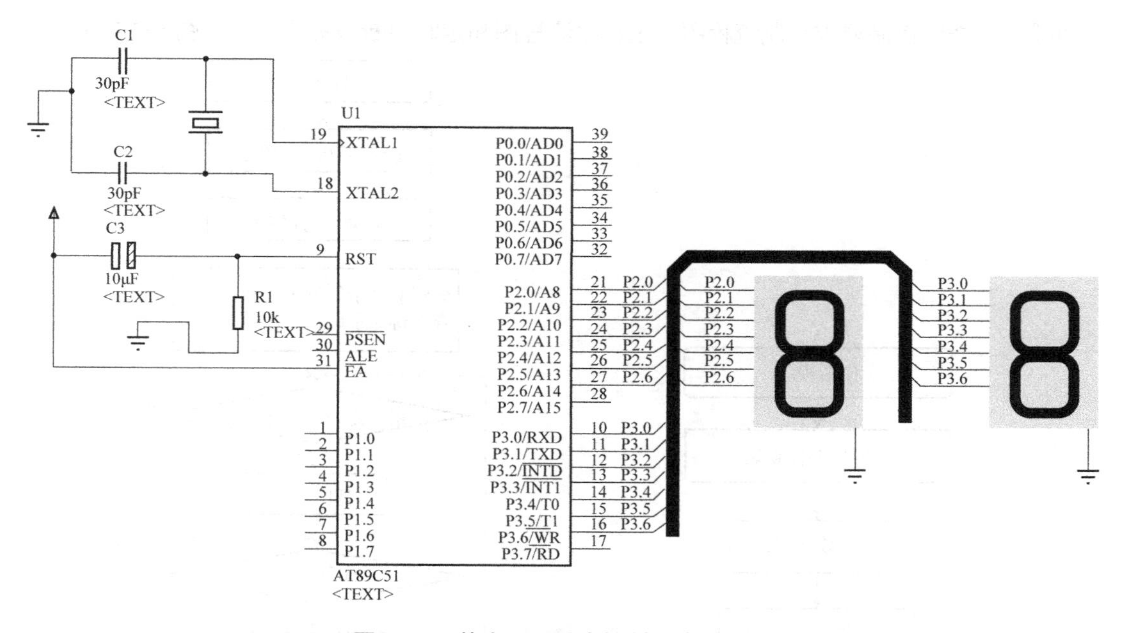

图 5-15　静态显示秒表控制电路原理图

动态显示电路利用单片机 P1 口的 P1.0～P1.8 控制秒表输出段码，用 P2 口的 P2.0～P2.1 控制秒表的十位和个位，电路如图 5-16 所示。

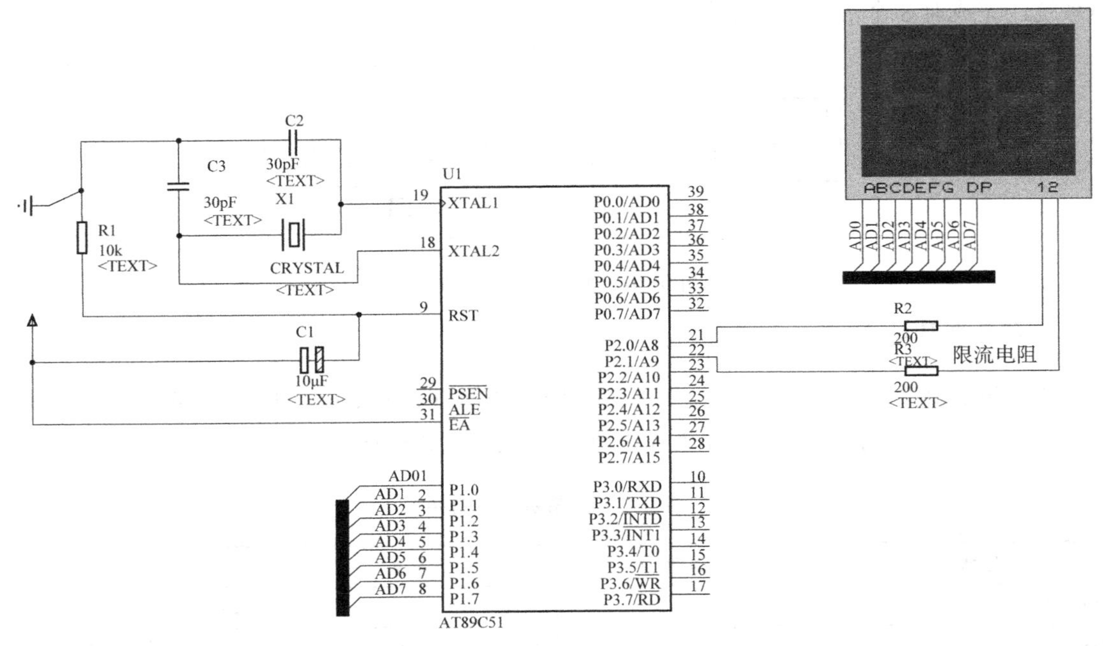

图 5-16　动态显示秒表控制电路原理图

3. 源程序设计

步骤 1：按照控制要求绘制流程图，主程序流程图和定时中断服务流程图如图 5-17 所示。

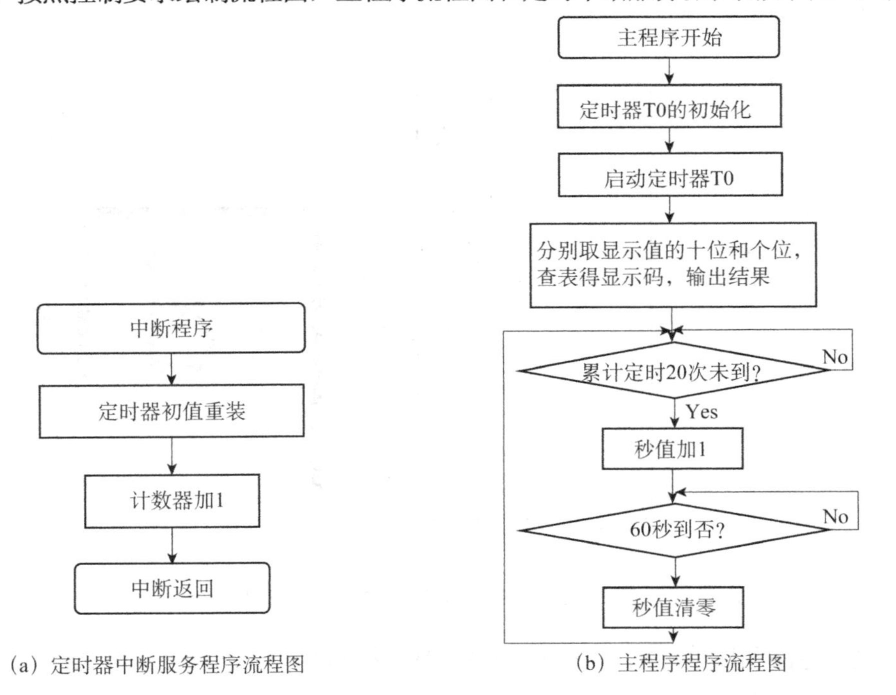

（a）定时器中断服务程序流程图　　（b）主程序程序流程图

图 5-17　秒表程序流程图

步骤 2：根据流程图进行程序编写。C 语言程序 xm5_1.c 如下：

```
//******************秒表控制程序***************
//程序名: 59 秒计时秒表控制程序 xm5_1.c
//程序功能: 控制两位数码管进行秒表的计时显示，采用静态显示方法
#include"reg51.h"
#define uchar unsigned char
#define uint unsigned int
code uchar d[10]={0x3F,0x06,0X5B,0X4F,0X66,0X6D,0X7D,0X07,0X7F,0X6F};
                                        //共阴极数码管的段码
uint second=0;                          //定义秒值变量
uint sshi,sge;                          //秒的十位、个位定义
static char court=0;                    //计数值-延时 50ms 的次数
/******************延时函数**********************/
void delay()
  {
    uchar i;
    for(i=0;i<15;i++);
  }
/******************定时器 T0 中断服务函数*********************/
void int1() interrupt 1 using 2
  {
   TH0=(65536-50000)/256;              //初值重装
   TL0=(65536-50000)%256;
   court++;                            //计数值加 1
  }
/******************主函数*********************/
void main()
  {   TMOD=0x01;                        //定时器 T0，方式 1
      TH0=(65536-50000)/256;
      TL0=(65536-50000)%256;           //设置定时 50ms 初值
      EA=1;                             //允许中断
      ET0=1;
      TR0=1;                            //启动定时器
   for(;;)
    {sshi=second/10;             //分离秒的十位和个位
      sge=second%10;
      P3=d[sge];                        //个位在 P3 口显示
      delay();
      P2=d[sshi];                       //十位在 P2 口显示
      delay();
    if(court==20)                       //定时 1S 时间是否到? 到，则执行后面程序; 不到，则跳转
     { court=0;                         //执行 LED 显示程序
        second++;
        if(second==60)
          {second=0;}
     }
    }
 }
```

C 语言程序 xm5_2.c 如下：

```
//*******************秒表控制程序***************
//程序名：59 秒计时秒表控制程序 xm5_2.c
//程序功能：控制两位数码管进行秒表的计时显示，采用动态显示方法
#define uint unsigned int
code uchar d[10]={0x3F,0x06,0X5B,0X4F,0X66,0X6D,0X7D,0X07,0X7F,0X6F};
                                                    //共阴极数码管的段码
uint second=0;                      //定义秒值变量
uint sshi,sge;                      //秒的十位、个位定义
static char count=0;                //计数值-延时 50ms 的次数
sbit P20=P2^0;                      //动态显示的位码
sbit P21=P2^1;                      //P20 控制十位，P21 控制个位
/*****************延时函数*********************/
void delay()
  {
    uchar i;
    for(i=0;i<15;i++);
  }
/*****************定时器 T0 中断服务函数********************/
void int1() interrupt 1 using 2
  {
   TH0=(65536-50000)/256;           //初值重装
   TL0=(65536-50000)%256;
   count++;                         //计数值加 1
  }
/*****************主函数*********************/
void main()
  {   TMOD=0x01;                    //定时器 T0，方式 1
      TH0=(65536-50000)/256;
      TL0=(65536-50000)%256;        //设置定时 50ms 初值
      EA=1;                         //允许中断
      ET0=1;
      TR0=1;                        //启动定时器
   for(;;)
    { sshi=second/10;               //分离秒的十位和个位
       sge=second%10;
       P1=d[sge];                   //十位显示送段码
       P21=0;                       //送位码-低电平 P21=0
       delay();
       P21=1;
       P1=d[sshi];                  //个位显示送段码
       P20=0;                      //送位码-低电平 P20=0
       delay();
       P20=1;
     if(count==20)                 //定时 1S 时间是否到？到，则执行后面程序；不到，则跳转
      { count=0;                   //计数值清零
```

```
        second++;                    //秒值加 1
        if(second==60)               //60 秒到否? 到，则秒值清零，不到，则等待
            {second=0;}
      }
    }
}
```

程序说明：

- 从程序 xm5_1.c 和程序 xm5_2.c 比较中可以看出，秒表采用静态显示和动态显示均可实现，程序中都采用了定时器 T0 完成 50ms 的定时，再中断 20 次以达到 1s 的延时，再用计数器控制计数到 60 次，即到 59 秒。程序可修改相关参数，变成倒计时秒表。
- 程序中要先将显示的秒值进行十位数和个位数的分离，再进行显示。两个程序的区别主要在数码管的显示部分，说明如下。

静态显示的个位和十位分别用 P3 和 P2 控制，将显示的段码查表后送到 P2、P3 显示即可。

```
P3=d[sge];  delay();         //个位在 P3 口显示
P2=d[sshi]; delay();         //十位在 P2 口显示
```

动态显示的个位和十位分别用 P20 和 P21 两位控制，显示时需要同时送段码和位码。

```
P1=d[sge];                   //十位显示送段码
P21=0;                       //送位码
delay();
P21=1;
P1=d[sshi];                  //个位显示送段码
P20=0;                       //送位码
delay();
P20=1;
```

4. 软、硬件调试与仿真

用 Keil μVision2 和 Proteus 软件联合进行程序调试。

（1）用 Proteus 软件进行硬件电路的设计

（2）Keil 软件进行源程序编辑、编译、生成目标代码文件

①新建 Keil 项目文件。

②选择 CPU 类型（选择 ATMEL 中的 AT89S51 单片机）。

③新建汇编源程序（.ASM 文件），编写程序并保存。

④源程序进行编译、生成目标代码文件（.HEX 文件）。

（3）在 Proteus 软件中加载目标代码文件、设置时钟频率。

①加载目标代码文件：右击选中 ISIS 编辑区中 AT89S51，打开其属性窗口，在“Program File”右侧框中输入目标代码文件。

②设置时钟频率：在属性窗口的“Clock Frequency”时钟频率栏中设置 12MHz。

（4）单片机系统的 Proteus 交互仿真。静态秒表全速仿真图片段如图 5-18 所示，动态秒表全速仿真图片段如图 5-19 所示。

单击按钮［▶］启动仿真，此时倒计时开始，两位数码管显示从60s到0s。若单击“停止”按钮［■］，则终止仿真。

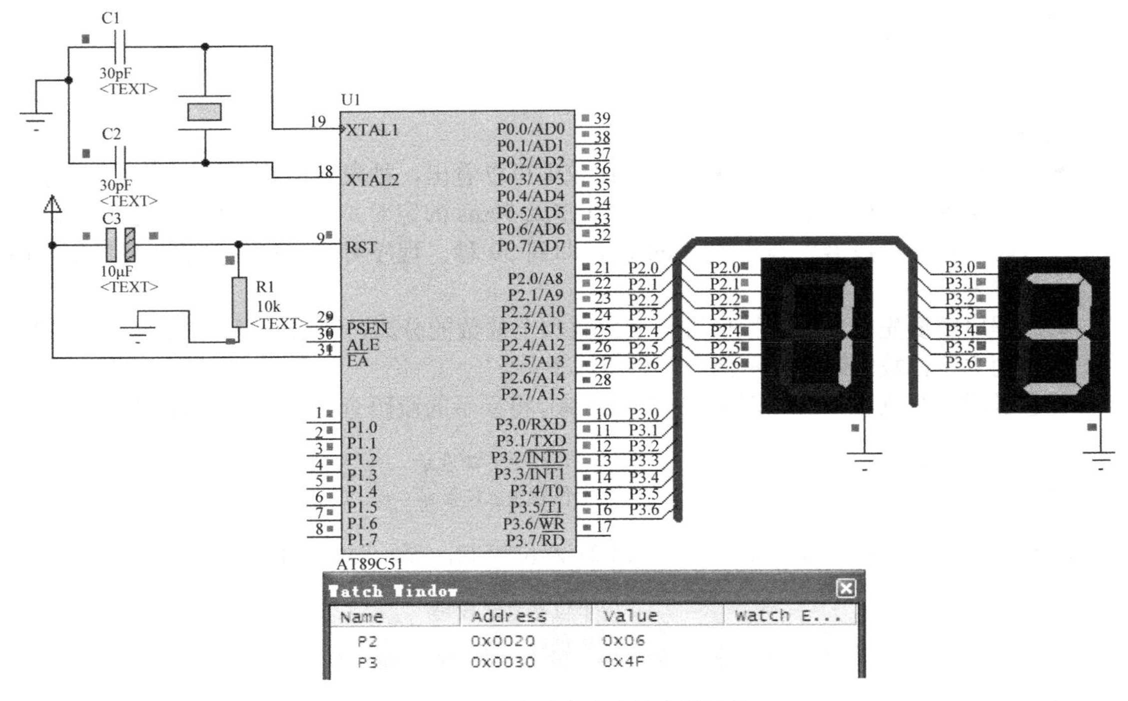

图5-18　静态秒表全速仿真图片段

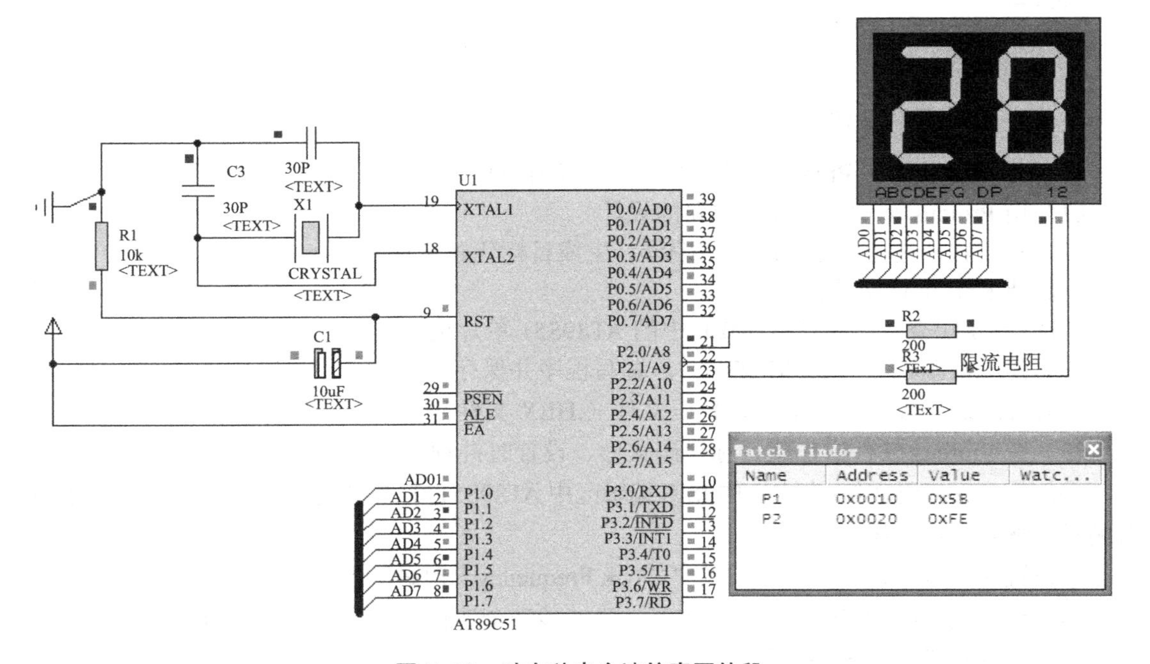

图5-19　动态秒表全速仿真图片段

5. 实物制作

在万能板上按照电路原理图焊接元器件，秒表计时控制电路元器件清单如表 5-2 所示。

表 5-2　元器件清单

元器件名称	参数	数量	元器件名称	参数	数量
单片机	AT89S51	1	电阻	10 kΩ	1
晶体振荡器	12MHz	1	电阻	300Ω	14
电源	+5V	1	电容	30pF	2
IC 插座	DIP40	1	电解电容	10μF	1

在动态秒表任务的基础上，增加 3 个按键，运用中断的知识来控制秒表实现启动、暂停、清零的功能。可调秒表电路原理图如图 5-20 所示。秒表控制程序示例如下：

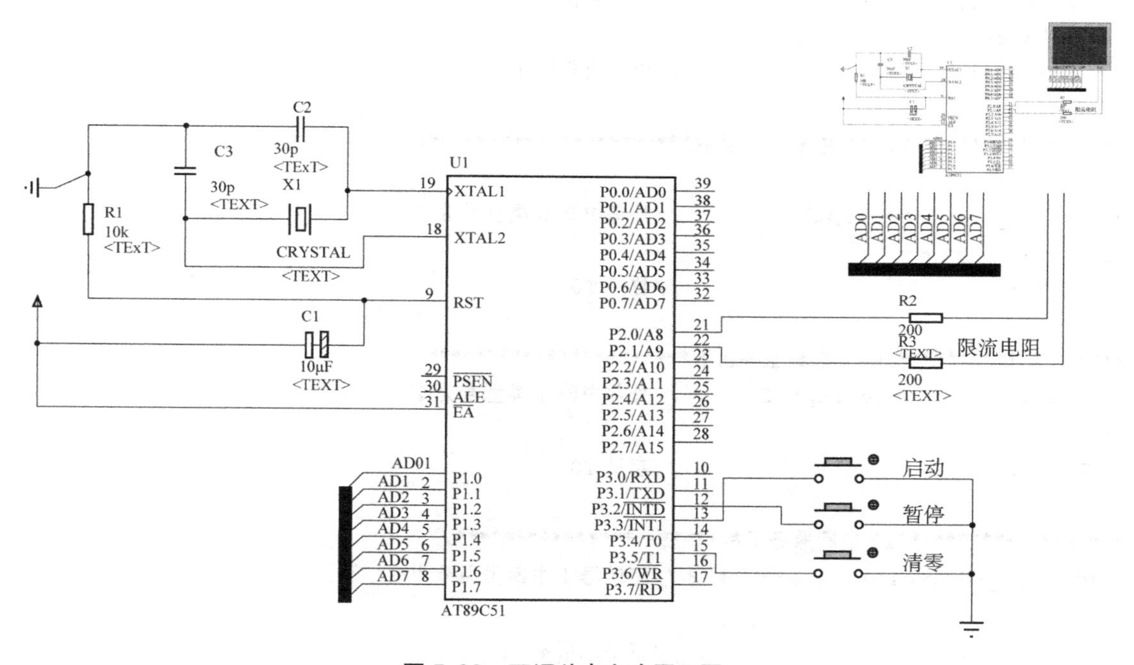

图 5-20　可调秒表电路原理图

```
//********************秒表控制程序***************
//程序名：计时秒表控制程序 xm5_3.c
//程序功能：采用动态显示方法进行秒表的计时显示；3 个按键控制秒表启动、暂停、清零
#include<reg52.h>                //库文件
#define uchar unsigned char      //宏定义无符号字符型
#define uint unsigned int        //宏定义无符号整型
code unsigned char tab[]={0x3f,0x06,0x5b,0x4f,0x66,0x6d,0x7d,0x07,0x7f,0x6f};
unsigned char count=0,second=0;//定义计数变量，秒变量
sbit P2_0=P2^0;
sbit P2_1=P2^1;
```

```
/******************延时函数**********************/
 void  delay(unsigned char i)
 {
    unsigned char j,k;
    for(k=0;k<i;k++)
     for(j=0;j<255;j++);
 }
/******************T0 中断函数*********************/
void T0_INT(void) interrupt 1   //定时器 0 中断类型号为 1
{
   TH0=(65536-50000)/256;        //初值重装
   TL0=(65536-50000)%256;
   TH1=0xff;                     //计数初值
   TL1=0xff;
   count++;                      //中断次数增 1
}
/******************INT0 中断服务函数**********************/

void int_0() interrupt 0         //外部中断 0 类型号为 0
 {
   TR0=0;                        //暂停 T0
 }
/******************INT1 中断服务函数**********************/
 void int_1() interrupt 2        //外部中断 1 类型号为 2
 {
   TR0=1;                        //启动 T0
 }
/******************T1 中断服务函数*********************/
 void T1_INT(void) interrupt 3 //定时器 1 中断类型号为 3
{
    second=0;                    //秒单元清零
 }
/******************定时器的初始化*********************/
void Init_t0(void)
{
   TMOD=0x61;                    //定时器 0 工作方式 1
   TH0=(65536-50000)/256;        //定时器初值
   TL0=(65536-50000)%256;
   EA=1;                         //开总中断
   ET0=1;                        //开定时器 0 中断
   ET1=1;                        //开定时器 1 中断
   EX1=1;                        //开 INT0 中断
   EX0=1;                        //开 INT1 中断
```

```
  TR1=1;                                //启动 T1
}
/******************数码管显示函数**********************/
void display(void)
{                                       //选中 P2.0 控制的数码管
        P2_0=0;
        P1=tab[second/10];              //显示秒十位
        delay(10);
        P2_0=1;
                                        //选中 P2.1 控制的数码管
        P2_1=0;
        P1=tab[second%10];              //显示秒个位
        delay(10);
        P2_1=1;
}
/******************主函数**********************/
void main()
{
  Init_t0();                            //调用初始化函数
  while(1)
   {
    display();                          //调用显示函数
  if(count==20)                         //中断次数到 20 次吗?
   {
    count=0;                            //是，1 秒计时到，50ms 计数单元清零
    second++;                           //秒单元加 1
    if(second==60)                      //到 60 秒吗?
    {
      second=0;                         //是，秒单元清零
      count=0;
    }
   }
  }
}
```

程序说明：

- 程序 xm5_3.c 中秒表的启动和暂停功能利用了单片机提供的外部中断 INT0 和 INT1 实现，由于单片机仅仅提供了两个外部中断源，因此秒表的清零功能要利用外部中断源的扩展，即将定时器 T1 扩展为外部中断源使用，此时定时器的初值应该设置为：

```
  TH1=0xff;                   //计数初值为 255
  TL1=0xff;
```

当按下清零按键时，向 CPU 提出中断请求，定时器 T1 计满溢出，从而实现其清零功能。程序中的定时器 T0 实现 50ms 的定时，中断 20 次，达到 1s 的延时。

- 程序中数码管显示采用动态显示的方法，需同时送出段码和位码控制数码管显示。

六、技能提高

实现下面任务要求：

- 制作数字电子秒表，时间精度为 0.01 秒。
- 计时过程中可通过按键记录大于或等于 10 条显示时间，记录成功采用声音提示；整个记录过程不允许干扰秒表计时。
- 可以暂停并恢复秒表计时。
- 暂停状态下允许复位秒表（计时状态下不允许复位）。
- 暂停或复位状态状态允许查询时间记录，查询状态与暂停状态要有所区别。

1. 设计思路

按照任务的具体要求，在设计过程中主要考虑以下两个方面。

（1）电路功能设计

在本电子秒表电路设计中，我们采用了 4 位单独共阳 LED 数码管来分别显示秒、毫秒，显示模式采用静态显示（因为在静态显示中，每个笔划段 a～g 和 dp 端输入内部各不相同，所以无法采用四位一体的 LED 数码管）。同样，我们将显示状态分成四种情况：显示计时时间状态、暂停计时时间状态、查看秒表记录状态、归零状态；为区分暂停与查看记录状态，在查看秒表记录状态下点亮一个发光二极管。

同时，我们使用了 4 个按键，其功能如表 5-3 所示。

表 5-3　电子时钟按键功能表

按键	功能说明
Key1（START/PAUSE）	START/PAUSE 键用于用于启动或暂停秒表计时；此外，在查看秒表记录状态下，该键还可以作为归零键使用
Key2（RECORD）	RECORD 键主要用于记录当前时间。在秒表显示计时时间状态下，每按下一次可以记录一个时间，总共可以记录 10 个时间。为提示记录成功，每次记录成功后，蜂鸣器响一下。在其他状态下按下该键，若有记录，则进入查看秒表记录状态，并显示第一条记录；若没有记录，则无反应
Key3（UP）	UP 键用于查看记录。在秒表显示计时时间状态下，该键无效。在查看秒表记录状态下按下该键，则查看下一条记录。在其他状态下按下该键，若有记录，则进入查看秒表记录状态，并显示第一条记录；若没有记录，则无反应
Key4（ZERO）	ZERO 键用于时间归零。在秒表显示计时时间状态下，该键无效。在其他状态下按下该键，系统显示归零，进入归零状态

此外，对于电路中发光二极管和蜂鸣器的功能分配如下：发光二极管 D1 用于提示目前状态为查看秒表记录状态；蜂鸣器 LS1 用于提示保存记录成功。

（2）LED 数码管显示电路

在本电子秒表电路设计中，我们对选择的共阳型 LED 数码管采用静态显示模式。数码管静态显示模式中每个数码管都要单独占用一个并行 I/O 口，然后数码管的公共端按共阴极或共阳极分别接地或接 V_{CC}，如此算来，4 个 LED 数码管就将占用 32 条 I/O 口线，显然不合适。为解决静态显示 I/O 口占用过多的问题，我们选用 74LS373 锁存芯片对 LED 数码管显示信号进行锁存的方式来扩展单片机的 I/O 口。由图 5-21 可见，我们为每个 LED 数码管都配备了一块 74LS373 芯片。对比静态显示和动态显示，我们可以发现，LED 数码管动态显示，我们需要同时控制数码管两端，而对于 LED 数码管静态显示只需要控制数码管一端，显然静态显示的程序相对于动态显示更简单。

在 LED 数码管静态显示模式中，我们同样会遇到驱动电路的问题。在这个电路中，因为需要信号锁存，所有单片机的 I/O 口并没有直接与数码管相连，而是由 74LS373 锁存芯片与数码管相连。查看 74LS373 锁存芯片的 datasheet 文档，我们得知 74LS373 锁存芯片输出引脚的最大输出电流为 2.6mA，最大灌入电流为 24mA。通过参考上一节所分析 LED 数码管驱动电流情况，可以得知采用 74LS373 锁存芯片驱动 LES 数码管必须采用灌入方式，即电路只能采用共阳型的 LED 数码管才能正常稳定工作。

最后，为稳定数码管的驱动电流，同样需要加入数码管限流电阻（图 5-21 中 R3～R30）。该限流电阻阻值计算大概如下：R=[V_{CC}−1.8V（发光二极管压降）]/10mA；在本设计电路中，电源电源 V_{CC} 为 5V，计算所得电阻阻值为 320Ω，最终取值可为 330Ω。

因此应用系统电路选用 AT89C51 芯片、时钟电路、复位电路、电源、按键及 LED 显示电路等构成完整系统，形成电子秒表的设计方案。

由于程序源代码较长，为了节省本书的页数，源代码这里不再列出，可到相关网站查阅。

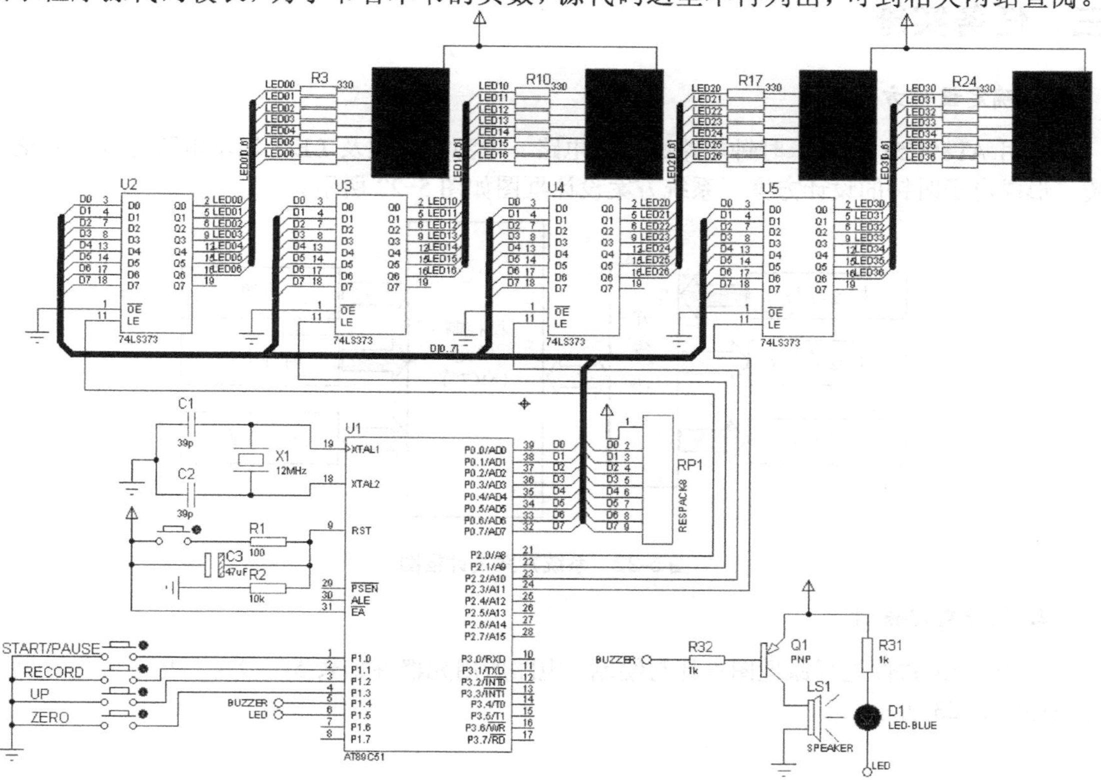

图 5-21　电子秒表电路原理图

任务二　电子时钟的设计与实现

一、任务导入

在日常生活中，时钟已经成为我们不可缺少的工具，它一般具有计时、显示和闹铃等功能，采用单片机技术我们可以轻松实现电子时钟的设计。

二、任务分析

- ❖ 制作数字电子时钟，时间精度为1秒。
- ❖ 允许对时、分、秒分别进行设置。
- ❖ 具有闹钟功能，当闹钟启动后按任何键可以关闭闹钟；若没有按键关闭闹钟则一分钟后自动关闭闹钟。
- ❖ 计时状态、时间设置状态、闹铃设置状态有明显的显示区别。

三、任务实施

1. 确定设计方案

选用AT89C51芯片、时钟电路、复位电路、电源、按键及LED显示电路等构成完整系统，形成电子时钟的设计方案。系统方案设计框图如图5-22所示。

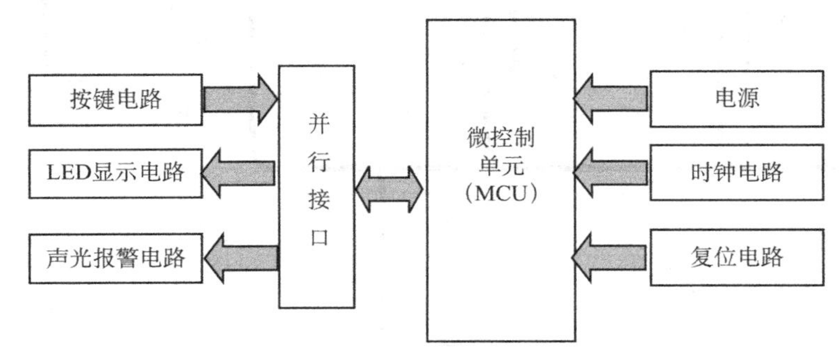

图5-22　系统方案设计框图

2. 硬件电路设计

用Proteus软件进行原理图设计与绘制。电路所用元器件如表5-4所示。电子时钟电路原理图如图5-23所示。

表 5-4　电路所用元器件

参数	元器件名称	参数	元器件名称
AT89C51	单片机	LED	发光二极管
RES	电阻	CAP、CAP-ELEC	电容、电解电容
RESPACK8	排阻	74LS21	4 输入与非门
CRYSTAL	晶振	74LS245	总线驱动双向三态门
BUTTON	按钮	SPEAKER	喇叭
PNP	PNP 型三极管	7SEG-COM-CC	共阴数码管

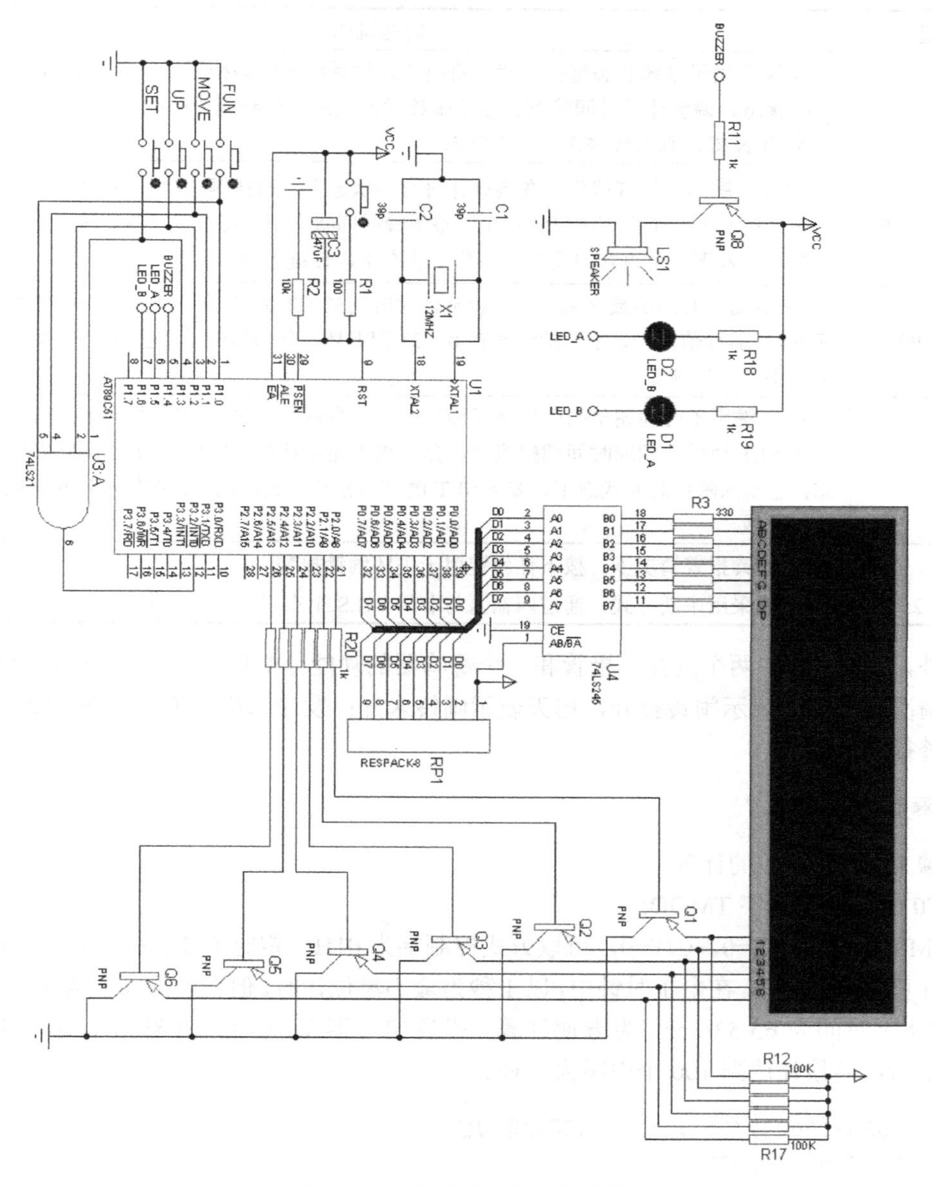

图 5-23　电子时钟电路原理图

3. 电路功能设计

在本电子时钟电路设计中，我们采用了6位一体的共阴型LED数码管来分别显示时、分、秒，显示模式采用动态显示。我们将显示状态分成以下4种情况：显示计时时间状态、设置计时时间状态、显示闹铃时间状态、设置闹铃时间状态。为有所区分，在计时时间相关处理中，LED数码管第2、4位显示小数点，闹铃时间相关处理中，均不显示小数点；在时间调整相关处理中，对应调整的位采用闪烁显示。

同时，使用了4个按键，其功能如表5-5所示。

表5-5　电子时钟按键功能表

按键	功能说明
Key1（FUN）	FUN键用于系统状态选择。我们将电子时钟系统的状态按显示不同划分为：显示计时时间状态、调整计时时间状态、显示闹铃时间状态、调整闹铃时间状态4种状态。每按一次FUN键，则循环进入下一个状态
Key2（MOVE）	MOVE键用于设置移位。在调整计时时间状态下，每按键一次，按“时-分-秒-时”顺序循环进入下一个内容的设置；在调整闹铃时间状态下，每按键一次，按“时-分-时”顺序循环进入下一个内容的设置。另两个状态下，该键无效
Key3（UP）	UP键用于时间的数字调整。在调整计时时间或调整闹铃时间状态下，每按键一次，相应的时/分/秒值增一。小时的计数在0～23间循环；分与秒的计数在0～59间循环。另两个状态下，该键无效
Key4（SET）	SET 键用于时间调整的确认及闹铃的开关。在调整计时时间或调整闹铃时间状态下，按下SET键后，相应时间调整成功，分别进入显示计时时间状态或显示闹铃时间状态状态；在显示闹铃时间状态下，按下SET键可以打开或关闭闹铃。在显示计时时间状态下，该键无效
NOTE：1. 若系统处于闹铃报警情况下，按下任何键用于关闭闹铃报警 2. 4个按键查询采用中断方式，通过四输入与非门74LS21实现	

此外，对于电路中两个发光二极管和一个蜂鸣器的功能分配如下：发光二极管D1用于提示闹铃情况——点亮表示闹铃打开，熄灭表示闹铃未开；发光二极管D2与蜂鸣器LS1用于闹铃报警提示。

4. 源程序设计

步骤1：定时参数的计算。

①T0的方式控制字TMOD:

M1M0=01，GATE=0，C/T=0，可取方式控制字为01H（定时器T0为工作方式1）。

②计算计数初值*X*。在电子时钟中，以1秒为最小单位计时。但在外部晶振为12MHz时，T0最大计时时间为65.536ms。为方便计算，设置定时器T0初值为F8F0H，每隔10mA产生一个中断，当累计达到100个中断为1秒。

```
TH0=(65536-50000)/256;        //定时器初值
TL0=(65536-50000)%256;
```

步骤 2：绘制流程图。

编制的主程序框图及子程序框图如图 5-24 ～ 图 5-28 所示。

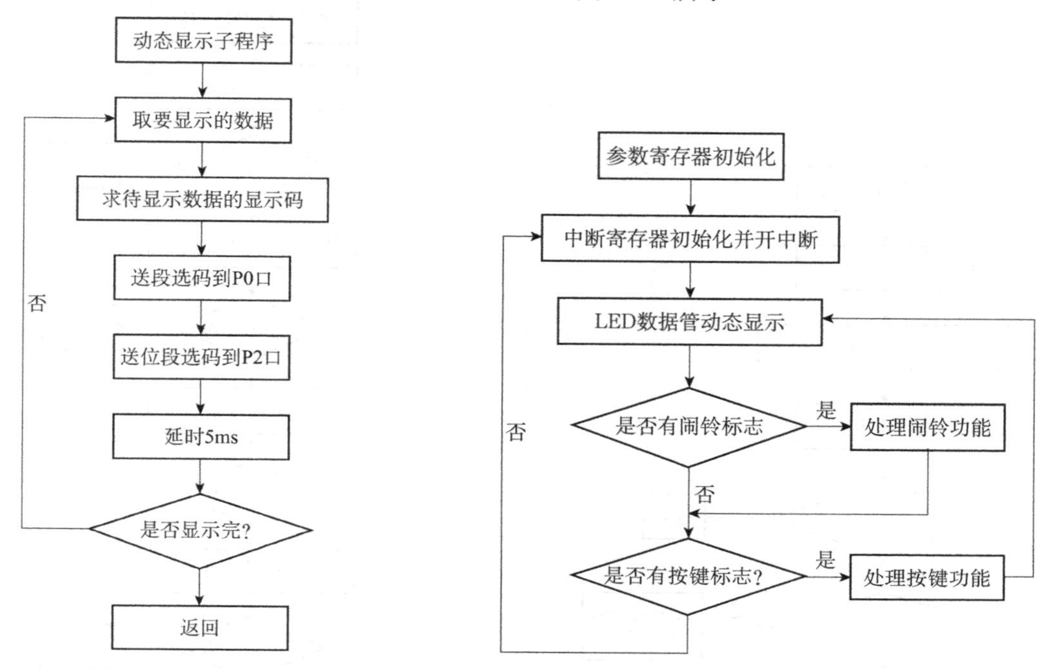

图 5-24　主程序框图

图 5-25　动态显示子程序框图

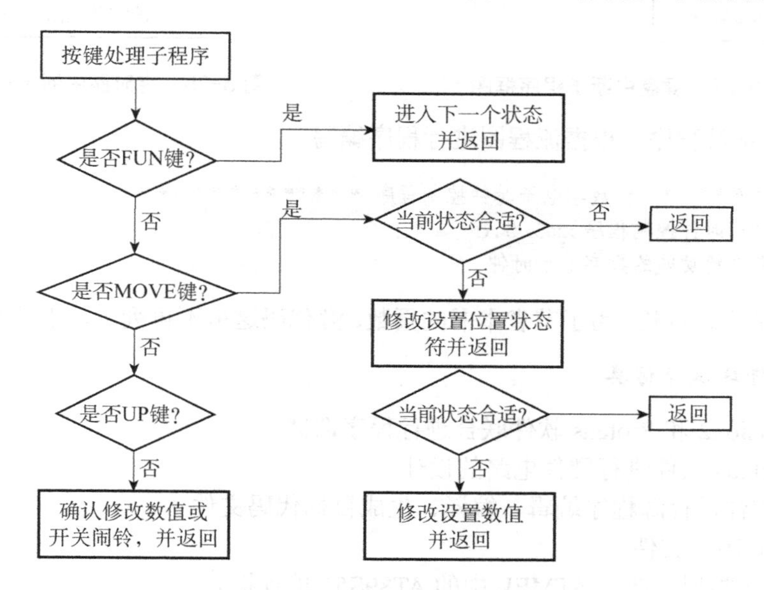

图 5-26　按键处理子程序框图

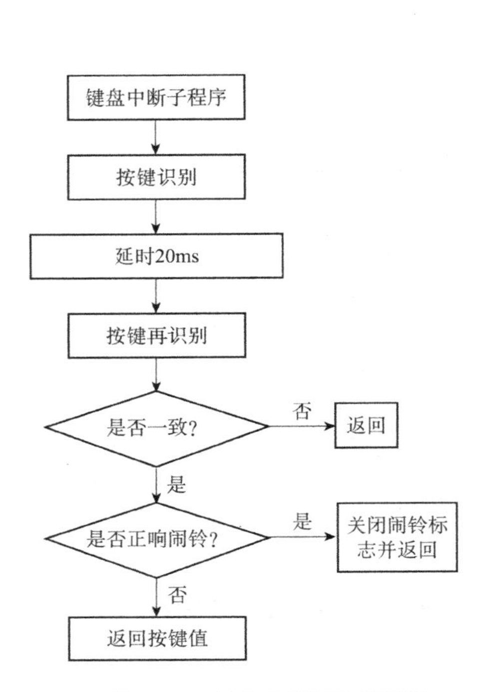

图 5-27　键盘中断子程序框图

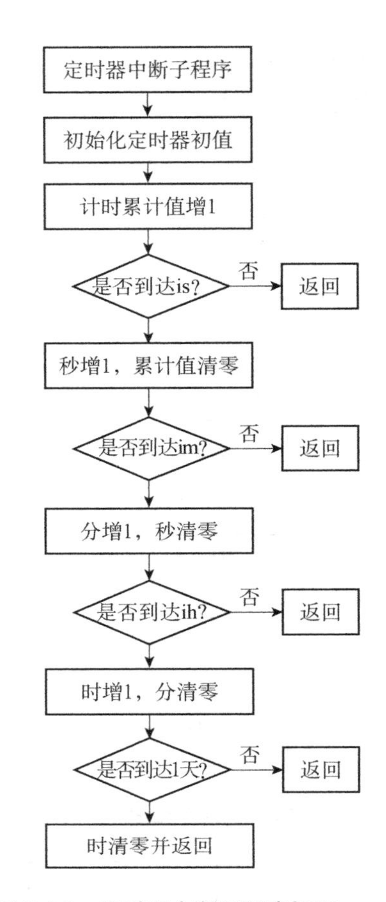

图 5-28　定时器中断子程序框图

步骤 3：汇编源程序，根据流程图进行程序编写。

```
//****************** 数字电子时钟控制程序 **************
//程序名: 数字电子时钟控制程序 xm5_5.c
//程序功能: 具有闹铃功能的数字电子时钟
```

由于程序源代码较长，为了节省本书的页数，源代码这里不再列出，可到相关网站查阅。

5. 软、硬件调试与仿真

用 Keil μVision2 和 Proteus 软件联合进行程序调试。

（1）用 Proteus 软件进行硬件电路的设计

（2）Keil 软件进行源程序编辑、编译、生成目标代码文件

①新建 Keil 项目文件。

②选择 CPU 类型（选择 ATMEL 中的 AT89S51 单片机）。

③新建汇编源程序（.ASM 文件），编写程序并保存。

④源程序进行编译、生成目标代码文件（.HEX 文件）。

（3）在 Proteus 软件中加载目标代码文件、设置时钟频率。

①加载目标代码文件：右击选中 ISIS 编辑区中 AT89S51，打开其属性窗口，在“Program File”右侧框中输入目标代码文件。

②设置时钟频率：在属性窗口的“Clock Frequency”时钟频率栏中设置 12MHz。

（4）单片机系统的 Proteus 交互仿真。全速仿真图片段如图 5-29 所示。

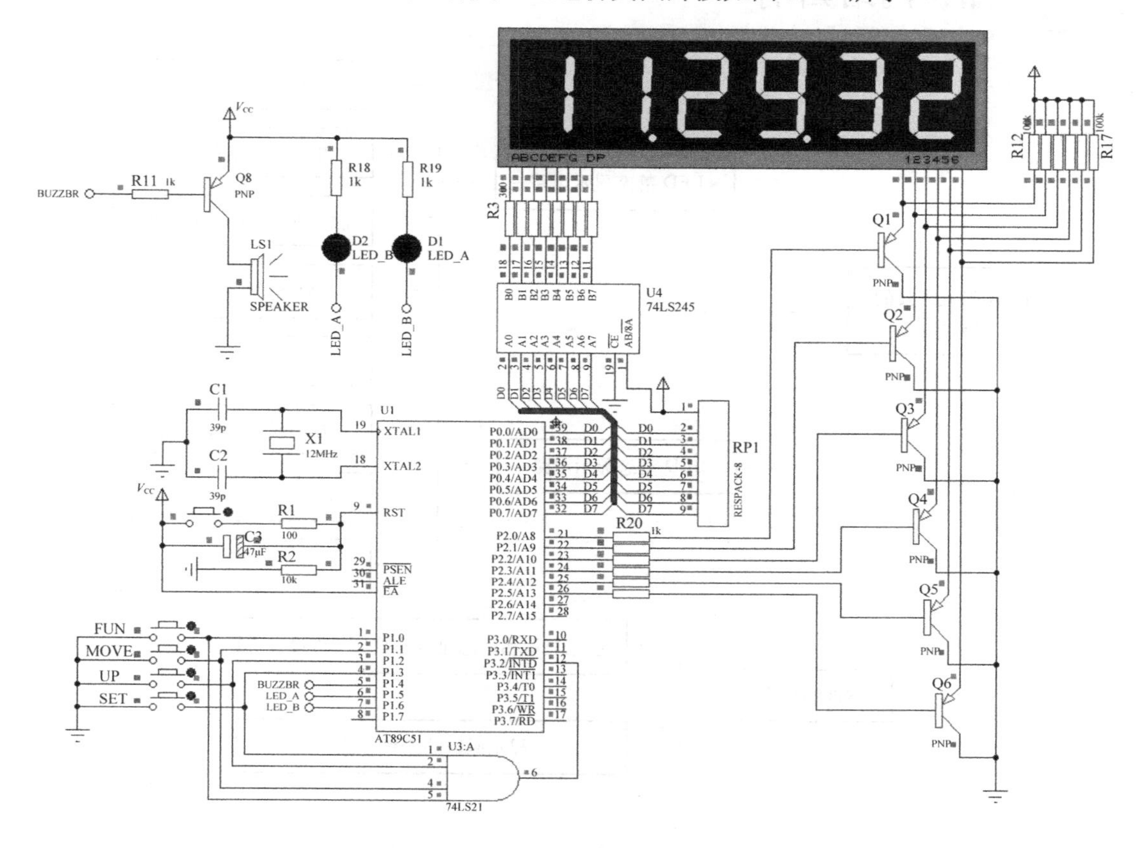

图 5-29　全速仿真图片段

单击按钮▶启动仿真，此时倒计时开始，两位数码管显示从 60s 到 0s。若单击“停止”按钮■，则终止仿真。

6. 实物制作

在万能板上按照原理图焊接元器件，数字电子时钟控制电路元器件清单如表 5-6 所示。

表 5-6　元器件清单

元器件名称	参数	数量	元器件名称	参数	数量
单片机	AT89S51	1	电阻	100Ω、330Ω	1、8
7SEG-COM-CC	共阴数码管	1	电阻	1 kΩ、10 kΩ、100 kΩ	9、1、6
BUTTON	按钮	4	LED	发光二极管	2
SPEAKER	喇叭	1	电容、电解电容	30pF、10μF	2、1
PNP	PNP 型三极管	6	74LS21	4 输入与非门	1
IC 插座	DIP40	1	74LS245	总线驱动双向三态门	1

知识网络归纳

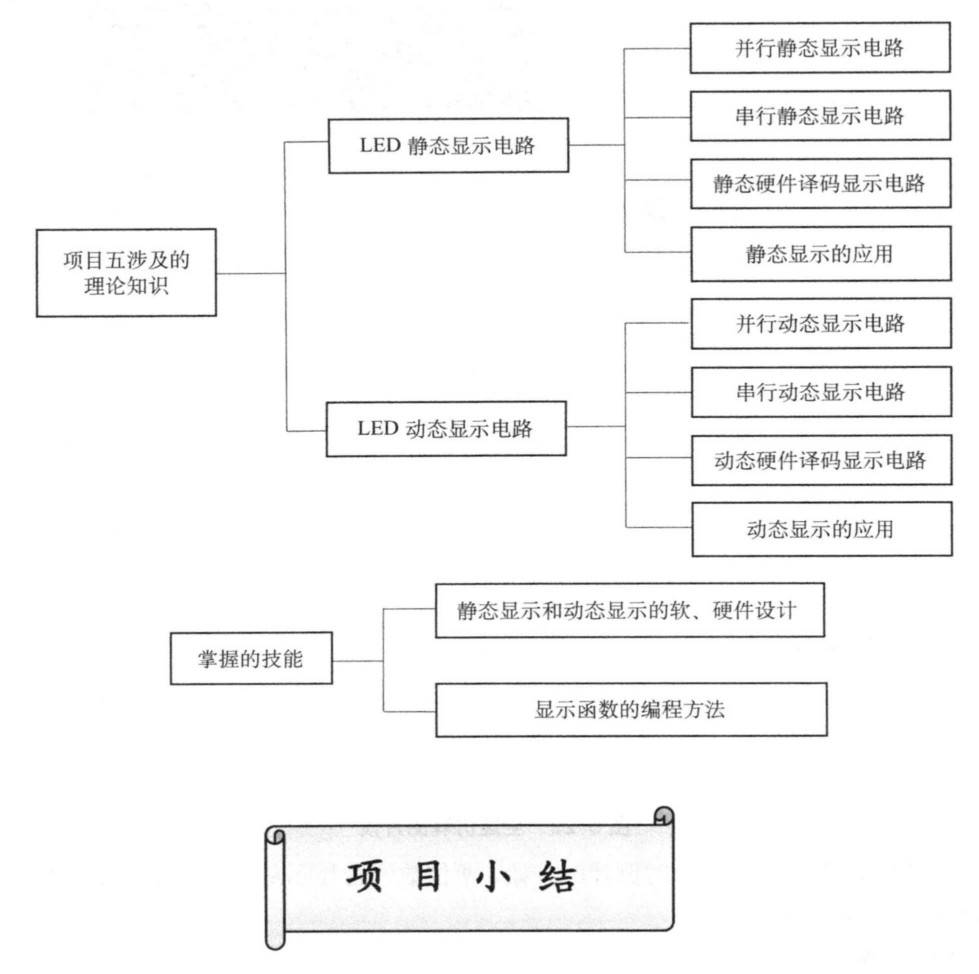

项 目 小 结

1. 静态显示是指当数码管显示某一字符时，相应的发光二极管恒定导通或恒定截止。采用静态显示方式，较小的电流就可获得较高的亮度，且占用 CPU 时间少，编程简单，显示便于检测和控制，但占用单片机的 I/O 端口线多，因此限制了单片机连接数码管的个数。同时硬件电路复杂，成本高，只适合显示位数较少的场合。

2. 动态显示是在每一个时刻只选通点亮其中一个数码管，相应的发光二极管是轮流导通的。当显示位数较多时，动态显示方式可节省 I/O 端口资源，硬件电路简单，但其显示亮度低于静态显示方式，由于 CPU 要不断地依次运行扫描显示程序，将占用 CPU 更多的时间。

练习题

一、单项选择题

（1）在单片机应用系统中，LED 数码管显示电路通常有________显示方式。

A．静态　　B．动态　　C．静态与动态　　D．查询

（2）LED 数码管_______显示方式编程较简单，但占用 I/O 口较多，一般适用于显示位数较少的场合。

A．静态　　B．动态　　C．静态与动态　　D．查询

（3）采用共阳极 LED 多位数码管显示时，_______。

A．位选信号为低电平，段选信号为高电平

B．段选信号为低电平，位选信号为高电平

C．位选信号、段选信号都为低电平

D．位选信号、段选信号都为高电平

（4）LED 多位数码管显示电路中_______。

A．位选模型决定数码管显示的内容

B．段选模型决定数码管显示的内容

C．段选模型决定哪位数码管显示

D．不需要位选模型

（5）LED 数码管若采用动态显示方式，则需要_______。

A．将各位数码管的位选线并联，各位数码管的段选线并联

B．将各位数码管的段选线并联，输出口加驱动电路

C．将各位数码管的段选线并联，并将各位数码管的位和段选线分别用 1 个输出口控制

D．将段选线用 1 个 8 位输出口控制，输出口加驱动电路

（6）LED 数码管若采用动态显示方式，下列说法错误的是_______。

A．将各位数码管的段选线并联

B．将段选线用 1 个 8 位 I/O 端口控制

C．将各位数码管的公共端直接连接在+5V 或者 GND 上

D．将各位数码管的位选线用各自独立的 I/O 端口控制

（7）一个 AT89C51 单片机应用系统用 LED 数码管显示字符“0”的段码是 0xC0，可断定该显示系统用的是_______。

A．不加反相驱动的共阴极数码管

B．加反相驱动的共阴极数码管或不加反相驱动的共阳极数码管

C．不加反相驱动的共阳极数码管

D．加反相驱动的共阳极数码管

（8）在共阴极数码管使用中，若要仅显示小数点，则其相应的字段码是_______。

A．0x10　　B．0x40　　C．0x80　　D．0x01

二、简答题

1. LED 发光二极管组成的段数码管显示器，就其结构来讲有哪两种接法？不同接法对字符显示有什么影响？

2. 多位 LED 显示器显示方法有几种？它们各有什么特点？

3. 静态显示与动态显示各有什么特点？说明动态显示原理。

三、问答题

某显示电路如图 5-30 所示，试回答下列问题。

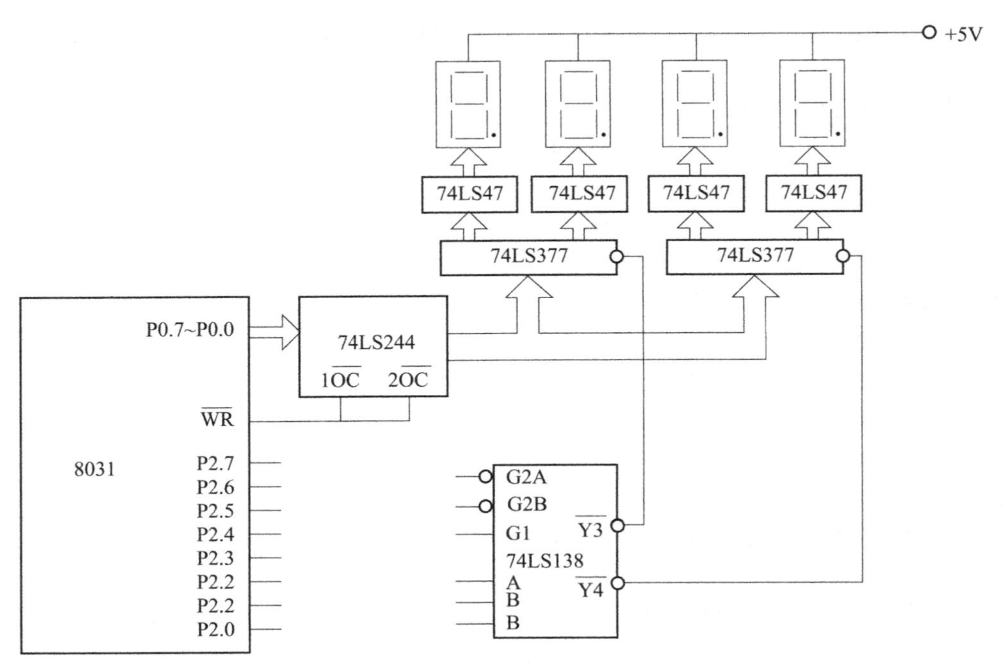

图 5-30　问答题图

（1）说明图中数码管应选用哪种类型的数码管。

（2）该电路属于哪一种数码管显示方式？

（3）图中 74LS47 的作用是什么？

（4）设 $\overline{Y3}$ ，$\overline{Y4}$ 地址分别为 64FFH 和 63FFH，要显示数据分别存放在 DATABUF1 与 DATABUF2 两内存单元中，试在图上设计出完整接口电路并编写一个完成上述显示的子程序（设计接口电路中需完全使用 P2.0～P2.7 八引脚及 74LS138 相关引脚）。

项目六　电子密码锁设计

应用案例——汽车防护系统

在汽车工业领域，汽车防护系统的集成化是一种势不可挡的发展趋势，将汽车倒车安全距离提醒、汽车无线遥控防盗报警、汽车电源锁加密、汽车行车监视后方车辆距离等诸多汽车防护系统结合在一起，采用价格低廉的单片机作为核心设计开发的集成汽车防护系统，使其实现在行车时，可以监视后方车辆的车距状态；倒车时，可以有倒车安全距离的提醒；离开车辆时，可以有电源锁加密以及无线遥控防盗报警双重保护功能。

汽车防护系统的结构框图如图 6-1 所示，其设计的性能指标有以下几点。

（1）测量距离：所有的测量范围在 10 m 以内。

（2）测量精度：倒车安全距离在 1 cm 以内；行车测距在 0.1 m 以内。

（3）用七段数码显示管显示倒车安全距离设定值，以及显示行车测距时测距变化值。

（4）控制面板由 4 × 4 键盘组成，每一项功能操作都有指示灯或七段数码显示管提示。

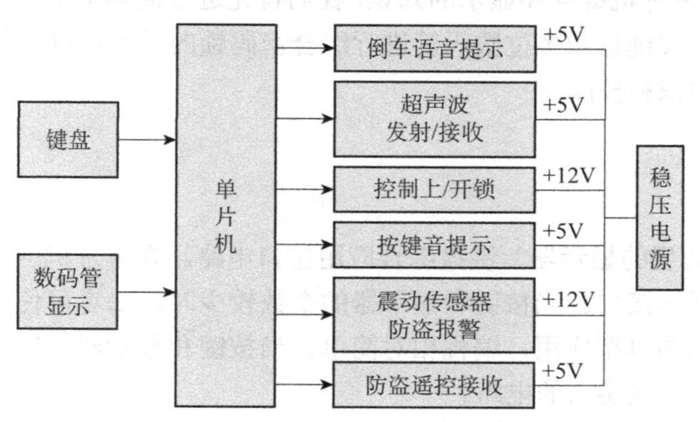

图 6-1　汽车防护系统结构框图

在汽车防护系统的软件程序设计中，电源锁软件的加密通常都是往数据里添加某种算法，这对于运算功能强大的 PC 机来说是绰绰有余的。但对于单片机而言，过于复杂的算法会大大降低单片机的运算速度和占用大量的存储空间，因此在设计中，电源锁加密采用一种数据比较的方法。采用 C 语言定义两个全局变量的数组，相当于在内存中开辟两个特定的数据空间，一个用来储存密码，另一个用来储存用户输入的密码，然后通过数据的比较来验证密码，这样可以大大提高运算速度和减少存储空间的占用。

任务　电子密码锁设计

一、学习目标

知识目标

1. 熟练掌握51单片机的键盘和显示器综合应用
2. 熟练掌握51单片机的I/O扩展
3. 熟悉单片机程序存储器和数据存储器的扩展

技能目标

1. 能进行键盘和显示器综合简单系统的设计
2. 能使用多种方法进行51单片机的I/O扩展
3. 能分析单片机程序存储器和数据存储器的扩展电路

二、任务导入

随着电子技术的发展，市场上出现了各种电子密码锁，密码锁的安全性和实用性有了很大提高。应用前面的单片机键盘和显示的知识，我们首先进行简单电子密码锁的分析和设计，然后提高到采用矩阵式键盘和多位数码管进行综合密码锁的设计，以熟练掌握单片机键盘和显示器的综合应用知识和技能。

三、相关知识

图6-2所示为典型的显示器、键盘综合应用接口电路。在单片机应用系统中，经常需要同时使用键盘和显示器接口。当按键和显示器的个数较少时，二者可使用各自独立的接口。任务一即为这种方法的典型应用，编程相对简单。当按键和显示器件较多时，常常将键盘和显示电路做在一起，构成实用的电路。

图6-2中，六位LED显示的位码由单片机的P2口输出，段码由P1口输出，程序设计时LED的显示方式为动态显示方式。4×4矩阵键盘的行线经5.1kΩ电阻上拉后与P0.0～P0.3口线相连，列线与P2口的P2.0～P2.3口线相连。也就是说，口线P2.0～P2.3既是LED的位选线，也是矩阵按键的列选线，二者共用，节省了资源。对上述电路编制程序时，往往将键盘扫描程序中的延时去抖动用显示子程序来代替。本项目利用上述电路完成了实用的综合密码锁程序，读者可参考。

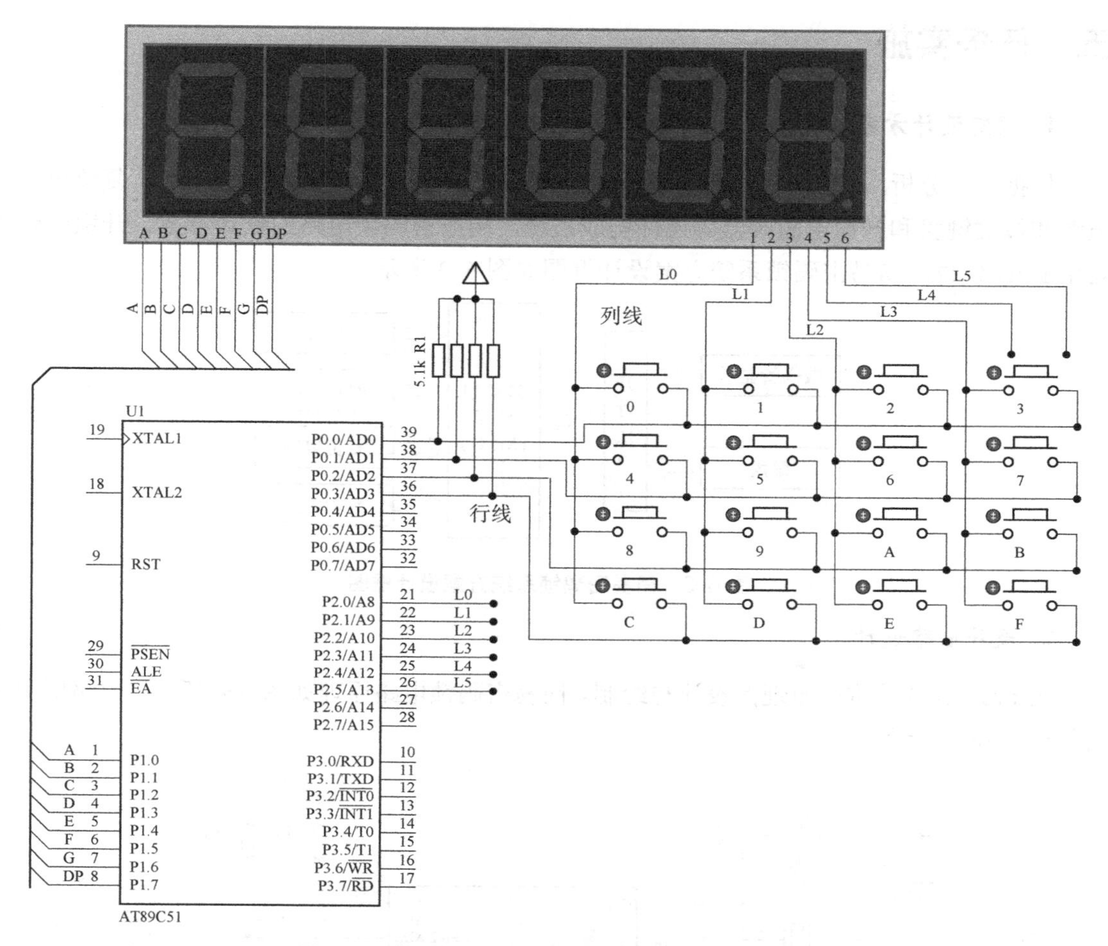

图 6-2　典型的显示器、键盘综合应用接口电路

四、任务分析

◆ 先由 4 个键的独立式键盘和一个数码管构成一个简易密码锁。
按下“2”，密码正确，数码管显示“P”，开锁，约 20 秒后关锁；
按下其他键，密码错误，数码管显示“E”，不开锁；
用一个 LED 指示开锁（LED 亮）或不开锁（LED 灭）。

◆ 再由 4×4 矩阵式键盘和一个数码管构成一个简易密码锁。
上电复位后，密码锁初始状态为关闭，数码管显示符号“-”；
按下“2”，密码正确，数码管显示“P”，开锁，约 3 秒后关锁；
按下其他键，密码错误，数码管显示“E”持续 3 秒，不开锁；
用一个 LED 指示开锁（LED 亮）或不开锁（LED 灭）。

五、任务实施

1. 确定设计方案

根据任务分析，进行简易密码锁设计与仿真。选用 AT89S51 芯片、时钟电路、复位电路、电源和按键键盘和开锁电磁阀器等元件构成系统，构成密码锁电路的设计方案。开锁电磁阀器用 LED 代替。简易密码锁系统方案设计框图如图 6-3 所示。

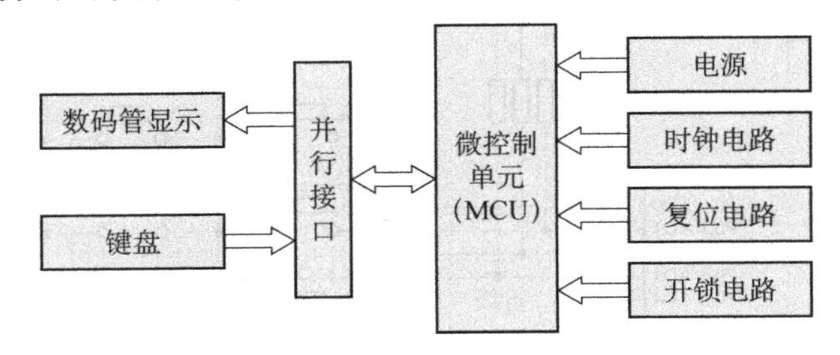

图 6-3　简易密码锁系统方案设计框图

2. 硬件电路设计

用 Proteus 软件进行原理图设计与绘制。简易密码锁电路原理如图 6-4 所示。电路所用元器件如表 6-1 所示。

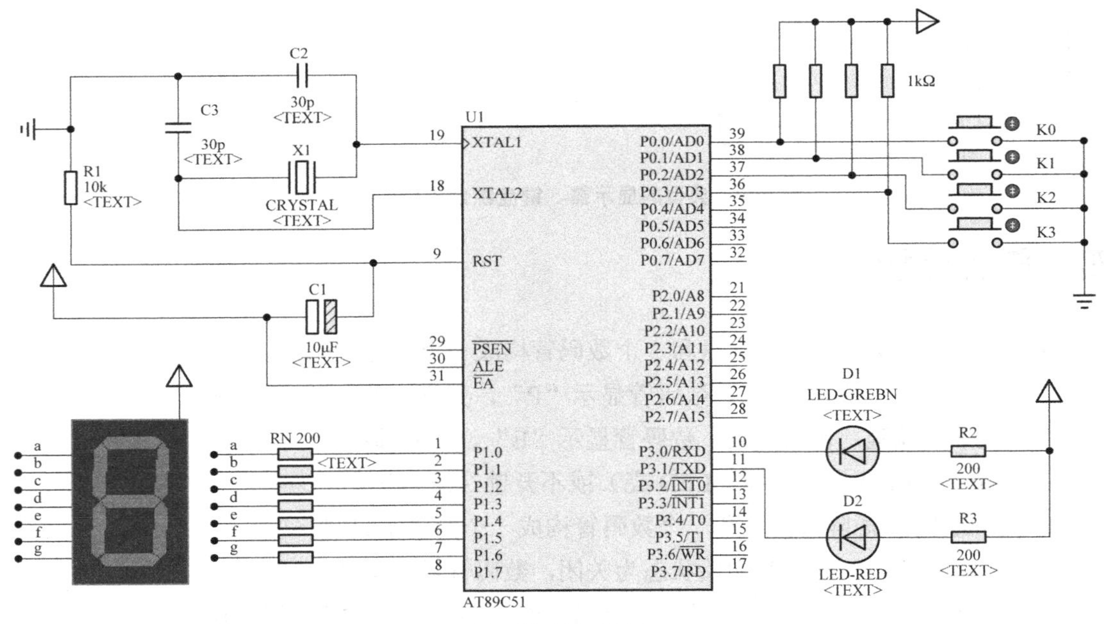

（a）采用独立式键盘

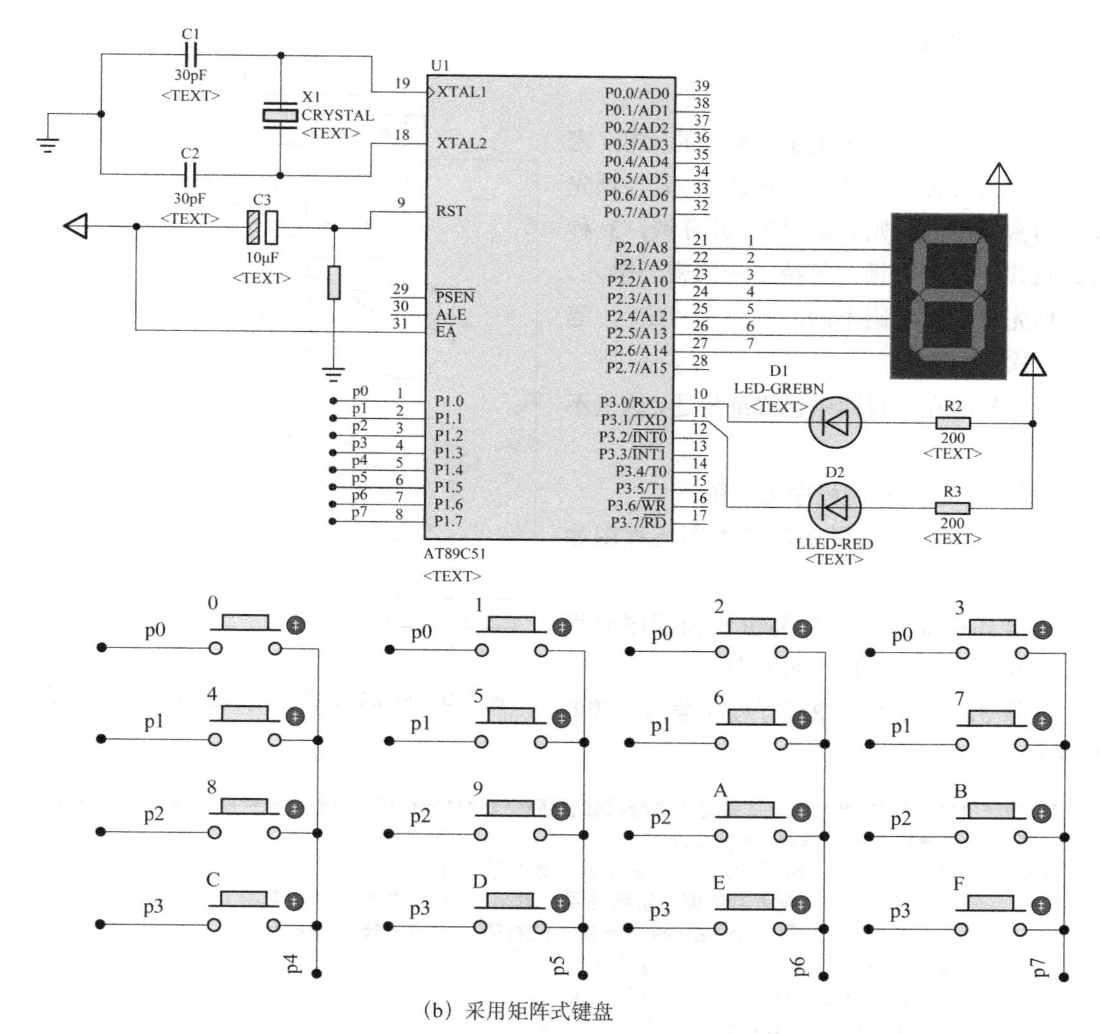

（b）采用矩阵式键盘

图 6-4　简易密码锁电路原理图

表 6-1　电路所用元器件

参数	元器件名称	参数	元器件名称
AT89C51	单片机	CAP	电容
RES	电阻	CAP-ELEC	电解电容
CRYSTAL	晶振	LED	发光二极管
BUTTON	按钮	7SEG-COM-AN-GRN	七段共阳极数码管

3. 源程序设计

步骤 1：设计思路。

主程序主要负责按键输入密码的比较，密码正确和错误时的处理。当按键后，若与预先设定的密码相同，则显示“P”并开锁，3 秒后数码管熄灭并关锁，等待下一次密码输入。若与预先设定的密码不同，则显示“E”，等待下一次密码输入。

延时程序在项目四中已详细描述，这里不再赘述。

步骤 2：绘制控制程序流程图。

独立式键盘的简易密码锁程序流程图如图 6-5 所示。

矩阵式键盘构成的简易密码锁程序流程图与图 6-5 类似，在此不再重复。

步骤 3：根据流程图进行程序编写。控制程序 1 示例如下。

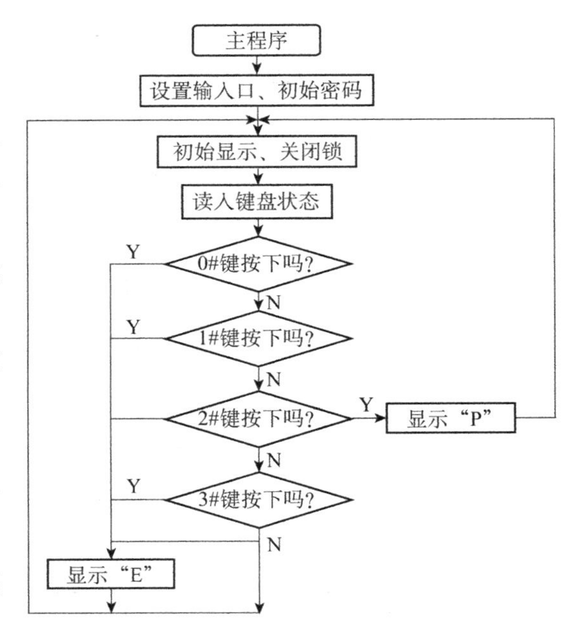

图 6-5　独立式键盘的简易密码锁程序流程图

```
//************************独立式键盘简易密码锁程序***************************************
//程序名: 简易密码锁控制程序 xm6_1.c
//程序功能:采用查询方式, 按下“2”, 密码正确, 数码管显示“P”开锁,约 10 秒后关锁
;                        按下其他键, 密码错误, 数码管显示“E”, 不开锁
;                        用一个 LED 指示开锁（LED 亮）或不开锁（LED 灭）
#include<reg51.h>                  //头文件
#define uint unsigned int          //宏定义
#define uchar unsigned char
sbit P3_0=P3^0;                    //控制开锁指示灯
sbit P3_1=P3^1;
void delay(uint i);                //延时函数声明
void main()
{
   uchar button;
   uchar code tab[7]={0xbf,0x86,0x8c}; //定义显示码
   P0=0xff;                        //设置 P0 口为输入口
   while(1)
    {
    P1=tab[0];                     //显示状态“-”
    P3_0=1;                        //设置密码锁初始状态为“锁定”, LED 熄灭
    P3_1=1;
    button=P0;                     //读取按键状态
    button&=0x0f;                  // “与”操作, 保留低 4 位
  switch(button)                   //判断按键的键值
  {  // “2”号键密码正确, 显示“P”;其余键, 密码错误, 显示“E”
```

```
    case 0x0e:P3_1=0;P1=tab[1]; delay(3000);break;
    case 0x0d:P3_1=0;P1=tab[1]; delay(3000);break;
    case 0x0b:P3_0=0;P1=tab[2]; delay(3000);break;
    case 0x07:P3_1=0;P1=tab[1]; delay(3000);break;
   }
  }
}
void delay(uint t)   //延时函数
{ uint i,j;
  for(i=t;i>0;i--)
  for(j=110;j>0;j--);
}
```

控制程序 2 示例如下：

```
//***************************矩阵式键盘简易密码锁程序*************************************
//程序名：简易密码锁控制程序 xm6_2.c
//程序功能:采用扫描方式，按下“2”，密码正确，数码管显示“P”开锁,约 10 秒后关锁
;                          按下其他键，密码错误，数码管显示“E”，不开锁
;                          用一个 LED 指示开锁（LED 亮）或不开锁（LED 灭）
#include<reg51.h>
#define uint unsigned int
#define uchar unsigned char
sbit P3_0=P3^0;                          //控制开锁
sbit P3_1=P3^1;
uchar code KEY_TABLE[]={ 0xee,0xde,0xbe,0x7e,
                         0xed,0xdd,0xbd,0x7d,
                         0xeb,0xdb,0xbb,0x7b,
                         0xe7,0xd7,0xb7,0x77};//键盘表
uchar code TABLE[]=   {  0x86,0x86,0x8c,0x86,
                         0x86,0x86,0x86,0x86,
                         0x86,0x86,0x86,0x86,
                         0x86,0x86,0x86,0x86};//编码表
void delay(uint t)       //延时函数
{ uint i,j;
 for(i=t;i>0;i--)
 for(j=110;j>0;j--);
}
Main()
{  uchar temp,key,num,i;
   P1=0xff;                            //设置 P1 口为输入口
    while(1)
    {
      P2=0xbf;                         //显示状态“-”
      P3_0=1;                          //设置密码锁初始状态为“锁定”，LED 熄灭
       P3_1=1;
      P1=0xf0;                         //置行为 0，列为 1，读列值。
        if(P1!=0xf0)                   //判断有，无键盘按下
        {
         delay(10);                    //消振
            if(P1!=0xf0)               //如果 if 的值为真，这时可以确定有键盘按下
```

```
        {
        temp=P1;                        //存储列读入的值
        P1=0x0f;                        //置列为 0，行为 1，读行值。
        key=temp|P1;                    // "|" 按位或，将行，列值综合，赋给 key
            for(i=0;i<16;i++)
            if(key==KEY_TABLE[i])//读键盘表，确定读入的按键值
            { num=i;break;}
            if(num==2)
              P3_0=0;                   //密码正确，则开锁，绿灯点亮
            else
               P3_1=0;                  //密码错误，则红灯点亮
        P2=TABLE[num];                  //点亮数码管，显示按键值。
        delay(200);
        P2=0xff;
        }
    }
  }
}
```

步骤 4：程序运行。

（1）在 Keil μVision3 仿真软件中，编译调试本程序，直至没有错误。

（2）Keil 与 Proteus 联合调试，在 Proteus 环境中运行。

（3）单片机系统的 Proteus 交互仿真。单击按钮▶启动仿真，数码管显示"-"，当按下正确密码的按键时显示"P"；当按下错误密码时，显示"E"。若单击"停止"按钮■，则终止仿真。简易密码锁仿真运行效果图如图 6-6 所示。

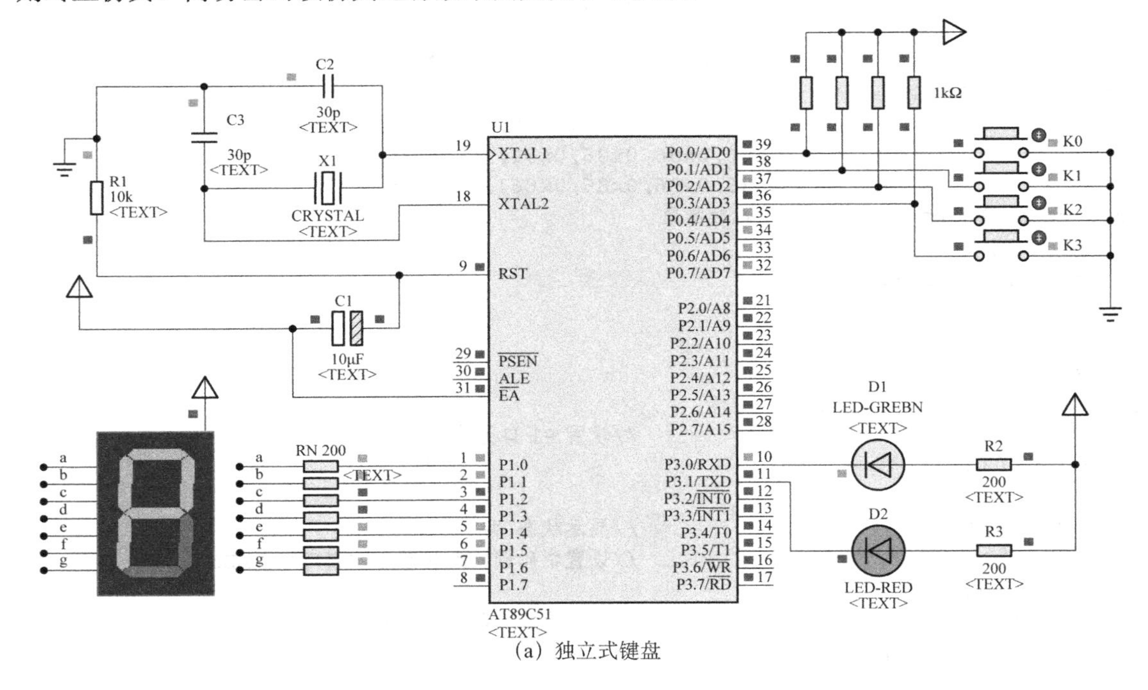

（a）独立式键盘

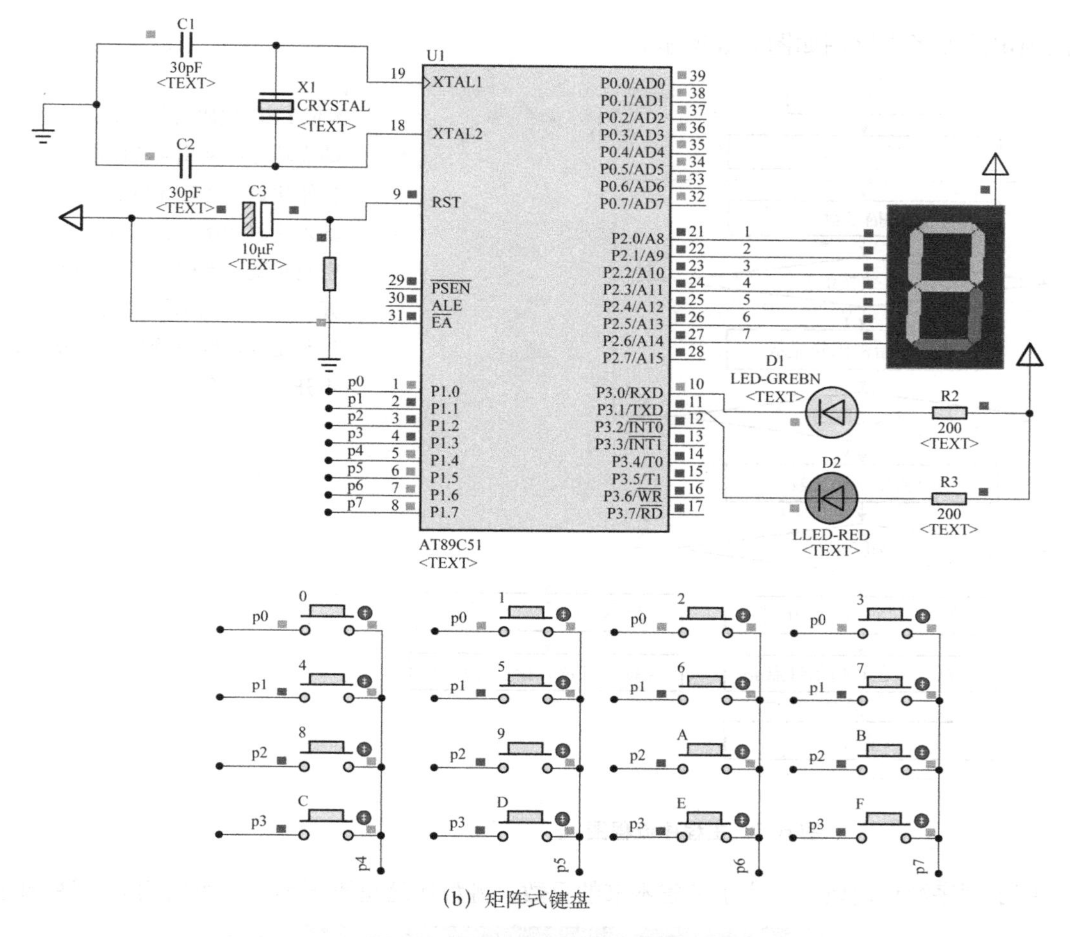

（b）矩阵式键盘

图 6-6　简易密码锁仿真运行效果图

4. 实物制作

在万能板上按照简易密码锁原理图焊接元器件，控制电路的元器件清单如表 6-2 所示。

表 6-2　元器件清单

元器件名称	参数	数量	元器件名称	参数	数量
单片机	AT89S51	1	电阻	300Ω	7
晶体振荡器	12MHz	1	电阻	10 kΩ	5
共阳极数码管	7SEG-COM-AN-GRN	1	电解电容	47μF	2
发给二极管	LED	1	电容	30pF	2
按键	BUTTON	4	IC 插座	DIP40	1

六、技能提高

由 16 键矩阵式键盘和 8 位数码管构成综合密码锁，其主程序流程图如图 6-7 所示。综合密码锁电路参考电路图如图 6-8 所示。

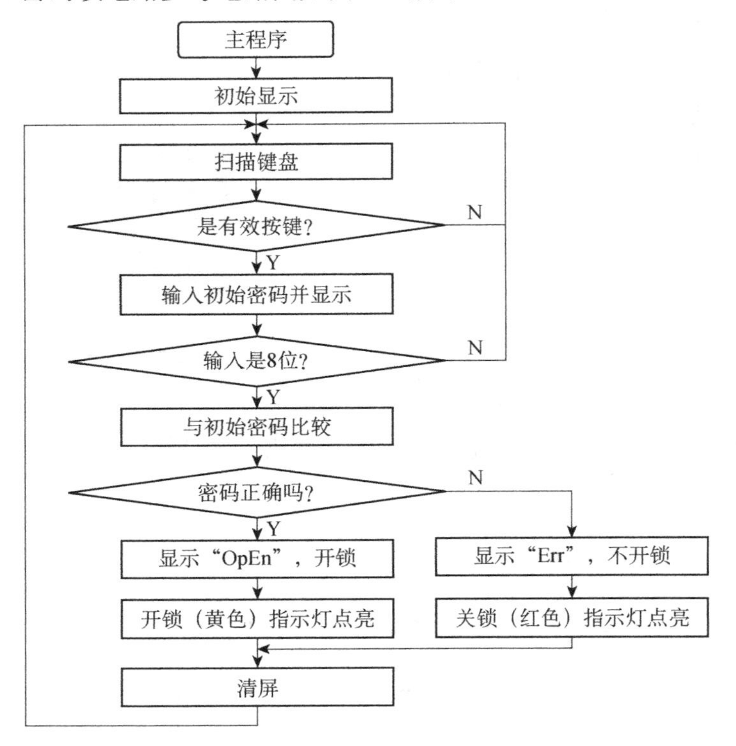

8 位 LED 数码管显示；
键盘功能：采用 4×4 键盘；
初始化显示“HELLo!”；
输入密码初始“12345678”；
密码正确，数码管显示“OpEn”，
开锁，黄色指示灯点亮；
密码错误，数码管显示“Err”，
不开锁，红色指示灯点亮。

图 6-7　主程序流程图

由于程序源代码较长，为了节省本书的页数，源程序这里不再列出，可到相关网站查阅。

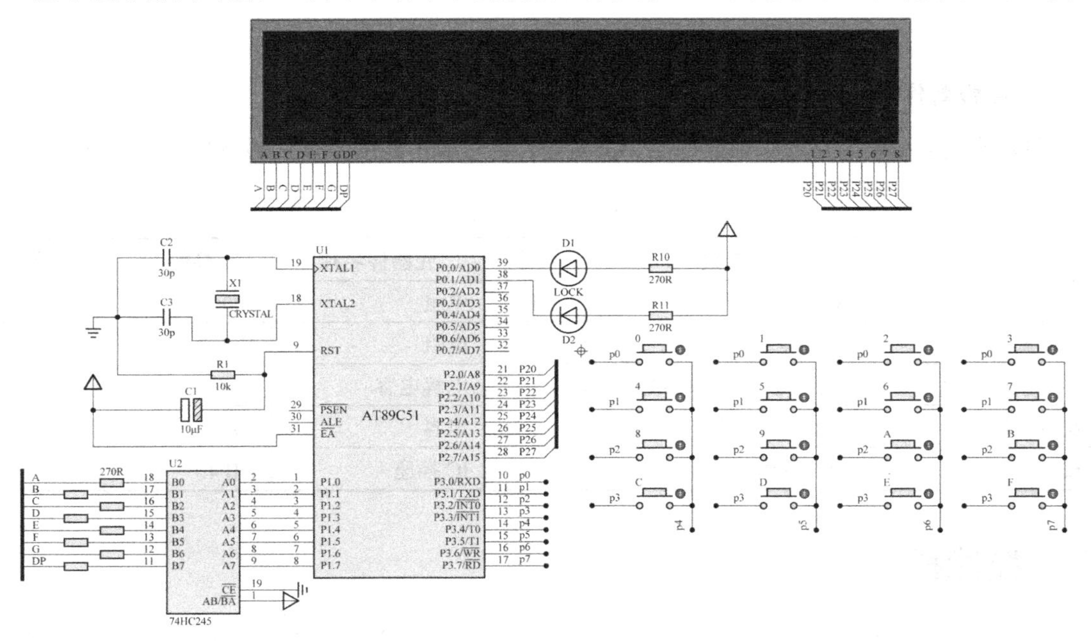

图 6-8　综合密码锁电路参考电路图

七、知识拓展

在密码定义时，上面程序是将密码保存在单片机的片内 ROM 中，用户在使用过程中不能更改，只能在程序中更改密码。程序为：

```
unsigned char code password[8]={1,2,3,4,5,6,7,8};//程序中定义输入密码"12345678"
```

图 6-9 所示的电子密码锁是由单片机和片外存储器共同组成的实际应用系统，包含的模块及其功能如下。

- ◆ 4 位七段数码管显示器：用于显示输入的密码，采用动态显示方式；
- ◆ 数字键盘：密码数字的输入；
- ◆ 门锁控制机构：单片机输出控制逻辑电平，门锁控制器控制门锁的开/闭；
- ◆ EEPROM：扩展的片外存储器，用于密码的存储。

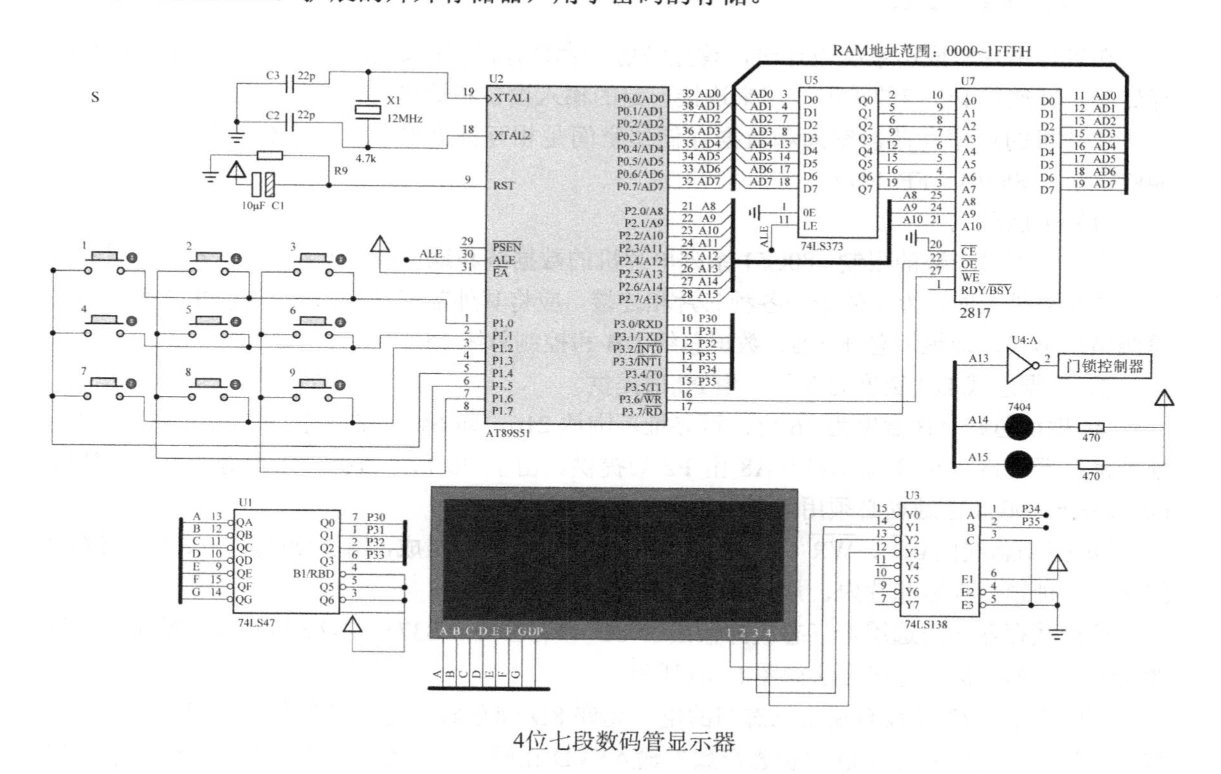

图 6-9　实际电子密码锁电路

在图 6-9 中，2817 是一个容量为 4KB×8 的 EEPROM，它是一个电可擦除的 ROM 器件。

在实际应用中采用 AT89S51 单片机，它本身有 4KB 的 Flash 存储器和 128×8 位的内部 RAM（随机存储器）。4KB 的 Flash 存储器用于保存单片机程序，当掉电后，程序不会消失。下一次上电复位后，单片机又会执行 Flash 存储器中的程序。但是 AT89S51 单片机中 4KB 的 Flash 存储器只能通过编程器或在线下载功能向里面写数据，而单片机中没有指令能向这 4KB 的 Flash 存储器中写数据，因此只能从中读取数据（通过 MOVC 指令）。此外，128×8 位的内部 RAM 虽然能通过 MOV 指令进行读/写，但掉电后数据会消失。可见 AT89S51 单片机自身并不能存储运行时的数据。

而在许多实际应用中都会碰到存储运行数据的问题。除了在掉电时数据无法保存外，单片机自身存储容量的限制也会带来一些问题。例如，一个复杂系统的单片机程序有许多行，这样就有可能超出 AT89S51 单片机自身 4K 字节的存储容量；或者在单片机运行过程中，有比较大的运算结果需要暂时保存，128×8 位的内部 RAM 空间很容易被占用完而导致运算终止。为解决上述问题，下面介绍单片机存储器的扩展技术。

在由单片机构成的实际测控系统中，当最小应用系统不能满足要求时，在系统设计时首先要解决系统扩展问题。单片机的系统扩展主要有程序存储器（ROM）扩展，数据存储器（RAM）扩展以及 I/O 口的扩展。

1. 程序存储器扩展

在进行单片机应用系统设计时，首先考虑的就是存储器的扩展，包括程序存储器和数据存储器。其次是 I/O 口的扩展，用来连接一定的输入设备和输出设备。

单片机的程序存储器空间和数据存储器空间是相互独立的。程序存储器的寻址空间是 64K 字节（0000H～FFFFH）。

（1）扩展总线

由于受引脚个数的限制，80C51 系列单片机的数据线和地址线（低 8 位）是分时复用的。当系统要求扩展时，为了便于与各种芯片相连接，应将其外部连线变为与一般 CPU 类似的三总线结构形式，即地址总线 AB、数据总线 DB 和控制总线 CB。

① 数据总线 DB 宽度为 8 位，由 P0 口提供。

② 地址总线 AB 宽度为 16 位，可寻址范围达 216，即 64K。低 8 位 A7～A0 由 P0 口经地址锁存器提供，高 8 位 A15～A8 由 P2 口提供。由于 P0 口是数据、地址分时复用，所以 P0 口输出的低 8 位地址必须用地址锁存器进行锁存。

③ 控制总线由 $\overline{RD}$、$\overline{WR}$、$\overline{PSEN}$、ALE 和 $\overline{EA}$ 等信号组成，用于读/写控制、片外 ROM 选通、地址锁存控制和片内、片外 ROM 选择。

地址锁存器一般选用带三态缓冲输出的 8D 锁存器 74LS373。74LS373 的逻辑功能及与 80C51 系列单片机的连接方法如图 6-10 所示。

图中 74LS373 是具有输出三态门的电平允许 8D 锁存器。当 G（锁存控制端）为高电平时，锁存器的数据输出端 Q 的状态与数据输入端 D 相同（透明的）。当 G 端从高电平返回到低电平时（下降沿后），输入端的数据就被锁存在锁存器中，数据的输入端 D 的变化不再影响数据输出端 Q 的输出。

（2）片外 ROM 操作时序

单片机的地址总线为 16 位，扩展的片外 ROM 的最大容量为 64KB，地址范围是 0000H～FFFFH。80C51 对片内和片外 ROM 的访问使用相同的指令，两者的选择是由硬件实现的。当 $\overline{EA}$=0 时，选择片外 ROM；当 $\overline{EA}$ = 1 时，程序地址从片内 ROM 开始为 0000H（0000H～0FFFH），片外 ROM 地址接在片内 ROM 后面（1000H～FFFFH）。

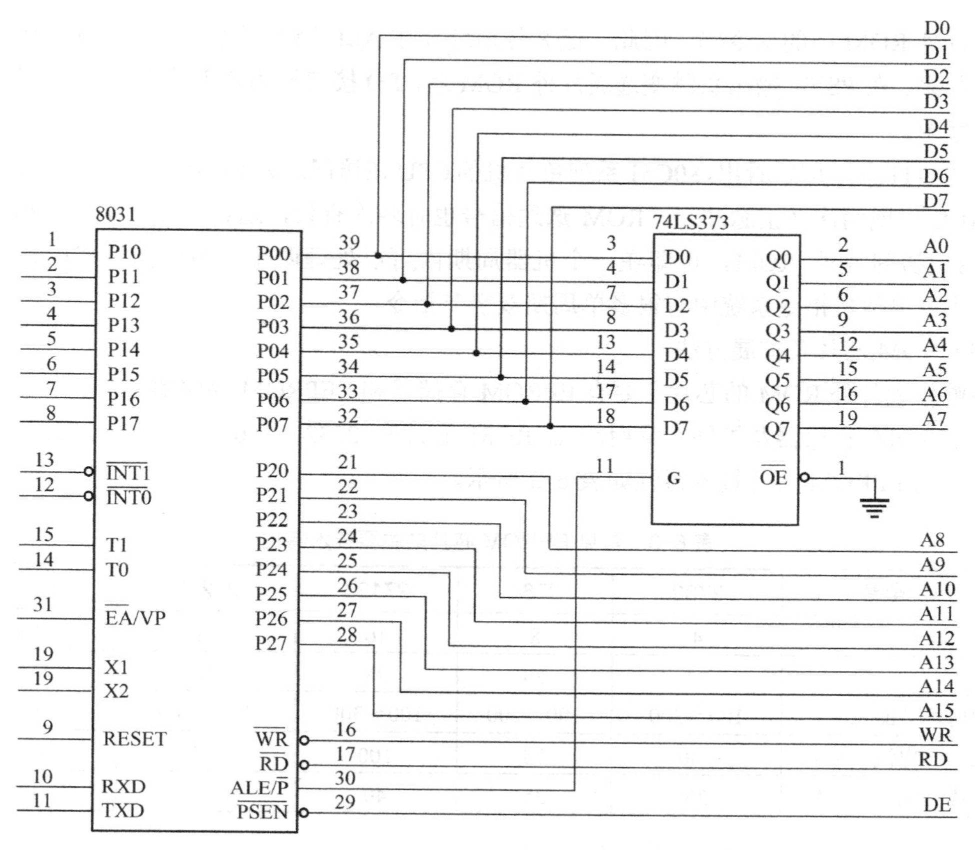

图 6-10 MCS-51 单片机的总线组成

由于超大规模集成电路制造工艺的发展，芯片集成度越来越高，扩展 ROM 时使用 ROM 芯片数量越来越少，因此芯片选择多采用线选法，地址译码法用得渐少。ROM 与 RAM 共享数据总线和地址总线。访问片外 ROM 的时序如图 6-11 所示。

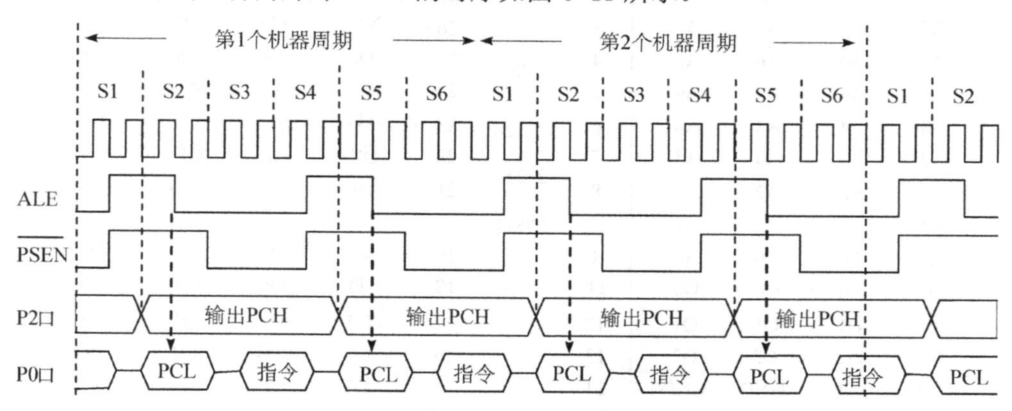

图 6-11 片外 ROM 的操作时序

从图 6-11 中可见，地址锁存允许信号 ALE 上升为高电平后，P2 接口输出高 8 位地址 PCH，P0 接口输出低 8 位地址 PCL；ALE 下降为低电平后，P2 接口信息保持不变，而 P0 接口将用来读取片外 ROM 中的指令码。因此，低 8 位地址要在 ALE 降为低电平之前由外部地址锁存器锁存起来。在 PSEN 输出负跳变选通片外 ROM 后，PO 接口转为输入状态，读入片外 ROM 的指令字节。

从图 6-11 中还可以看出，80C51 系列单片机的 CPU 在访问片外 ROM 的一个机器周期内，信号 ALE 出现两次（正脉冲），ROM 选通信号也有两次有效，这说明在一个机器周期内，CPU 两次访问片外 ROM，也即在一个机器周期内可以处理两个字节的指令代码，所以在 80C51 系列单片机指令系统中有很多单周期双字节指令。

（3）ROM 芯片及扩展方法

能够作为片外 ROM 的芯片主要有 EPROM 存储器和 EEPROM 存储器。

①EPROM 存储器及扩展。常用的 EPROM 芯片有 2732、2764、27128、27256、27512 等。常用的 EPROM 芯片技术特性如表 6-3 所示。

表 6-3　常见 EPROM 芯片的主要技术特性

芯片型号	2732	2764	27128	27256	27512
容量 / KB	4	8	16	32	64
引脚数	24	28	28	28	28
读出时间 / ns	100～300	100～200	100～300	100～300	100～300
最大工作电流 / mA	100	75	100	100	125
最大维持电流 / mA	35	35	40	40	40

芯片的容量不同，引脚也不同，但使用方法相近。图 6-12 所示为几种芯片的引脚定义。

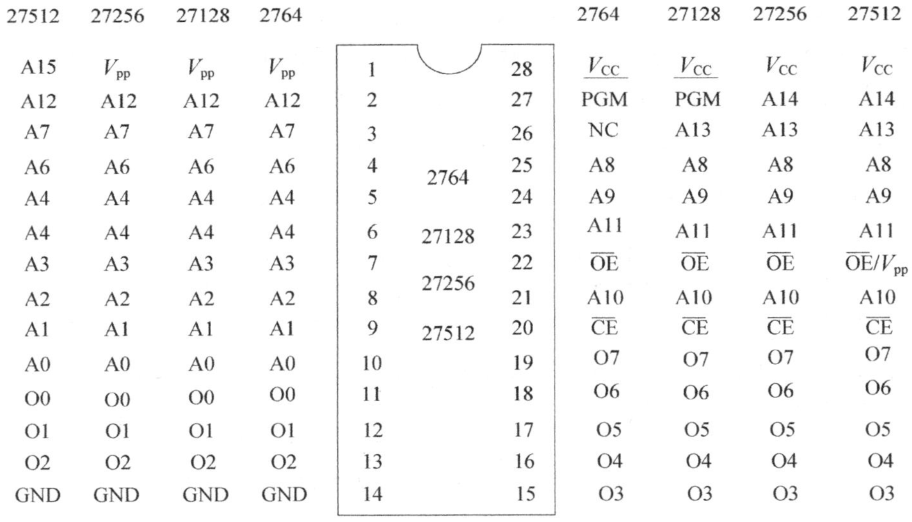

27512	27256	27128	2764			2764	27128	27256	27512
A15	V_{pp}	V_{pp}	V_{pp}	1	28	V_{CC}	V_{CC}	V_{CC}	V_{CC}
A12	A12	A12	A12	2	27	PGM	PGM	A14	A14
A7	A7	A7	A7	3	26	NC	A13	A13	A13
A6	A6	A6	A6	4	25	A8	A8	A8	A8
A4	A4	A4	A4	5	24	A9	A9	A9	A9
A4	A4	A4	A4	6	23	A11	A11	A11	A11
A3	A3	A3	A3	7	22	$\overline{OE}$	$\overline{OE}$	$\overline{OE}$	$\overline{OE}/V_{pp}$
A2	A2	A2	A2	8	21	A10	A10	A10	A10
A1	A1	A1	A1	9	20	$\overline{CE}$	$\overline{CE}$	$\overline{CE}$	$\overline{CE}$
A0	A0	A0	A0	10	19	O7	O7	O7	O7
O0	O0	O0	O0	11	18	O6	O6	O6	O6
O1	O1	O1	O1	12	17	O5	O5	O5	O5
O2	O2	O2	O2	13	16	O4	O4	O4	O4
GND	GND	GND	GND	14	15	O3	O3	O3	O3

2764 / 27128 / 27256 / 27512

图 6-12　几种芯片的引脚定义

其中 A0～A15：地址线；

O0～O7：数据线；

$\overline{CE}$：片选线，低电平有效，也就是说，只有当$\overline{CE}$为低电平时，芯片才被选中；

$\overline{CE}$/Vpp：输出允许/编程高压，双功能引脚，当为低电平时，芯片用做程序存储器，其功能是允许读数据出来；当对 EPROM 编程（也称为固化程序）时，该引脚用于高电压输入。

②EEPROM 存储器及扩展。EEPROM 具有 ROM 的非易失性，同时又具有 RAM 的随机读/写特性，每个单元可以重复进行 1 万次改写，保留信息的时间长达 20 年。所以，既可以作为 ROM，也可以作为 RAM。

EEPROM 对硬件电路无特殊要求，操作简便，现已可以直接使用单片机系统的 5V 电源在线擦除和改写。在芯片的引脚设计上，8KB 的 EEPROM 2864A 与同容量的 EPROM 2764A 和静态 RAM 6264 是兼容的，给用户的硬件设计和调试带来了极大的方便。

EEPROM 作为程序存储器使用时，CPU 读取 EEPROM 数据同读取一般 EPROM 操作相同；但 EEPROM 的写入时间较长（约 10 ms），必须用软件或硬件来检测写入周期。有的 EEPROM 芯片设有写入结束标志，可供中断查询。

常用的 EEPROM 芯片是 2817A、2816A、2864A 等,其主要技术特性如表 6-4 所示，引脚定义如图 6-13 所示。

表 6-4　常见 EEPROM 芯片的主要技术特性

芯片型号	2816	2816A	2817	2817A	2864
引脚数	24	24	28	28	28
取数时间 / ns	250	200 / 250	250	200 / 250	250
读操作电压/V	5	5	5	5	5
写操作电压/V	21	5	21	5	5
字节擦除时间 / ms	10	9～15	10	10	10
写入时间 / ms	10	9～15	10	10	10

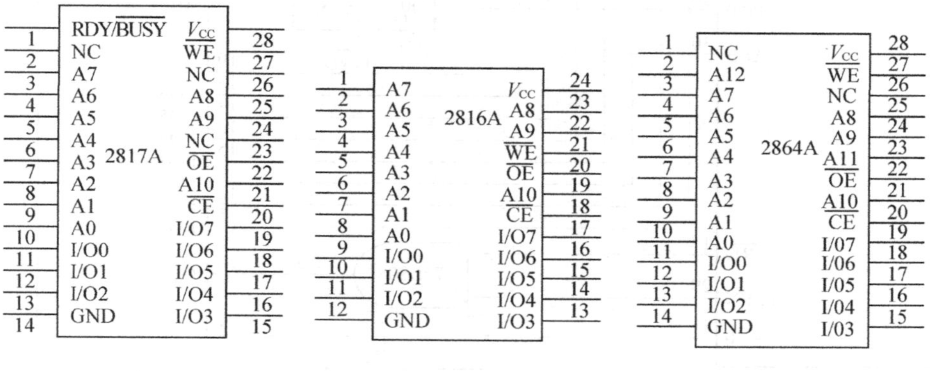

图 6-13　常用 EEPROM 引脚图

其中 A0～A10（2864A 为 A12）：地址线；

I/O0～I/O7：读写数据线；

$\overline{CE}$：片选线；

$\overline{OE}$：读允许线，低电平有效；

$\overline{WE}$：写允许线，低电平有效；

RDY / $\overline{BUSY}$：低电平表示 2817A 正在写操作，处于忙状态，高电平表示写操作完毕；

V_{CC}：+5V 电源；

GND：接地端。

例 6.1 在 AT89S51 单片机上扩展 2KB EEPROM。

①选择芯片。2816A 和 2817A 均属于 5V 电擦除可编程只读存储器，其容量都是 2K×8 位。2816A 与 2817A 的不同之处在于：2816A 的写入时间为 9～15ms，完全由软件延时控制，与硬件电路无关；2817A 利用硬件引脚 RDY/$\overline{\text{BUSY}}$ 来检测写操作是否完成。在此我们选用 2817A 芯片来完成扩展 2KB EEPROM。2817A 在写入一个字节的指令码或数据之前，自动地对所要写入的单元进行擦除，因而无须进行专门的字节/芯片擦除操作。

2817A 的写入过程如下：CPU 向 2817A 发出字节写入命令后，2817A 便锁存地址、数据及控制信号，从而启动一次写操作。2817A 的写入时间大约为 16ms，在此期间，2817A 的 RDY/$\overline{\text{BUSY}}$ 脚呈低电平，表示 2817A 正在进行写操作，此时它的数据总线呈高阻状态，因而允许 CPU 在此期间执行其他的任务。当一次字节写入操作完毕，2817A 便将 RDY/$\overline{\text{BUSY}}$ 线置高，由此来通知 CPU。

②硬件电路图。单片机扩展 2817A 的硬件电路图如图 6-14 所示。

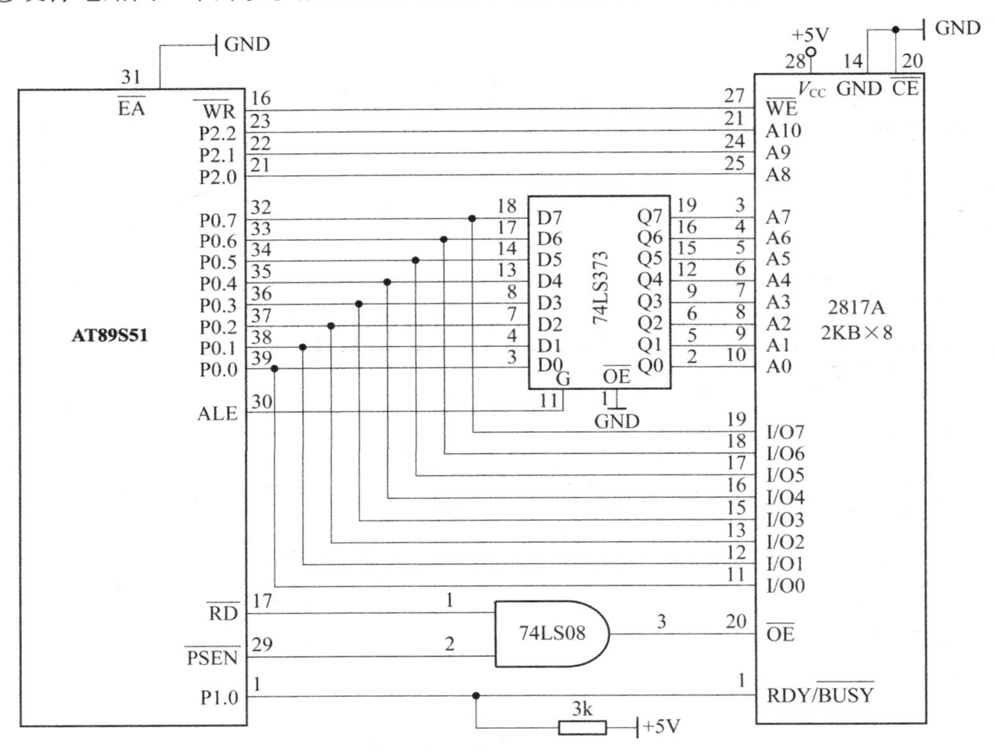

图 6-14 单片机扩展 2817A EEPROM 电路

③连线说明。

- 地址线。2817A 的 11 条地址线（A0～A10，容量为 2KB×8 位，2^{11}=2×1024=2KB），低 8 位 A0～A7 通过锁存器 74LS373 与 P0 口连接，高 3 位 A8～A10 直接与 P2 口的 P2.0～P2.2 连接。

- 数据线。2817A 的 8 位数据线直接与单片机的 P0 口相连。
- 控制线。单片机与 2817A 的控制线连接方法采用了将外部数据存储器空间和程序存储器空间合并的方法，使得 2817A 既可以作为程序存储器使用，又可以作为数据存储器使用。

单片机中用于控制存储器的引脚有以下 3 个：

$\overline{\text{PSEN}}$——控制程序存储器的读操作，执行汇编指令的取指阶段和执行“MOVC A,@A+DPTR”指令时有效；

$\overline{\text{RD}}$——控制数据存储器的读操作，执行“MOVX @DPTR,A”和“MOVX @Ri,A”时有效；

$\overline{\text{WR}}$——控制数据存储器的写操作，执行“MOVX A,@DPTR”和“MOVX A,@Ri”时有效。

在图 6-14 中，2817A 控制线的连线方法如下。

$\overline{\text{CE}}$：直接接地。由于系统中只扩展了一个程序存储器芯片，因此片选端 $\overline{\text{CE}}$ 直接接地，表示 2817A 一直被选中。

$\overline{\text{OE}}$：单片机程序存储器读选通信号 $\overline{\text{PSEN}}$ 和数据存储器读信号 $\overline{\text{RD}}$ 经过“与”操作后与 2817A 的读允许信号相连。这样，只要 $\overline{\text{PSEN}}$、$\overline{\text{RD}}$ 中有一个有效，就可以对 2817A 进行读操作了。也就是说，对 2817A 既可以看做程序存储器取指令，也可以看做数据存储器读出数据。

$\overline{\text{WE}}$：与单片机的数据存储器写信号 $\overline{\text{WR}}$ 相连，只要执行数据存储器写操作指令时，就可以往 2817A 中写入数据。

RDY / $\overline{\text{BUSY}}$：与单片机的 P1.0 相连，采用查询方法对 2817A 的写操作进行管理。在擦、写操作期间，RDY / $\overline{\text{BUSY}}$ 脚为低电平，当字节擦写完毕时，RDY / $\overline{\text{BUSY}}$ 为高电平。

其实，检测 2817A 写操作是否完成也可以用中断方式实现，方法是将 2817A 的 RDY / $\overline{\text{BUSY}}$ 反相后与 8031 的中断输入脚 $\overline{\text{INT0}}$/$\overline{\text{INT1}}$ 相连。当 2817A 每擦、写完一个字节便向单片机提出中断请求。

图 6-14 中 2817A 的地址范围是 0000H～07FFH（无关的引脚取 0，该地址范围不是唯一的）。

④2817A 的使用。按照图 6-14 连接好后，如果只是把 2817A 作为程序存储器使用，使用方法同 EPROM。EEPROM 也可以通过编程器将程序固化进去。

如果将 2817A 作为数据存储器，读操作同使用静态 RAM 一样，直接从给定的地址单元中读取数据即可。向 2817A 中写数据采用“MOVX @DPTR,A”汇编指令。

例 6.2 单片机扩展 8KB EEPROM 典型电路。

用单片机扩展 EEPROM 2864A 的硬件电路如图 6-15 所示。

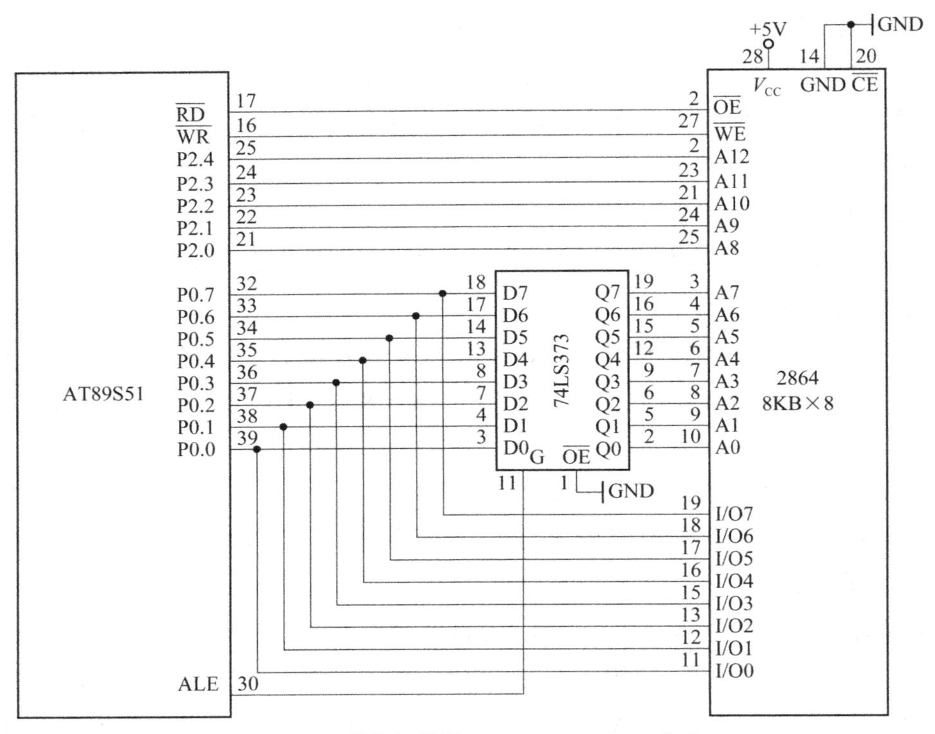

图 6-15　单片机扩展 2864A EEPROM 电路

2. 数据存储器扩展

RAM 是用来存放各种数据的，MCS-51 系列 8 位单片机内部有 128 字节（52 系列单片机为 256 字节）RAM 存储器。但是，当单片机用于实时数据采集或处理大批量数据时，需要利用单片机的扩展功能，扩展外部数据存储器。本项目任务二的实用计算器设计就是一个扩展 RAM 的使用实例。

常用的外部数据存储器有静态 RAM（Static Random Access Memory，SRAM）和动态 RAM（Dynamic Random Access Memory，DRAM）两种。前者相对读写速度高，一般都是 8 位宽度，易于扩展，且大多数与相同容量的 EPROM 引脚兼容，有利于印刷板电路设计，使用方便；缺点是集成度低，成本高，功耗大。后者集成度高，成本低，功耗相对较低；缺点是需要增加一个刷新电路，附加另外的成本。一般情况下，SRAM 用于仅需要小于 64KB 数据存储器的小系统，DRAM 经常用于需要大于 64KB 的大系统。

MCS-51 单片机扩展片外数据存储器的地址线也是由 P0 口和 P2 口提供的，因此最大寻址范围为 64K 字节（0000H～FFFFH）。

1）RAM 扩展原理

扩展 RAM 和扩展 ROM 类似，由 P2 口提供高 8 位地址，P0 口分时地作为低 8 位地址线和 8 位双向数据总线。CPU 对扩展的片外 RAM 读时序如图 6-16 所示。

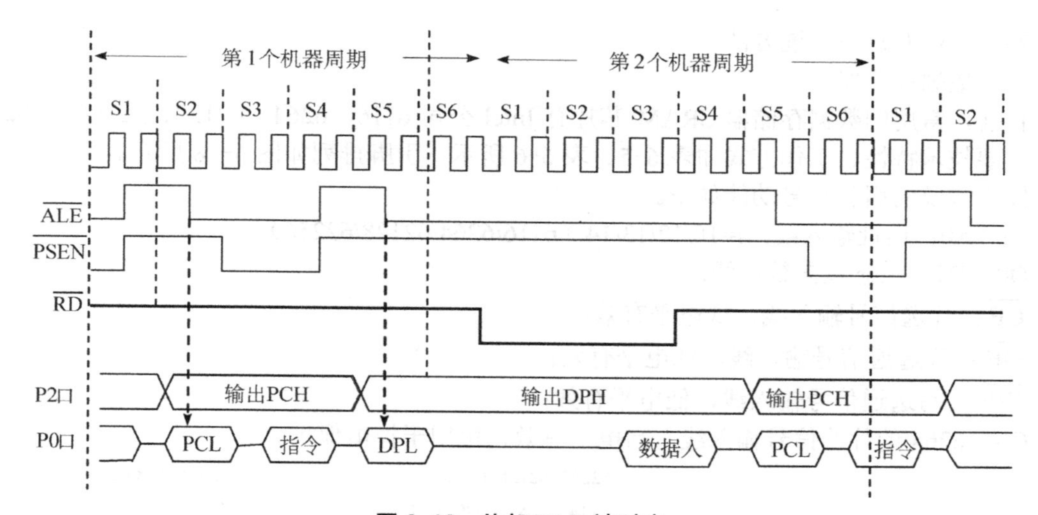

图 6-16　外部 RAM 读时序

CPU 对扩展的片外 RAM 写时序如图 6-17 所示。

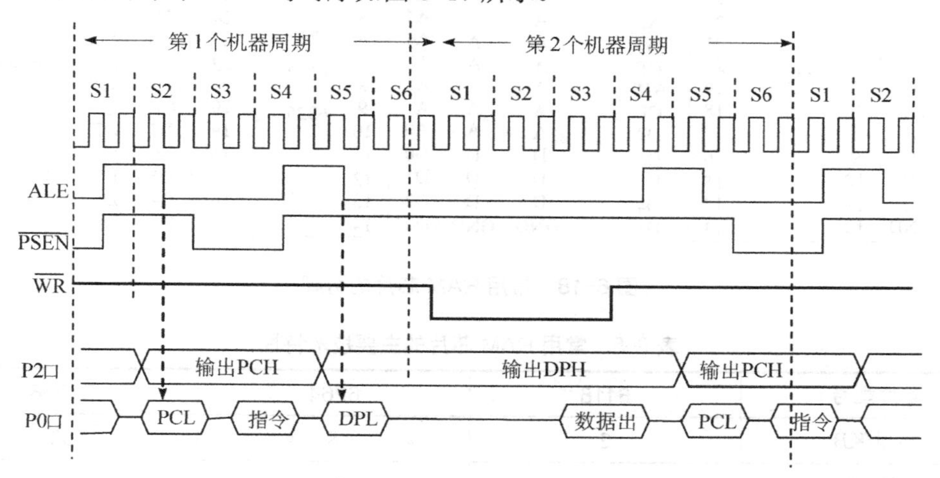

图 6-17　外部 RAM 写时序

由图可以看出，P2 接口输出片外 RAM 的高 8 位地址（DPH 内容），P0 接口输出片外 RAM 的低 8 位地址（DPL 内容）并由 ALE 的下降沿锁存在地址锁存器中。若接下来是读操作，则 P0 接口变为数据输入方式，在读信号 $\overline{RD}$ 有效时，片外 RAM 中相应单元的内容出现在 P0 接口线上，由 CPU 读入到累加器 A 中。若接下来是写操作，则 P0 接口变为数据输出方式，在写信号 $\overline{WR}$ 有效时，将 P0 接口线上出现的累加器 A 中的内容写入到相应的片外 RAM 单元中。

80S51 系列单片机通过 16 根地址线可分别对片外 64 KB ROM（无片内 ROM 的单片机）及片外 64KB RAM 寻址。在对片外 ROM 操作的整个取指令周期里，$\overline{PSEN}$ 为低电平，以选通片外 ROM，而 $\overline{RD}$ 或 $\overline{WR}$ 始终为高电平，此时片外 RAM 不能进行读写操作；在对片外 RAM 操作的周期，$\overline{RD}$ 或 $\overline{WR}$ 为低电平，$\overline{PSEN}$ 为高电平，所以对片外 ROM 不能进行读操作，只能对片外 RAM 进行读或写操作。

2）RAM 芯片及扩展方法

（1）数据存储器

目前，常用的数据存储器 SRAM 芯片有 Intel 公司 6116、6264、62128、62256 及 62512 等。主要技术特性、工作方式如表 6-5、表 6-6 所示，引脚排列如图 6-18 所示。

图中涉及的引脚符号功能如下。

Ai～A0：地址输入线，i=10/12/13/14（6116/6264/62128/62256）；

D0～D7：三态双向数据线；

$\overline{CE}$：片选信号输入线，低电平有效；

$\overline{OE}$：读选通信号输入线，低电平有效；

$\overline{WE}$：写选通信号输入线，低电平有效；

CS：6264 的片选信号输入线，高电平有效，可用于掉电保护。

信号	引脚	611	引脚	信号
A7	1		24	V_{CC}
A6	2		23	A8
A4	3		22	A9
A4	4		21	$\overline{WE}$
A3	5		20	$\overline{OE}$
A2	6		19	A10
A1	7		18	$\overline{CE}$
A0	8		17	D7
D0	9		16	D6
D1	10		15	D5
D2	11		14	D4
GND	12		13	D3

62256	62128	6264	引脚	626 / 6212 / 6225	引脚	6266	62128	62256
A14	N	NC	1		28	V_{CC}	V_{CC}	V_{C}
A12	A1	A12	2		27	$\overline{WE}$	$\overline{WE}$	$\overline{WE}$
A	A	A7	3		26	CS	A13	A1
A	A	A6	4		25	A8	A8	A8
A	A	A4	5		24	A9	A9	A9
A	A	A4	6	626	23	A11	A11	A1
A	A	A3	7		22	$\overline{OE}$	$\overline{OE}$	$\overline{OE}$/RFSH
A	A	A2	8	6212	21	A10	A10	A1
A	A	A1	9		20	$\overline{CE}$	$\overline{CE}$	$\overline{CE}$
A	A	A0	10	6225	19	D7	D7	D7
D	D	D0	11		18	D6	D6	D6
D	D	D1	12		17	D5	D5	D5
D	D	D2	13		16	D4	D4	D4
GND	GND	GND	14		15	D3	D3	D3

图 6-18　常用 RAM 芯片的引脚

表 6-5　常用 RAM 芯片的主要技术特性

芯片型号	6116	6264	62256
容量/KB	2	8	32
引脚数	24	28	28
工作电压/V	5	5	5
典型工作电流/mA	35	40	8
典型维持电流/mA	5	2	0.5
典型存取时间/ns	200	200	200

表 6-6　常用 RAM 芯片的工作方式

方式	$\overline{CE}$	$\overline{OE}$	$\overline{WE}$	D0～D7
读	0	0	1	数据输入
写	0	任意（0 或 1）	0	数据输出
维持	1	任意	任意	高阻状态

（2）数据存储器扩展电路

例 6.3 在一单片机应用系统中扩展 2KB 静态 RAM。

①芯片选择。根据题目容量的要求我们选用 SRAM 6116，它是一种采用 CMOS 工艺制成的 SRAM，采用单一+5V 供电，输入输出电平均于 TTL 兼容，具有低功耗操作方式。当 CPU 没有选中该芯片时（CE=1），芯片处于低功耗状态，可以减少 80%以上的功耗。

②硬件电路。单片机与 6116 的硬件连接如图 6-19 所示。

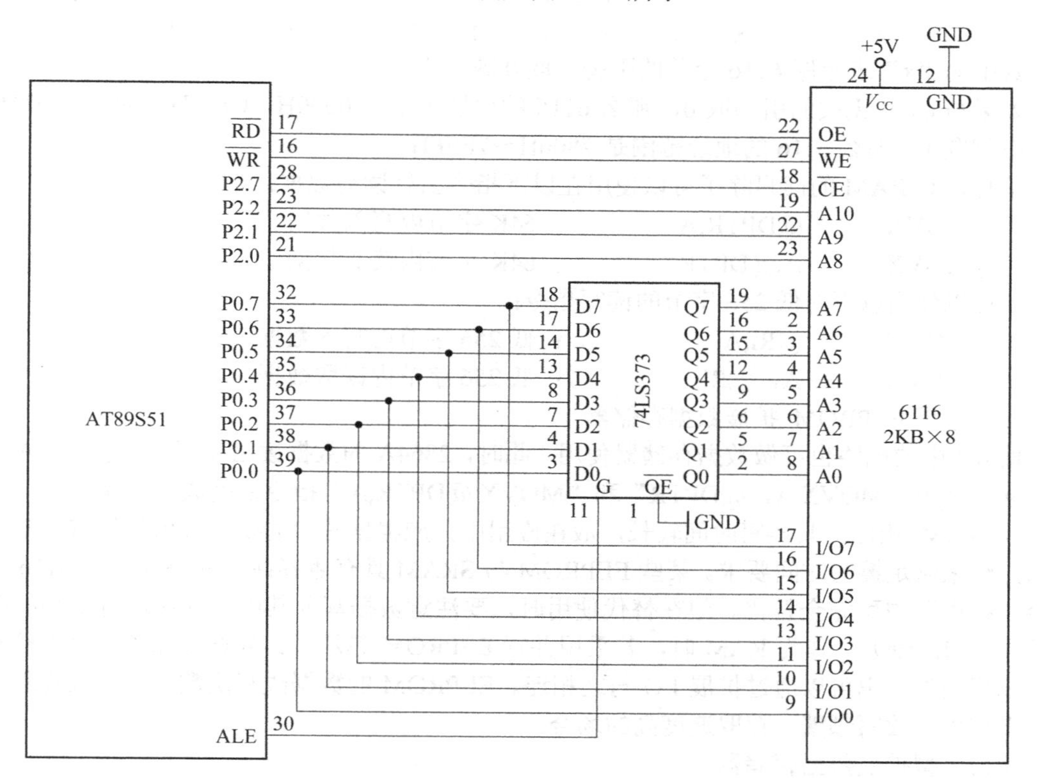

图 6-19　单片机与 6116 的硬件连接

③连线说明。6116 与单片机的连线如下。

地址线：A0～A10，连接单片机地址总线的 A0～A10，即 P0.0～P0.7、P2.0、P2.1、P2.2 共 11 根；

数据线：I/O0～I/O7 连接单片机的数据线，即 P0.0～P0.7；

控制线：片选端 $\overline{CE}$ 连接单片机的 P2.7，即单片机地址总线的最高位 A15；

读允许线 $\overline{OE}$ 连接单片机的读数据存储器控制线 $\overline{RD}$；

写允许线 $\overline{WE}$ 连接单片机的写数据存储器控制线 $\overline{WR}$。

④片外 RAM 地址范围的确定及使用。按照图 6-19 的连线，片选端 $\overline{CE}$ 直接与某一地址线 P2.7 相连，这种扩展方法称为线选法。显然只有 P2.7=0，才能够选中该片 6116，故其地址范围确定如下：

8031	P2.7	P2.6	P2.5	P2.4	P2.3	P2.2	P2.1	P2.0	P1.7	P1.6	P1.5	P1.4	P1.3	P1.2	P1.1	P1.0
	A15	A14	A13	A12	A11	A10	A9	A8	A7	A6	A5	A4	A3	A2	A1	A0

6116	$\overline{CE}$					A10	A9	A8	A7	A6	A5	A4	A3	A2	A1	A0
	0	x	x	x	x	0	0	0	0	0	0	0	0	0	0	0
	0	x	x	x	x	0	0	0	0	0	0	0	0	0	0	1
	0	x	x	x	x	0	0	0	0	0	0	0	0	0	1	0
	0	x	x	x	x	0	0	0	0	0	0	0	0	0	1	1
	⋮					⋮	⋮	⋮	⋮	⋮	⋮	⋮	⋮	⋮	⋮	⋮
	0	x	x	x	x	1	1	1	1	1	1	1	1	1	1	1

其中的“x”表示跟6116无关的引脚，取0或1都可以。

如果与6116无关的引脚取0，那么6116的地址范围是0000H～07FFH；如果与6116无关的引脚取1，那么6116的地址范围是7800H～7FFFH。

单片机对RAM的读写除了可以使用在以下指令执行读写数据：

```
MOVX    @DPTR,A     ; 64K字节内写入数据
MOVX    A,@DPTR     ; 64K字节内读取数据
```

还可以使用以下对低256字节的读写指令：

```
MOVX    @Ri,A       ; 低256字节内写入数据
MOVX    A，@Ri      ; 低256字节内读取数据
```

（3）采用EEPROM 扩展数据存储器

例6.3中的电路也可做数据存储器使用。此时，2864A的数据读出和写入与静态RAM完全相同，采用“MOVX A，@DPTR”和“MOVX @DPTR,A”指令来完成读写操作。

与 RAM 相比，其擦写时间较长，故在应用中，应根据芯片的要求采用等待或中断或查询的方法来满足擦写时间要求。某些EEPROM与SRAM具有兼容性，如2816A与6116完全兼容，在电路中可完全替代。但在替代使用时，要注意数据写入其中必须保证有足够的擦写时间（9～15 ms）。作为RAM时，若采用并行EEPROM芯片，其数据线除了可以直接与数据总线相连外，也可以通过扩展I/O与之相连。EEPROM的数据改写次数有限，且写入速度慢，不宜用在改写频繁、存取速度高的场合。

（4）新型扩展数据存储器

①集成动态随机RAM。集成动态RAM（iRAM）是一种新型的数据存储器，它将一个完整的动态RAM系统，包括动态刷新硬件逻辑集成到一个芯片中，不再需要外部刷新逻辑电路，从而兼有静态RAM、动态RAM的优点。如Intel公司的iRAM芯片有2186、2187，其引脚如图6-20所示。

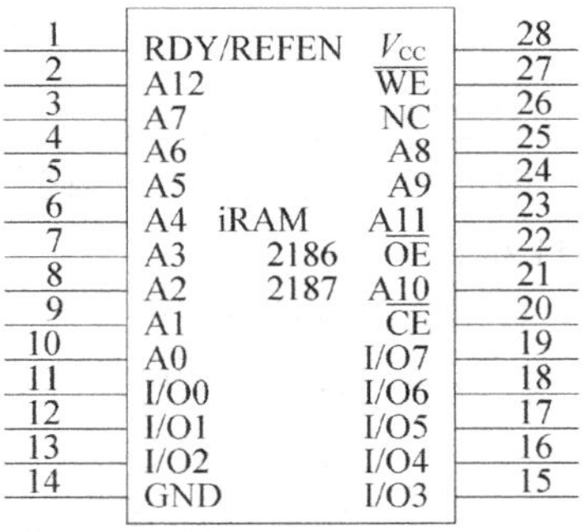

引脚	名称	名称	引脚
1	RDY/REFEN	V_{CC}	28
2	A12	$\overline{WE}$	27
3	A7	NC	26
4	A6	A8	25
5	A5	A9	24
6	A4	A11	23
7	A3	$\overline{OE}$	22
8	A2	A10	21
9	A1	$\overline{CE}$	20
10	A0	I/O7	19
11	I/O0	I/O6	18
12	I/O1	I/O5	17
13	I/O2	I/O4	16
14	GND	I/O3	15

（芯片中标注：iRAM 2186 2187）

图6-20 iRAM2186、2187引脚图

2186/2187片内具有8K×8位集成动态RAM，单一+5V供电，工作电流70mA，维持电流20mA，存取时间250ns，引脚与6264兼容。两者的不同之处在于2186的引脚1是同CPU的握手信号RDY，而2187的引脚1是刷新控制输入端REFEN。

② 快擦写型存储器（Flash Memory）。近年来，快擦写型存储器发展很快，大量用来制作存储器卡（也称为闪卡），用于数码相机和智能手机中。它是一种电可擦除型、非易失性存储器，也称为闪存，其特点是快速在线修改，且掉电后信息不丢失。

Flash Memory 的型号很多，如 28F256（32KB×8）、28F512（64KB×8）、28F010（128KB×8）、28F020（256KB×8）、29C256（32KB×8）、29C512（64KB×8）、29C010（128KB×8）、29C020（256KB×8）等。

3. 程序存储器和数据存储器同时扩展

在有些应用中，需要同时扩展程序存储器和数据存储器。单片机的地址总线为 16 位，扩展的片外 ROM 的最大容量为 64KB，地址范围是 0000H～FFFFH。扩展的片外 RAM 的最大容量也为 64KB，地址范围也是 0000H～FFFFH。由于 80C51 采用不同的控制信号和指令（CPU 对 ROM 的读操作由 $\overline{\text{PSEN}}$ 控制，指令用 MOVC；CPU 对 RAM 读操作用 $\overline{\text{RD}}$ 控制，指令用 MOVX），所以尽管 ROM 与 RAM 的地址是重叠的（物理地址是独立的），也不会发生混乱。典型电路如图 6-21 所示，在此不赘述。

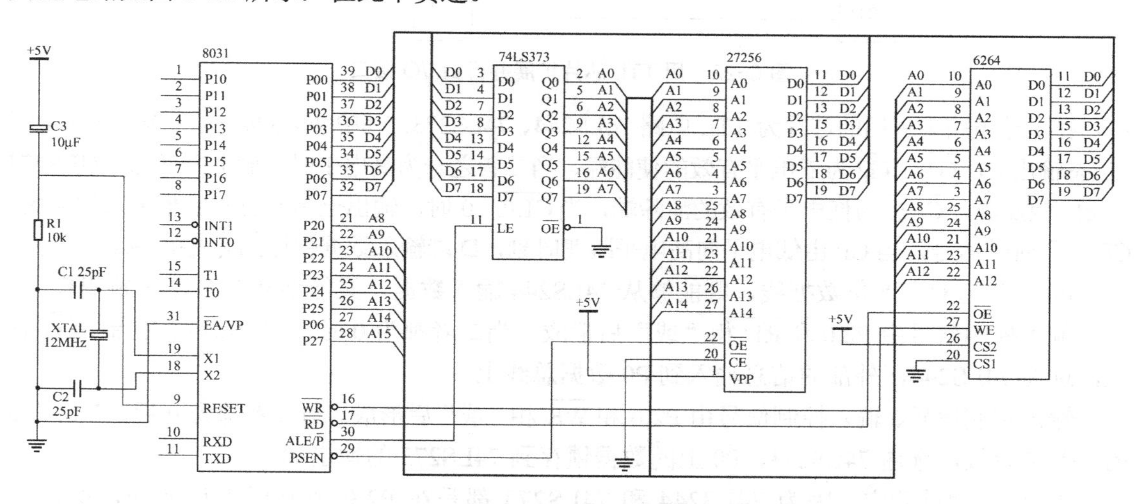

图 6-21　程序存储器和数据存储器扩展

4. I/O 口扩展

在 80C51 系列单片机扩展方式的应用系统中，P0 接口和 P2 接口用来作为外部 ROM、RAM 和扩展 I/O 接口的地址线，而不能作为 I/O 接口。只有 P1 接口及 P3 接口的某些位线可直接用做 I/O 线。因此，单片机提供给用户的 I/O 接口线并不多，对于复杂一些的应用系统都需要进行 I/O 口的扩展，以便和更多的外设（例如显示器、键盘）进行联系。

（1）并行输入/输出接口的简单扩展

在一些应用系统中，常利用 TTL 电路或 CMOS 电路进行并行数据的输入或输出。80C31 单片机将片外扩展的 I/O 口和片外 RAM 统一编址，扩展的接口相当于扩展的片外 RAM 的单元，访问外部接口就像访问外部 RAM 一样，使用的都是 MOVX 指令，并产生读（RD）或写（WR）信号。用 RD、WR 作为输入/输出控制信号，如图 6-22 所示。

图中可见，P0 为双向接口，既能从 74LS244 输入数据，又能将数据传送给 74LS273 输出。

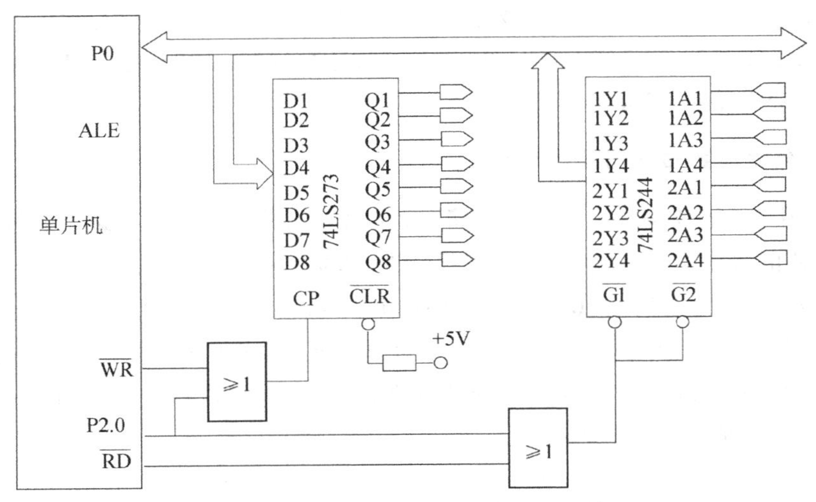

图 6-22　用 TTL 芯片扩展并行口 I/O 接口

在上述电路中采用的芯片为 TTL 电路 74LS244、74LS273。其中 74LS244 为 8 缓冲线驱动器（三态输出），$\overline{G1}$、$\overline{G2}$ 为低电平有效的使能端，当二者之一为高电平时，输出为三态。74LS273 为 8D 触发器，$\overline{CLR}$ 为低电平有效的清除端，当 $\overline{CLR}$ =0 时，输出全为 0 且与其他输入端无关；CP 端是时钟信号，当 CP 由低电平向高电平跳变时刻，D 端输入数据传送到 Q 输出端。

P0 口作为双向 8 位数据线，既能够从 74LS244 输入数据，又能够从 74LS273 输出数据。

输入控制信号由 P2.0 和 $\overline{RD}$ 相“或”后形成。当二者都为 0 时，74LS244 的控制端 $\overline{G}$ 有效，选通 74LS244，外部的信息输入到 P0 数据总线上。

输出控制信号、输入控制信号由 P2.0 和 $\overline{WR}$ 相“或”后形成。当二者都为 0 后，74LS273 的控制端有效，选通 74LS273，P0 上的数据锁存到 74LS273 的输出端。

①I/O 口地址确定。因为 74LS244 和 74LS273 都是在 P2.0 为 0 时被选通的，所以二者的口地址都为 FEFFH（这个地址不是唯一的，只要保证 P2.0=0，其他地址位无关）。但是由于分别由 $\overline{RD}$ 和 $\overline{WR}$ 控制，两个信号不可能同时为 0（执行输入指令例如“MOVX A，@DPTR”或“MOVX A，@Ri”时，$\overline{RD}$ 有效；执行输出指令例如“MOVX @DPTR，A”或“MOVX @Ri，A”时，$\overline{WR}$ 有效），所以逻辑上二者不会发生冲突。

②编程应用。

```
MOV   DPTR，#0FEFFH       ；数据指针指向口地址
MOVX   A，@DPTR            ；从 244 读入数据
MOVX   @DPTR，A           ；向 273 输出数据 D
```

（2）同时扩展外部 RAM 与外部 I/O

外部 RAM 与外部 I/O 口采用相同的读写指令，二者是统一编址的，因此当同时扩展二者时，就必须考虑地址的合理分配，通常采用译码法来实现。

图 6-23 中，采用全译码方式，6264 的存储容量是 8K×8 位，占用了单片机的 13 条地址线 A0～A12，剩余的 3 条地址线 A13～A15 通过 74LS138 来进行全译码。通过 U5（74HC540）扩展 8 位输入，通过 U6、U7（73HC373）扩展 2 个 8 位输出。

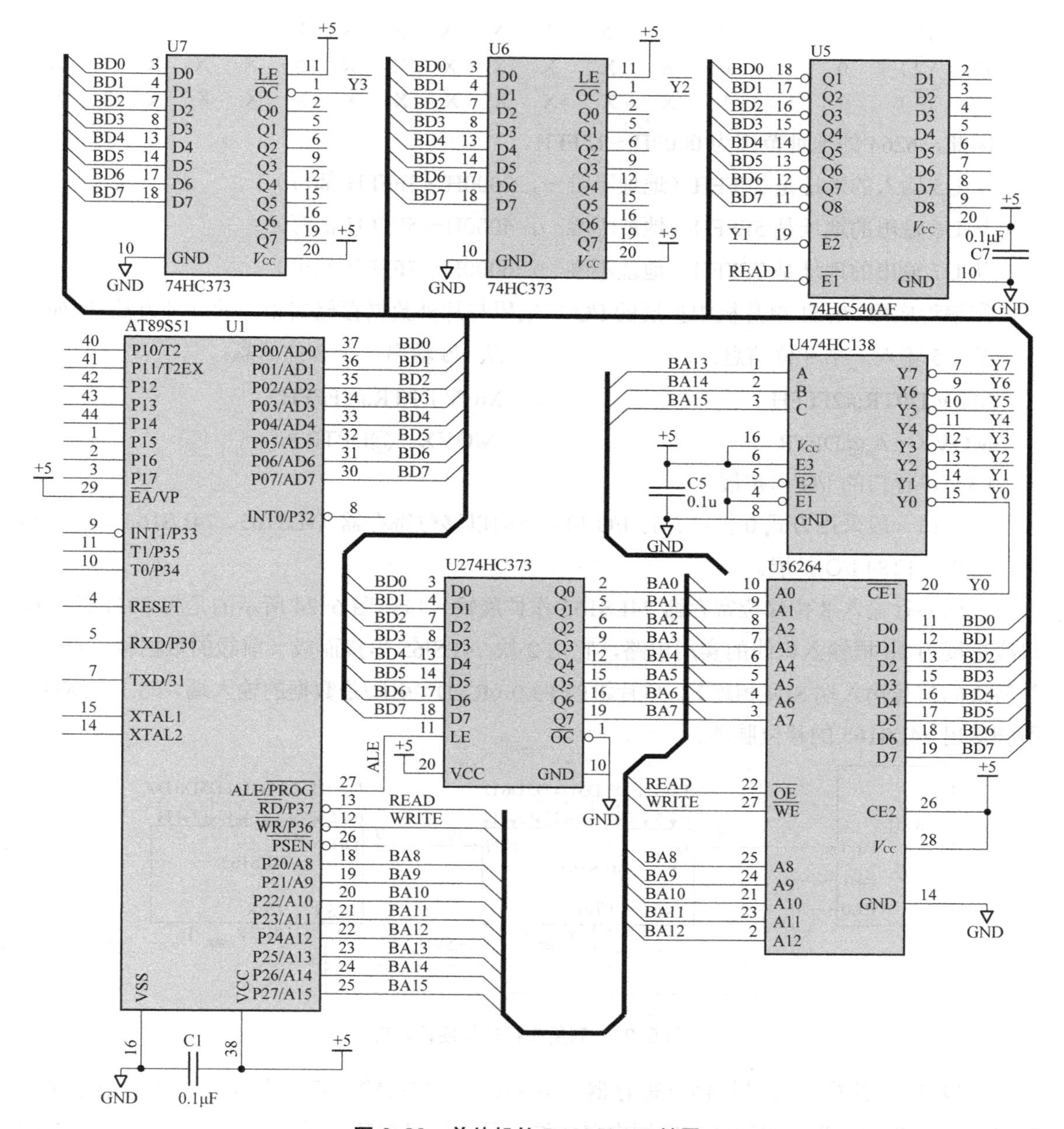

图 6-23　单片机的 RAM 及 I/O 扩展

单片机的高三位地址线 A13、A14、A15 用来进行 3-8 译码，译码输出的$\overline{Y0}$接 6264 的片选线$\overline{CE1}$；$\overline{Y1}$接 U5（74HC540）的$\overline{E2}$；$\overline{Y2}$、$\overline{Y3}$分别接 U6、U7（73HC373）的$\overline{OC}$；剩余的译码输出$\overline{Y4}$、$\overline{Y5}$、$\overline{Y6}$、$\overline{Y7}$还用于选通其他的 I/O 扩展接口。

①I/O 口地址确定。根据片选线地址线的连接，6264 及各输入输出扩展的地址范围确定如下：

AT89S51	A15	A14	A13	A12	A11	A10	A9	A8	A7	A6	A5	A4	A3	A2	A1	A0
6264（$\overline{Y0}$）	0	0	0	X	X	X	X	X	X	X	X	X	X	X	X	X

U5（$\overline{Y1}$）	0	0	1	X	X	X	X	X	X	X	X	X	X	X	X	X
U6（$\overline{Y2}$）	0	1	0	X	X	X	X	X	X	X	X	X	X	X	X	X
U7（$\overline{Y3}$）	0	1	1	X	X	X	X	X	X	X	X	X	X	X	X	X

因此，6264 的地址范围为 0000H～1FFFH。

从 U5 输入的地址是 2FFFH（地址不唯一，2000H～3FFFH 都可）；

从 U6 输出的地址是 5FFFH（地址不唯一，4000H～5FFFH 都可）；

从 U7 输出的地址是 7FFFH（地址不唯一，6000H～7FFFH 都可）。

②编程应用。在 51 单片机中扩展的 I/O 口采用与片外数据存储器相同的寻址方法。例如：

从 U5 输入一个 8 位信息：

```
MOV DPTR,#2FFFH
MOVX    A,@DPTR
```

从 U6 输出一个 8 位信息：

```
MOV DPTR,#5FFFH
MOVX    @DPTR,A
```

（3）串行口的 I/O 口扩展

串行口一般采用方式 0 扩展并行 I/O 口。下面以移位寄存器 74LS165、74LS164 为例，具体说明串行口的 I/O 扩展。

①以并行输入 8 位移位寄存器 74LS165 作扩展输入口。图 6-24 所示的是将 8051 的 3 根口线扩展为 16 根输入口线的实用电路，它由 2 块 74LSl65 串接而成（前级的数据输出位 QH 与后级的信号输入端 SIN 相连）。单片机的 P3.0（RXD）引脚是数据的输入端，P3.1（TXD）引脚送出 74LS165 的移位脉冲。

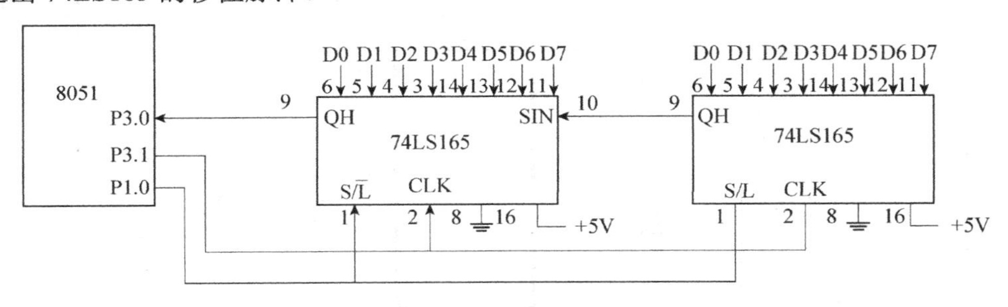

图 6-24　利用串行口扩展输入口

②以 8 位并行输出串行移位寄存器 74LS164 作扩展输出口。图 6-25 所示的是利用 74LS164 扩展 16 根输出口线的实用电路。这正是本项目任务二采用的电路。由于 74LS164 无并行输出控制端，在串行输入过程中，其输出端的状态会不断发生变化，故在某些使用场合，在 74LS164 与输出装置之间，还应加上输出可控的缓冲级（如 74LS244），以便串行输入过程结束后再输出。图中的输出装置是两位共阳极七段显示发光二极管，采用静态显示方式。由于 74LS164 在低电平输出时，允许通过的电流可达 8mA，故不需再加驱动电路。与动态扫描显示比较，静态显示方式的优点是 CPU 不必频繁地为显示服务，软件设计比较简单，很容易做到显示不闪烁。

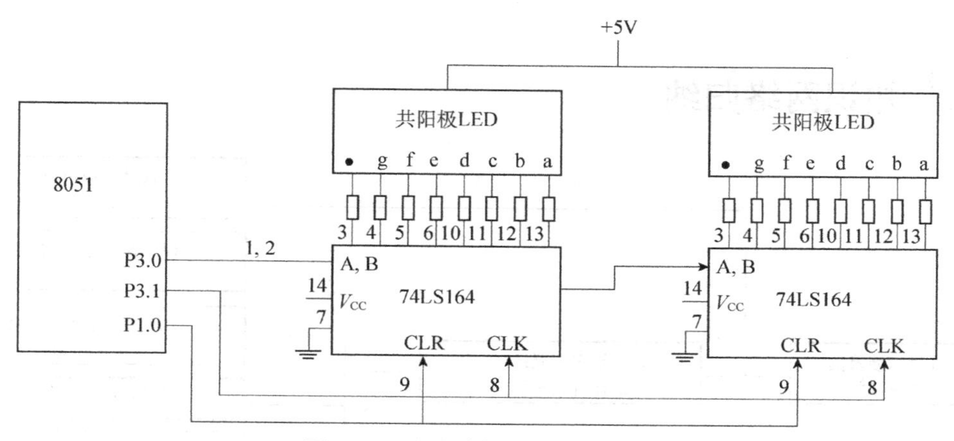

图 6-25　利用串行口扩展输出口

（4）采用可编程接口芯片的 I/O 口扩展

所谓可编程的接口芯片是指其功能可由微处理机的指令来加以改变的接口芯片，利用编程的方法，可以使一个接口芯片执行不同的接口功能。目前，各生产厂家已提供了很多系列的可编程接口，MCS-51 单片机常用的两种接口芯片是 8255 以及 8155。读者使用时可查看相关器件的数据手册。

例 6.4 用具有 I^2C 接口 EEPROM24C04 和键盘及液晶显示器构成电子密码锁。

图 6-26 所示电路中用 EEPROM24C04 保存密码，输入正确密码时开锁并亮灯，液晶屏显示开锁成功，此时用户即为合法用户，有权修改密码并将新密码保存写入到 24C04 中，下次开锁时可用新密码打开密码锁。24C04EEPROM 将在项目九的任务二中介绍，此程序省略可到相关网站查阅。

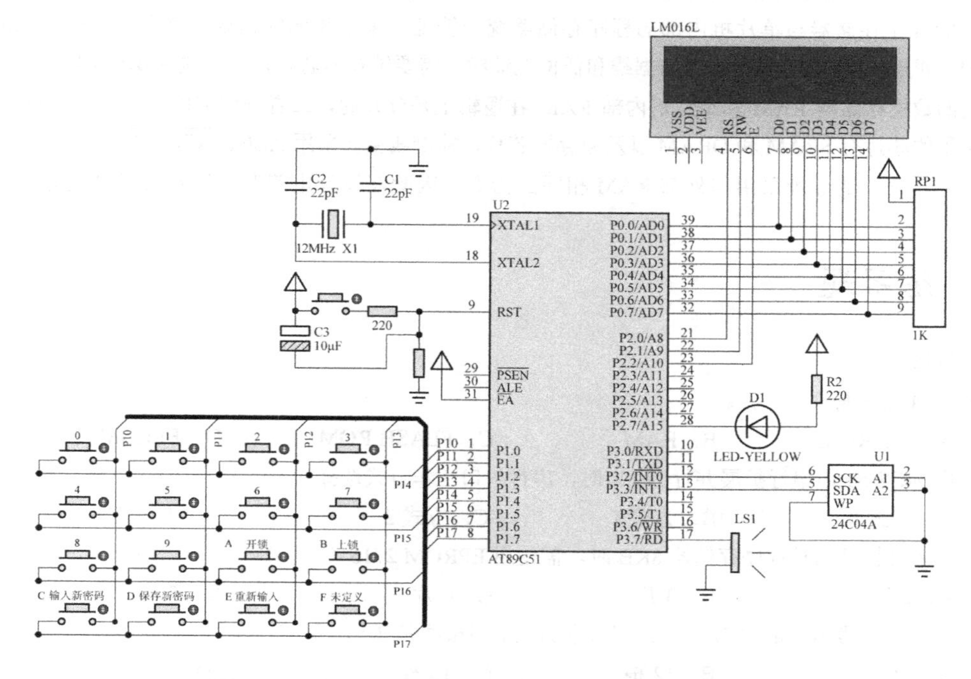

图 6-26　利用 EEPROM24C04 构成电子密码锁电路

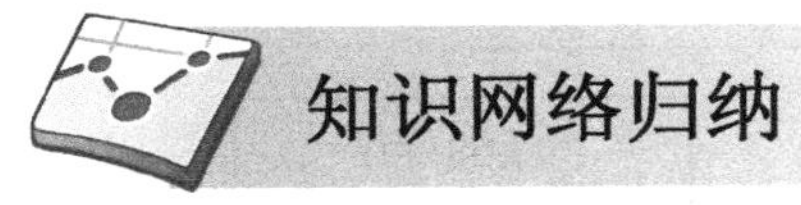

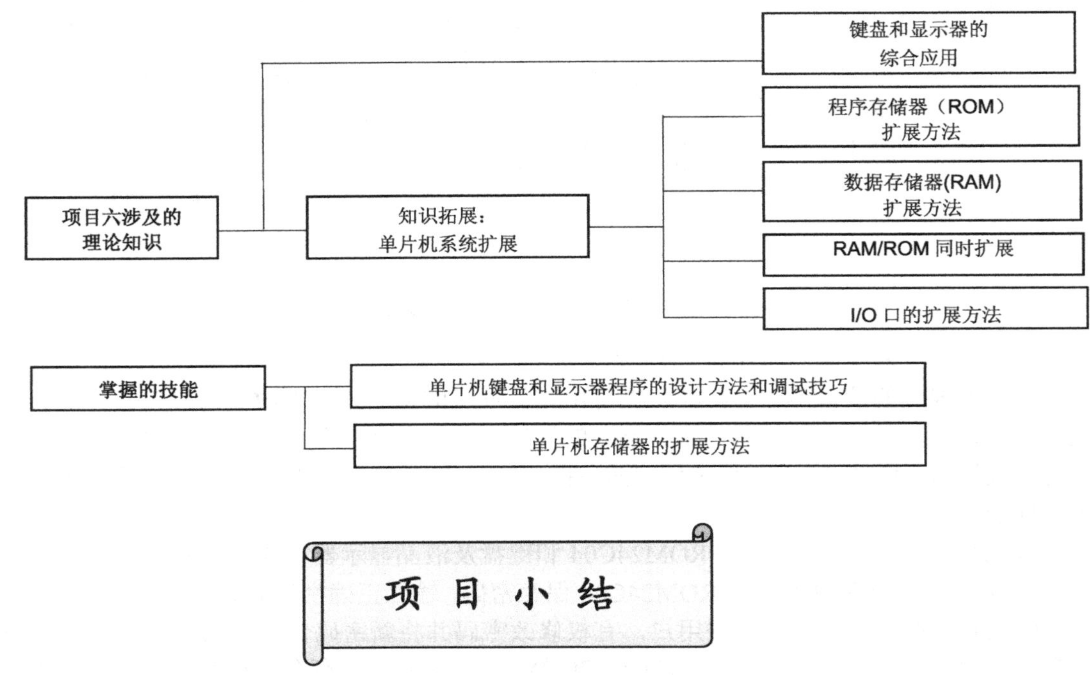

项 目 小 结

单片机系统扩展主要有程序存储器（ROM）扩展、数据存储器（RAM）扩展以及 I/O 口的扩展。

外扩的程序存储器与单片机内部的程序存储器统一编址，采用相同的指令，常用芯片有 EPROM 和 EEPROM，扩展时 P1 口分时地作为数据线和低位地址线，需要锁存器芯片，控制线主要有 ALE、$\overline{\text{PSEN}}$。

扩展的数据存储器 RAM 和单片机内部 RAM 在逻辑上是分开的，二者分别编址，使用不同的数据传送指令。常用的芯片有 SRAM 和 DRAM 以及锁存器芯片，控制线主要采用 ALE、$\overline{\text{RD}}$、$\overline{\text{WR}}$。

对扩展 I/O 口的寻址采用与外部 RAM 相同的指令，因此在设计电路时要注意合理分配地址。

练习题

一、选择题

（1）6264 芯片是（　　）。

A．EEPROM　　B．RAM　　C．FLASH ROM　　D．EPROM

（2）用 MCS-51 用串行扩展并行 I/O 口时，串行接口工作方式选择（　　）。

A．方式 0　　B．方式 1　　C．方式 2　　D．方式 3

（3）当单片机外出扩程序存储器 8KB 时，需使用 EPROM 2716（　　）。

A．2 片　　B．3 片　　C．4 片　　D．5 片

（4）某种存储器芯片是 8KB*4/片，那么它的地址线根线是（　　）。

A．11 根　　B．12 根　　C．13 根　　D．14 根

（5）MCS-51 外扩 ROM，RAM 和 I/O 口时，它的数据总线是（　　）。

A．P0　　B．P1　　C．P2　　D．P3

（6）MCS-51 的并行 I/O 口信息有两种读取方法：一种是读引脚，还有一种是（　　）。

A．读锁存器具　　B．读数据库　　C．读 A 累加器具　　D．读 CPU

（7）MCS-51 的并行 I/O 口读-改-写操作，是针对该口的（　　）。

A．引脚　　B．片选信号　　C．地址线　　D．内部锁存器

二、判断题

1. MCS-51 外扩 I/O 口与外 RAM 是统一编址的。（　　）

2. 使用 8751 且 EA=1 时，仍可外扩 64KB 的程序存储器。（　　）

3. 片内 RAM 与外部设备统一编址时，需要专门的输入/输出指令。（　　）

4. 8031 片内有程序存储器和数据存储器。（　　）

5. EPROM 的地址线为 11 条时，能访问的存储空间有 4KB。（　　）

6. 在单片机应用系统中，外部设备与外部数据存储器传送数据时，使用 MOV 指令。（　　）

三、简答题

1. AT89S51 的扩展储存器系统中，为什么 P0 口要接一个 8 位锁存器，而 P2 口却不接？

2. 在 MCS-51 扩展系统中，程序存储器和数据存储器共用 16 位地址线和 8 位数据线，为什么两个存储空间不会发生冲突？

3. AT89S51 单片机需要外接程序存储器，实际上它还有多少条 I/O 线可以用？当使用外部存储器时，还剩下多少条 I/O 线可用？

4. 试将 AT89S51 单片机外接一片 2716 EPROM 和一片 6116 RAM 组成一个应用系统，请画出硬件连线图，并指出扩展存储器的地址范围。

四、编程题

1. 设单片机采用 8051，未扩展片外 ROM，片外 RAM 采用一片 6116，编程将其片内 ROM 从 0100H 单元开始的 10 字节内容依次外接到片外 RAM 从 100H 单元开始得 10 字节中去。

2. 设计一个 2×2 行列式键盘电路并编写键盘扫描子程序。

3. 要求将存放在 8031 单片机内部 RAM 中 30H～33H 单元的 4 字节数据，按十六进制（8 位）从左到右显示，试编制程序。

项目七　数字电压表设计

应用案例——小鸡孵化机控制系统

小鸡孵化主要设备是可自动控温的小鸡孵化机。小鸡孵化过程主要包括孵化温度控制、翻蛋和凉蛋这几个阶段。

因此模拟小鸡孵化机系统的控制要求包括以下几个方面。

（1）孵化温度控制（用 1 分钟代替 1 天）。

孵化时段 1（15 分钟）：温度控制在 38.0～39.5℃之间高低变化。

孵化时段 2（10 分钟）：控制在 37.0～38.5℃之间高低变化。

当上述孵化温度高于或低于正常要求范围，系统即时报警。

（2）翻蛋。在孵化过程中每分钟翻一次，翻蛋的角度应在 45°～90° 之间，不可小于 45° 或大于 90°。

（3）凉蛋。在孵化过程中，每 4 分钟凉蛋 1 次，每次凉蛋时间 1 分钟。在凉蛋期间，系统按设定值输出一个电压值给变频器，通过变频器控制风机的转速送风凉蛋。每次凉蛋的温度应掌握在 36℃。

（4）要求孵化机具有时间、温度、凉蛋送风等状态显示功能，以及孵化温度超限报警功能。

模拟小鸡孵化机系统可选用温度传感器，步进电机模块为翻蛋驱动电机，在翻蛋时按要求转动一定的角度；选用加热用功率电阻作为孵化加热装置。用 D/A 模块实现数控电压源，并且设置 2 个按钮 K1 和 K2，K1 是电压增按钮，K2 是电压减按钮，每按一下按钮，输出电压增加或减少 0.5V，用 8 个 LED 指示灯亮灭的数量来指示电压值的变化。8 位数码管显示模块的最高 2 位 DS7、DS6 用来显示孵化时间（分钟），低 4 位 DS3、DS2、DS1、DS0 用来显示实际孵化温度的变化情况，其中 DS0 位表示小数位。

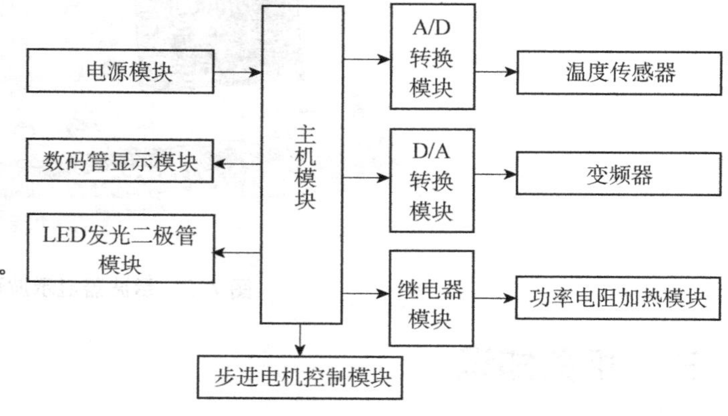

图 7-1　模拟小鸡孵化机系统设计框图

小鸡孵化机系统系统设计框图如图 7-1 所示。

任务一　简易信号发生器的设计

一、学习目标

知识目标

1. 理解 D/A 转换原理及主要技术指标
2. 掌握 DAC0832 芯片的工作原理、转换性能
3. 掌握单片机与 DAC0832 芯片的接口原理及控制方式

技能目标

1. 能够搭建单片机与 DAC0832 构成的 D/A 转换电路
2. 能够根据有关 D/A 转换电路，学会直通方式、单缓冲及双缓冲方式的编写方法

二、任务导入

在电子产品的设计过程中，我们经常需要使用信号发生器来输出各种仿真波形，波形发生器广泛应用在电子电路、自动控制系统和教学实验等领域。而采用单片机技术我们可以轻松实现简单信号发生器的设计，可以产生锯齿波、三角波、方波、正弦波等多种波形的波形发生器。示波器显示波形如图 7-2 所示。

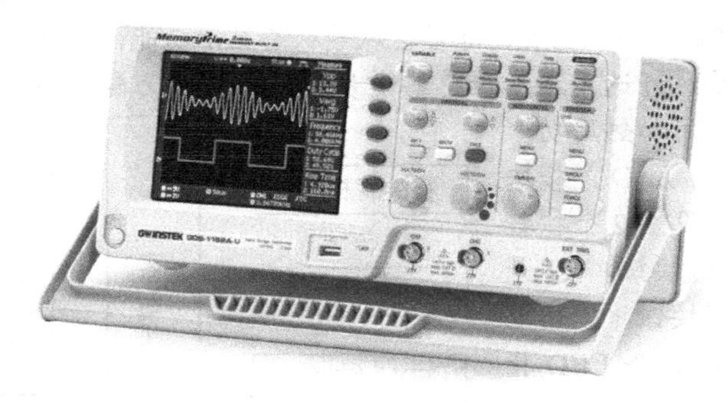

图 7-2　示波器显示波形

三、相关知识

1. D/A 转换器

有很多在工业控制系统中，有很多被控对象要求用连续变化的模拟量信号进行控制，这

就要求计算机输出模拟量控制信号。计算机中参与运算和输入输出的都是数字量信号，为了实现模拟量输出，就需要把计算机运算处理的结果（数字量）转换为相应的模拟量，以便操控被控对象。这一过程称为数/模转换，能实现数/模转换的器件称为 D/A 转换器或 DAC（Digital-to-Analog Conversion），如图 7-3 所示。

图 7-3 模拟输出通道

（1）D/A 转换原理

D/A 转换器是将数字量转换成模拟量。它的基本要求是输出电压 V_o 应该和输入数字量 D 成正比，即：$V_o = D*V_R$

其中，V_R 为参考电压；$D = d_{n-1}2^{n-1} + d_{n-2}2^{n-2} + \cdots + d_1 2^1 + d_0 2^0$

每一个数字量都是数字代码的按位组合，每一位数字代码都有一定的“权”，对应一定大小的模拟量。为了将数字量转换成模拟量，应该将其每一位都转换成相应的模拟量，然后求和即得到与数字量成正比的模拟量。一般的 D/A 转换器都是按这一原理设计的。D/A 转换器的类型很多，实际应用的 D/A 转换器多采用 T 形电阻网络。它具有简单、直观、转换速度快、转换误差小等优点。图 7-4 所示为 4 位 T 形电阻网络 D/A 转换电路。这个电路由 4 路 R-2R 电阻网络、4 位切换开关、一个运算放大器和一个反馈电阻 R_F 组成。

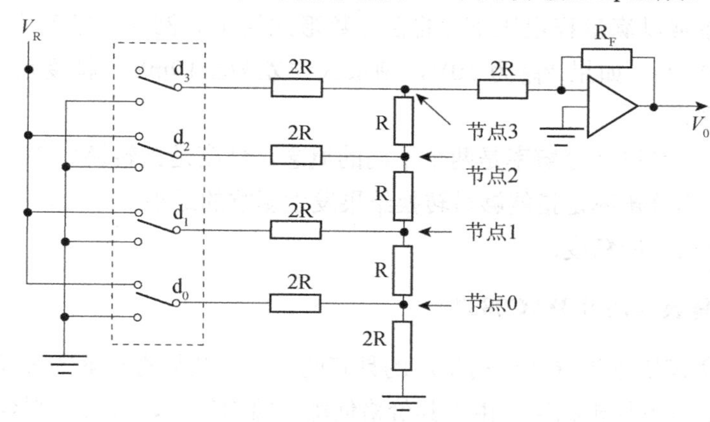

图 7-4 4 位 T 形电阻网络 D/A 转换电路

整个 T 形电阻网络电路是由相同的电路环节组成的。每节有 2 个电阻（R，2R）和一个开关，相当于二进制数的 1 位，开关的状态由该位的值（0 或 1）所控制。图中无论从哪个 R-2R 节点向上或向下看，等效电阻都是 2R。从 d_0~d_3 看进去的等效输入电阻都是 3R，所以从每个开关流入的电流 I 都可看做相等，即 $I=V_R/3R$。这样由开关 d_0~d_3 流入的电流经过 T 形电阻网络的分流，实际进入运算放大器的电流自上向下依次为 $I/2$、$I/4$、$I/8$、$I/16$。设 d_0~d_3 位输入的二进制数字量，则输出的电压值为式中，d_0~d_3 的取值为 0 或 1。0 表示切换开关与地相连，1 表示切换开关与参考电压 V_R 接通，该位有电流输入。这就完成了由二进制数到模拟量电压信号的转换。由此式可以看出，D/A 的输出电压不仅与二进制数码有关，而且与参考电压 V_R 以及运算放大器的反馈电阻 R_F 有关。当调整 D/A 满刻度及输出范围时，往往要调整以下参数。

（2）D/A 转换器的主要技术指标

D/A 转换器的指标很多，使用者最关心的几个指标如下。

①分辨率。D/A 转换器的分辨率指输入的单位数字量变化引起的模拟量输出量的变化，是对输入量变化敏感程度的描述。通常定义为满量程值与 2^n 之比（n 为 D/A 转换器的二进制位数）。显然，二进制位数越多，分辨率越高，故也有人简单地用位数表示分辨率。例如 8 位二进制 D/A 转换器，其分辨率为 $\frac{1}{2^8}\mathrm{FS}=0.3\%\times\mathrm{FS}$（FS 表示满量程值），或说其分辨率为 8 位。

②建立时间。建立时间是描述 D/A 转换速度快慢的一个重要参数，是指当 D/A 转换器输入数字量从 0 变到为满刻度值时，输出模拟量稳定到终值误差 $\pm\frac{1}{2}$LSB（最低有效位）时所需要的时间。不同类型的转换器 D/A 建立时间是不同的，但一般均在几十纳秒到几百微秒的范围。输出形式为电流的转换器建立时间较短，而输出形式为电压的转换器，由于要加上运放的延迟时间，因此建立时间要长一些。

③转换精度。转换精度是指实际输出电压与理想输出电压之间的最大偏差，一般用误差大小来表示，通常以满量程电压 V_{FS} 的百分数形式给出。例如，精度为 ±0.1%指的是最大误差为 V_{FS} 的±0.1%。如果 V_{FS} 为 10V，则最大误差为 ±10mV。精度包含了造成 D/A 转换器误差的所有因素。

需要注意的是，精度和分辨率是两个不同的概念。精度是指转换后所得的实际值对于理想值的接近程度，而分辨率是指能够对转换结果发生影响的最小输入量。分辨率很高的 D/A 转换器不一定具有很高的精度。

2. 典型 D/A 转换器芯片 DAC0832

DAC0832 是美国国家半导体公司生产的具有两个输入数据寄存器的 8 位 D/A 转换芯片，能直接与 MCS-51 等单片机相连。由于其价格低廉，接口简单，转换控制容易等优点，在单片机应用系统中得到了广泛的应用。

小贴士

- 8 位 D/A 转换器中的“8 位”代表输入数字的位数，它决定了 D/A 转换器的分辨率。分辨率是 D/A 转换器对输入量变化敏感程度的描述，如果输入数字量的位数为 n，则 D/A 转换器的分辨率为“2^{-n}”，所以对输入量变化的敏感程度也就越高。常用的有 8 位、10 位、12 位三种 D/A 转换器。

- 建立时间是描述 D/A 转换器速度快慢的一个参数，用来表示转换速度，指从输入数字量变化到输出达到终值误差$\pm\frac{1}{2}$LSB 所需要的时间。转换器的输出形式为电流时建立时间较短；输出形式为电压时，还要加上运算放大器的延迟时间，建立时间比较长。DAC0832 为电流输出形式，建立时间可达 1μs。

（1）DAC0832 的结构及原理

DAC0832 数/模转换器的内部具有两级输入数据缓冲器和一个 R-2R 的 T 形电阻网络，其原理框图如图 7-5 所示。

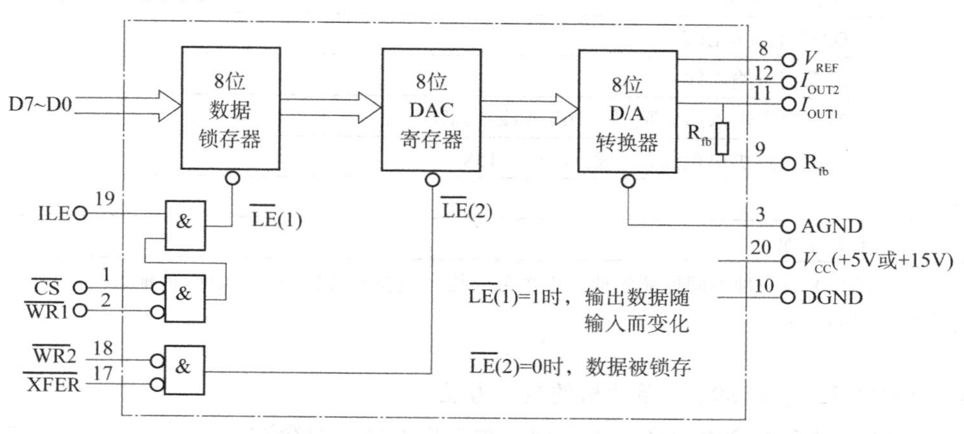

图 7-5　DAC 0832 原理框图

DAC0832 的工作过程是这样的：在 ILE，$\overline{CS}$和$\overline{WR1}$信号控制下，8 位数字量被写入 8 位数据锁存器，此时并不进行 D/A 转换。当$\overline{XFER}$和$\overline{WR2}$信号有效时，原存入 8 位数据锁存器的数据被写入 DAC 寄存器，并开始进行 D/A 转换。DAC0832 设置了两个寄存器，是为了能实现多路信号时多个 DAC0832 芯片的同步转换输出。

在使用时，可以通过对控制引脚的不同设置，采用双缓冲方式（两级输入锁存），也可以用单缓冲方式（只用一级输入锁存，另一级始终直通），或者接成直接输入（两级直通）形式。

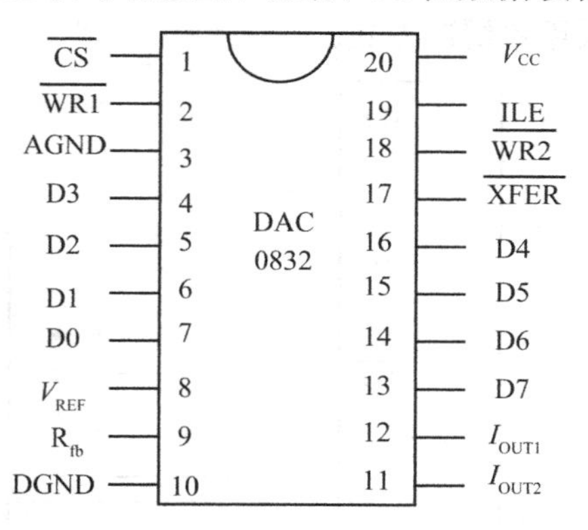

图 7-6　DAC 0832 引脚图

（2）DAC 0832 的引脚功能

DAC 0832 引脚图如图 7-6 所示。DAC 0832 各引脚作用说明如表 7-1 所示。

表 7-1　DAC0832 各引脚信号说明

引脚	功能说明
D7～D0	数字量输入线。D_7 是最高位（MSB），D_0 是最低位（LSB）
$\overline{CS}$	片选信号（低电平有效）
ILE	输入锁存允许信号（高电平有效）
$\overline{WR1}$	输入锁存器写选通信号（低电平有效）
$\overline{WR2}$	DAC 寄存器写选通信号（低电平有效）
$\overline{XFER}$	数据传送控制信号（低电平有效）。该信号与 $\overline{WR2}$ 信号联合使用，构成第二级锁存控制
I_{OUT1}	DAC 电流输出 1
I_{OUT2}	DAC 电流输出 2
R_{fb}	反馈信号输入线
V_{REF}	参考电压输入线。范围±10V（或±5V）
V_{CC}	数字电路供电电压，一般为+5～+15V
AGND	模拟地
DGND	数字地

注：AGND 和 DGND 是两种不同性质的地，应单独连接，但在一般情况下，这两种地最后总有一点接在一起，以提高抗干扰的能力。

（3）DAC0832 与 AT89S51 单片机的接口方法

DAC0832 内部有两个寄存器，能实现 3 种工作方式：双缓冲、单缓冲和直通方式。

①单缓冲工作方式。所谓单缓冲工作方式就是使 DAC0832 的两个寄存器中有一个处理直通方式，而另一个处理受控的锁存方式，或者说两个输入寄存器同时受控的方式。在实际应用中，如果只有一路模拟量输出，或虽有几路模拟量但并不要求同步输出的情况，就可采用单缓冲方式。

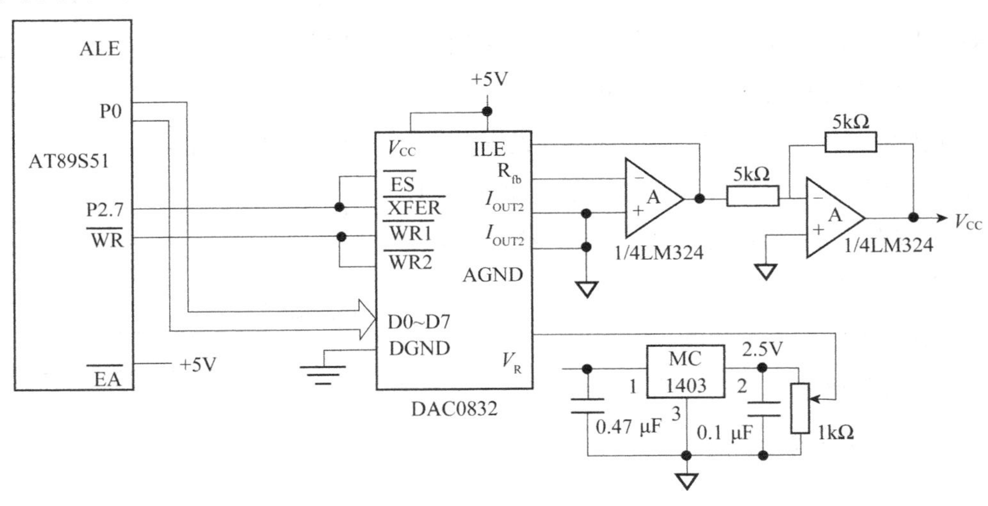

图 7-7　DAC 0832 与单片机的单缓冲连接方式示意图

图 7-7 所示的是 DAC0832 与单片机的单缓冲连接方式示意图，图中采用两个输入寄存器同时受控的连接方式，$\overline{WR1}$与$\overline{WR2}$一起连接单片机的$\overline{WR}$，$\overline{CS}$与$\overline{XFER}$同时连接在 P2.7，所有两个寄存器的地址相同。DAC0832 输出的是电流形式的模拟量，因此通过两级运算放大器将电流转换为电压，输出电压值为 V_{OUT} 为 0～+5V，使得输出为电压波形。

②双缓冲工作方式。在多路 D/A 转换的情况下，若要求同步转换输出，必须采用双缓冲方式。DAC0832 采用双缓冲方式时，数字量的输入锁存和 D/A 转换输出是分两步进行的。

首先，单片机分时向各路 D/A 转换器输入要转换的数字量并锁存在各自的数据寄存器中。

然后，单片机对所有的D/A转换器发出控制信号，使各路数据寄存器的数据同时进入DAC寄存器，实现同步转换输出。

图 7-8 所示的是 DAC0832 与单片机的双缓冲连接方式示意图，图中两片 DAC0832 的数据线都连接到单片机的 P0 口，$\overline{WR1}$与$\overline{WR2}$一起连接单片机的$\overline{WR}$，$\overline{CS}$引脚分别接译码器两个不同的输出端口，这样两片单片机的数据寄存器就具有不同的地址（00FDH 和 00FEH），可以分别输入不同的数据；$\overline{XFER}$都连接译码器同一输出端口，使得两片单片机的 DAC 寄存器具有相同的地址，以便在单片机控制下能同步进行 D/A 转换和输出。

③直通工作方式。所谓直通工作方式就是使 DAC0832 的两个寄存器都采用直通处理方式，无法控制 DAC0832，只要 DAC0832 的数据输入口上有数据，立即进行 D/A 转换和输出。在实际应用中，该模式使用较少。

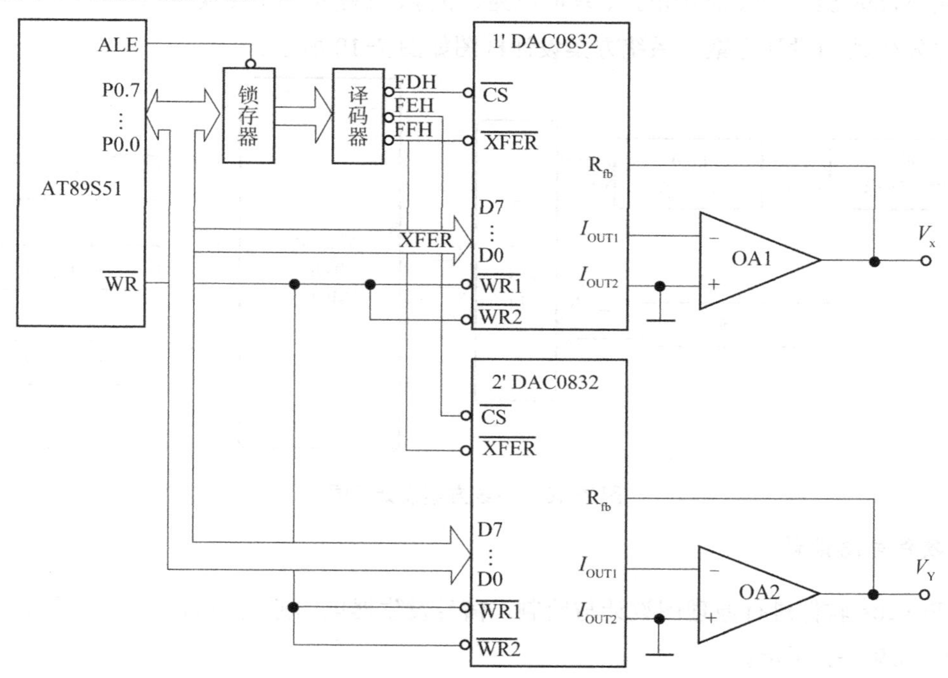

图 7-8　DAC 0832 与单片机的双缓冲连接方式

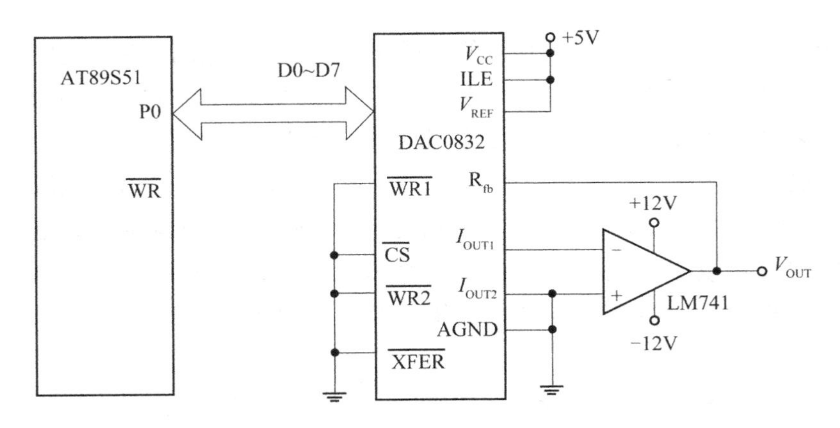

图 7-9　DAC 0832 与单片机的直通连接方式电路

图 7-9 所示的为 DAC0832 与单片机的直通连接方式电路，ILE、$\overline{WR1}$、$\overline{WR2}$、$\overline{CS}$、$\overline{XFER}$ 都有效，只要单片机的 P0 口上有数字量，DAC 立即转换，在 DAC 输出端有电流输出。例如向 DAC 传送的 8 位数据量为 40H（01000000B），则输出电压 $V_{OUT} = -(64/256) \times 5V = -1.25V$。

四、任务实施

1. 确定设计方案

选用 AT89C51 芯片、时钟电路、复位电路、电源、按键及 DA 转换电路等构成完整系统，形成信号发生器的设计方案。系统方案设计框图如图 7-10 所示。

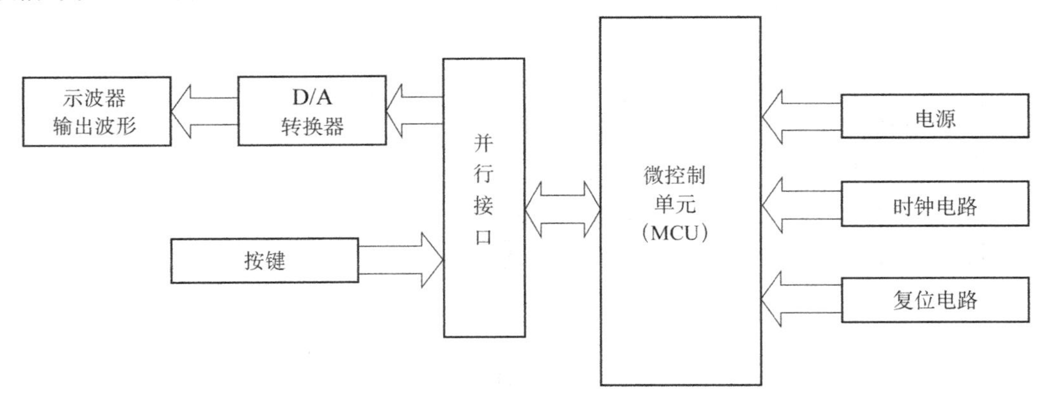

图 7-10　系统方案设计框图

2. 硬件电路设计

用 Proteus 软件进行原理图设计与绘制。信号发生器电路原理图如图 7-11 所示，电路所用元器件如表 7-2 所示。

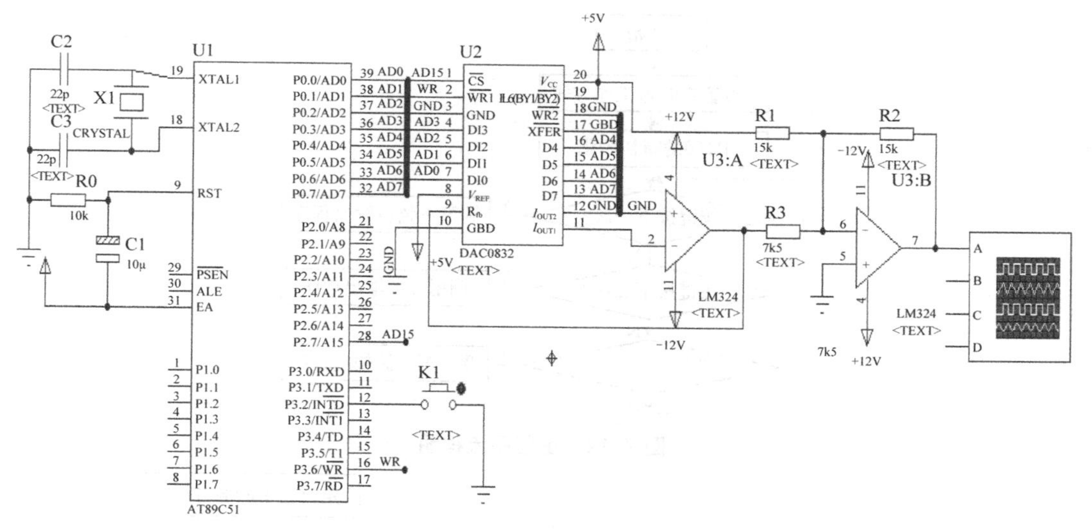

图 7-11　信号发生器电路原理图

表 7-2　电路所用元件

参数	元器件名称	参数	元器件名称
AT89C51	单片机	CAP-ELEC	电解电容
RES	电阻	CAP	无极电容
DAC0832	8 位 D/A 转换芯片	LM324	运算放大器
BUTTON	按钮	CRYSTAL	晶振
OSCILLOSCOPE	示波器		

根据题意，硬件设计电路如图 7-11 所示。DAC0832 片选信号$\overline{\text{CS}}$和单片机的 P2.7 相连，$\overline{\text{WR1}}$与单片机 AT89C51 的写信号$\overline{\text{WR}}$相连，数据传送控制信号$\overline{\text{XFER}}$、$\overline{\text{WR2}}$都接地，且都为有效信号。DAC0832 数据端和单片机的 P0 口相连。为了得到输出电压，DAC0832 的输出端接有运放。波形切换开关 K1 接在单片机 P3.2 口，用来改变输出信号的波形。

由于 DAC0832 的$\overline{\text{XFER}}$、$\overline{\text{WR2}}$都为有效信号，$\overline{\text{CS}}$、$\overline{\text{WR1}}$由单片机控制，所以 DAC0832 采用单缓冲方式和单片机连接。当片选信号$\overline{\text{CS}}$有效，即 P2.7=0，得到 DAC0832 地址为 7FFFH。$\overline{\text{WR1}}$有效时，只要单片机对 DAC0832 执行一次写操作即可启动一次 D/A 转换。

3. 源程序设计

步骤 1：按照控制要求绘制流程图。主程序、外部中断服务程序及定时器中断服务程序流程图如图 7-11～图 7-14 所示。

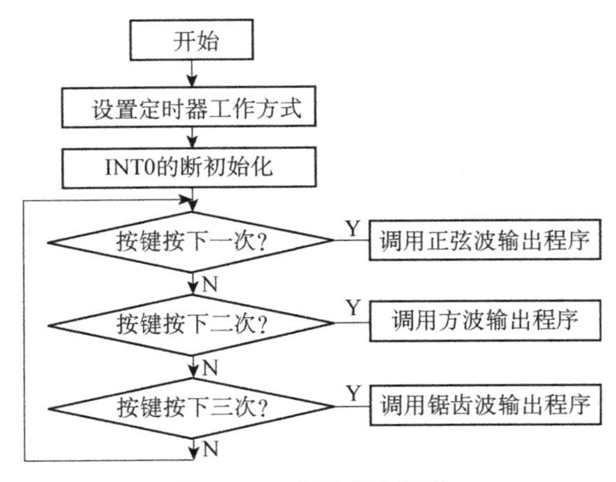

图 7-12　主程序流程图

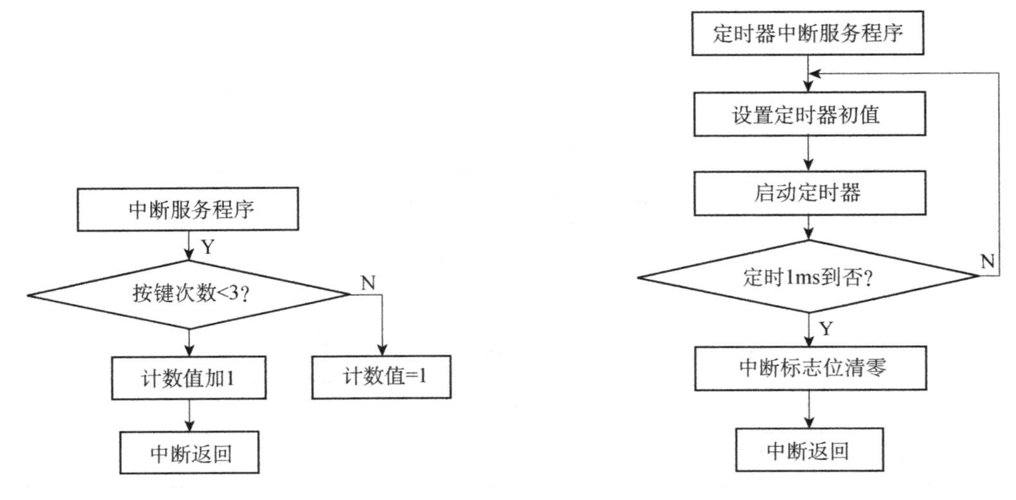

图 7-13　外部中断服务程序流程图　　　**图 7-14　定时器中断服务程序流程图**

步骤 2：根据流程图进行程序编写。简易波形发生器程序的主函数及外部中断 0 的中断服务程序示例如下：

```
//****************** 简易波形发生器程序***************
//程序名：波形发生器 xm7_1.c
//程序功能：第一次按下按键，示波器输出正弦波；第二次按下按键，示波器输出方波；第三次按下按键，示波器输出锯齿波
   #include <absacc.h>          //绝对地址访问头文件
   #include <reg51.h>
   #define uint unsigned int
   #define uchar unsigned char
   #define DA0832 XBYTE[0x7fff]
   uchar m=0;
   uchar code tab[]={0x7f,0x89,0x94,0x9f,0xaa,0xb4,0xbe,0xc8,0xd1,0xd9,
                     0xe0,0xe7,0xed,0xf2,0xf7,0xfa,0xfc,0xfe,0xff,};//正弦波波形码
   /*********************延时子函数*******************************
```

```
void delay_1ms()
{
  TH1=(65536-1000)/256;
  TL1=(65536-1000)%256;      // 置定时器初值-fc18
  TR1=1;                     // 启动定时器 1
  while(!TF1);               // 查询计数是否溢出，即定时 1ms 时间到，TF1=1
  TF1=0;                     // 1ms 时间到，将定时器溢出标志位 TF1 清零
}
/*******************锯齿波函数*****************************/
void juchi(void)
{
  uchar i;
  for(i=0;i<=255;i++)
    {
     DA0832=i;               //D/A 转换输出
     delay_1ms();
    }
}
/*******************方波函数*****************************/
void fangbo(void)
{
  DA0832=0x00;
  delay_1ms();
  DA0832=0xff;
  delay_1ms();
}/*******************正弦波函数*****************************/
void zhxian(void)
{
  uchar i;
  for(i=0;i<19;i++)          //形成第一个 1/4 周期的数据-正弦输出
    {
      DA0832=tab[i];         //D/A 转换输出
       delay_1ms();
    }
   for(i=18;i>0;i--)         //形成第二个 1/4 周期的数据-正弦输出
    {
      DA0832=tab[i];         //D/A 转换输出
       delay_1ms();
    }
    for(i=0;i<19;i++)        //形成第三个 1/4 周期的数据-正弦输出
    {
      DA0832=~tab[i];        //D/A 转换输出
       delay_1ms();
    }
    for(i=18;i>0;i--)        //形成第四个 1/4 周期的数据-正弦输出
    {
```

```
        DA0832=~tab[i];       //D/A 转换输出
         delay_1ms();
     }
}
/********************外部中断 0 的中断服务程序*****************************
void int0() interrupt 0
{
  if(m<3)
  m++;
  else
   m=1;
}
/********************主函数函数******************************
void main()
{
   TMOD=0x10;                  // 设置定时器 1 为方式 1
   EA=1;                       //CPU 开放中断
   EX0=1;                      //外部中断 0 开放中断
   IT0=1;                      //外部中断 0 为边沿触发方式
   While(1)
   {
     Switch(m)
     {
       case 1:zhxian();
              break;
       case 2:fangbo();
              break;
       case 3:juchi();
              break;
     }
   }
}
```

程序说明：

- 在程序 xm7_1.c 中要先定义 I/O 端口的地址，在 C51 程序中包含 absacc.h 绝对地址访问头文件，可以使用 XBYTE 关键字来定义 I/O 端口的地址。DAC0832 有了地址后，单片机就可以对其执行一次写操作。
- 锯齿波的产生是按照一定斜率线性上升，当达到最大值后下降到 0 重新开始。可以使送给 DAC0832 的二进制数持续自加 1，当加到设定值时，让其从 0 开始重复进行，这样通过放大电路就可以输出周期性的锯齿波。
- 方波的产生原理是可以先送给 DAC0832 一个最小值，然后，再给 DAC0832 一个最大值，再变化到最小值，重复进行。这样通过放大电路就可以输出周期性的方波。
- 由于正弦波没有特定的规律，可以采取取点法来产生变形。从正弦波上等间隔的取 19 个点，换算出对应的数字量，存放在数组中。当需要给 DAC0832 送二进制数时，主要按照顺序从数组中取即可，19 个数取完后再重复。这样通过放大电路就可以输出周期性的正弦波。

- 三角波的产生原理和锯齿波类似，它相当于由一个上升的锯齿波和一个下降的锯齿波组成。可以使送给 DAC0832 的二进制数持续自加 1，当加到设定值时，再给 DAC0832 的二进制数持续自减 1，下降到 0 时再重复进行。
- 矩形波的产生原理和方波类似，只需修改正负半周的延时时间，就可以输出矩形波。

4. 软、硬件调试与仿真

用 Keil μVision3 和 Proteus 软件联合进行程序调试。

（1）用 Proteus 软件进行硬件电路的设计。

（2）用 Keil 软件进行源程序编辑、编译、生成目标代码文件。

①新建 Keil 项目文件。

②选择 CPU 类型（选择 ATMEL 中的 AT89C51 单片机）。

③新建汇编源程序（.c 文件），编写程序并保存。

④源程序进行编译、生成目标代码文件（.HEX 文件）。

（3）在 Proteus 软件中加载目标代码文件、设置时钟频率。

①加载目标代码文件：右击选中 ISIS 编辑区中 AT89S51，打开其属性窗口，在“Program File”右侧框中输入目标代码文件。

②设置时钟频率：在属性窗口的“Clock Frequency”时钟频率栏中设置 12MHz。

（4）单片机系统的 Proteus 交互仿真。单击按钮启动仿真，第一次按下按键 K1，示波器输出正弦波；第二次按下按键 K1，示波器输出方波；第三次按下按键 K1，示波器输出锯齿波。若单击“停止”按钮，则终止仿真。产生正弦波、方波、锯齿波波形图分别如图 7-15 至图 7-17 所示。

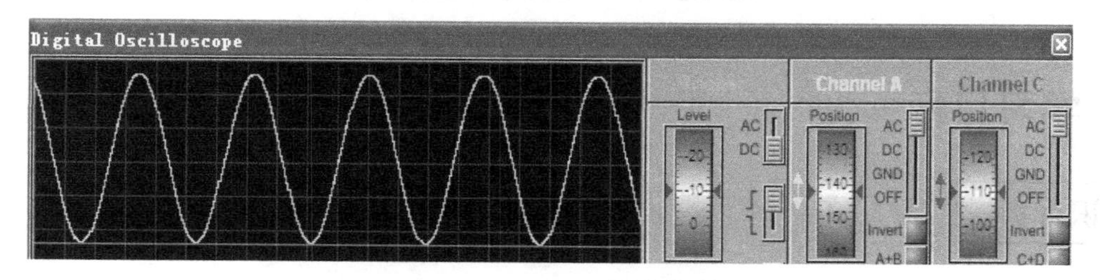

图 7-15　产生正弦波波形图

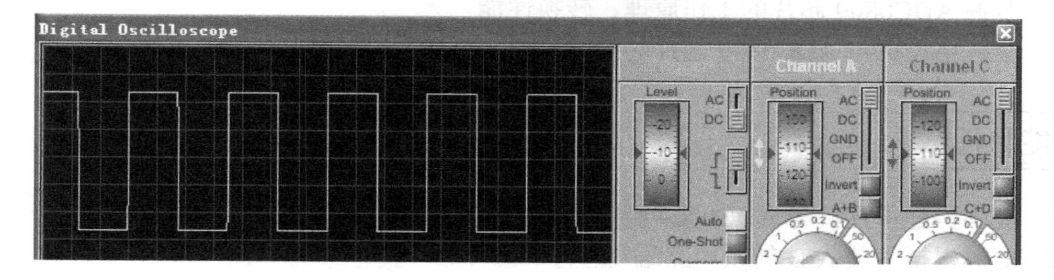

图 7-16　产生方波波形图

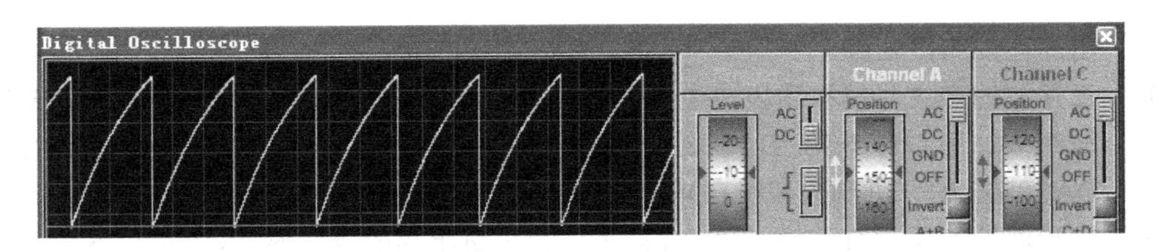

图 7-17　产生锯齿波波形图

5. 实物连接、制作

在万能板上按照波形发生器电路图焊接元器件，简易波形发生器电路的元器件清单如表 7-3 所示。

表 7-3　元器件清单

元器件名称	参数	数量	元器件名称	参数	数量
单片机	AT89S51	1	电阻	10 kΩ	4
晶体振荡器	12MHz	1	电阻	100Ω、330Ω	1、14
电源	+5V	1	电容	39pF	2
D/A 转换芯片	DAC0832	1	电解电容	47μF	1
数码管	共阳极	2	运算放大器	LM324	2
按钮		1	示波器		1
IC 插座	DIP40	1			

任务二　数字电压表

一、学习目标

知识目标

1. 掌握 A/D 转换原理及主要技术指标
2. 掌握 ADC0809 芯片的工作原理、转换性能
3. 掌握单片机与 ADC0809 芯片的接口原理

技能目标

1. 能够搭建单片机与 ADC0809 构成的 A/D 转换电路
2. 能够根据有关 A/D 转换电路编写程序

二、任务导入

在电子产品的设计过程中，除了信号发生器以外，数字电压表也是经常用到的仪器之一。数字电压表应用也非常广泛，在电力工业生产中经常要用电压表检测电网电压，在仪器、仪表及家用电器的维修中经常要电压表来检测电压，采用单片机技术可以轻松实现数字电压表的设计。本次任务利用单片机控制 A/D 转换器将一路模拟信号转换为数值量，并由数码管输出显示。数字电压表实物图如图 7-18 所示。

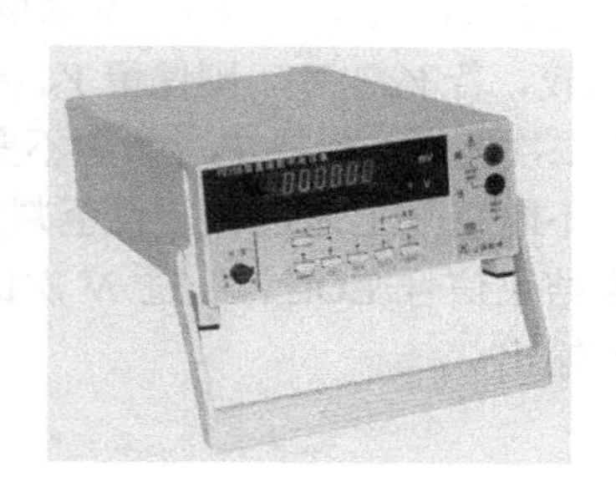

图 7-18　数字电压表实物图

三、相关知识

1. A/D 转换器

在微机测控系统中，经常需要将检测到的连续变化的模拟量如温度、压力、流量、速度等转换成离散的数字量，才能输入到单片机中进行处理，即信号首先要经过模拟量到数字量的转换。这一过程称为模/数转换（或 A/D 转换）。实现 A/D 转换的设备称为 A/D 转换器或 ADC（Analog-to-Digit Converter）。数字输入通道如图 7-19 所示。

图 7-19　数字输入通道

（1）A/D 转换原理

A/D 转换器的种类很多，根据 A/D 转换器的工作原理可以将其分为逐次逼近式、双积分式、并行式、跟踪比较式等。目前，使用较多的是前两种。逐次逼近式 A/D 转换器在精度、速度和价格等方面都适中，是目前最常用的 A/D 转换器。双积分式 A/D 转换器具有精度高、抗干扰性好、价格低廉等优点，但速度较慢，因此常用在对速度要求不高的仪器仪表中。

下面简要介绍逐次逼近式 A/D 转换器的转换原理。

逐次逼近式 ADC 是采用对分搜索（Binary Searching）的办法来找出最逼近于输入模拟量的数字量。基本思想是：先取搜索范围 0～N 的中间值 $N/2$，与要搜索的模拟量 V_X 相比较，若 $N/2>V_X$，则下次取 0～$N/2$ 之间的中间值 $N/4$ 与 V_X 相比较；若 $N/2<V_X$，则下次取 $N/2$～N 之间的中间值 $3N/4$ 与 V_X 相比较。这样每搜索一次取值范围就比前一次缩小 1/2。对于 8 位 ADC，只需搜索 8 次就可找到最接近 V_X 的数字量。

如图 7-20 所示为一个 N 位逐次逼近式 A/D 转换器的原理结构图。它由 N 位寄存器、D/A 转换器、比较器和控制逻辑等部分组成。其中，N 位寄存器中存放用于搜索的二进制数值。控制逻辑用于给出对分搜索的数据，控制搜索的起止。搜索的数据经 N 位寄存器和 D/A 转换后变为对应的模拟电压 V_N。V_N 与输入电压 V_X 相比较，比较的结果用于确定下次搜索数据。

当模拟量 V_X 送入比较器后，启动信号通过控制逻辑电路启动 A/D 开始转换。首先，置 N 位寄存器最高位 V_{N-1} 为 1，其余位保持初态 0。即取整个量程一半的模拟电压 V_N 与输入电压 V_X 比较。若 $V_X \geq V_N$，则保留 $V_{N-1}=1$，否则，使 $V_{N-1}=0$。这样就完成了第一次搜索。接下来进行第二次搜索：保持 V_{N-1} 状态不变，令 $V_{N-2}=1$，与上次的结果一起经 D/A 转换后再与 V_X 比较。不断重复上述过程，直至判别出 V_0 位为 0 还是为 1 为止。此时，控制逻辑电路发出转换结束信号 EOC。经过 N 次比较后，N 位寄存器内容就是转换后的数字量，经输出锁存器输出。

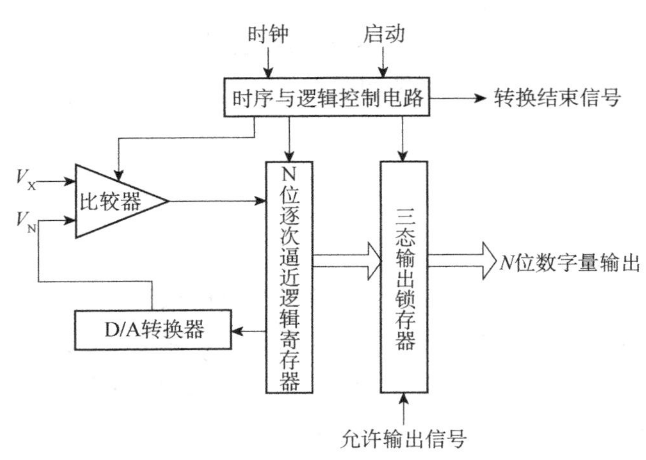

图 7-20　逐次逼近式 A/D 转换器原理结构图

（2）A/D 转换器的主要技术指标

A/D 转换的过程主要包括采样和量化。采样是使模拟信号在时间上离散化；量化则是把采样后的离散幅值经过舍入的方法变为与输入量成比例的二进制数码，也称编码过程。所涉及的主要技术指标如下。

①分辨率与量化误差。A/D 转换器的分辨率指转换器对输入电压微小变化的响应能力的度量，定义为满量 n 程值与 2 之比（n 为 A/D 转换器的位数）。例如满量程电压为 5V，则 8 位二进制 A/D 转换器能分辨出输入电压变化的最小值为 $5\times\frac{1}{2^8}$=19.5mV。

显然，ADC 的分辨率取决于转换器的位数，位数越多，分辨率越高，所以习惯上 ADC 的分辨率以输出的二进制位数或 BCD 码位数表示。如 AD574 的分辨率为 12 位，MC14433 的分辨率为 3 位。分辨率仅是一个设计参数，它不能反映 ADC 性能的好坏。

量化误差与分辨率是一致的。量化误差是由于分辨率有限而引起的误差。因此，量化误差理论上为一个单位分辨率，即±1/2LSB（LSB 为 ADC 数字量输出最低位所表示的二进制数值）。

②转换时间与转换频率。A/D 转换器完成一次模拟量变换为数字量所需的时间为 A/D 转换时间。转换频率是转换时间的倒数，它反映采集系统的实时性能。

③转换精度。A/D 转换器的转换精度反映了一个实际的 A/D 转换器与一个理想的 A/D 转

换器在量化值上的差值，可用绝对误差或相对误差表示，与一般测试仪表的定义相似。值得注意的是，A/D 转换器的转换精度所对应的误差指标是不包括量化误差的。

2. 典型 A/D 转换器芯片 ADC0809

ADC0809 是美国国家半导体公司生产的与单片机兼容的 8 位 A/D 转换器，带有 8 位 A/D 转换器、8 路多路开关，转换时间约为 100μs，其转换方法为逐次逼近型。目前在国内市场应用较多。

（1）ADC0809 的结构及原理

ADC0809 原理框图如图 7-21 所示，它主要由两个部分组成。

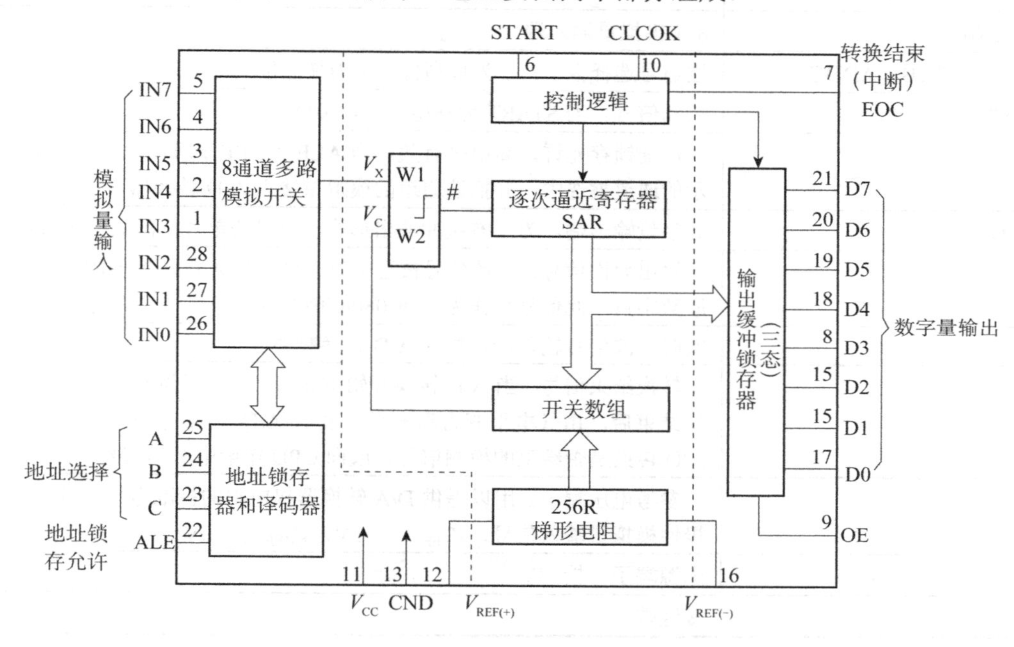

图 7-21 ADC 0809 原理框图

第一部分为 8 通道多路模拟开关，其基本原理与 CD4051 类似。控制 C、B、A 和地址锁存允许端子，可使其中一个通道被选中。

第二部分为一个逐次逼近型 A/D 转换器，它由比较器、控制逻辑、输出锁存缓冲器、逐次逼近寄存器、开关数组和 256R 梯形解码网络组成，由后两种电路（开关数组和 256R 梯形电阻网络）组成 D/A 转换器。

控制逻辑用来控制逐次逼近寄存器从高位到低位逐次取“1”，然后将此数字量送到开关数组（8 位），以控制开关 K7~K0 是否与参考电平相连。参考电平经 256R 梯形电阻网络输出一个模拟电压 V_C，V_C 与输入模拟量 V_X 在比较器中进行比较。当 V_C>

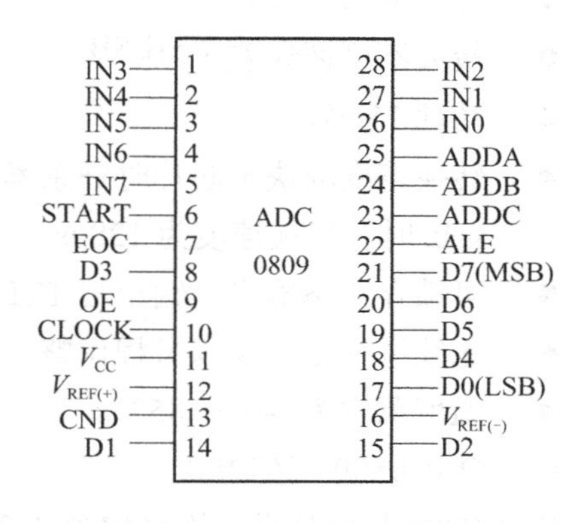

图 7-22 ADC 0809 引脚图

V_X时，该位D_i=0；若$V_C \leqslant V_X$，则D_i=1，且一直保持到比较结束。因此，从D7～D0比较8次，逐次逼近寄存器中的数字量，即与模拟量V_X所相当的数字量等值。此数字量送入输出锁存器，并同时发出转换结束信号。

（2）ADC0809的引脚功能及技术指标

ADC0809引脚图如图7-22所示。ADC0809各引脚作用如表7-4所示。

表7-4　ADC0809各引脚信号说明

引脚	功能说明
IN7～IN0	8个模拟量输入端
ADDA、ADDB、ADDC	通道号选择端子；C为最高位，A为最低位
START	启动信号。当START为高电平时，A/D转换开始
ALE	地址锁存允许，高电平有效。当ALE为高电平时，允许C、B、A所示的通道被选中，并把该通道的模拟量接入A/D转换器
D7～D0	数字量输出端，为三态缓冲输出形式，可以和单片机的数据线直接相连
OE	输出允许信号。当此信号被选中时，允许从A/D转换器的锁存器中读取数字量。此信号可作为ADC0808/0809的片选信号，高电平有效
CLOCK	实时方波信号输入端，决定A/D转换频率
EOC	转换结束信号。当A/D转换开始10us后EOC变为低电平；当A/D转换结束后，由低电平变为高电平，表示A/D转换完毕。此信号可用做A/D转换是否结束的检测信号，或向CPU申请中断的信号
$V_{REF(+)}$、$V_{REF(-)}$	参考电压端子。用以提供D/A转换器权电阻的标准电平。对于一般单极性模拟量输入信号，$V_{REF(+)}$=+5V，$V_{REF(-)}$=0V
V_{CC}	电源端子，接+5V
GND	接地端

ADC0809技术指标：

- 单一电源，+5V供电，模拟量输入范围为0～5V。
- 分辨率为8位。
- 最大不可调误差$< \pm 1\text{LSB}$。
- 功耗15mW。
- 转换速度取决于芯片时钟频率。时钟频率范围为10～1280kHz，当CLOCK等于500 kHz时，转换速度为128μs。
- 可锁存三态输出，输出与TTL兼容。
- 无须进行零位及满量程调整。
- 温度范围为-40～+85℃。

（3）DAC0809工作方式

DAC0809与单片机的连接如图7-23所示。

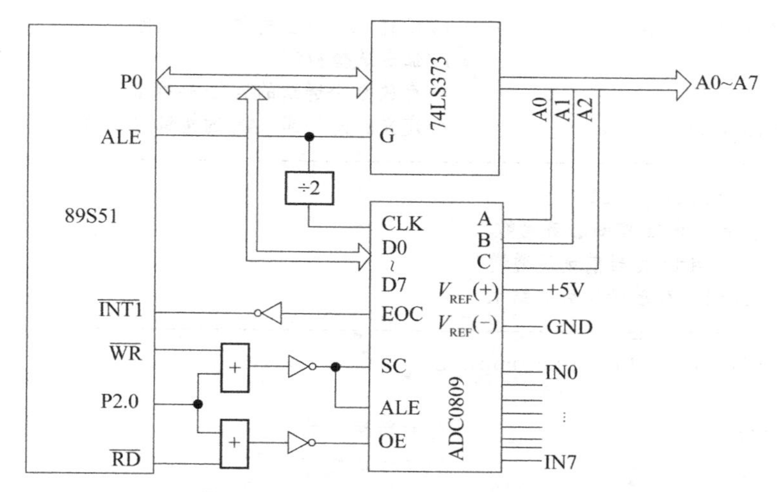

图 7-23　ADC 0809 与单片机的连接

图中将 ADC0809 作为单片机的一个扩展 I/O 口。

①8 路模拟通道地址。ADDA、ADDB、ADDC 分别接地址锁存器 74LS373 提供的低三位地址，只要把三位地址写入 ADC0809 中的地址锁存器，就实现了模拟通道选择。图 7-15 所示中采用线选的方式，端口地址由 P2.0 确定，同时与 $\overline{WR}$ 相“或”取反后作为开始转换的选通信号。8 路通道 IN0~IN7 的地址为分别为 FEF8H~FEFFH。

图中利用单片机访问外部数据存储器时的 WR 信号和 P2.0 信号相或后作为 ADC0809 的地址锁存信号，把 ADC0809 的地址锁存与译码器作为一个外部 RAM 单元，将所选择通道的地址码送到这个单元中，以选中 IN0~IN7 作为模拟量输入，与此同时启动 ADC0809 进行 A/D 转换。因此启动图 7-23 中的 ADC0809 进行转换就需要对外部 I/O 进行操作。

在 C51 程序设计中定义外部 RAM 或扩展 I/O 端口的地址时，必须在程序中包含“absacc.h”绝对地址访问头文件，然后用关键字 XBYTE 来定义 I/O 端口地址或外部 RAM 地址。

```
#include  <absacc.h>
#define  IN0  XBYTE[0Xfef8]   //设置 ADC0809 的通道 0 的地址
```

有了以上定义后，就可以直接在程序中对定义的 I/O 端口名称进行读写，例如：

```
i=IN0;
```

该程序采用指针对 8 个通道地址进行访问。

②启动 ADC0809 后，约经 10μs 延时检测 EOC 信号，等待转换结果。

③检测 EOC 信号，如 EOC=1 表明 A/D 转换结束，可以读取转换结果；如 EOC=0 则表明正在进行 A/D 转换，暂不读数。检测 EOC 可以用查询和中断的方法。另外，等待 A/D 转换结束还可以用程序来设置等待。

下面举例说明 ADC0809 的应用，要求采用中断方式巡回检测一遍 8 路模拟量输入，并依次将采样数据存放在数组中，采用中断方式实现。

```
#include<absacc.h>                          //绝对地址访问头文件
#include<reg51.h>
#define uchar unsigned char
```

```
#define IN0 XBYTE[0xfef8]                //设置AD0809的通道0地址
uchar i;                                 //通道选择控制
uchar x[8];                              //存放8个通道的A/D转换数据
uchar xdata *ad_adr;                     //定义转向外部RAN的指针存放通道地址
//--------------------------------------------------------------------
//   中断函数：  service_int1
//   函数功能：  外部中断1中断服务函数
//   形式参数：  *ad_adr为当前选定通道
//   返回值：    x[i]中存放转换后的结果
//--------------------------------------------------------------------
void service_int1(void) interrupt 2
{
  x[i]=*ad_adr;                          //存转换结果
  ad_adr++;                              //下一通道
  i++;
  while(i==8) EA=0;                      // 8个通道转换完毕，关中断
}
//--------------------------------------------------------------------
// 主函数
//--------------------------------------------------------------------
void main(void)
{
  IT1=1;                                 //设置边沿触发方式
  EX1=1;                                 //外部中断1开中断
  EA=1;                                  //开总中断允许位
  i=0;                                   //初始化i为第0通道
  ad_adr=&IN0;                           //通道0地址送ad_adr
  *ad_adr=0;                             //写操作启动A/D转换
  while(1);                              //等待中断
}
```

单片机与A/D转换器接口程序设计，主要有以下4个步骤：

①启动A/D转换，START引脚得到下降沿信号。

②查询EOC引脚状态，EOC引脚由0变1，表示A/D转换过程结束。

③允许读数，将OE引脚设置为1状态。

④读取A/D转换结果。

知识拓展：指针简介

1. 指针变量的定义

变量在内存中的分配及赋值方法如图7-24所示。其定义格式为：

数据类型　　*指针变量名；

例如：

```
int i,j,k,*i_ptr;     //定义整型变量 i,j,k 和整型指针变量 i_ptr
```

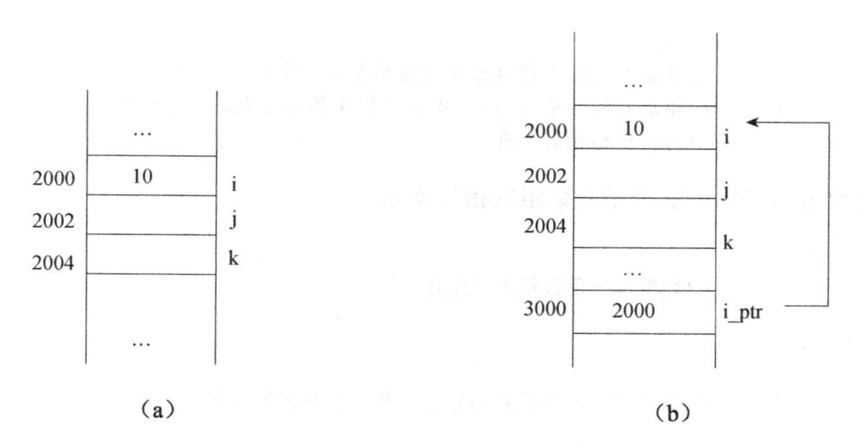

图 7-24　变量在内存中的分配及赋值方法

为变量 i 赋值的方法有以下两种。

（1）直接方式

例如：

```
    i=10;              //将整数 10 送入地址为 2000 和 2001 的单元内
                       //（整型数据占两个存储单元 2000 和 2001）
```

（2）间接方式

例如：

```
    i_ptr=&i;        //变量 i 的地址送给指针变量 i_ptr,i_ptr=2000
   *i_ptr=10;        //将整数 10 送入 i_ptr 指向的存储单元中，即 2000 单元
```

2. 指针运算符

（1）取地址运算符

取地址运算符&是单目运算符，其功能是取变量的地址，例如：

```
  i_ptr=&i;    //变量 i 的地址送给指针变量 i_ptr,i_ptr=2000
```

（2）取内容运算符

取内容运算符*是单目运算符，用来表示指针变量所指的单元的内容，在*运算符之后跟的必须是指针变量。

```
j=*i_ptr;              //将 i_ptr 所指的单元 2000 的内容 10 赋给变量 j，则 j=10
```

3. 指针变量的赋值运算

（1）把一个变量的地址赋予指向相同数据类型的指针变量

```
   int i,*i_ptr;
   i_ptr=&i;          //把整型变量 i 的地址发送给整形指针变量 i_ptr
```

（2）把一个指针变量的值赋予指向相同类型变量的另一个指针变量

```
int i,*i_ptr,*m_ptr;
i_ptr=&i;           //把整型变量 i 的地址发送给整形指针变量 i_ptr
m_ptr=i_ptr;        //整形指针变量 i_ptr 中保存的 i 的地址发送给指针 m_ptr，两
                    //个指针都指向变量 i
```

（3）把数组的首地址赋予指向数组的指针变量

```
int a[5],*ap;
ap=a;               //数组名表示数组的首地址
```

或可以写成：

```
ap=&a[0];           //数组的第一个元素的地址也是表示数组的首地址，赋值给变量 ap
```

也可以采用初始化赋值的方法：

```
int a[5],*ap=a;
```

（4）把字符串的首地址赋予指向字符类型的指针变量

```
unsigned char  *cp;
cp="Hello World!";
```

这里应该说明的是，并不是把整个字符串装入指针变量，而是把存放该字符串的字符数组的首地址装入指针变量。

四、任务实施

1. 确定设计方案

微控制器单元选用 AT89S51 芯片、时钟电路、复位电路、电源和动态数码管显示和 ADC0809 转换器构成单片机最小系统，由 IN0 通道输入模拟 0～5V 电压信号，经 ADC0808 转换后变为 0～255 数值量由数码管输出。简易电压表系统方案设计框图如图 7-25 所示。

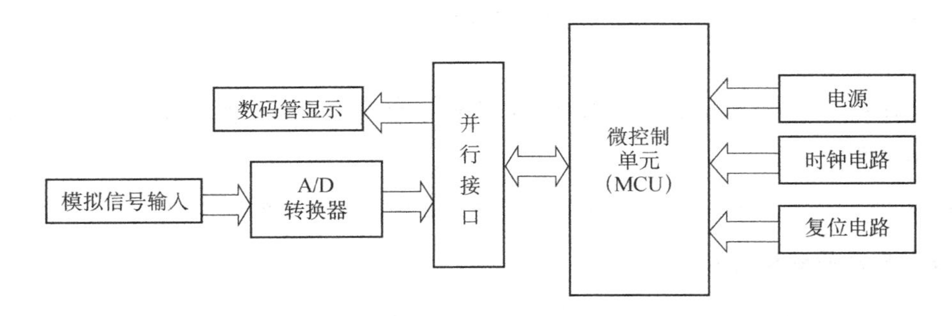

图 7-25　简易电压表系统方案设计框图

2. 硬件电路设计

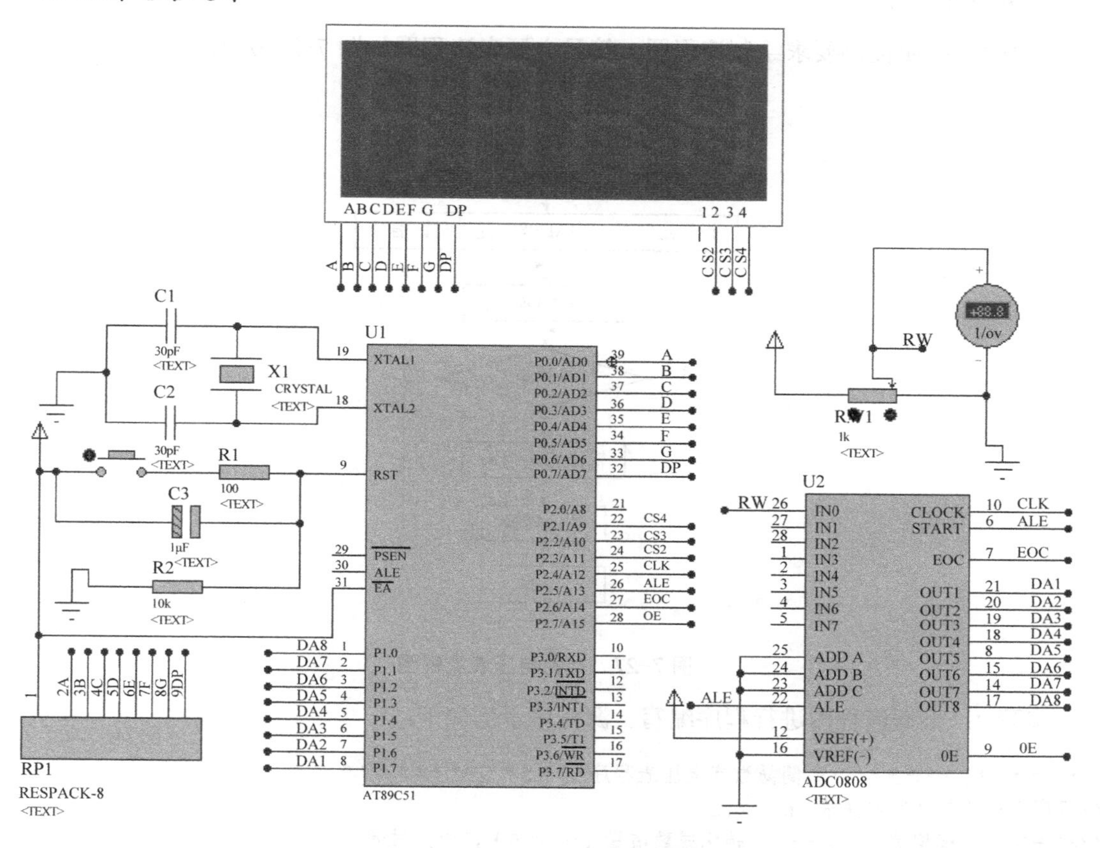

图 7-26　简易电压表原理图

电路如图 7-26 所示，该任务采用单片机 P0 端口作为数码管动态显示的段码口，动态显示的位码由 P2.1～P2.3 口提供，单片机 P1 端口连接 ADC0808 的数字量输出端 D7～D0，通道号选择端子 ADDA、ADDB、ADDC 直接接地，即 ADC0808 的模拟量通道选择 IN0 通道，CLOCK 信号接 P2.4，时钟脉冲由软件产生，START、EOC、OE 信号分别接 P2.5、P2.6 和 P2.7 口。

因为 Proteus 软件的仿真库中没有 ADC0809 的模型，因此电路中用 ADC0808 代替。电路所用元器件如表 7-5 所示。

表 7-5　电路所用元器件

参数	元器件名称	参数	元器件名称
AT89S51	单片机	RESPACK-8	排阻
RES（200Ω）	电阻	7SEG-MPX4-CC-BLUE	共阴极 4 位数码管
CRYSTAL	晶振	POT-LIN	线性交互式电位计
CAP-ELEC	电解电容	ADC0808	A/D 转换器
CAP 30pF	电容	直流电压表	

3. 源程序设计

步骤1：按照控制要求绘制流程图。简易电压表流程图如图7-27所示。

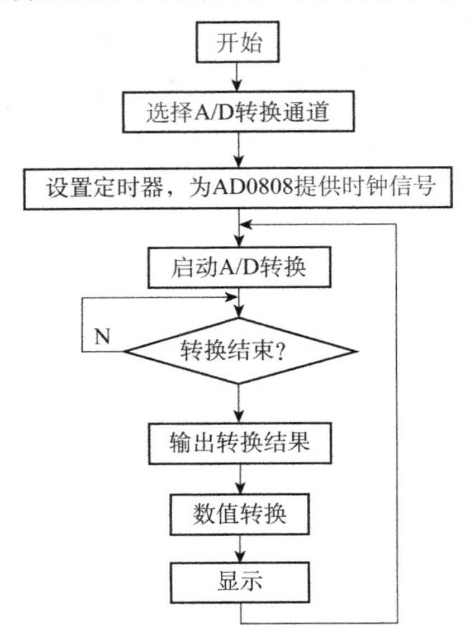

图7-27　简易电压表流程图

步骤2：根据流程图进行程序编写。源程序示例如下：

```
//**************** 简易数字电压表程序**************
//程序名：简易数字电压表 xm7_2.c
//程序功能：模拟信号（0～5v）转化成数值量（0-255），十六进制为（0～ffH）
//          例如 2.5v--数值量为 127（7fH）
   #include "reg51.h"
   #define uint unsigned int
   #define uchar unsigned char
   sbit CLOCK=P2^4;                   //定义 AD 的控制引脚
   sbit ST=P2^5;
   sbit EOC=P2^6;
   sbit OE=P2^7;
   sbit P21=P2^1;                     //定义动态显示的字位端口
   sbit P22=P2^2;
   sbit P23=P2^3;
   uchar code tab[]={0x3f,0x06,0x5b,0x4f,0x66,0x6d,0x7d,0x07,0x7f,0x6f};
                                                        //共阴极字型码表
   uchar b,s,g;                       //定义百位、十位、个位变量---全局变量
   uchar date;                        //定义转换值的变量
   uchar i;
//---------T0 定时器中断给 ADC0809 提供时钟信号-----------------
   void Timer0_INT() interrupt 1
   {
     CLOCK=~CLOCK;
```

```
  }
//--------------------数码管显示函数---------------------------------------
   void display()
   {
      b=date/100;                    //百位
      s=(date-b*100)/10;             //十位
      g=date-b*100-s*10;             //个位
       if(b)                         //显示百位
       {
         P23=0;
         P0=tab[b];
         for(i=0;i<25;i++);
         P23=1;
       }
      else
       {
          P23=0;
         P0=0x00;
         for(i=0;i<25;i++);
         P23=1;
       }
     if(b==0)
      if(s)                          //显示十位
      {
        P22=0;
        P0=tab[s];
        for(i=0;i<25;i++);
        P22=1;
      }
      else
       {
          P22=0;
        P0=0x00;
        for(i=0;i<25;i++);
        P22=1;
       }
        else
      {
        P22=0;
        P0=tab[s];
        for(i=0;i<25;i++);
        P22=1;
      }
        P21=0;                       //显示个位
        P0=tab[g];
        for(i=0;i<25;i++);
        P21=1;
```

```
    }
//--------------------主函数----------------------------------------
    void main ( )
    {
      TMOD=0X02;                    //定时器 T0-方式 2
      TH0=245;                      //定时器初值
      TL0=245;
      EA=1;                         //CPU 开放中断
      ET0=1;                        //定时器 T0 开放中断
      TR0=1;                        //启动定时器
      while (1)
      {
        ST=0;                       //启动转换
        ST=1;                       //下降沿信号有效
        ST=0;
        for (i=0;i<20;i++) ;
        {
         while (EOC==0) ;           //查询等待转换结束 EOC==1
         OE=1;                      //允许读数
         date=P1;                   //输出 A/D 转换结果
         OE=0;                      //关闭输出
         display ( ) ;              //调用显示函数
        }
      }
    }
```

4. 软、硬件调试与仿真

用 Keil μVision3 和 Proteus 软件联合进行程序调试。

（1）用 Proteus 软件进行硬件电路的设计。

（2）用 Keil 软件进行源程序编辑、编译、生成目标代码文件。

①新建 Keil 项目文件。

②选择 CPU 类型。

③新建汇编源程序（.c 文件），编写程序并保存。

④源程序进行编译、生成目标代码文件（.HEX 文件）。

（3）在 Proteus 软件中加载目标代码文件、设置时钟频率。

①加载目标代码文件：右击选中 ISIS 编辑区中 AT89c51，打开其属性窗口，在“Program File”右侧框中输入目标代码文件。

②设置时钟频率：在属性窗口的“Clock Frequency”时钟频率栏中设置 12MHz。

（4）单片机系统的 Proteus 交互仿真。

仿真画面如图 7-28 所示，单击按钮 ▶ 启动仿真，调节交互式电位计的位置，使得输入的模拟电压信号在 0～5V 变化，经过 ADC0808 转换后变为 0～255 数值量由数码管显示输出。图中当模拟电压为 2.5V 时转换为数值量为 127。若单击“停止”按钮 ■，则终止仿真。

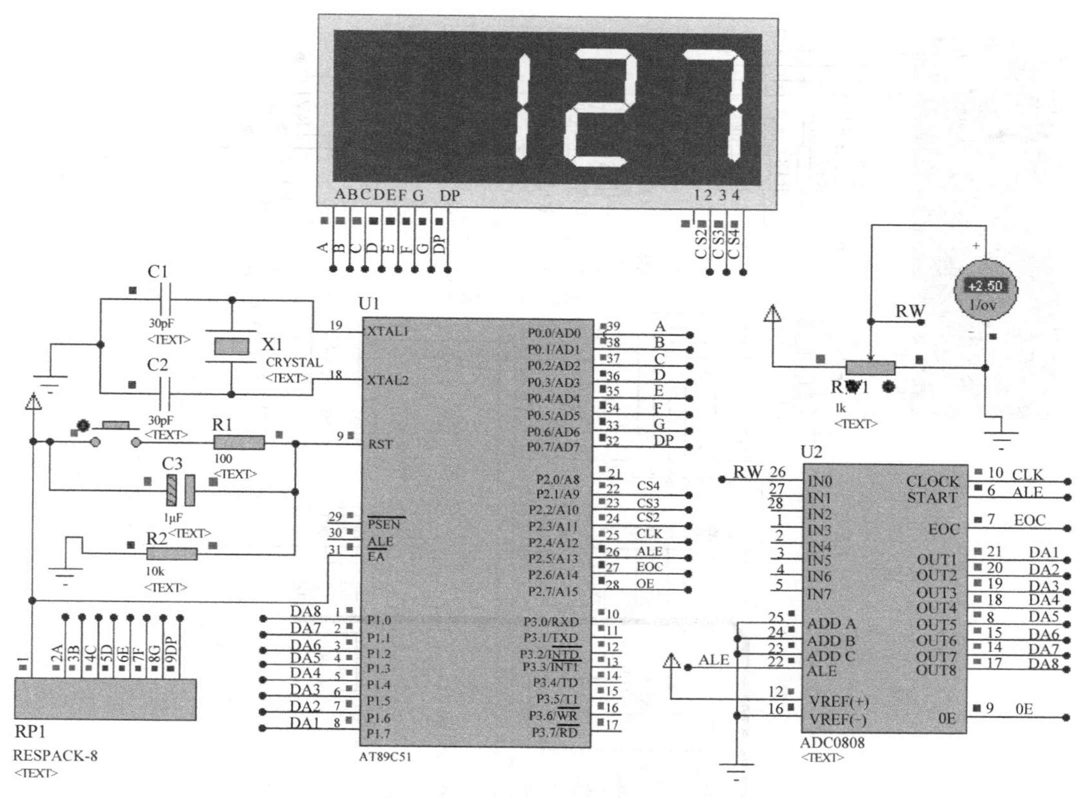

图 7-28 全速仿真图片段

5. 实物连接、制作

在万能板上按照电路原理图焊接元器件，数字电压表电路元器件清单如表 7-6 所示。

表 7-6 元器件清单

元器件名称	参数	数量	元器件名称	参数	数量
单片机	AT89S51	1	电阻	1 kΩ、10 kΩ、100 kΩ	4、1、4
晶体振荡器	12MHz	1	电阻	100Ω、150Ω	1、8
电源	+5V	1	排阻	含 8 个电阻	1
A/D 转换芯片	ADC0809	1	电容	39pF	2
数码管	共阴极	4	电解电容	47μF	1
IC 插座	DIP40	1	电位器	100 kΩ	4

五、技能提高

控制要求：设计一数字电压表，使得电压表允许 4 路电压输入检测，随时切换；电压检测范围 0～5V，检测精度 0.01V；同时采用 4 位 LED 显示电压值。数字电压表参考电路图如图 7-29 所示。

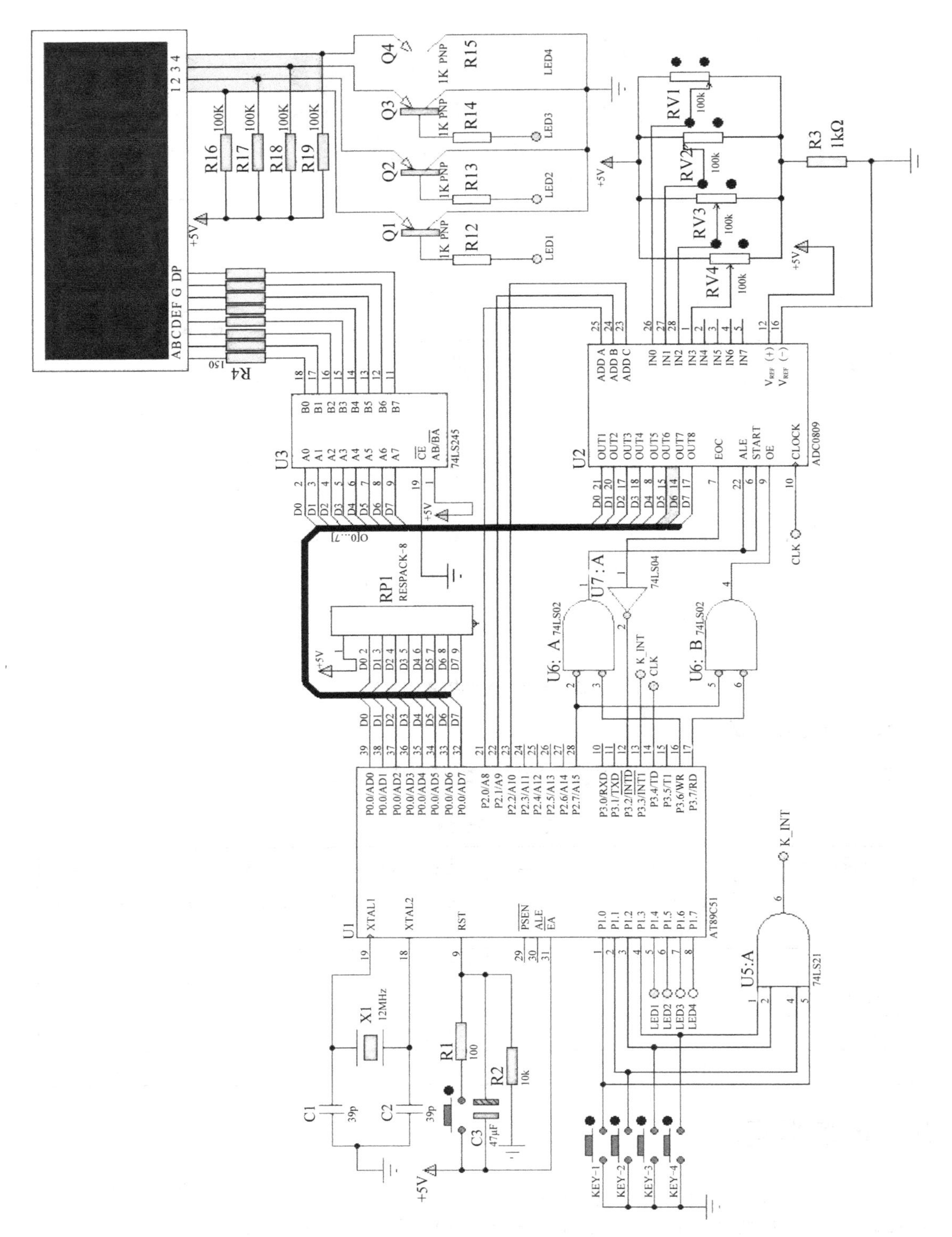

图 7-29　数字电压表参考电路图

程序参考流程图如图 7-30 至图 7-32 所示。

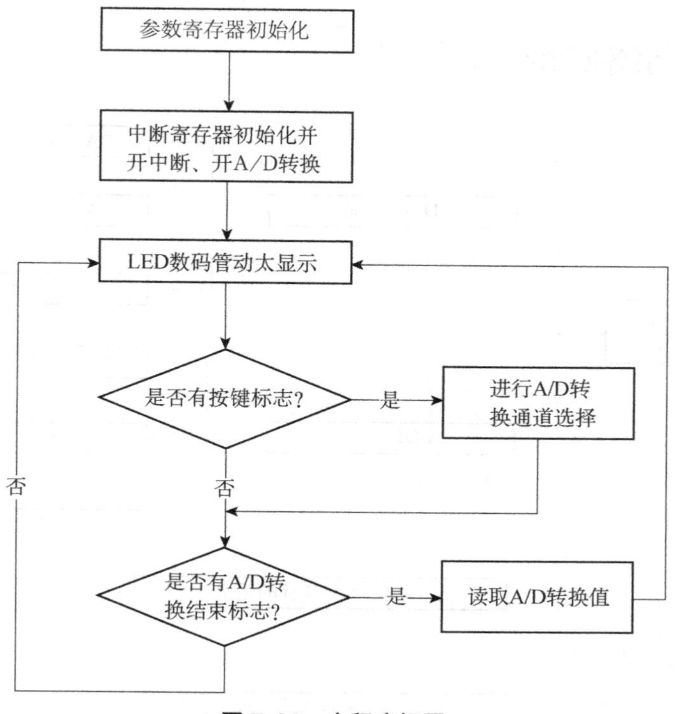

图 7-30 主程序框图

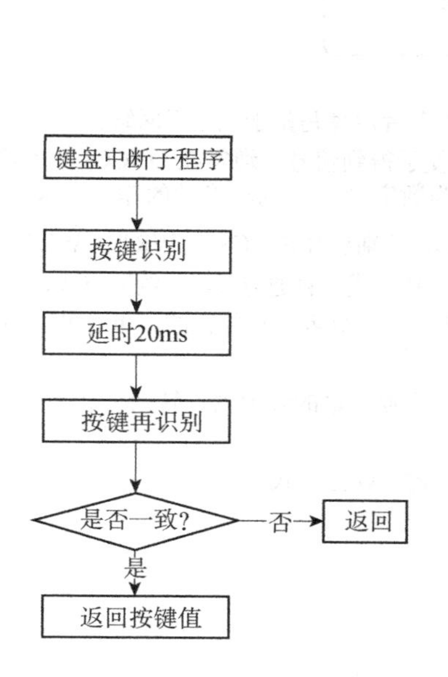

图 7-31 键盘中断子程序框图

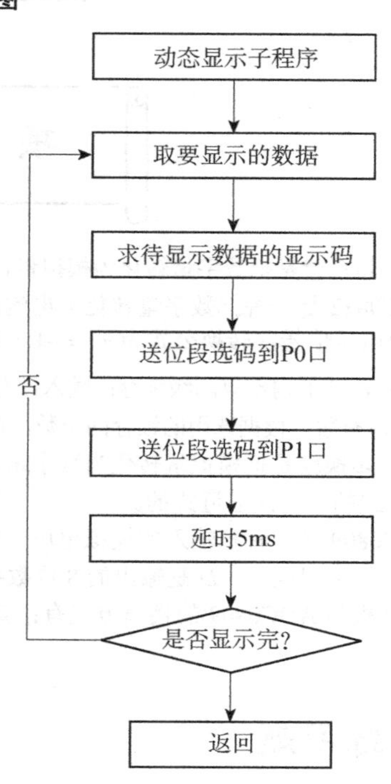

图 7-32 动态显示子程序

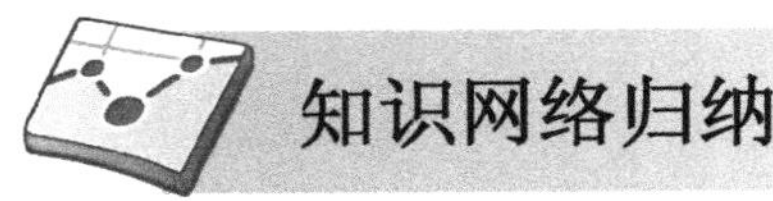

知识网络归纳

- 项目七涉及的理论知识
  - D/A转换器
    - DAC0832的结构及原理
    - 3种工作方式及应用
    - D/A转换器
  - A/D转换器
    - ADC0809的结构及原理
    - 工作方式及应用
    - A/D转换原理
- 掌握的技能
  - C51指针的运用
  - A/D和D/A转换器的应用

项目小结

1. D/A 转换就是把数字量转化为模拟量，实现 D/A 转换的芯片原理是基于权电阻网络。

2. DAC0832 是一种把数字量转化为电流的转换器，为了便于得到信号，通常在 DAC0832 的输出端加上运放，输出电压信号，转换公式为 $V_{O}=-D\times(V_{REF}/256)$，D 为数字量，$V_{O}$ 为转换后的输出电压。

3. DAC0832 的内部有两级锁存：输入锁存器、DAC 寄存器，分别靠 ILE、$\overline{CS}$、$\overline{WR1}$、$\overline{WR2}$、$\overline{XFER}$ 这些引脚来控制有效。根据选用的锁存的个数，DAC0832 有 3 种工作方式：直通方式、单缓冲方式、双缓冲方式。

4. A/D 转换就是把模拟量转化为数字量，实现 A/D 转换的芯片很多，有并行的、串行的，有 8 位、12 位，有积分式的、逐次逼近式的。

5. ADC0809 是一种把输入的模拟电压（0～5V）转化为 8 位数字量的转换器，转换公式为 $V_{i}=5D/2^{8}$，其中 V_{i} 是输入的模拟电压，D 是输出的 8 位数字量。

6. 单片机与 ADC0809 的接口方式有：查询方式、中断方式、等待方式。

练习题

一、单项选择题

（1）A/D 转换结束通常采用________方式编程。

A．中断方式　　B．查询方式　　C．延时等待方式　　D．中断、查询和延时等待

（2）ADC0809 芯片时 m 路模拟输入的 n 位 A/D 转换器，m、n 分别是______。

A．8、8 B．8、9 C．8、16 D．1、8

（3）采用 ADC0809 构成模拟量输入通道，ADC0809 在其中起______作用。

A．模拟量到数字量的转换 B．数字量到模拟量的转换

C．模拟量到数字量的转换和采样/保持 D．模拟量到数字量的转换和多路开关

（4）A/D 转换器的 VREF（−）VREF（+）分别接−5V 和+5V，说明它的______。

A．输入为双极性，范围是−5～+5V B．输入为双极性，范围是−10～+10V

C．输出为双极性，范围是−FFH～+FFH D．输入为单极性，范围是 0～+5V

（5）关于 ADC0809 中 EOC 信号的描述，不正确的说法是______。

A．EOC 呈高电平，说明转换已经结束

B．EOC 呈高电平，可以向 CPU 申请中断

C．EOC 呈高电平，表明数据输出锁存器已被选通

D．EOC 呈低电平，处于转换过程中

（6）DAC0832 是一种______芯片。

A．8 位模拟量转换数字量 B．16 位模拟量转换数字量

C．8 位数字量转换模拟量 D．16 位数字量转换模拟量

（7）DAC0832 的工作方式有______。

A．直通工作方式 B．单缓冲工作方式

C．双缓冲工作方式 D．直通、单缓冲和双缓冲工作方式

（8）当 DAC0832 与 89C51 单片机连接时的控制信号主要有______。

A．ILE、$\overline{CS}$、$\overline{WR1}$、$\overline{WR2}$、$\overline{XFER}$ B．ILE、$\overline{CS}$、$\overline{WR1}$、$\overline{XFER}$

C．$\overline{WR1}$、$\overline{WR2}$、$\overline{XFER}$ D．ILE、$\overline{CS}$、$\overline{WR1}$、$\overline{WR2}$

（9）多片 D/A 转换器必须采用______接口方式。

A．单缓冲 B．双缓冲 C．直通 D．均可

（10）DAC0832 的 VREF 接−5V，I_{OUT1} 接运放异名端，输入为 10000000B，输出为______。

A．+5V B．+2.5V C．−5V D．−2.5V

（11）在上题基础上，再接一级运算放大器构成双极性电压输出，输入 C0H 时，输出为______。

A．+3.75V B．+2.5V C．−3.75V D．−2.5V

（12）当 D/A 转换器的位数多余处理器的位数时，接口设计中不正确的做法是______。

A．数据分批传送 B．需要两级数据缓存

C．数据的所有数字位必须同时进行转换 D．数据按输入情况分批进行转换

二、填空题

（1）描述 D/A 转换器性能的主要指标有______________________________。

（2）DAC0832 利用__________控制信号可以构成的三种不同的工作方式。

（3）A/D 转换器的作用是将______________量转为______________量；D/A 转换器的作用是将量转为______________量。

三、简答题

1. 试说明 D/A 转换器的工作原理。

2. 试说明逐次逼近式 A/D 转换器的工作原理。

3. D/A 转换器的主要性能指标都有哪些？设某 12 位 DAC，满量程输出电压为 5V，试问它的分辨率为多少？

4. ADC0809 与单片机接口时有哪些控制信号？作用分别是什么？

四、问答题

1. 设 12 位 D/A 转换器 DAC1210 与 8031 接口电路连接，如图 7-33 所示。

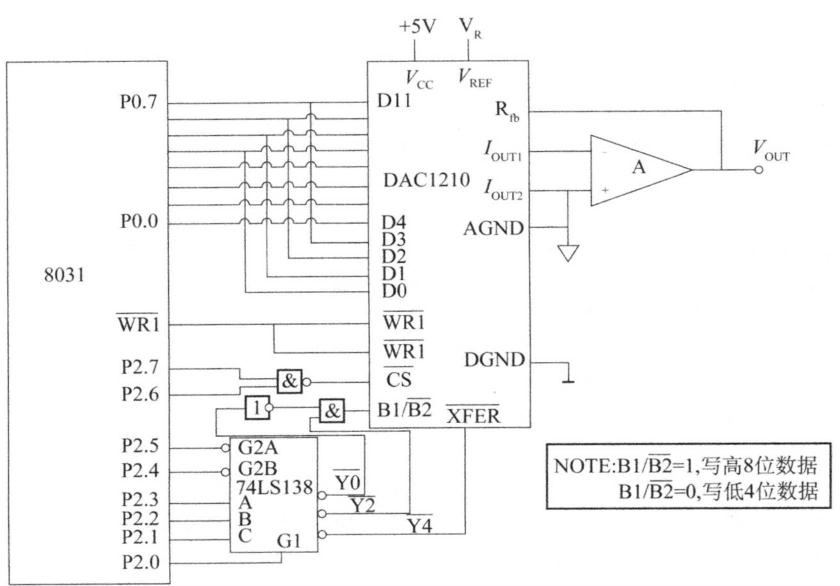

图 7-33 问答题 1 图

（1）指出该电路中 8031 单片机向 DAC1210 写高 8 位数据及低 4 位数据的各自地址。

（2）设数据存放在 DABUFF 为首地址的连续两个存储单元中，试编写、完成 D/A 转换的程序。

2. 某 A/D 转换电路如图 7-34 所示。

（1）试写出该 A/D 转换器的 8 个不同通道的 A/D 转换启动地址。

（2）该电路采用什么方式判断 A/D 转换结束？

（3）现要求对 8 路模拟量输入参数进行巡回检测，每个通道采样 1 次，并将采样值放在外部 RAM 的 A000H 为首地址的连续存储单位中。

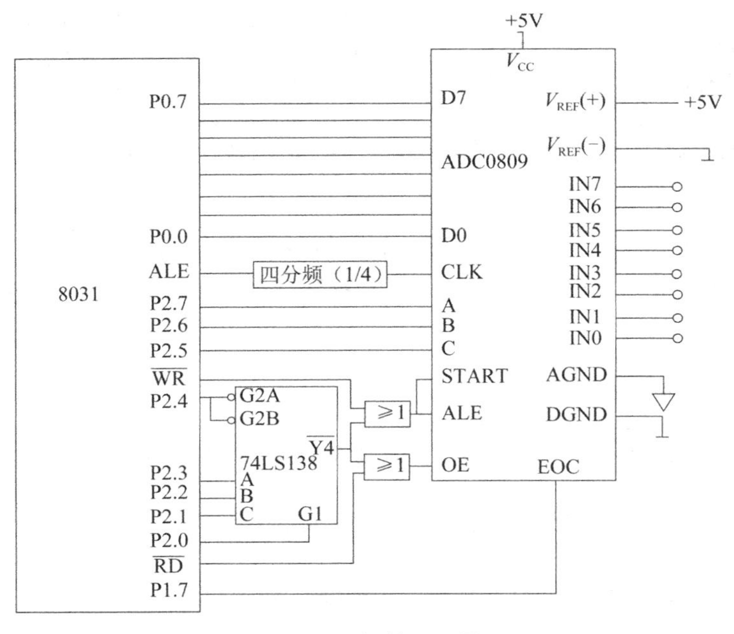

图 7-34 问答题 2 图

项目八　电子屏显示设计

应用案例——微波炉控制系统

微波炉是日常生活中最常见的家用电器，图 8-1 所示是一个微波炉控制系统的示意图，左侧部分的门控开关、温度传感器、物品检测传感器、微波继电器、物品转盘及转盘电动机等安装在微波炉内部；右侧部分的显示、4×4 按键为微波炉的操作显示面板。

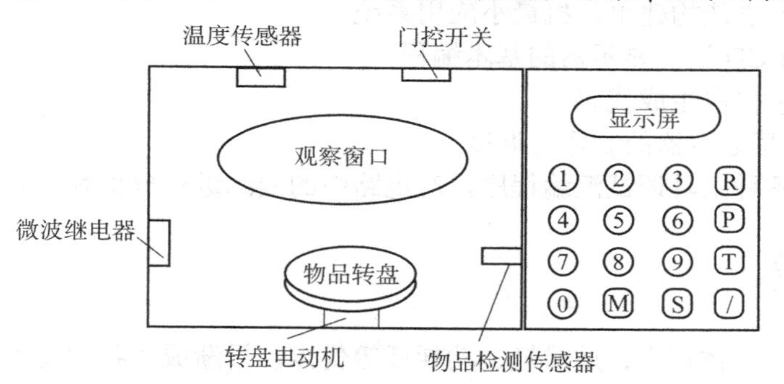

图 8-1　微波炉控制系统示意图

图 8-1 中显示屏采用 12864 液晶显示屏、0～9 是 10 个数字键，M 和 S 是时间分和秒的设置按键；/是个位和十位的选择按键，R、P 、T 分别是微波炉的运行按键、暂停按键和停止按键；转盘电动机用直流电动机代替，门控开关用指令元件模块的开关 K1、物品检测传感器用指令元件模块的按钮 SB1 代替、温度传感器用指令元件模块的按钮 SB2 代替。

微波炉系统设计框图如图 8-2 所示。

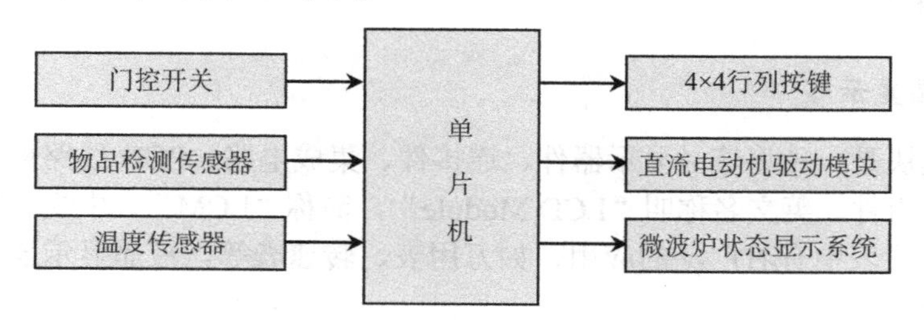

图 8-2　微波炉控制结构框图

任务一　LCD 液晶显示屏

一、学习目标

知识目标

1. 掌握 LCD1602 字符型液晶显示屏的使用方法
2. 掌握 AMPIRE128×64 图形点阵液晶屏的使用方法
3. 掌握单片机通过液晶屏显示的编程方法

技能目标

1. 根据任务要求能构建单片机最小应用系统
2. 能够完成 LCD 液晶显示器的基本编程
3. 会使用字模提取生成代码
4. LED 大屏幕显示器的制作与调试
5. 熟练运用各种工具调试汇编程序，对电路中的故障进行分析判断并加以解决

二、任务导入

LCD 液晶屏由于体积小、质量轻、功耗低等优点，日渐成为各种便携式电子产品的理想显示器件。从液晶屏显示内容来分，可分为数显式、字符式和点阵图形式 3 种。其中点阵图形式液晶屏可以显示数字、文本和各种图形，因此在手机、遥控器等手持设备上得到了广泛的应用。

本次任务利用单片机控制字符型 LCD 液晶屏显示数字或字符，运用图形点阵液晶屏固定或移动显示汉字。

三、相关知识

1. LCD 液晶显示器

液晶显示模块是一种将液晶显示器件、连接件、集成电路、PCB 线路板、背光源、结构件装配在一起的组件。英文名称叫“LCD Module”，简称“LCM”，中文一般称为液晶显示器。其在便携式仪表中有着广泛的应用，如万用表、转速表等。液晶显示器也是单片机系统常用的显示电路。

根据显示方式和内容的不同，液晶模块可以分为数显液晶模块、液晶点阵字符模块和点阵图形液晶模块三种。

（1）数显液晶模块

这是一种由段型液晶显示器件与专用的集成电路组装成一体的功能部件，只能显示数字和一些标识符号。

段型液晶显示器件大多应用在便携、袖珍设备上。由于这些设备体积小，所以尽可能不将显示部分设计成单独的部件，即使一些应用领域需要单独的显示组件，那么也应该使其除具有显示功能外，还应具有一些信息接收、处理、存储传递等功能，由于它们具有某种通用的、特定的功能而受市场的欢迎。常见的市售数显液晶显示模块有计数模块、计量模块和计时模块。

（2）液晶点阵字符模块

它是由点阵字符液晶显示器件和专用行、列驱动器、控制器以及必要的连接件、结构件装配而成的，可以显示数字和西文字符，但不能显示图形。这种点阵字符模块本身具有字符发生器，显示容量大，功能丰富。一般该种模块最少也可以显示 8 位 1 行或 16 位 1 行以上的字符。

这种模块的点阵排列是由 5×7 或 5×8，5×11 的一组组像素点阵排列组成的。每组 1 位，每位间有一点的间隔，每行间也有一行的间隔，所以不能显示图形，其规格主要如表 8-1 所示。

表 8-1 点阵字符模块规格

8 位	1 行；2 行
16 位	1 行；2 行；4 行
20 位	1 行；2 行；4 行
24 位	1 行；2 行；4 行
32 位	1 行；2 行；4 行
40 位	1 行；2 行；4 行

一般在模块控制、驱动器内具有已固化好 192 个字符字模的字符库 CGROM，还具有让用户自定义建立专用字符的随机存储器 CGRAM，允许用户建立 8 个 5×8 点阵的字符。

（3）点阵图形液晶模块

这种模块也是点阵模块的一种，其特点是点阵像素连续排列，行和列在排布中均没有间隔。因此可以显示连续、完整的图形。由于它也是由 X-Y 矩阵像素构成的，所以除显示图形外，也可以显示字符。

为了显示图形，其像素数量要大量增加，不能再用 1/8、1/16 占空比驱动，而应该选用 1/32 以上，甚至 1/256 占空比驱动。这无论对液晶显示器件、集成电路还是对装配应用都提出了更高的要求，所以点阵图形方式的液晶显示器件更倾向于模块化生产。

在选购点阵图形模块时要特别注意的是像素数量和装配所用集成电路的类型，故这里重点介绍一下从集成电路上划分点阵图形模块的类别及它们的不同。

①行、列驱动型。这是一种必须外接专用控制器的模块，其模块只装配有通用的行、列驱动器，这种驱动器实际上只有对像素的一般驱动输出端，而输入端一般只有 4 位以下的数据输入端、移位信号输入端、锁存输入端、交流信号输入端等。此种模块必须外接控制电路才能与计算机连接。

②行、列驱动-控制型。这是一种可直接与计算机接口，依靠计算机直接控制驱动器的模块。这类模块所用列驱动器具有 I/O 总线数据接口，因此可以将模块直接挂在计算机的总线上。

③行、列控制型。这是一种内藏控制器的点阵图形模块，也是比较受欢迎的一种类型。这种模块不仅装有如第一类的行、列驱动器，而且也装配有如 KS0108 等的专用控制器。这种控制器是液晶驱动器与计算机的接口，它以最简单的方式受控于计算机，接收并反馈计算

机的各种信息，经过自己独立的信息处理实现对显示缓冲区的管理，并向驱动器提供所需要的各种信号、脉冲，操纵驱动器实现模块的显示功能。

本项目任务一中所涉及 AMPIRE128×64 液晶屏显示模块属于行、列控制型。

2. 1602 字符型 LCD

字符型液晶显示模块采用点阵式液晶显示，简称 LCD，是一种专门用于显示字母、数字、符号等 ASCII 码符号的显示器件。目前常用的字符 LCD 有很多类型，1602 是一种常用的 16×2 字符型液晶显示器，实物如图 8-3 所示。LCD1602 液晶显示模块引脚如图 8-4 所示。该显示器件采用软封装，控制器大部分为 HD44780，接口为标准的 SIP16 引脚，分电源、通信数据和控制三部分。1602 芯片和背光电路工作电压与单片机兼容，可以很方便地与单片机进行连接，各引脚接口说明如表 8-2 所示。

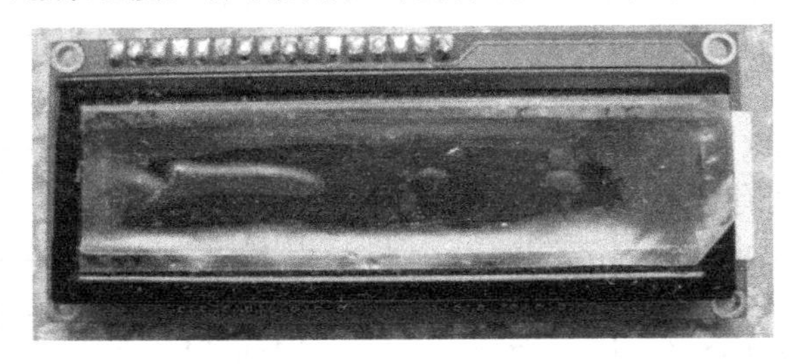

图 8-3　LCD1602 字符型液晶显示器实物图

1 2 3 4 5 6 7 8 9 10 11 12 13 14 15 16

V_{SS} V_{DD} VO RS R/$\overline{W}$ E DB0 DB1 DB2 DB3 DB4 DB5 DB6 DB7 A K

LCD1602

图 8-4　LCD1602 液晶显示模块引脚

表 8-2　1602 接口引脚

编号	符号	引脚说明
1	V_{SS}	电源地
2	V_{DD}	电源正极+5V
3	VO	液晶显示驱动电源（0~5V）可接电位器
4	RS	数据命令选择端（H/L），RS=0：命令/状态；RS=1：数据
5	R/$\overline{W}$	读/写选择端（H/L），R/$\overline{W}$=0：写操作；R/$\overline{W}$=1：读操作
6	E	数据读写操作控制位，E 线向 LCD 模块发送一个脉冲，LCD 模块与单片机之间进行一次数据交换
7	DB0～DB7	数据线，可用 8 位连接，也可以专用高 4 位连接
8	A	背光源正极
9	K	背光源负极

（1）LCD1602 的指令

①基本操作。1602 是单片机外部器件，基本操作以单片机为主器件进行。这些操作包括读状态、写指令、读数据、写数据等。数据的传输通过 1602 的数据端口 D0～D7，操作类型由三个控制端电平 RS、R/$\overline{W}$ 和 E 组合控制。详细的操作控制如表 8-3 所示。在数据或指令的读写过程中，控制端外加电平有一定的时序要求，图 8-5、图 8-6 分别为该器件的读写操作时序图，时序图说明了三个控制端口与数据之间的时间对应关系，这是基本操作的程序设计的基础。

表 8-3 1602 基本读写操作控制

LCD 模块控制	状态	LCD 操作
RS = 0，R / $\overline{W}$ = 1，E = 1	读状态	读忙标志，当忙标志为“1”时，表明 LCD 正在进行内部操作，此时不能进行其他三类操作；当忙标志为“0”时，表明 LCD 内部操作已结束，可以进行其他三类操作，一般采用查询方式
RS = 0，R / $\overline{W}$ = 0，D0～D7=指令码，E=高脉冲	写指令	用于初始化、清屏、光标定位等
RS = 1，R / $\overline{W}$ = 0，D0～D7=数据，E 为上升沿脉冲	写数据	写入要显示的内容
RS = 1，R / $\overline{W}$ = 1，E = 1	读数据	将显示存储区中的数据反读出来，一般比较少用

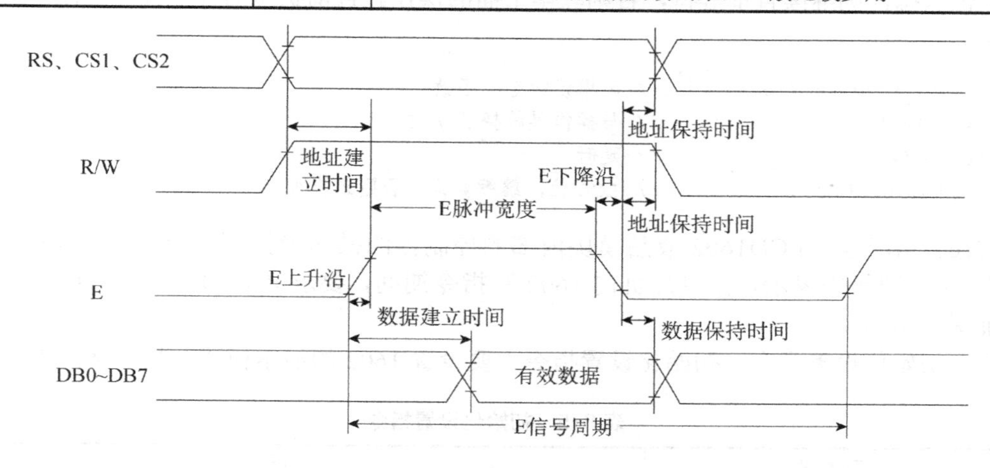

图 8-5 读操作时序

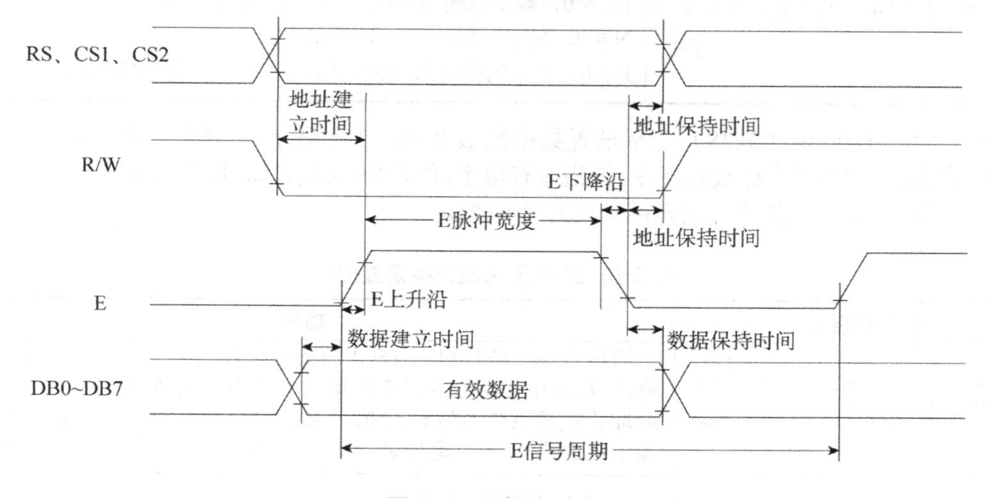

图 8-6 写操作时序

②读状态操作或 AC 地址指令。当进行命令、写数据和读数据三种操作之前，必须先进行读状态操作，查询忙标志。当忙标志为“0”时，才能进行其他三种操作。

当 RS = 0、R/W = 1 时，单片机读取忙碌信号 BF 的内容，BF=1 表示液晶显示器忙，暂时无法接收单片机送来的数据或指令；当 BF=0 时，液晶显示器可以接收单片机送来的数据或指令，同时单片机读取地址计数器（AC）的内容。读LCD内部程序lcd_r_start()见程序xm8-1.c。指令格式如表 8-4 所示。

表 8-4　读取忙信号或 AC 地址指令格式

指令功能	指令编码									
	RS	R/W	DB7	DB6	DB5	DB4	DB3	DB2	DB1	DB0
读取忙信号或 AC 地址	0	1	BF	AC 内容（7 位）						

通过判断最高位 BF 的 0、1 状态，就可以知道 LCD 当前是否处于忙状态，如果 LCD 一直处于忙状态，则继续查询等待，否则教学下面的操作。查询状态的程序段如下：

```
do {
    i=lcd_r_start();          // 调用读状态字函数
    i=i&0x80;                 // 与操作屏蔽掉低 7 位
    delay(2);                 // 延时
    } while(i!=0);            // LCD 忙，继续查询，否则退出循环
```

③1602 指令集。LCD1602 液晶模块内部的控制器的操作受控制指令指挥，各指令利用 1 字节 16 进制代码表示，在单片机向 1602 写指令期间，要求 RS = 0，R/W = 0。各个指令码功能见表 8-5。

- 初始化设置指令。初始化设置指令主要设置 1602 的显示模式，指令格式见表 8-5。

表 8-5　初始化设置指令

指令码格式	功能
0 0 1 DL N F × × D7 … D0 设置工作方式	DL = 0，数据总线为 4 位，DL = 1，数据总线为 8 位 N = 0，显示 1 行，N = 1，显示 2 行 F = 0，显示的字符为 5×7 点阵，F = 1 时为 5×10 点阵

例如：00111000B（0x38）表示设置数据位数 8 位，2 行显示，5×7 点阵字符。

- 屏显示开/关及光标设置指令。该指令有很多，如表 8-6 所示。如：指令码00001100B(0x0C)，设置为显示功能开，无光标，光标不闪烁。

表 8-6　显示开/关及光标设置指令

指令码格式	功能
D7 … D0 0 0 0 0 0 0 0 1	清屏指令，单片机向 1602 的数据端口写入 0x01 后，1602 自动将本身 DDRAM 的内容全部填入“空白”的 ASCII 码 20H，并将地址计数器 AC 的值设为 0，同时光标归位，即将光标撤回液晶显示屏的左上方。此时显示器无显示。（清屏命令字为 0x01）
0 0 0 0 1 D C B D7 … D0 设置显示状态	D = 1，开显示；D = 0，关显示 C = 1，显示光标；C = 0，不显示光标 B = 1，闪烁光标；B = 0，不闪烁光标

续表

<table>
<tr><th>指令码格式</th><th>功能</th></tr>
<tr><td>| 0 | 0 | 0 | 0 | 0 | 1 | N | S |
D7 D0
设置输入方式</td><td>N＝1，当读或写 1 个字符后，地址指针加 1，且光标加 1
N＝0，当读或写 1 个字符后，地址指针减 1，且光标减 1
S＝1，当写 1 个字符后，整屏显示左移（N＝1），整屏显示右移（N＝0），以得到光标不移动屏幕移动效果
S＝0，当写 1 个字符，整屏显示不移动</td></tr>
</table>

LCD 的初始化流程图如图 8-7 所示。

- 设定字符发生器 CGRAM/显示 DDRAM 地址指令。设定 CGRAM/DDRAM 指令有 0x40＋ 地址、0x80＋地址两个。0x40 是设定 CGRAM 地址命令，该地址指向要设置 CGRAM 的地址；0x80 是设定 DDRAM 地址命令，该地址指要写入的 DDRAM 地址。指令格式如表 8-7 所示。

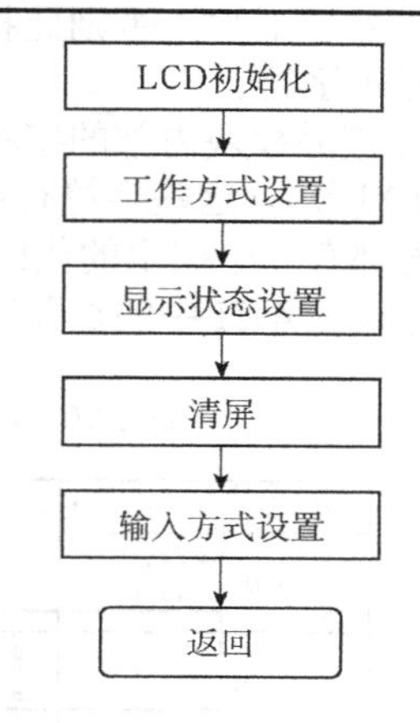

图 8-7 LCD 初始化流程图

表 8-7 设定 CGRAM/DDRAM 指令格式

<table>
<tr><th rowspan="2">指令功能</th><th colspan="10">指令编码</th></tr>
<tr><th>RS</th><th>R/W</th><th>DB7</th><th>DB6</th><th>DB5</th><th>DB4</th><th>DB3</th><th>DB2</th><th>DB1</th><th>DB0</th></tr>
<tr><td>设定 CGRAM</td><td>0</td><td>0</td><td>0</td><td>1</td><td colspan="6">CGRAM 地址（6 位）</td></tr>
<tr><td>设定 DDRAM</td><td>0</td><td>0</td><td>1</td><td colspan="7">DDRAM 地址（7 位）</td></tr>
</table>

通常，LCD1602 两行显示字符的地址为：

第一行，80H、81H、82H、83H、…，8FH（16 个字符）。

第二行，C0H、C1H、C2H、C3H、…，CFH（16 个字符）。

④写入数据操作。当 RS=1、R/W=0 时，单片机可以将字符码写入 DDRAM，以使液晶显示屏显示出相对应的字符，也可以将用户自己设计的图形存入 CGRAM。操作格式如表 8-8 所示。

表 8-8 写入 CGRAM/DDRAM 数据操作格式

<table>
<tr><th rowspan="2">指令功能</th><th colspan="10">指令编码</th></tr>
<tr><th>RS</th><th>R/W</th><th>DB7</th><th>DB6</th><th>DB5</th><th>DB4</th><th>DB3</th><th>DB2</th><th>DB1</th><th>DB0</th></tr>
<tr><td>数据写入
CGRAM/DDRAM 中</td><td>1</td><td>0</td><td colspan="8">写入的数据（7 位）</td></tr>
</table>

⑤从读数据指令。当 RS=1、R/W=1 时，单片机读取 DDRAM 或 CGRAM 中的内容。操作格式如表 8-9 所示。

表 8-9　从 CGRAM/DDRAM 读数据操作格式

指令功能	指令编码									
	RS	R/W	DB7	DB6	DB5	DB4	DB3	DB2	DB1	DB0
从 CGRAM/DDRAM 读数据	1	1	读出的数据（7 位）							

（2）LCD1602 的标准字库

液晶显示模块是一个慢显示器件，所以在执行每条指令之前一定要确认模块的忙标志为低电平，表示不忙，否则此指令失效。显示字符时要先输入显示字符地址，也就是告诉模块在哪里显示字符。

1602 液晶模块内部的字符发生存储器（CGROM）已经存储了 160 个不同的点阵字符图形，如表 8-10 所示，这些字符有：阿拉伯数字、英文字母的大小写、常用的符号和日文假名等，每一个字符都有一个固定的代码，比如大写的英文字母“A”的代码是 01000001B（41H），显示时模块把地址 41H 中的点阵字符图形显示出来，我们就能看到字母“A”。

表 8-10　CGRAM 和 CGRAM 中字符代码与字符图形对应关系

低位 \ 高位	0000	0001	0010	0011	0100	0101	0110	0111	1000	1001	1010	1011	1100	1101	1110	1111
××××0000	CG RAM (1)			0	@	P	`	p				ー	タ	ミ	α	p
××××0001	(2)		!	1	A	Q	a	q			。	ア	チ	ム	ä	q
××××0010	(3)		"	2	B	R	b	r			「	イ	ツ	メ	β	θ
××××0011	(4)		#	3	C	S	c	s			」	ウ	テ	モ	ε	∞
××××0100	(5)		$	4	D	T	d	t			、	エ	ト	ヤ	μ	Ω
××××0101	(6)		%	5	E	U	e	u			・	オ	ナ	ユ	σ	ü
××××0110	(7)		&	6	F	V	f	v			ヲ	カ	ニ	ヨ	ρ	Σ
××××0111	(8)		'	7	G	W	g	w			ァ	キ	ヌ	ラ	g	π
××××1000	(1)		(	8	H	X	h	x			ィ	ク	ネ	リ	√	x̄
××××1001	(2)		)	9	I	Y	i	y			ゥ	ケ	ノ	ル	⁻¹	y
××××1010	(3)		*	:	J	Z	j	z			ェ	コ	ハ	レ	j	千
××××1011	(4)		+	;	K	[	k	{			ォ	サ	ヒ	ロ	ˣ	万
××××1100	(5)		,	<	L	¥	l	|			ャ	シ	フ	ワ	¢	円
××××1101	(6)		-	=	M	]	m	}			ュ	ス	ヘ	ン	£	÷
××××1110	(7)		.	>	N	^	n	→			ョ	セ	ホ	゛	ñ	
××××1111	(8)		/	?	O	_	o	←			ッ	ソ	マ	゜	ö	█

（3）LCD 编程流程

根据 LCD1602 的原理及指令，LCD 两行显示的编程流程如下：

①写命令，设定 LCD 的各种工作方式，及初始化。

②写命令，设定第一行显示的起始地址。

③送数据到数据端口，显示数据。

④写命令，设定第二行显示的起始地址。

⑤送数据到数据端口，显示数据。

3. 图形点阵液晶器

（1）12864 点阵液晶显示模块

在我们常用的人机交互显示界面中，除了数码管，LED，以及之前用到的 LCD1602 之外，还有一种液晶屏用得比较多。那就是 12864 液晶。我们常用的 12864 液晶模块中有带字库的，也有不带字库的，其控制芯片也有很多种，如 KS0108，T6963，ST7920 等。其实物图如图 8-8 所示。

图 8-8　图形点阵液晶显示器实物图

SMG12864A 标准图形点阵液晶显示模块（LCM），采用点阵型液晶显示器（LCD），可显示 128×64 点阵，可完成图形显示，还可以显示 8×4 个（16×16 点阵）汉字。内置 KS0108B 接口型液晶显示控制器，可与 MCU 单片机直接连接，广泛应用于各类仪器仪表及电子设备。

①SMG12864A 的引脚及功能。SMG12864A 的外部引脚及功能如表 8-11 所示。

表 8-11　SMG12864A 液晶的外部引脚及功能

引脚	符号	电平	功能描述
1	Vss	0V	电源地
2	V_{DD}	5.0V	逻辑和 LCD 正驱动电源
3	V_O	—	液晶显示器驱动电压
4	RS	H/L	D/I=“H”，表示 DB7～DB0 为显示数据 D/I=“L”，表示 DB7～DB0 为显示指令数据
5	$R/\overline{W}$	H/L	$R/\overline{W}$“H”，E=“H”表示数据被读到 DB7～DB0 $R/\overline{W}$=“L”，E=“H→L”表示数据被写到 IR 或 DR
6	E	H/L	$R/\overline{W}$=“L”，表示信号下降沿锁存 DB7～DB0 $R/\overline{W}$=“H”，E=“H”表示 DDRAM 数据读到 DB7～DB0
7 ～14	DB0～DB7	H/L	数据总线
15	CS1	H/L	H：选择芯片 IC1（右半屏）信号
16	CS2	H/L	H：选择芯片 IC2（左半屏）信号
17	RST	H/L	复位信号，低电平复位（H：正常工作，L：复位）
18	WEE	-10V	LCD 驱动负电压输出（-5V）
19	BLA	+4.2V	LED 背光电源输入正极
20	BLK	—	LED 背光电源输入负极

②SMG12864A的内部结构。SMG12864A的内部结构如图8-9所示，它主要由行驱动器/列驱动器及128×64全点阵液晶显示器组成。

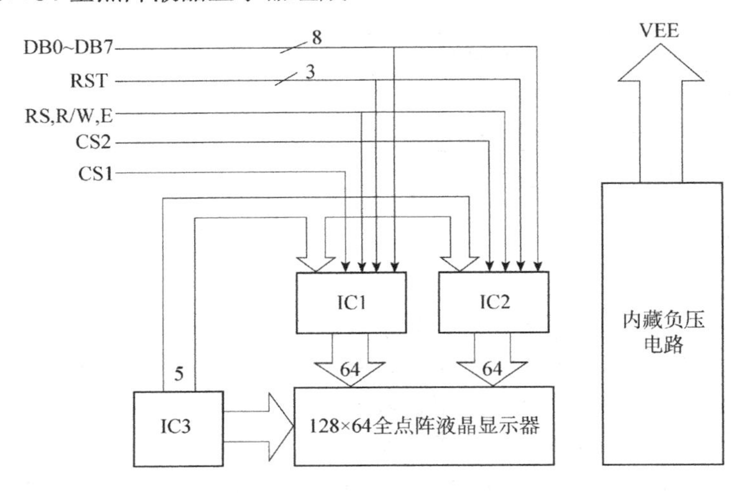

图8-9　SMG12864A的内部结构图

图中实物IC3为行驱动器，IC1、IC2为列驱动器。液晶显示控制器为KS0108B。

③控制器KS0108B接口说明。

- 基本操作时序。基本操作时序如表8-12所示。读操作时序图如图8-5所示，写操作时序图如图8-6所示。

表8-12　时序表

时序	输入	输出
读状态	RS=L，R/W=H，CS1或CS2=H，E=H	DB0～DB7=状态字
写指令	RS=L，R/W=L，DB0～DB7=指令码，CS1或CS2=H，E=高脉冲	无
读数据	RS=H，R/W=H，CS1或CS2=H，E=H	DB0～DB7=数据
写数据	RS=H，R/W=L，DB0～DB7=数据，CS1或CS2=H，E=高脉冲	无

- 状态字说明。状态字格式为：

STA7	STA6	STA5	STA4	STA3	STA2	STA1	STA0
D7	D6	D5	D4	D3	D2	D1	D0

状态字说明如下。

- STA0-4　未用；
- STA5　液晶显示状态，1：关闭，0：显示；
- STA6　未用；
- STA7　读写操作使能，1：禁止，0：允许。

注：对控制器每次进行读写操作之前，都必须进行读写检测，确保STA7为0。

- 引脚功能。LCD 显示屏有两片控制器控制，每片控制器内部带有 8×64 位（512 字节）的 RAM 缓冲区，对应关系如图 8-10 所示。

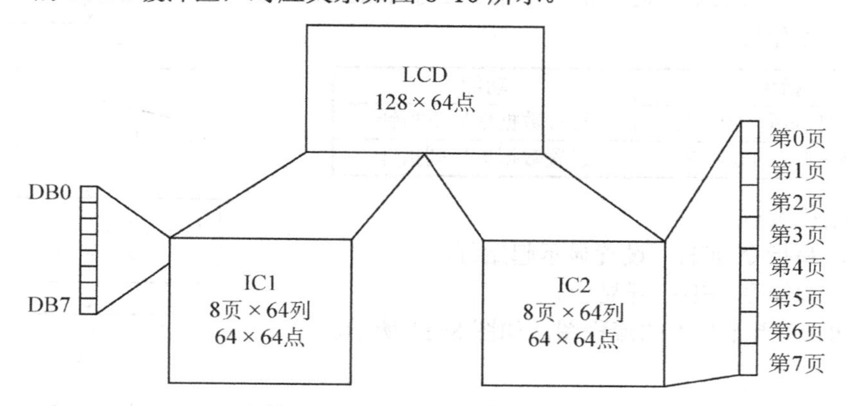

图 8-10 DDRAM 与地址、显示位置的关系

- 指令列表。操作指令表如表 8-13 所示。

表 8-13 指令表

<table>
<tr><th rowspan="2">指令</th><th colspan="10">指令码</th><th rowspan="2">功能</th></tr>
<tr><th>R/W</th><th>D/I</th><th>D7</th><th>D6</th><th>D5</th><th>D4</th><th>D3</th><th>D2</th><th>D1</th><th>D0</th></tr>
<tr><td>显示 ON/OFF</td><td>0</td><td>0</td><td>0</td><td>0</td><td>1</td><td>1</td><td>1</td><td>1</td><td>1</td><td>1/0</td><td>控制显示器开关 3FH/3EH</td></tr>
<tr><td>设置显示起始行</td><td>0</td><td>0</td><td>1</td><td>1</td><td colspan="6">显示起始行
（0~63）</td><td>指定显示屏从 DDRAM 中哪一行开始显示数据 0C0H</td></tr>
<tr><td>设置 X 地址</td><td>0</td><td>0</td><td>1</td><td>0</td><td>1</td><td>1</td><td>1</td><td colspan="3">X：0~7</td><td>设置 DDRAM 中的页地址（X 地址）0B8H~0BFH</td></tr>
<tr><td>设置 Y 地址</td><td>0</td><td>0</td><td>0</td><td>1</td><td colspan="6">Y 地址：（0~63）</td><td>设置地址（Y 地址）40H~7FH</td></tr>
<tr><td>读状态</td><td>1</td><td>0</td><td>BUSY</td><td>0</td><td>ON/OFF</td><td>RST</td><td>0</td><td>0</td><td>0</td><td>0</td><td>读取状态</td></tr>
<tr><td>写显示数据</td><td>0</td><td>1</td><td colspan="8">显示数据</td><td>将数据线上的数据 DB0~DB7 写入 DDRAM</td></tr>
<tr><td>读显示数据</td><td>1</td><td>1</td><td colspan="8">显示数据</td><td>将 DDRAM 上的数据读入数据线 DB0~DB7</td></tr>
</table>

- 显示开/关设置

指令码	功能
3EH	关显示
3FH	开显示

- 显示初始化行设置

指令码	功能
0C0H	设置显示起始行

在控制器内部设有一个数据地址页指针和一个数据地址列指针，用户通过它们来访问内部的全部512字节RAM。

- 数据指针设置

指令码	功能
0B8H+页码（0～7）	设置数据地址页指针
40H+页码（0～63）	设置数据地址列指针

- 初始化过程

第一步，写指令0CH：设置显示起始行；

第二步，写指令3FH：开显示。

- KS0108指令写入的流程图，如图8-11所示。

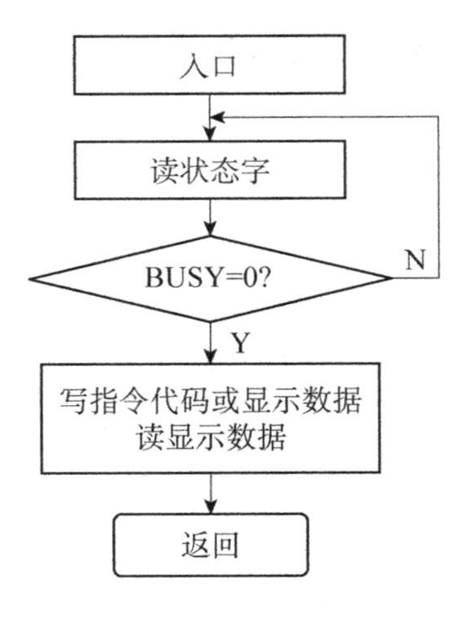

图8-11　KS0108指令写入流程图

小贴士

不同的液晶显示模块有不同的控制器，控制器的不同所实现液晶显示的控制程序也不同，因此，液晶显示模块在实际应用的过程中要根据其液晶显示控制器来设计程序。在本项目中无论是Proteus软件仿真时所用的AMPIRE128×64液晶显示模块还是实际搭建电路中所用到的SMG12864A液晶显示模块采用的均是KS0108控制器。实际操作过程中可以参考资料中KS0108+控制器系列液晶模块使用说明书和SMG12864A液晶显示器产品说明书。

（2）12864点阵液晶显示与单片机的连接

①8051系列总线方式。SMG12864A显示模块的连接方式1如图8-12所示。

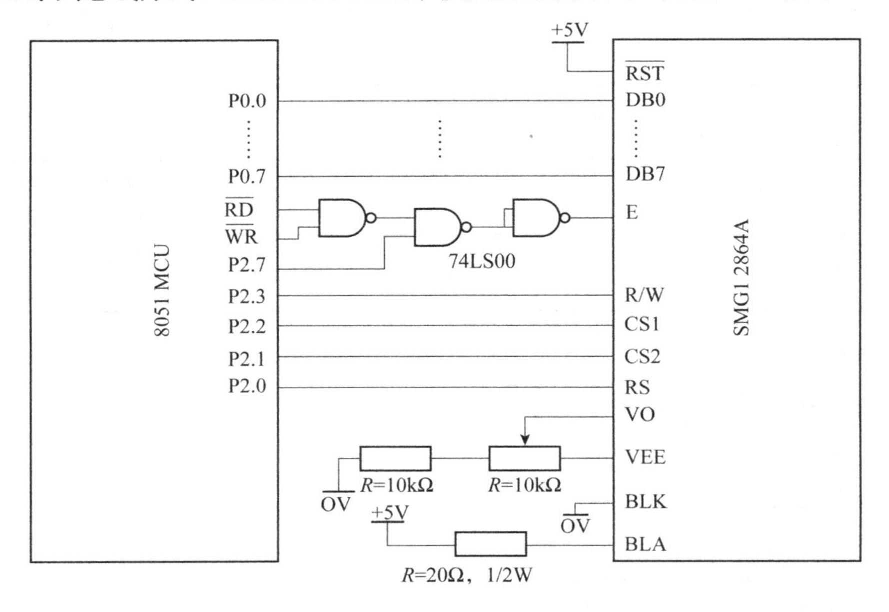

图8-12　SMG12864A显示模块的连接方式1

②8051 系列模拟口线方式。SMG12864A 显示模块的连接方式 2 如图 8-13 所示。

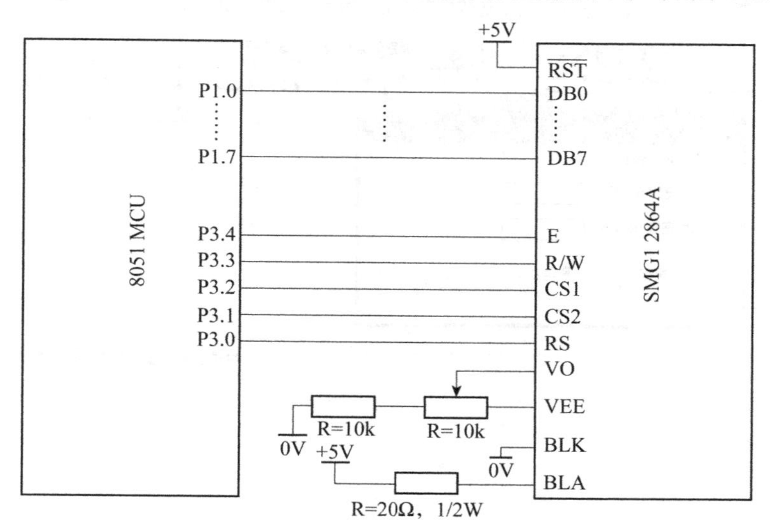

图 8-13　SMG12864A 显示模块的连接方式 2

4. 字模提取软件

①首先双击 PCtoLCD2002 快捷方式打开 PCtoLCD2002 界面如图 8-14 所示。

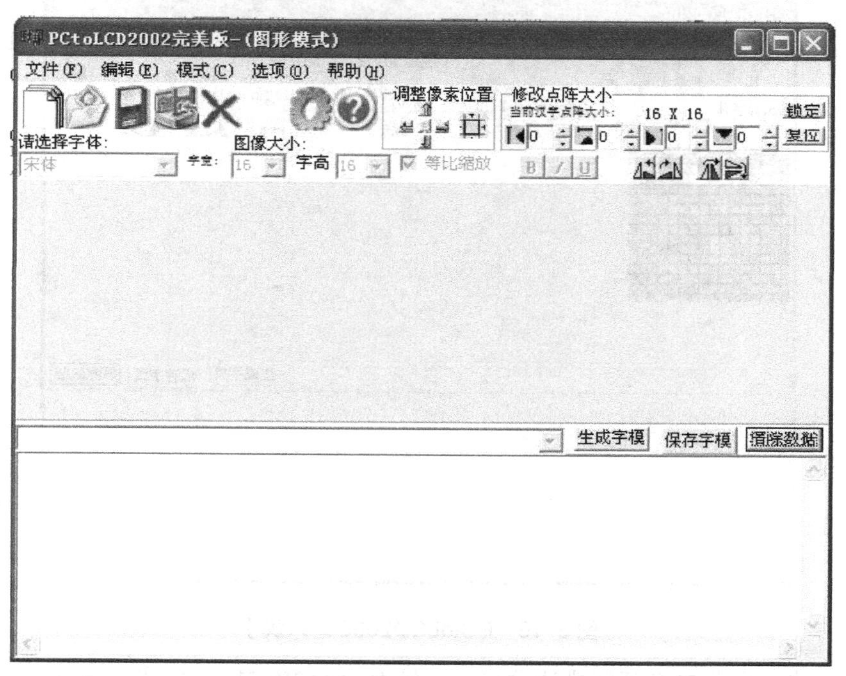

图 8-14　PCtoLCD2002 界面

②单击新建图标建立一个用于显示汉字的 16×16 点阵的图像如图 8-15 所示。

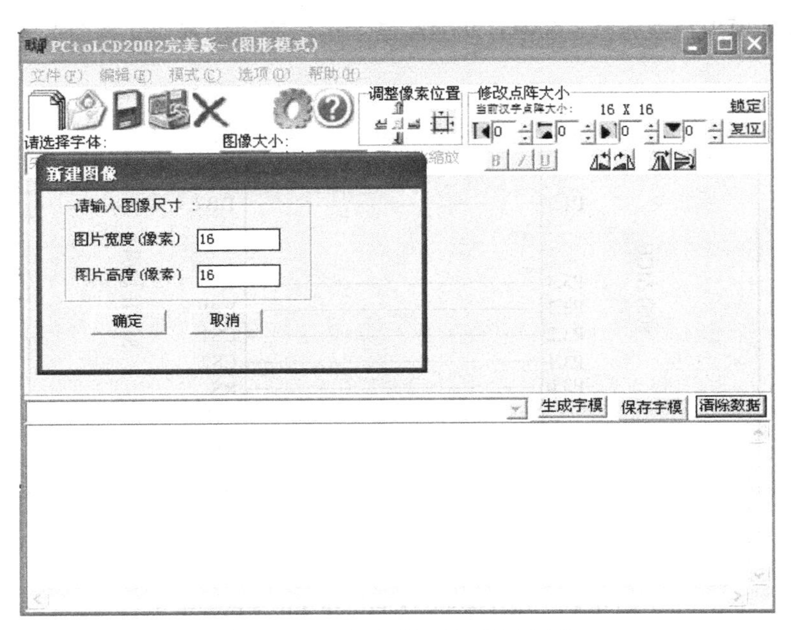

图 8-15　PCtoLCD2002 新建图像

③在新建的图像点阵上通过单击鼠标左键写出所需要的汉字如图 8-16 所示。

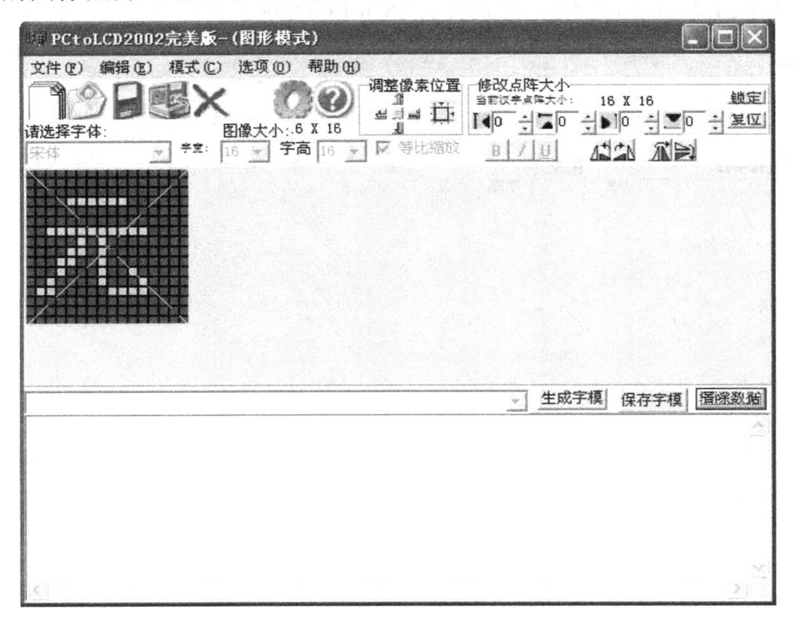

图 8-16　PCtoLCD2002 写入汉字

④单击“选项”菜单打开字模选项界面，针对 AMPIRE128×6 液晶屏显示模块的显示特点进行具体设置如图 8-17 所示。

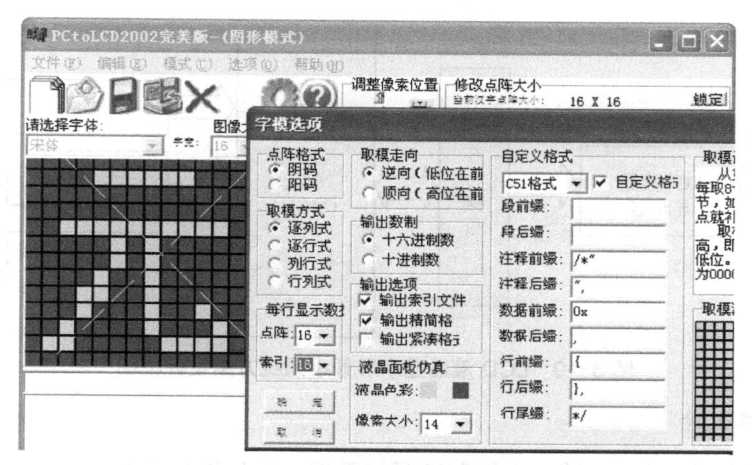

图 8-17　PCtoLCD2002 字模选项设置

⑤单击“生成字模”按钮即可生成“元”的字模代码，如图 8-18 所示。

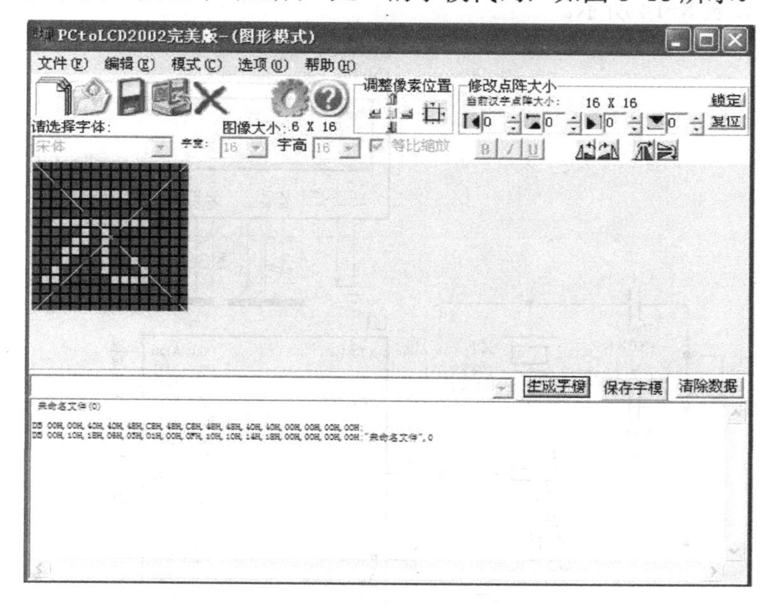

图 8-18　PCtoLCD2002 生成字模代码

⑥只需将 PCtoLCD2002 所生成的字模代码复制到程序中进行调用即可在液晶屏上显示“元”字。

四、任务实施

1. 确定设计方案

微控制器单元选用 AT89S51 芯片、时钟电路、复位电路、电源和 LCD 液晶显示器构成最小系统，完成对 LCD 输出显示的控制。LCD 液晶显示屏最小系统方案设计框图如图 8-19 所示。

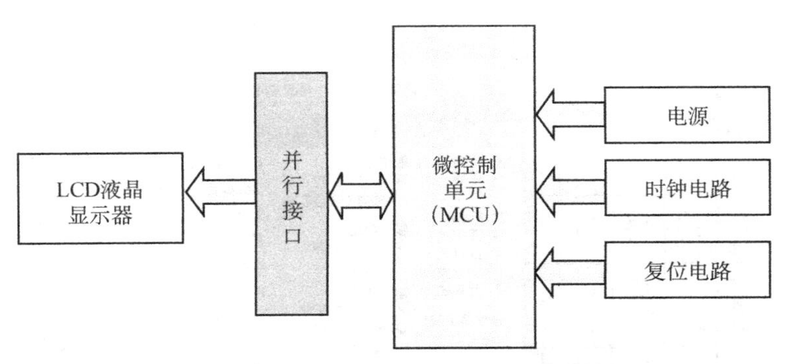

图 8-19　LCD 液晶显示屏最小系统方案设计框图

2. 硬件电路设计

该任务采用单片机的 P3 端口来控制液晶显示器。单片机和字符型 LCD 液晶显示器 1602 电路原理图如图 8-20 所示。单片机和图形点阵液晶显示器 12864 电路原理如图 8-21 所示。电路所用元器件如表 8-14 所示。

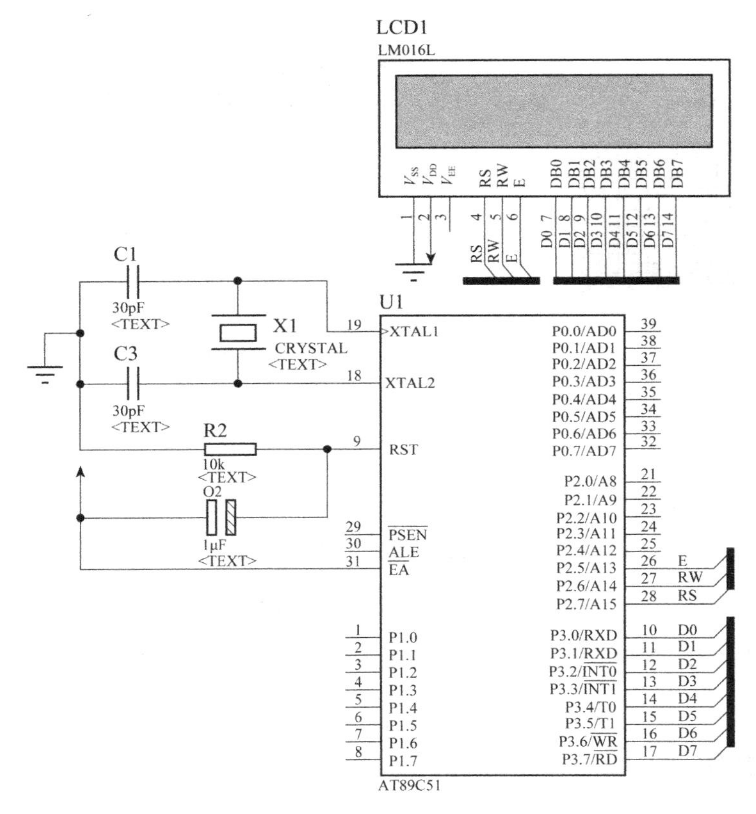

图 8-20　单片机和字符型 LCD 液晶显示器 1602 电路原理图

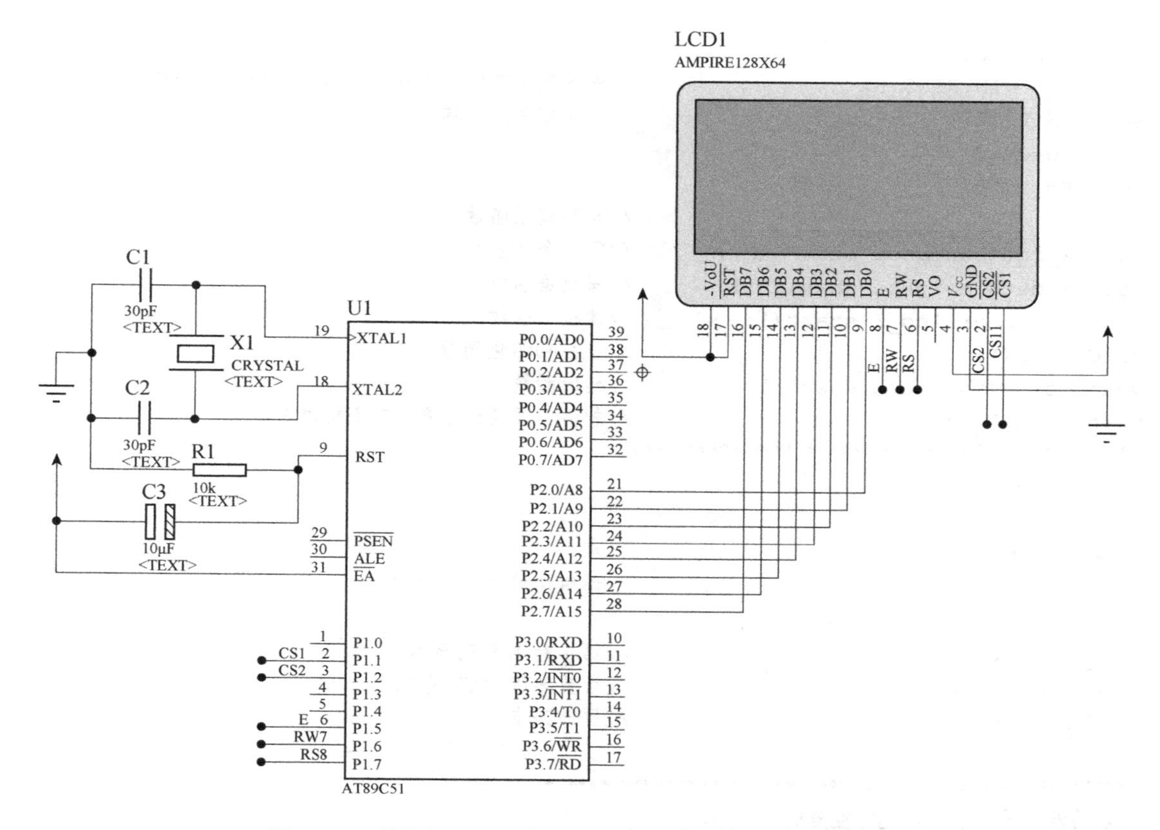

图 8-21　单片机和图形点阵液晶显示器 12864 电路原理图

表 8-14　电路所用元器件

参数	元器件名称	参数	元器件名称
AT89S51	单片机芯片	CAP 30pF	电容
RES（200Ω）	电阻	CAP-ELEC	电解电容
CRYSTAL	晶振	LM016L	字符 LCD 液晶显示器
		AMPIRE128×64	图形 LCD 液晶显示器

图 8-20 中电路在 P3 端口连接 LCD1602 液晶显示器，P2.5、P2.6、P2.7 连接 1602 的控制端 E、R / $\overline{W}$ 和 RS 端，1602 的数据线 DB0～DB7 接单片机的 P3 端口。

图 8-21 中，在 Proteus 若找不到 SMG12864A，可使用 AMPIRE128×64 元件替代，由于该器件不含有中文字库，因此在程序中需要建立汉字库。汉字库中字符为 8×16，汉字为 16×16 点阵。

3. 源程序设计

源程序 1 示例如下：

```
//**************LCD1602 液晶显示器控制程序**************
//程序名: LCD 显示控制程序 xm8_1.c
//程序功能: 在显示器的第 1 行第 5 列显示字符"A"
```

```
#include <REG51.H>
#include <INTRINS.H>                    //库函数头文件，代码中引用了_nop_()函数
sbit RS=P2^7;                           //定义控制信号端口
sbit RW=P2^6;
sbit E= P2^5;
                                        //声明调用函数
void w_cmd(unsigned char com);          //写命令字函数
void w_dat(unsigned char dat);          //写数据函数
unsigned char lcd_r_start();            //读状态函数
void int1();                            //LCD初始化函数
void delay(unsigned char t);            //延时函数
void delay1();                          //软件实现延时函数，5个机器周期
/**********主函数****************************/
void main()
{
  P3=0xff;
  int1();                               //调用初始化LCD函数
  delay(255);
  w_cmd(0x84);                          //第1行第5列显示
  w_dat(0x41);                          //设置字符“A”的ASCII码
  while(1);                             //原地踏步
  }
/**********函数名: delay****************************
函数功能: 采用软件实现可控延时
形式参数: 延时时间控制参数存入变量t中
返回值: 无
*******************************************************/
void delay(unsigned char t)
{
  unsigned char j,i;
  for(i=0;i<t;i++)
     for(j=0;j<50;j++);
}
/**********函数名: delay1****************************
函数功能: 采用软件实现延时
形式参数: 无
返回值: 无
*******************************************************/
void delay1()
{
  _nop_();
  _nop_();
  _nop_();
}
/**********函数名: int1****************************
```

```
函数功能: lcd初始化
形式参数: 无
返回值: 无
*******************************************************/
void int1()
{
  w_cmd(0x01);                          //清屏
  w_cmd(0x06);                          //设置输入方式
  w_cmd(0x0e);                          //设置光标
  w_cmd(0x3c);                          //设置工作方式
  w_cmd(0x80);                          //设置初始显示位置
}
/**********函数名: lcd_r_start****************************
函数功能: 读状态字
形式参数: 无
返回值: 返回状态字，最高位D7=0，LCD控制器空闲; D7=1,LCD控制器忙
*******************************************************/
unsigned char lcd_r_start()
{
  unsigned char s;
  RW=1;                                 //RW=1，RS=0，读LCD状态
  delay1();
  RS=0;
  delay1();
  E=1;                                  //E端时序
  delay1();
  s=P3;                                 //从LCD的数据口读状态
  delay1();
  E=0;
  delay1();
  RW=0;
  delay1();
  return(s);                            //返回读取的LCD状态字
}
/**********函数名: w_cmd****************************
//函数功能: 写命令字
//形式参数: 命令字已存入com单元中
//返回值: 无
*******************************************************/
void w_cmd(unsigned char com)
{
  unsigned char i;
  do {                                  //查LCD忙操作
    i=lcd_r_start();                    //调用读状态字函数
    i=i&0x80;                           //与操作屏蔽掉低7位
    delay(2);
```

```
    } while(i!=0);                          //LCD忙，继续查询，否则退出循环
  RW=0;
  delay1();
  RS=0;                                     //RW=0，RS=0，写LCD命令字
  delay1();
  E=1;                                      //E端时序
  delay1();
  P3=com;                                   //将com（指令寄存器¶）中的命令字写入LCD数据口
  delay1();
  E=0;
  delay1();
  RW=1;
  delay(255);
}
/**********函数名: w_dat****************************
函数功能: 写数据
形式参数: 数据已存入dat单元中
返回值: 无
*****************************************************/
void w_dat(unsigned char dat)
{
  unsigned char i;
  do {                                      //查忙操作
    i=lcd_r_start();                        //调用读状态字函数
    i=i&0x80;                               //与操作屏蔽掉低7位
    delay(2);
    } while(i!=0);                          //LCD忙，继续查询，否则退出循环
  RW=0;
  delay1();
  RS=1;                                     //RW=0，RS=1，写LCD数据
  delay1();
  E=1;                                      //E端时序
  delay1();
  P3=dat;                                   //将dat（数据寄存器）中的显示数据写入LCD数据口
  delay1();
  E=0;
  delay1();
  RW=1;
  delay(255);
}
```

程序说明：

- 在使用LCD的程序中，经常用到写命令程序、写数据程序、读状态程序和初始化程序，本程序中就编制了这4个子程序。写命令程序、写数据程序、读状态程序和初始化程序的编写依据LCD1602的读/写操作时序。

- 初始化程序是通过向LCD写各种初始化命令来完成对LCD的初始工作状态的设置。
- 对于LCD程序，在编写时要按照LCD的编程流程，实现初始化，然后合理地设定所在行的地址以及逐个传送要显示字符的ASCII码。
- 修改显示位置光标数据，可以在任意位置显示字符。
- LCD显示字符串时，需要在程序中开始定义存放字符串的数组，在显示时逐个去取显示即可，只不过去取的是这个字符的ASCII码，另外，LCD显示字符时就需要传送给LCD这个字符的ASCII码。

下面xm8_2.c程序可以在LCD液晶显示器的两行显示字符串。

```
//**************LCD1602液晶显示器控制程序*************
//程序名：LCD显示控制程序 xm8_2.c
//程序功能：在显示器的第1行第5列显示字符串"AT89C51 Demo!";
//          第二行显示字符串"Ning Bo City!"
// 考虑篇幅，该程序只需要修改主函数，其他子程序不变，这里省略，下面仅列出主函数
//*****************主函数**************************
 void main()
{
  unsigned char lcd[]="AT89C51 Demo!";
  unsigned char lcd2[]="Ning Bo City!";
  unsigned char i;
  P3=0xff;
  int1();                    //调用初始化LCD函数
  delay(255);
  w_cmd(0x82);               //设置显示光标位置-第1行第3列
  for(i=0;i<13;i++)
   {
   w_dat(lcd[i]);            //调用写数据函数，将数组1中的字符串进行显示
   delay(20);
   }
  w_cmd(0x82+0x40) ;         //设置显示光标位置-第2行第3列
  for(i=0;i<13;i++)
   {
   w_dat(lcd2[i]);           //调用写数据函数，将数组2中的字符串进行显示
   delay(20);
   }
   delay(200);
  while(1);
 }
```

图形液晶显示器程序示例如下：

```
//**************图形液晶显示器控制程序**************
//程序名：LCD显示控制程序 xm8_3.c
//程序功能：将苏轼的水调歌头诗词用液晶显示器显示出来
 #include<reg51.h>
```

```
#define uchar unsigned char
#define uint unsigned int
sbit cs1=P1^1;                          //右半屏
sbit cs2=P1^2;                          //左半屏
sbit rs=P1^7;
sbit rw=P1^6;
sbit e=P1^5;
uchar x=0xb8,y=0x40;                    //地址计数器 X,Y 的初值
uint i=0;                               //X: 记 0-7 页; Y: 记 0-63 列
code  uchar d[]={
0x00,0x00,0x00,0x40,0x00,0x20,0x00,0x10,0x00,0x0C,0x00,0x03,0xC0,0x00,0x3F,0x00,
0xC2,0x01,0x00,0x06,0x00,0x0C,0x00,0x18,0x00,0x30,0x00,0x60,0x00,0x20,0x00,0x00,/
*"人",0*/
0x00,0x02,0x04,0x01,0x84,0x00,0x44,0x00,0xE4,0xFF,0x34,0x09,0x2C,0x09,0x27,0x09,
0x24,0x29,0x24,0x49,0x24,0xC9,0xE4,0x7F,0x04,0x00,0x04,0x00,0x04,0x00,0x00,0x00,
/*"有",1*/
0x00,0x00,0x44,0x20,0x54,0x38,0x54,0x00,0x54,0x3C,0xFF,0x41,0x00,0x40,0x00,0x42,
0x00,0x4C,0xFF,0x41,0x54,0x40,0x54,0x70,0x54,0x00,0x44,0x08,0x40,0x30,0x00,0x00,/
*"悲",2*/
0x14,0x20,0x24,0x10,0x44,0x4C,0x84,0x43,0x64,0x43,0x1C,0x2C,0x20,0x20,0x18,0x10,
0x0F,0x0C,0xE8,0x03,0x08,0x06,0x08,0x18,0x28,0x30,0x18,0x60,0x08,0x20,0x00,0x00,/
*"欢",3*/
0x00,0x00,0x04,0x00,0x04,0xFE,0xF4,0x02,0x84,0x1A,0xCC,0x16,0xAD,0x12,0x96,0x13,
0x94,0x12,0xAC,0x16,0xCC,0x1A,0x84,0x72,0xF4,0x82,0x06,0x7E,0x04,0x00,0x00,0x00,/
*"离",4*/
0x40,0x00,0x40,0x00,0x20,0x00,0x50,0x7E,0x48,0x22,0x44,0x22,0x42,0x22,0x41,0x22,
0x42,0x22,0x44,0x22,0x68,0x22,0x50,0x7E,0x30,0x00,0x60,0x00,0x20,0x00,0x00,0x00,/
*"合",5*/
0x00,0x00,0x00,0x00,0x00,0x58,0x00,0x38,0x00,0x00,0x00,0x00,0x00,0x00,0x00,0x00,
0x00,0x00,0x00,0x00,0x00,0x00,0x00,0x00,0x00,0x00,0x00,0x00,0x00,0x00,0x00,0x00,/
*"，",6*/
0x00,0x00,0x00,0x00,0x00,0x00,0x00,0x00,0x00,0x00,0x00,0x00,0x00,0x00,0x00,0x00,/
*" ",7*/
0x00,0x00,0x00,0x00,0x00,0x00,0x00,0x00,0x00,0x00,0x00,0x00,0x00,0x00,0x00,0x00,/
*" ",8*/
/*******************************************************************************/
0x00,0x00,0x00,0x40,0x00,0x20,0x00,0x10,0x00,0x0C,0xFF,0x03,0x11,0x01,0x11,0x01,
0x11,0x01,0x11,0x21,0x11,0x41,0xFF,0x3F,0x00,0x00,0x00,0x00,0x00,0x00,0x00,0x00,/
*"月",0*/
0x00,0x02,0x04,0x01,0x84,0x00,0x44,0x00,0xE4,0xFF,0x34,0x09,0x2C,0x09,0x27,0x09,
0x24,0x29,0x24,0x49,0x24,0xC9,0xE4,0x7F,0x04,0x00,0x04,0x00,0x04,0x00,0x00,0x00,/
*"有",1*/
0x00,0x00,0xFE,0xFF,0x02,0x00,0x22,0x02,0x5A,0x84,0x86,0x43,0x00,0x30,0xFE,0x0F,
0x12,0x01,0x12,0x01,0x12,0x01,0x12,0x41,0x12,0x81,0xFE,0x7F,0x00,0x00,0x00,0x00,/
*"阴",2*/
0x00,0x00,0xFC,0x0F,0x44,0x04,0x44,0x04,0xFC,0x0F,0x20,0x00,0x22,0x00,0xAA,0xFF,
```

```
0xAA,0x0A,0xBF,0x0A,0xAA,0x4A,0xAA,0x8A,0xAA,0x7F,0x22,0x00,0x20,0x00,0x00,0x00,/
*"晴",3*/
0x00,0x00,0xFF,0xFF,0x01,0x40,0x01,0x40,0xDD,0x67,0x55,0x50,0x55,0x48,0x55,0x47,
0x55,0x48,0x55,0x50,0xDD,0x67,0x01,0x40,0x01,0x40,0xFF,0xFF,0x00,0x00,0x00,0x00,/
*"圆",4*/
0x60,0x00,0x58,0x3F,0x4F,0x20,0xFA,0x1F,0x48,0x10,0x48,0x9F,0x40,0x40,0x88,0x30,
0x88,0x0E,0xFF,0x01,0x88,0x06,0x88,0x18,0xF8,0x30,0x80,0x60,0x80,0x20,0x00,0x00,/
*"缺",5*/
0x00,0x00,0x00,0x00,0x00,0x58,0x00,0x38,0x00,0x00,0x00,0x00,0x00,0x00,0x00,0x00,
0x00,0x00,0x00,0x00,0x00,0x00,0x00,0x00,0x00,0x00,0x00,0x00,0x00,0x00,0x00,0x00,/
*", ",6*/
0x00,0x00,0x00,0x00,0x00,0x00,0x00,0x00,0x00,0x00,0x00,0x00,0x00,0x00,0x00,0x00,/
*" ",7*/
0x00,0x00,0x00,0x00,0x00,0x00,0x00,0x00,0x00,0x00,0x00,0x00,0x00,0x00,0x00,0x00,/
*" ",8*/
/**********************************************************************************/
0x00,0x20,0x00,0x20,0xF0,0x3F,0x00,0x10,0x00,0x10,0xFF,0x0F,0x20,0x08,0x20,0x08,
0x00,0x00,0xFF,0x3F,0x40,0x40,0x20,0x40,0x20,0x40,0x10,0x40,0x10,0x78,0x00,0x00,/
*"此",0*/
0x02,0x02,0x02,0x02,0x82,0x0A,0xBA,0x0A,0xAA,0x2A,0xAA,0x4A,0xAA,0x8A,0xFF,0x7F,
0xAA,0x0A,0xAA,0x0A,0xAA,0x0A,0xAA,0x0A,0xBA,0x1F,0x02,0x02,0x02,0x02,0x00,0x00,/
*"事",1*/
0x08,0x00,0x08,0x00,0x08,0x00,0x08,0x7F,0x08,0x21,0x08,0x21,0x08,0x21,0xFF,0x21,
0x08,0x21,0x08,0x21,0x08,0x21,0x08,0x7F,0x08,0x00,0x08,0x00,0x08,0x00,0x00,0x00,/
*"古",2*/
0x14,0x10,0x24,0x08,0x44,0x06,0x84,0x01,0x7C,0x03,0x40,0x0C,0x30,0x00,0xFC,0xFF,
0x4B,0x22,0x48,0x22,0xF9,0x3F,0x4E,0x22,0x48,0x22,0x48,0x22,0x08,0x20,0x00,0x00,/
*"难",3*/
0x00,0x00,0x80,0x40,0x40,0x40,0x60,0x44,0x50,0x44,0x48,0x44,0x44,0x44,0xC3,0x7F,
0x44,0x44,0x48,0x44,0x50,0x44,0x70,0x46,0x60,0x44,0x20,0x60,0x00,0x40,0x00,0x00,/
*"全",4*/
0x00,0x00,0x00,0x18,0x00,0x24,0x00,0x24,0x00,0x18,0x00,0x00,0x00,0x00,0x00,0x00,
0x00,0x00,0x00,0x00,0x00,0x00,0x00,0x00,0x00,0x00,0x00,0x00,0x00,0x00,0x00,0x00,/
*"。",5*/
0x00,0x00,0x00,0x00,0x00,0x00,0x00,0x00,0x00,0x00,0x00,0x00,0x00,0x00,0x00,0x00,/
*" ",6*/
0x00,0x00,0x00,0x00,0x00,0x00,0x00,0x00,0x00,0x00,0x00,0x00,0x00,0x00,0x00,0x00,/
*" ",7*/
0x00,0x00,0x00,0x00,0x00,0x00,0x00,0x00,0x00,0x00,0x00,0x00,0x00,0x00,0x00,0x00,/
*" ",8*/
0x00,0x00,0x00,0x00,0x00,0x00,0x00,0x00,0x00,0x00,0x00,0x00,0x00,0x00,0x00,0x00,/
*" ",9*/
/**********************************************************************************/
0x00,0x00,0x00,0x01,0x00,0x01,0x00,0x01,0x00,0x01,0x00,0x01,0x00,0x01,0x00,0x01,/
*"-",0*/
0x10,0x00,0x4C,0x20,0x44,0x10,0x44,0x08,0x44,0x04,0x44,0x03,0xC5,0x00,0xFE,0x7F,
```

```
0xC4,0x01,0x44,0x02,0x44,0x04,0x44,0x08,0x54,0x10,0x4C,0x30,0x04,0x10,0x00,0x00,/
*"宋",1*/
0x04,0x00,0x04,0x40,0x44,0x4C,0x44,0x27,0x44,0x10,0x5F,0x0C,0x44,0x07,0xF4,0x01,
0x44,0x20,0x5F,0x40,0x44,0x40,0xC4,0x3F,0x04,0x00,0x04,0x02,0x04,0x0C,0x00,0x00,/
*"苏",2*/
0x88,0x08,0xE8,0x08,0x9F,0x08,0xE8,0xFF,0x88,0x04,0x10,0x24,0x90,0x60,0x90,0x20,
0x90,0x1F,0x90,0x10,0x7F,0x10,0x90,0x07,0x12,0x18,0x14,0x20,0x10,0x78,0x00,0x00,/
*"轼",3*/
0x00,0x00,0x00,0x01,0x00,0x01,0x00,0x01,0x00,0x01,0x00,0x01,0x00,0x01,0x00,0x01,/
*"-",4*/
0x00,0x10,0x10,0x10,0x10,0x08,0x10,0x06,0x90,0x01,0x70,0x40,0x00,0x80,0xFF,0x7F,
0x20,0x00,0x60,0x00,0x90,0x01,0x08,0x06,0x04,0x0C,0x00,0x18,0x00,0x08,0x00,0x00,/
*"水",5*/
0x20,0x00,0x21,0x00,0xEE,0x1F,0x04,0x88,0x00,0x44,0x00,0x30,0xFF,0x0F,0x29,0x00,
0xA9,0x0F,0xBF,0x04,0xA9,0x04,0xA9,0x4F,0x01,0x80,0xFF,0x7F,0x00,0x00,0x00,0x00,/
*"调",6*/
0x80,0x00,0xBA,0x1E,0xAA,0x12,0xAA,0x12,0xBA,0x5E,0x82,0x80,0xFE,0x7F,0xA2,0x40,
0x90,0x20,0x0C,0x18,0xEB,0x07,0x08,0x08,0x28,0x30,0x18,0xE0,0x08,0x40,0x00,0x00,/
*"歌",7*/
0x00,0x01,0x00,0x01,0x00,0x81,0x12,0x41,0x64,0x21,0x2C,0x11,0x00,0x09,0x00,0x05,
0xFF,0x03,0x00,0x05,0x00,0x19,0x00,0x31,0x00,0xE1,0x00,0x41,0x00,0x01,0x00,0x00,/
*"头",8*/
};
void delay()                       //延时函数
{ uchar i;
  for(i=0;i<20;i++);
}
/***********************写命令**************************************/
void ready()
{rs=0;rw=0;e=0;delay();e=1;
 }
/*********************初始化设置************************************/
void model()
{ P2=0x3f;                         //显示开/关设置
  ready();
  P2=0xc0;                         //设置显示初始行
  ready();
  P2=x;                            //设置数据地址页码 0-7
  ready();
  P2=y;                            //设置数据列指针 0-63
  ready();
 }
/*********************写数据****************************************/
 void start0()
 {
  cs1=0;cs2=1;                     //选中左半屏
```

```
 model();                          //调用初始化程序
 }
/**********************写数据******************************************/
void start1()
 {
  cs1=1;cs2=0;                     //选中右半屏
  model();                         //调用初始化程序
 }
/**********************写显示数据****************************************/
 void display()
 {
   P2=d[i];
   i++;rs=1;rw=0;e=0;              //写第 1 个数组里的显示数据
 }
 /**********************主函数*******************************************/
 void main()
 {
    uchar t;uint c=0;
       for(t=0;t<4;t++)            //显示 4 行
{   for(y=64;y<128;y++)            //左半屏
      {start0();
  display();
  x++;
  start0();
  display();
  x--;
  }
    for(y=64;y<128;y++)            //右半屏
    { start1();
  display();
  x++;
  start1();
  display();
  x--;
    }
  x+=2;                            //共 8 页，1 个汉字占 2 页，X 每次加 2 页
}
  i=0;
}
```

程序说明：

- 在图形液晶显示器程序中，也要用到写命令程序、写数据程序和初始化程序，本程序中编制了写命令程序 ready()、写数据程序 start0()、start1()初始化程序的 model()这几个子程序。

- Proteus 软件的 AMPIRE 图形液晶显示屏在控制时采用左右半屏分别控制,其中 CS2 控制左半屏，CS1 控制右半屏，程序中分别用 start0()、start1()函数对左右半屏写数据。
- 在程序中建立汉字库时，可以用软件 PCtoLCD2002 字模提取软件生成，其中软件字模选项可设置为阴码、逐列式、逆向。
- 在很多场合，液晶显示器的显示是可以移动显示的，程序 xm8_4.c 可实现此效果。

程序示例如下：

```
/* * * * * * * * * ** * * * *图形液晶显示器控制程序* * * * * * * * * * * * * * *
//程序名: LCD 显示控制程序 xm8_4.c
//程序功能: 将苏轼的水调歌头诗词用液晶显示器显示出来，要求前 3 行固定显示，最后
//1 行移动显示
    #include<reg51.h>
      #define uchar unsigned char
      #define uint unsigned int
      sbit cs1=P1^1;                    //右半屏
      sbit cs2=P1^2;                    //左半屏
      sbit rs=P1^7;
      sbit rw=P1^6;
      sbit e=P1^5;
      uchar x=0xb8,y=0x40;              //地址计数器 X,Y 的初值
      uint i=0;                         //X: 记 0-7 页; Y: 记 0-63 列
code  uchar d[]={
0x00,0x00,0x00,0x00,0x00,0x00,0x00,0x00,0x00,0x00,0x00,0x00,0x00,0x00,0x00,0x00,/*
" ",7*/
0x00,0x00,0x00,0x00,0x00,0x00,0x00,0x00,0x00,0x00,0x00,0x00,0x00,0x00,0x00,0x00,/*
" ",8*/
0x00,0x00,0x00,0x40,0x00,0x20,0x00,0x10,0x00,0x0C,0x00,0x03,0xC0,0x00,0x3F,0x00,
0xC2,0x01,0x00,0x06,0x00,0x0C,0x00,0x18,0x00,0x30,0x00,0x60,0x00,0x20,0x00,0x00,/*
"人",0*/
0x00,0x02,0x04,0x01,0x84,0x00,0x44,0x00,0xE4,0xFF,0x34,0x09,0x2C,0x09,0x27,0x09,
0x24,0x29,0x24,0x49,0x24,0xC9,0xE4,0x7F,0x04,0x00,0x04,0x00,0x04,0x00,0x00,0x00,/*
"有",1*/
0x00,0x00,0x44,0x20,0x54,0x38,0x54,0x00,0x54,0x3C,0xFF,0x41,0x00,0x40,0x00,0x42,
0x00,0x4C,0xFF,0x41,0x54,0x40,0x54,0x70,0x54,0x00,0x44,0x08,0x40,0x30,0x00,0x00,/*
"悲",2*/
0x14,0x20,0x24,0x10,0x44,0x4C,0x84,0x43,0x64,0x43,0x1C,0x2C,0x20,0x20,0x18,0x10,
0x0F,0x0C,0xE8,0x03,0x08,0x06,0x08,0x18,0x28,0x30,0x18,0x60,0x08,0x20,0x00,0x00,/*
"欢",3*/
0x00,0x00,0x04,0x00,0x04,0xFE,0xF4,0x02,0x84,0x1A,0xCC,0x16,0xAD,0x12,0x96,0x13,
0x94,0x12,0xAC,0x16,0xCC,0x1A,0x84,0x72,0xF4,0x82,0x06,0x7E,0x04,0x00,0x00,0x00,/*
"离",4*/
0x40,0x00,0x40,0x00,0x20,0x00,0x50,0x7E,0x48,0x22,0x44,0x22,0x42,0x22,0x41,0x22,
0x42,0x22,0x44,0x22,0x68,0x22,0x50,0x7E,0x30,0x00,0x60,0x00,0x20,0x00,0x00,0x00,/*
"合",5*/
```

```
0x00,0x00,0x00,0x00,0x00,0x58,0x00,0x38,0x00,0x00,0x00,0x00,0x00,0x00,0x00,0x00,
0x00,0x00,0x00,0x00,0x00,0x00,0x00,0x00,0x00,0x00,0x00,0x00,0x00,0x00,0x00,0x00,/*
", ",6*/
/**********************************************************************************/
0x00,0x00,0x00,0x00,0x00,0x00,0x00,0x00,0x00,0x00,0x00,0x00,0x00,0x00,0x00,0x00,/*
" ",7*/
0x00,0x00,0x00,0x00,0x00,0x00,0x00,0x00,0x00,0x00,0x00,0x00,0x00,0x00,0x00,0x00,/*
" ",8*/
0x00,0x00,0x00,0x40,0x00,0x20,0x00,0x10,0x00,0x0C,0xFF,0x03,0x11,0x01,0x11,0x01,
0x11,0x01,0x11,0x21,0x11,0x41,0xFF,0x3F,0x00,0x00,0x00,0x00,0x00,0x00,0x00,0x00,/*
"月",0*/
0x00,0x02,0x04,0x01,0x84,0x00,0x44,0x00,0xE4,0xFF,0x34,0x09,0x2C,0x09,0x27,0x09,
0x24,0x29,0x24,0x49,0x24,0xC9,0xE4,0x7F,0x04,0x00,0x04,0x00,0x04,0x00,0x00,0x00,/*
"有",1*/
0x00,0x00,0xFE,0xFF,0x02,0x00,0x22,0x02,0x5A,0x84,0x86,0x43,0x00,0x30,0xFE,0x0F,
0x12,0x01,0x12,0x01,0x12,0x01,0x12,0x41,0x12,0x81,0xFE,0x7F,0x00,0x00,0x00,0x00,/*
"阴",2*/
0x00,0x00,0xFC,0x0F,0x44,0x04,0x44,0x04,0xFC,0x0F,0x20,0x00,0x22,0x00,0xAA,0xFF,
0xAA,0x0A,0xBF,0x0A,0xAA,0x4A,0xAA,0x8A,0xAA,0x7F,0x22,0x00,0x20,0x00,0x00,0x00,/*
"晴",3*/
0x00,0x00,0xFF,0xFF,0x01,0x40,0x01,0x40,0xDD,0x67,0x55,0x50,0x55,0x48,0x55,0x47,
0x55,0x48,0x55,0x50,0xDD,0x67,0x01,0x40,0x01,0x40,0xFF,0xFF,0x00,0x00,0x00,0x00,/*
"圆",4*/
0x60,0x00,0x58,0x3F,0x4F,0x20,0xFA,0x1F,0x48,0x10,0x48,0x9F,0x40,0x40,0x88,0x30,
0x88,0x0E,0xFF,0x01,0x88,0x06,0x88,0x18,0xF8,0x30,0x80,0x60,0x80,0x20,0x00,0x00,/*
"缺",5*/
0x00,0x00,0x00,0x00,0x00,0x58,0x00,0x38,0x00,0x00,0x00,0x00,0x00,0x00,0x00,0x00,
0x00,0x00,0x00,0x00,0x00,0x00,0x00,0x00,0x00,0x00,0x00,0x00,0x00,0x00,0x00,0x00,/*
", ",6*/
/**********************************************************************************/
0x00,0x00,0x00,0x00,0x00,0x00,0x00,0x00,0x00,0x00,0x00,0x00,0x00,0x00,0x00,0x00,/*
" ",7*/

0x00,0x00,0x00,0x00,0x00,0x00,0x00,0x00,0x00,0x00,0x00,0x00,0x00,0x00,0x00,0x00,/*
" ",8*/
0x00,0x20,0x00,0x20,0xF0,0x3F,0x00,0x10,0x00,0x10,0xFF,0x0F,0x20,0x08,0x20,0x08,
0x00,0x00,0xFF,0x3F,0x40,0x40,0x20,0x40,0x20,0x40,0x10,0x40,0x10,0x78,0x00,0x00,/*
"此",0*/
0x02,0x02,0x02,0x02,0x82,0x0A,0xBA,0x0A,0xAA,0x2A,0xAA,0x4A,0xAA,0x8A,0xFF,0x7F,
0xAA,0x0A,0xAA,0x0A,0xAA,0x0A,0xAA,0x0A,0xBA,0x1F,0x02,0x02,0x02,0x02,0x00,0x00,/*
"事",1*/
0x08,0x00,0x08,0x00,0x08,0x00,0x08,0x7F,0x08,0x21,0x08,0x21,0x08,0x21,0xFF,0x21,
0x08,0x21,0x08,0x21,0x08,0x21,0x08,0x7F,0x08,0x00,0x08,0x00,0x08,0x00,0x00,0x00,/*
"古",2*/
0x14,0x10,0x24,0x08,0x44,0x06,0x84,0x01,0x7C,0x03,0x40,0x0C,0x30,0x00,0xFC,0xFF,
0x4B,0x22,0x48,0x22,0xF9,0x3F,0x4E,0x22,0x48,0x22,0x48,0x22,0x08,0x20,0x00,0x00,/*
```

```
"难",3*/
0x00,0x00,0x80,0x40,0x40,0x40,0x60,0x44,0x50,0x44,0x48,0x44,0x44,0x44,0xC3,0x7F,
0x44,0x44,0x48,0x44,0x50,0x44,0x70,0x46,0x60,0x44,0x20,0x60,0x00,0x40,0x00,0x00,/*
"全",4*/
0x00,0x00,0x00,0x18,0x00,0x24,0x00,0x24,0x00,0x18,0x00,0x00,0x00,0x00,0x00,0x00,
0x00,0x00,0x00,0x00,0x00,0x00,0x00,0x00,0x00,0x00,0x00,0x00,0x00,0x00,0x00,0x00,/*
"。",5*/
0x00,0x00,0x00,0x00,0x00,0x00,0x00,0x00,0x00,0x00,0x00,0x00,0x00,0x00,0x00,0x00,/*
" ",6*/
0x00,0x00,0x00,0x00,0x00,0x00,0x00,0x00,0x00,0x00,0x00,0x00,0x00,0x00,0x00,0x00,/*
" ",9*/
};
/*******************************************************************************/
code  uchar dd[]={
0x00,0x00,0x00,0x00,0x00,0x00,0x00,0x00,0x00,0x00,0x00,0x00,0x00,0x00,0x00,0x00,
0x00,0x00,0x00,0x00,0x00,0x00,0x00,0x00,0x00,0x00,0x00,0x00,0x00,0x00,0x00,0x00,
0x00,0x00,0x00,0x00,0x00,0x00,0x00,0x00,0x00,0x00,0x00,0x00,0x00,0x00,0x00,0x00,
0x00,0x00,0x00,0x00,0x00,0x00,0x00,0x00,0x00,0x00,0x00,0x00,0x00,0x00,0x00,0x00,
0x00,0x00,0x00,0x00,0x00,0x00,0x00,0x00,0x00,0x00,0x00,0x00,0x00,0x00,0x00,0x00,
0x00,0x00,0x00,0x00,0x00,0x00,0x00,0x00,0x00,0x00,0x00,0x00,0x00,0x00,0x00,0x00,
0x00,0x00,0x00,0x00,0x00,0x00,0x00,0x00,0x00,0x00,0x00,0x00,0x00,0x00,0x00,0x00,
0x00,0x00,0x00,0x00,0x00,0x00,0x00,0x00,0x00,0x00,0x00,0x00,0x00,0x00,0x00,0x00,
0x00,0x00,0x00,0x00,0x00,0x00,0x00,0x00,0x00,0x00,0x00,0x00,0x00,0x00,0x00,0x00,
0x00,0x00,0x00,0x00,0x00,0x00,0x00,0x00,0x00,0x00,0x00,0x00,0x00,0x00,0x00,0x00,
0x00,0x00,0x00,0x00,0x00,0x00,0x00,0x00,0x00,0x00,0x00,0x00,0x00,0x00,0x00,0x00,
0x00,0x00,0x00,0x00,0x00,0x00,0x00,0x00,0x00,0x00,0x00,0x00,0x00,0x00,0x00,0x00,
0x00,0x00,0x00,0x00,0x00,0x00,0x00,0x00,0x00,0x00,0x00,0x00,0x00,0x00,0x00,0x00,
0x00,0x00,0x00,0x00,0x00,0x00,0x00,0x00,0x00,0x00,0x00,0x00,0x00,0x00,0x00,0x00,
0x00,0x00,0x00,0x00,0x00,0x00,0x00,0x00,0x00,0x00,0x00,0x00,0x00,0x00,0x00,0x00,
0x00,0x00,0x00,0x00,0x00,0x00,0x00,0x00,0x00,0x00,0x00,0x00,0x00,0x00,0x00,0x00,
0x00,0x00,0x00,0x01,0x00,0x01,0x00,0x01,0x00,0x01,0x00,0x01,0x00,0x01,0x00,0x01,/*
"-",0*/
0x10,0x00,0x4C,0x20,0x44,0x10,0x44,0x08,0x44,0x04,0x44,0x03,0xC5,0x00,0xFE,0x7F,
0xC4,0x01,0x44,0x02,0x44,0x04,0x44,0x08,0x54,0x10,0x4C,0x30,0x04,0x10,0x00,0x00,/*
"宋",1*/
0x04,0x00,0x04,0x40,0x44,0x4C,0x44,0x27,0x44,0x10,0x5F,0x0C,0x44,0x07,0xF4,0x01,
0x44,0x20,0x5F,0x40,0x44,0x40,0xC4,0x3F,0x04,0x00,0x04,0x02,0x04,0x0C,0x00,0x00,/*
"苏",2*/
0x88,0x08,0xE8,0x08,0x9F,0x08,0xE8,0xFF,0x88,0x04,0x10,0x24,0x90,0x60,0x90,0x20,
0x90,0x1F,0x90,0x10,0x7F,0x10,0x90,0x07,0x12,0x18,0x14,0x20,0x10,0x78,0x00,0x00,/*
"轼",3*/
0x00,0x00,0x00,0x01,0x00,0x01,0x00,0x01,0x00,0x01,0x00,0x01,0x00,0x01,0x00,0x01,/*
"-",4*/
0x00,0x10,0x10,0x10,0x10,0x08,0x10,0x06,0x90,0x01,0x70,0x40,0x00,0x80,0xFF,0x7F,
0x20,0x00,0x60,0x00,0x90,0x01,0x08,0x06,0x04,0x0C,0x00,0x18,0x00,0x08,0x00,0x00,/*
"水",5*/
```

```
0x20,0x00,0x21,0x00,0xEE,0x1F,0x04,0x88,0x00,0x44,0x00,0x30,0xFF,0x0F,0x29,0x00,
0xA9,0x0F,0xBF,0x04,0xA9,0x04,0xA9,0x4F,0x01,0x80,0xFF,0x7F,0x00,0x00,0x00,0x00,/*
"调",6*/
0x80,0x00,0xBA,0x1E,0xAA,0x12,0xAA,0x12,0xBA,0x5E,0x82,0x80,0xFE,0x7F,0xA2,0x40,
0x90,0x20,0x0C,0x18,0xEB,0x07,0x08,0x08,0x28,0x30,0x18,0xE0,0x08,0x40,0x00,0x00,/*
"歌",7*/
0x00,0x01,0x00,0x01,0x00,0x81,0x12,0x41,0x64,0x21,0x2C,0x11,0x00,0x09,0x00,0x05,
0xFF,0x03,0x00,0x05,0x00,0x19,0x00,0x31,0x00,0xE1,0x00,0x41,0x00,0x01,0x00,0x00,/*
"头",8*/
0x00,0x00,0x00,0x00,0x00,0x00,0x00,0x00,0x00,0x00,0x00,0x00,0x00,0x00,0x00,0x00,
0x00,0x00,0x00,0x00,0x00,0x00,0x00,0x00,0x00,0x00,0x00,0x00,0x00,0x00,0x00,0x00,
0x00,0x00,0x00,0x00,0x00,0x00,0x00,0x00,0x00,0x00,0x00,0x00,0x00,0x00,0x00,0x00,
0x00,0x00,0x00,0x00,0x00,0x00,0x00,0x00,0x00,0x00,0x00,0x00,0x00,0x00,0x00,0x00,
0x00,0x00,0x00,0x00,0x00,0x00,0x00,0x00,0x00,0x00,0x00,0x00,0x00,0x00,0x00,0x00,
0x00,0x00,0x00,0x00,0x00,0x00,0x00,0x00,0x00,0x00,0x00,0x00,0x00,0x00,0x00,0x00,
0x00,0x00,0x00,0x00,0x00,0x00,0x00,0x00,0x00,0x00,0x00,0x00,0x00,0x00,0x00,0x00,
0x00,0x00,0x00,0x00,0x00,0x00,0x00,0x00,0x00,0x00,0x00,0x00,0x00,0x00,0x00,0x00,
0x00,0x00,0x00,0x00,0x00,0x00,0x00,0x00,0x00,0x00,0x00,0x00,0x00,0x00,0x00,0x00,
0x00,0x00,0x00,0x00,0x00,0x00,0x00,0x00,0x00,0x00,0x00,0x00,0x00,0x00,0x00,0x00,
0x00,0x00,0x00,0x00,0x00,0x00,0x00,0x00,0x00,0x00,0x00,0x00,0x00,0x00,0x00,0x00,
0x00,0x00,0x00,0x00,0x00,0x00,0x00,0x00,0x00,0x00,0x00,0x00,0x00,0x00,0x00,0x00,
0x00,0x00,0x00,0x00,0x00,0x00,0x00,0x00,0x00,0x00,0x00,0x00,0x00,0x00,0x00,0x00,
0x00,0x00,0x00,0x00,0x00,0x00,0x00,0x00,0x00,0x00,0x00,0x00,0x00,0x00,0x00,0x00,
0x00,0x00,0x00,0x00,0x00,0x00,0x00,0x00,0x00,0x00,0x00,0x00,0x00,0x00,0x00,0x00,
0x00,0x00,0x00,0x00,0x00,0x00,0x00,0x00,0x00,0x00,0x00,0x00,0x00,0x00,0x00,0x00,
0x00,0x00,0x00,0x00,0x00,0x00,0x00,0x00,0x00,0x00,0x00,0x00,0x00,0x00,0x00,0x00,
0x00,0x00,0x00,0x00,0x00,0x00,0x00,0x00,0x00,0x00,0x00,0x00,0x00,0x00,0x00,0x00,
0x00,0x00,0x00,0x00,0x00,0x00,0x00,0x00,0x00,0x00,0x00,0x00,0x00,0x00,0x00,0x00,
0x00,0x00,0x00,0x00,0x00,0x00,0x00,0x00,0x00,0x00,0x00,0x00,0x00,0x00,0x00,0x00,
0x00,0x00,0x00,0x00,0x00,0x00,0x00,0x00,0x00,0x00,0x00,0x00,0x00,0x00,0x00,0x00,
0x00,0x00,0x00,0x00,0x00,0x00,0x00,0x00,0x00,0x00,0x00,0x00,0x00,0x00,0x00,0x00,
0x00,0x00,0x00,0x00,0x00,0x00,0x00,0x00,0x00,0x00,0x00,0x00,0x00,0x00,0x00,0x00,
0x00,0x00,0x00,0x00,0x00,0x00,0x00,0x00,0x00,0x00,0x00,0x00,0x00,0x00,0x00,0x00,
0x00,0x00,0x00,0x00,0x00,0x00,0x00,0x00,0x00,0x00,0x00,0x00,0x00,0x00,0x00,0x00,
0x00,0x00,0x00,0x00,0x00,0x00,0x00,0x00,0x00,0x00,0x00,0x00,0x00,0x00,0x00,0x00,
0x00,0x00,0x00,0x00,0x00,0x00,0x00,0x00,0x00,0x00,0x00,0x00,0x00,0x00,0x00,0x00,
0x00,0x00,0x00,0x00,0x00,0x00,0x00,0x00,0x00,0x00,0x00,0x00,0x00,0x00,0x00,0x00,
0x00,0x00,0x00,0x00,0x00,0x00,0x00,0x00,0x00,0x00,0x00,0x00,0x00,0x00,0x00,0x00,
0x00,0x00,0x00,0x00,0x00,0x00,0x00,0x00,0x00,0x00,0x00,0x00,0x00,0x00,0x00,0x00,
};
  void delay()                        //延时函数
  { uchar i;
   for(i=0;i<20;i++);
  }
  /******************写命令****************************************/
  void ready()
  {rs=0;rw=0;e=0;delay();e=1;
```

```
}
/********************初始化设置********************************/
void model()
{ P2=0x3f;                    //显示开/关设置
  ready();
  P2=0xc0;                    //设置显示初始行
  ready();
  P2=x;                       //设置数据地址页码0-7
  ready();
  P2=y;                       //设置数据列指针0-63
  ready();
}
/*****************写数据*************************************/
 void start0()
 {cs1=0;cs2=1;                //选中左半屏(高电平信号有效)
  model();                    //调用初始化程序
 }
/*****************写数据*************************************/
void start1()
 {cs1=1;cs2=0;                //选中右半屏
  model();                    //调用初始化程序
 }
/********************写显示数据*******************************/
 void display()
 {
   P2=d[i];
   i++;rs=1;rw=0;e=0;         //写第1个数组里的显示数据
 }
 //*****************************************************
void display1()               //增加的程序段
 {
   P2=dd[i];
   i++;rs=1;rw=0;e=0;
 }                            //写第2个数组里的显示数据
 /*****************主函数*************************************/
 void main()
 { uchar t;uint q,c=0;
     for(t=0;t<3;t++)         //显示前3行
{   for(y=64;y<128;y++)       //左半屏
      {start0();
  display();
  x++;
  start0();
  display();
  x--;
  }
```

```
   for(y=64;y<128;y++)              //右半屏
     { start1();
  display();
  x++;
  start1();
  display();
  x--;
     }
   x+=2;
 }
   i=0;
   //*******************************************************
    for(;;)                         //第4行循环移动显示
 {
   for(i=0;i<512;)
   {
    for(y=64;y<128;y++)             //左半屏
      { start0();
    display1();
    x++;
    start0();
    display1();
    x--;
     }
 for(y=64;y<128;y++)                //右半屏
  { start1();
    display1();
    x++;
    start1();
    display1();
     x--;
       }
    for(q=0;q<900;q++)
     { delay();}
       c+=16;i=c;
     if(c==1536)
       {c=0;
        i=c;}
   }
    }
}
```

4. 软、硬件调试与仿真

用 Keil μVision3 和 Proteus 软件联合进行程序调试。

（1）用 Proteus 软件进行硬件电路的设计。

（2）Keil 软件进行源程序编辑、编译、生成目标代码文件。

①新建 Keil 项目文件。

②选择 CPU 类型（选择 ATMEL 中的 AT89C51 单片机）。

③新建汇编源程序（.ASM 文件），编写程序并保存。

④源程序进行编译、生成目标代码文件（.HEX 文件）。

（3）在 Proteus 软件中加载目标代码文件、设置时钟频率。

①加载目标代码文件：右击选中 ISIS 编辑区中 AT89S51，打开其属性窗口，在“Program File”右侧框中输入目标代码文件。

②设置时钟频率：在属性窗口的“Clock Frequency”时钟频率栏中设置 12MHz。

（4）单片机系统的 Proteus 交互仿真。全速仿真图片段如图 8-22 所示。

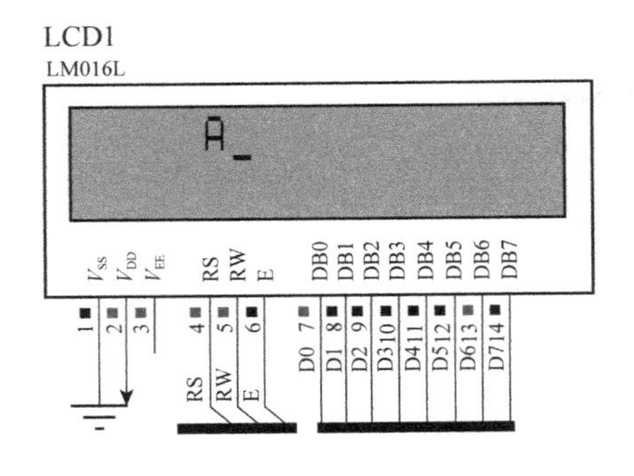

（a）字符型LCD单个字符显示

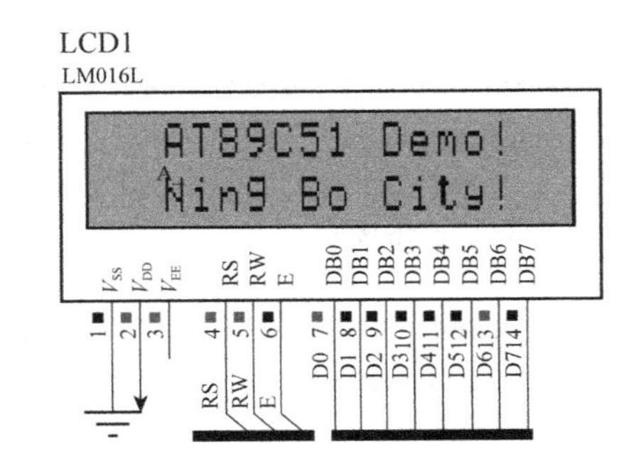

（b）字符型LCD字符串显示

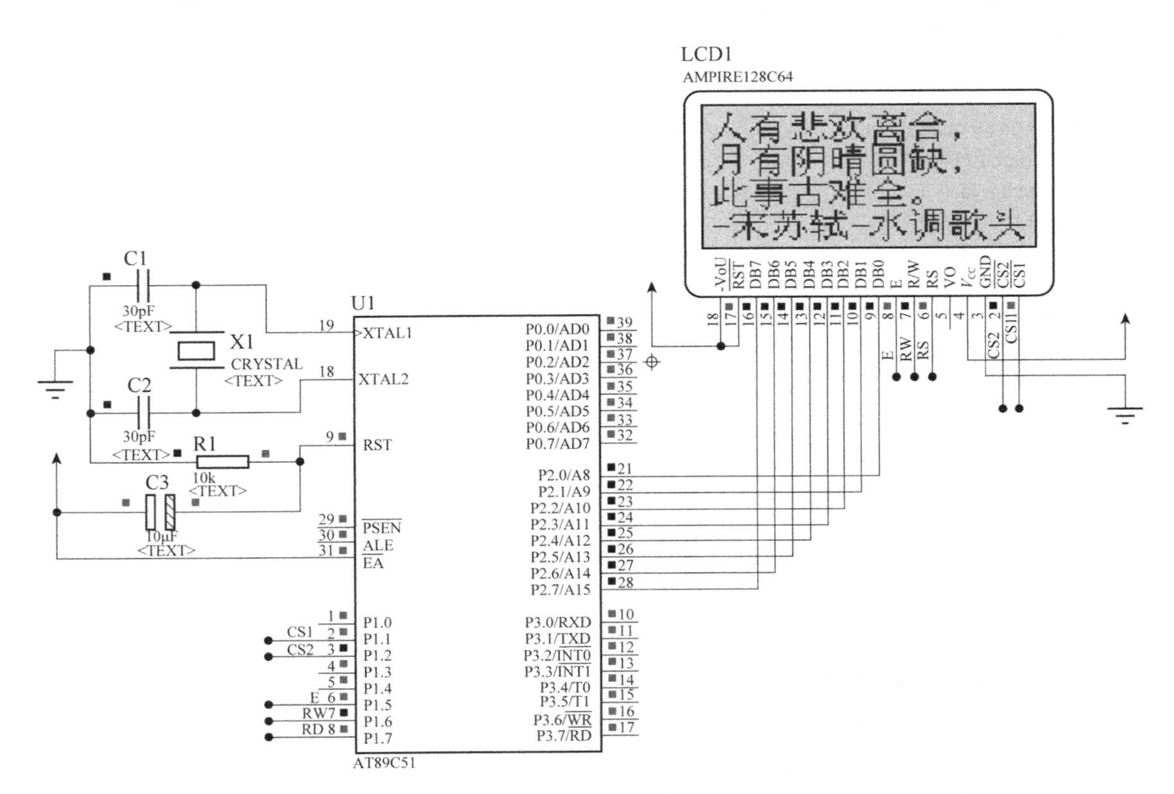

（c）图形LCD液晶显示器汉字显示

图 8-22　全速仿真图片段

单击按钮▶启动仿真，LCD 液晶显示器显示单个字符或字符串。若单击“停止”按钮■，则终止仿真。

5. 实物连接、制作

Proteus 中仿真调试结果正常后，用实际硬件搭建电路如图 8-23 所示，通过编程器将 HEX 格式文件下载到 CPU 芯片中，通电观察液晶屏的显示结果。

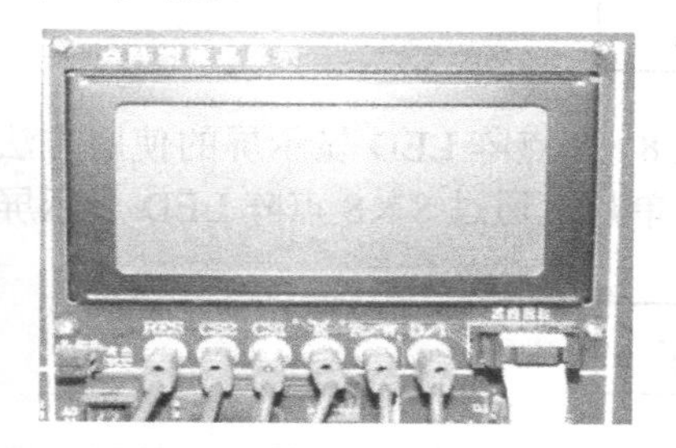

图 8-23 实物连接

在万能板上按照液晶屏控制电路图焊接元器件，图 8-24 所示为焊接制作好的液晶屏电路板硬件实物，液晶屏控制电路的元器件清单如表 8-15 所示。

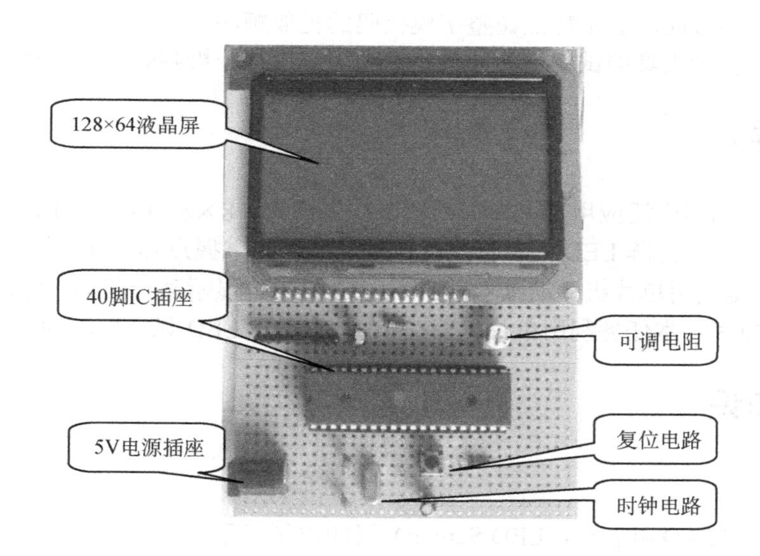

图 8-24 液晶屏控制硬件电路制作

表 8-15 元器件清单

元器件名称	参数	数量	元器件名称	参数	数量
单片机	AT89S52	1	排电阻	10 kΩ	1
晶体振荡器	12MHz	1	电阻	10kΩ	2
液晶屏	SG12864SYD-01FSYE	1	电解电容	10μF	1
电源	+5V	1	电解电容	1μF	1
可调电阻	1 kΩ	1	瓷片电容	30pF	2
IC 插座	DIP40	1			

任务二　点阵LED显示屏

一、学习目标

知识目标

1. 掌握8×8点阵LED显示屏的使用方法
2. 掌握单片机通过8×8点阵LED显示屏进行拉幕式显示的编程方法

技能目标

1. 能绘制8×8点阵LED显示屏的接口硬件原理图、能编写相关的控制程序
2. 在8×8点阵屏的基础上进行扩展，构建16×16点阵屏扩展电路，并能编写相关的控制程序
3. 熟练运用字模提取软件
4. 根据不同的液晶屏显示特点调整字模代码的提取顺序
5. 熟练运用各种工具调试程序，对电路中的故障进行分析判断并加以解决

二、任务导入

点阵LED显示屏广泛应用于汽车报站器、广告屏等。8×8点阵LED是最基本的点阵显示模块，理解了8×8点阵LED的工作原理就可以说基本掌握点阵LED显示技术。

本次任务一是利用单片机驱动8×8点阵LED显示屏显示某一图案、轮流显示或拉幕循环显示0～9的数字。本任务利用单片机驱动16×16点阵LED显示屏滚动显示汉字。

三、相关知识

1. LED点阵

LED显示屏（LED display，LED Screen）又叫电子显示屏，不仅能显示文字，还可以显示图形、图像，并且能产生各种动画效果，是广告宣传、新闻传播的有力工具。电子显示屏不仅有单色显示，还有彩色显示，其应用越来越广泛，已经渗透到人们的日常生活之中。

LED点阵式显示器是把很多LED发光二极管按矩阵方式排列在一起，通过对每个LED进行发光控制，来完成各种字符或图形显示。最常见的LED点阵显示模块有5×7(5列7行)、7×9（7列9行）、8×8（8列8行）结构。

图8-25和图8-26所示为最常见的8×8单色LED点阵显示器的外形规格和等效电路图，由等效电路图所示，它由8行8列LED构成，对外共有16个引脚，其中8根行线（Y0～Y7）用数字0～7表示8根列线（X0～X7）用字母A～H表示。

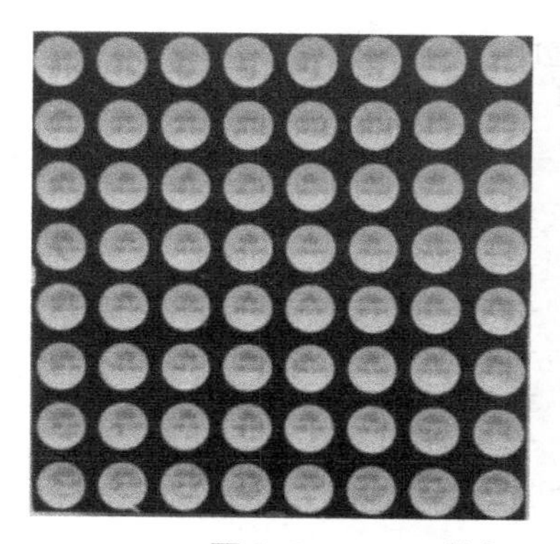

图 8-25　8×8 单色 LED 点阵显示器的外形规格

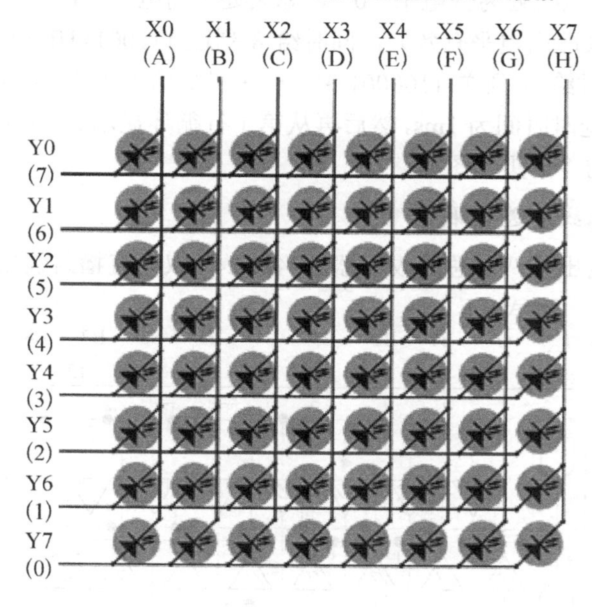

图 8-26　8×8 单色 LED 点阵显示器等效电路图

单块使用 LED 点阵显示器时，既可以代替数码管显示数字，也可以显示各种中西文字及符号。例如，5×7 点阵显示器用于西文字母的显示，5×8 点阵显示器用于显示中西文，8×8 点阵显示器既可用于显示简单的中文文字，也可以用于显示简单的图形。用多块点阵显示器则可构成大屏幕显示器，但这类使用装置需通过 PC 或单片机控制驱动。

LED 点阵中各模块的显示方式有静态和动态显示两种。点阵式 LED 汉字广告屏绝大部分采用动态扫描方式。从图 8-26 中可以看出，8×8 点阵共需要 64 个发光二极管组成，且每个发光二极管放置在行线和列线的交叉点上，当对应的某一行置 1 电平，某一列置 0 电平，则相应的二极管就亮，例如 Y0=1，X0=0 时，对应的左上角的 LED 发光。如果在很短的时间内依次点亮多个发光二极管，就可以看到多个二极管稳定点亮，即看到要显示的数字、字母或其他图形符号，这就是动态显示原理。

例如要显示“箭头”图案，则 8×8 点阵需要点亮的位置如图 8-27 所示。

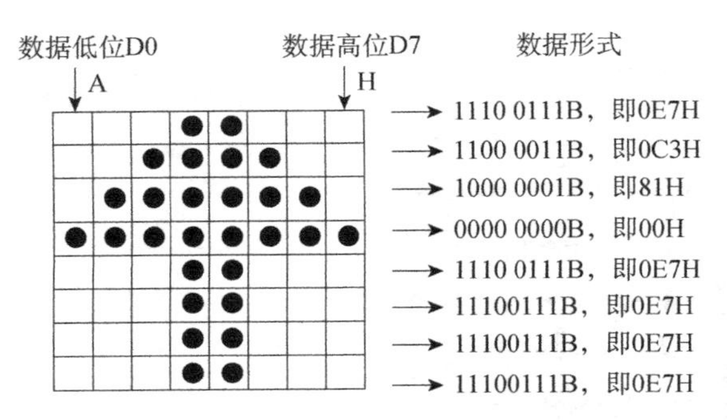

图 8-27 “箭头”图案的字型码

编码采用阳码，即点亮处为低电平“0”，熄灭处为高电平“1”。显示图案的过程如下：先给第 1 行送高电平（即高电平有效），同时给 8 列送 11100111B（低电平有效）；然后送第 2 行送高电平，同时给 8 列送 11000011B，……最后给第 8 行送高电平，同时给 8 列送 11100111B。每行点亮延时时间为 1ms，然后再从第 1 行循环显示。利用人眼的视觉暂留现象，人们会看到稳定显示的“箭头”图案。

2. 74LS245 双向总线发送/接收器

74LS245 为三态输出的八组总线收发器。74LS245 双列直播封装结构图如图 8-28 所示。

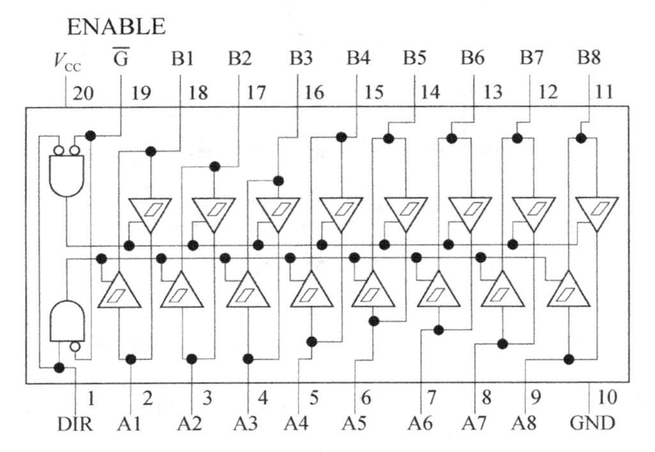

图 8-28 74LS245 双列直插封装结构图

74LS245 引出端口说明如表 8-16 所示，74LS245 端口功能表如表 8-17 所示。

表 8-16 74LS245 引出端口说明

接口符号	用途
A0～A7	A 总线端
B0～B7	B 总线端
$\overline{G}$ 或 $\overline{CE}$	三态允许端（低电平有效）
DIR 或 AB/ $\overline{BA}$	方向控制端

表 8-17　74LS245 端口功能表

$\overline{G}$ 或 $\overline{CE}$	DIR 或 AB/$\overline{BA}$	功能
0	0	B 数据到 A 总线
0	1	A 数据到 B 总线
1	×	隔离

3. 译码器 74HC154

74HC154 是 4-16 译码器，它可接受 4 位高有效二进制地址输入，并提供 16 个互斥的低有效输出。74HC154 的两个输入使能门电路可用于译码器选通，以消除输出端上的通常译码“假信号”，也可用于译码器扩展。该使能门电路包含两个“逻辑与”输入，必须置为低以便使能输出端。任选一个使能输入端作为数据输入，74HC154 可充当一个 1～16 的多路分配器。当其余的使能输入端置低时，地址输出将会跟随应用的状态。74HC154 引脚图及引脚说明如图 8-29 所示。引脚说明如下。

①1～11、13～17 引脚：输出端。

②12 引脚：GND 电源地。

③18、19 引脚：使能输入端、低电平有效。

④20～23 引脚：地址输入端。

⑤24 引脚：V_{CC} 电源。

只要控制端 $\overline{G1}$、$\overline{G2}$ 任意一个为高电平，A、B、C、D 任意电平输入都无效。G1、G2 必须都为低电平才能操作芯片。其真值表如表 8-18 所示。

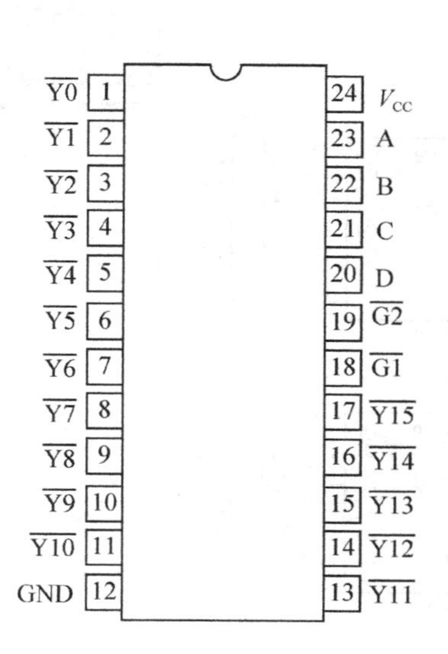

图 8-29　74HC154 引脚图

表 8-18　真值表

输入						选定输出（L）
$\overline{G1}$	$\overline{G2}$	D	C	B	A	
L	L	L	L	L	L	0
L	L	L	L	L	H	1
L	L	L	L	H	L	2
L	L	L	L	H	H	3
L	L	L	H	L	L	4
L	L	L	H	L	H	5
L	L	L	H	H	L	6
L	L	L	H	H	H	7
L	L	H	L	L	L	8
L	L	H	L	L	H	9
L	L	H	L	H	L	10
L	L	H	L	H	H	11
L	L	H	H	L	L	12
L	L	H	H	L	H	13
L	L	H	H	H	L	14
L	L	H	H	H	H	15
L	H	X	X	X	X	—
H	L	X	X	X	X	—
H	H	X	X	X	X	—

说明：H——高电平；L——低电平；X——任意；*——其他输出端为高电平。

4. 串入并出移位寄存器 74HC595

74HC595 是串入转并行的芯片，可以多级级联。74HC595 的主要优点是具有数据存储寄存器，在移位的过程中，输出端的数据可以保持不变。这在串行速度慢的场合很有用处，数码管没有闪烁感。

74HC595 引脚图如图 8-30 所示。下面对 74HC595 控制引脚及功能进行说明。

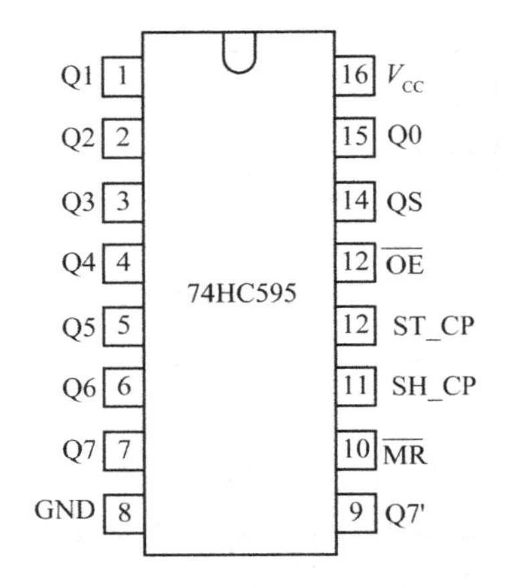

图 8-30　74HC595 引脚图

①1～7 引脚：Q1～Q7 并行数据输出口，存储寄存器的数据输出口。

②9 引脚：Q7'串行输出口，用于 74HC595 的级联。

③11 引脚：SH_CP 用于输入移位时钟脉冲，在上升沿时移位寄存器数据移位。

④12 引脚：ST_CP 提供锁存脉冲，在上升沿时移位寄存器的数据被串入存储寄存器，由于 OE 引脚接地，传入存储寄存器的数据会直接出现在输出端 Q1～Q7。

⑤14 引脚：DS 为串行数据输入引脚，由高位到低位将各位数据通过 DS 引脚串送入 74HC595。

⑥10 引脚：$\overline{\text{MR}}$ 在低电平时将移位寄存器数据清零。

⑦13 引脚：$\overline{\text{OE}}$ 在高电平时禁止输出（高阻态）。

例 8.1 用串入并出芯片 74HC595 控制数码管显示二位数字。

74HC595 控制二位数码管显示电路图如图 8-31 所示。程序示例如下：

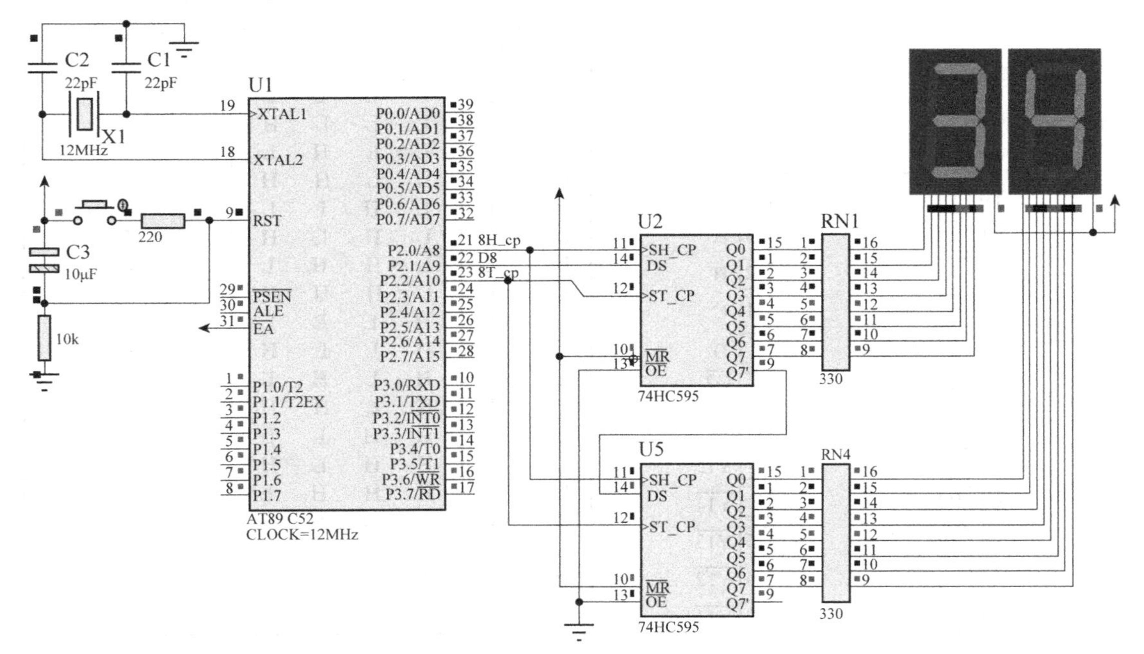

图 8-31　74HC595 控制二位数码管显示电路图

```
   #include <reg51.h>
   #include <intrins.h>
   #define uchar  unsigned char
   #define uint unsigned int
   sbit SH_CP = P2^0;        //移位时钟脉冲
   sbit DS = P2^1;           //串行数据输入
   sbit ST_CP = P2^2;                        //输出锁存器控制脉冲
   code uchar SEG_CODE[]={0xC0,0xF9,0xA4,0xB0,0x99,0x92,0x82,0xF8,0x80,0x90};
   uint myData[2] = {12,34};
//-----------延时函数-------------------------------------------------------
   void delay_ms(uint x)
   { uchar t; while(x--) for(t = 0; t<120; t++);}
//-----------1 字节数据（由高到低）串行输入 595 子程序-------------------------
   void Serial_Input_595(uchar d)
   {
      uchar i;                               //串行输入 8 位
      for(i=0;i<8;i++)
      {
       d <<=1;DS=CY;                         //数据送 DS 引脚
       SH_CP=0;_nop_();_nop_();              //时钟线置低电平
       SH_CP=1;_nop_();_nop_();              //上升沿移位
      }
       SH_CP=0;                              //移位时钟线最后置低电平
   }
//-----------------595 并行输出子程序---------------------------------
   void Parallel_Output_595()
   {
      ST_CP=0;_nop_();_nop_();               //先置低电平
      ST_CP=1;_nop_();_nop_();               //上升沿将数据送到输出锁存器
      ST_CP=0;_nop_();_nop_();               //置低电平
   }

//-------------主程序-----------------------------------------------------
   void main()
   {
        uchar  i,t;
        while (1)
        {                                    //循环输出二组数据
            for( i = 0; i < 2; i++ )
            {
              t=SEG_CODE[myData[i]%10];      //个位显示
              Serial_Input_595(t);
              t=SEG_CODE[myData[i]/10 ];     //十位显示
              Serial_Input_595(t);
              Parallel_Output_595();
              delay_ms(1000);
            }
        }
   }
```

程序说明：

- 仿真电路中先发送低位，后发送高位，然后锁存输出。如显示“34”，先发送“4”的段码，后发送“3”的段码。Serial_Input_595 函数向 DS 引脚发送数据并向 SH_CP 引脚输出移位时钟，在完成一组数据共 2 个字节段码发送后，单片机向 ST_CP 引脚输入锁存脉冲，在上升沿将所输入的字节送到输出锁存器，显示在数码管上。
- 本电路采用 74HC595，它与 74LS595 功能是一样的没有区别，中间字母代表不同工作速度。HC 代表 CMOS 芯片电路中工作速度最高的产品。LS 表示普及、通用型产品。

四、8×8LED 点阵屏任务实施

1. 任务分析

（1）Proteus ISIS 中的 8×8 点阵 LED 元器件原理图及引脚测试如图 8-32 所示。由于该元器件引脚没有任何标注，因此在使用之前必须进行引脚测试，以确定行线和列线的顺序及极性。图中给出了一种进行引脚测试的方法，根据测试结果便很容易确定该元器件的电路接法。

（2）了解 LED 驱动芯片 74LS245 的功能，按照功能要求进行连线。

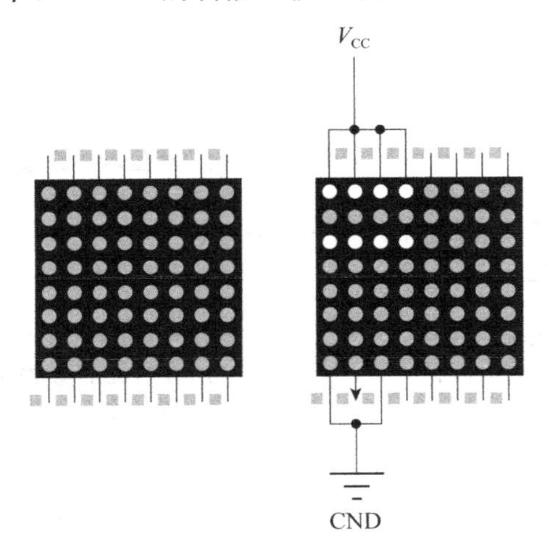

图 8-32　8×8 点阵 LED 元器件原理图及引脚测试

2. 确定设计方案

微控制器单元选用 AT89C52 芯片、时钟电路、复位电路、电源、74LS245 和 MATRIX-8×8-RED 构成单片机最小系统，完成对 8×8LED 点阵的控制。8×8 LED 点阵最小系统方案设计框图如图 8-33 所示。

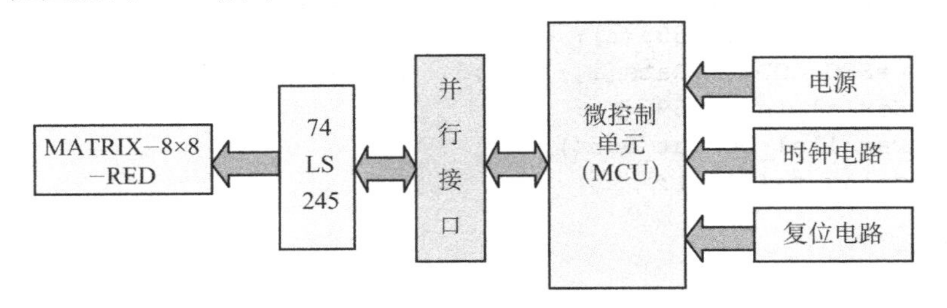

图 8-33　8×8LED 点阵最小系统方案设计框图

3. 硬件电路设计

该任务采用单片机的 P0 端口通过 74LS245 来控制 MATRIX-8×8-RED 的行线，用 P2 端口来控制 MATRIX-8×8-RED 的列线，电路如图 8-34 所示。电路所用元器件如表 8-19 所示。

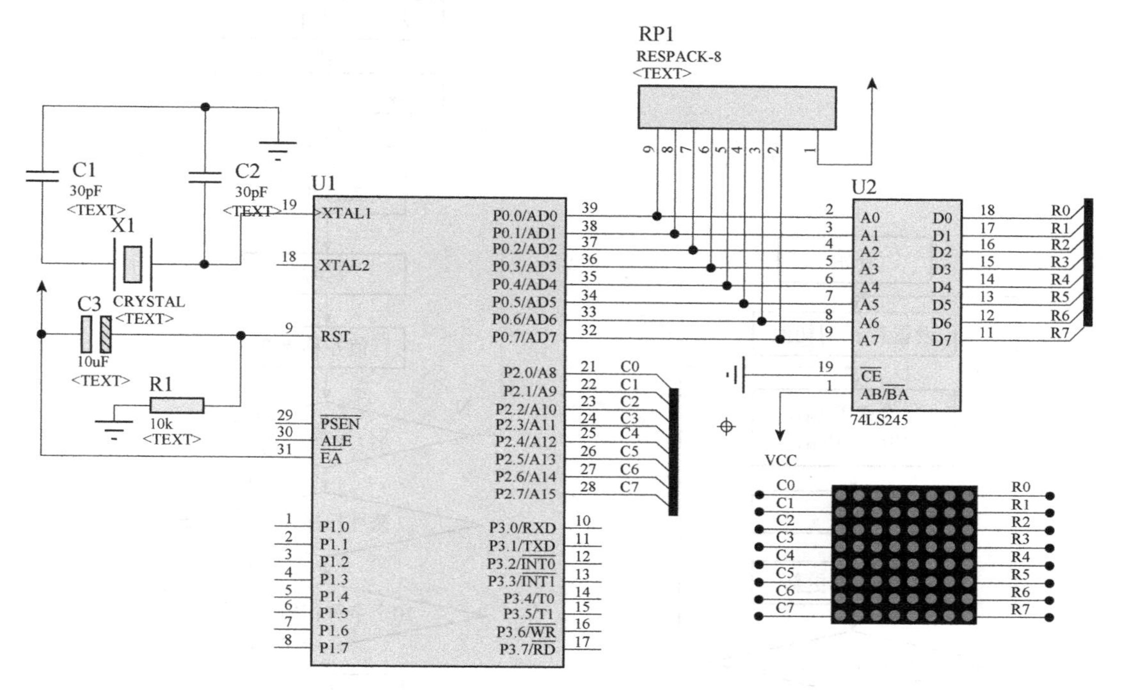

图 8-34 8×8LED 点阵电路原理图

表 8-19 电路所用的元器件

参数	元器件名称	参数	元器件名称
AT89C52	单片机	CAP	电容
RES	电阻	RESPACK-8	排电阻
CRYSTAL	晶振	74LS245	LED 驱动芯片
CAP-ELEC	电解电容	MATRIX-8×8-RED	红色 8×8LED 点阵

4. 源程序设计

步骤 1：按照控制要求绘制流程图。

8×8LED 点阵显示“箭头”图案流程图如图 8-35 所示。8×8LED 点阵显示 10 个数字的流程图如图 8-36 所示。

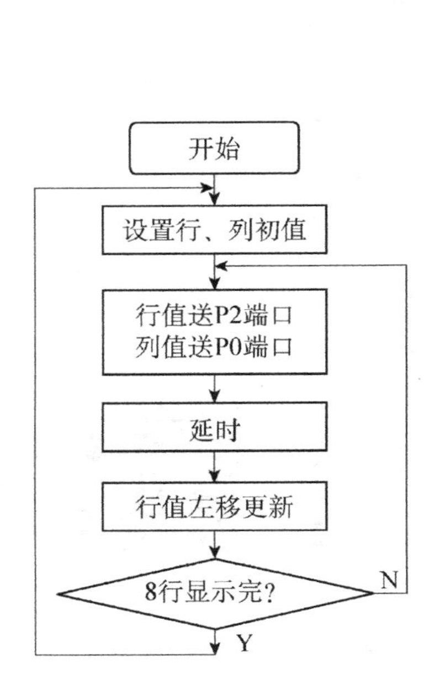

图 8-35　8×8LED 点阵显示“箭头”图案流程图

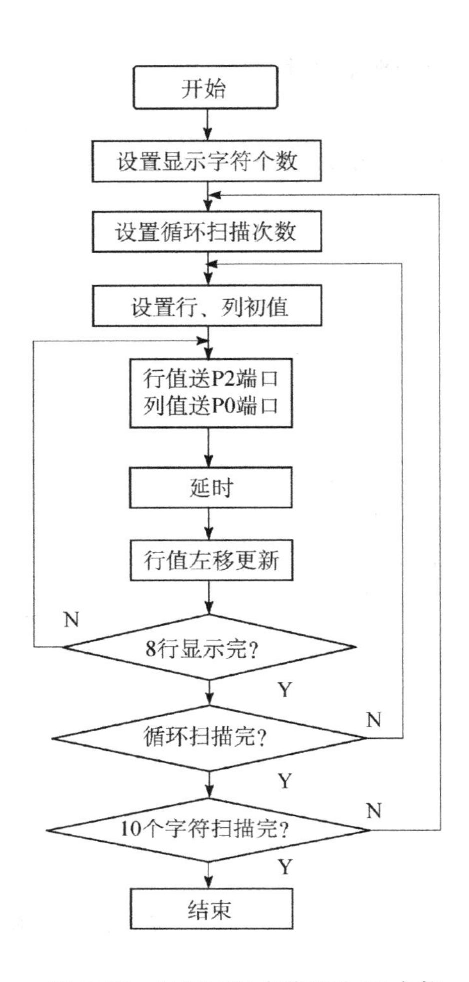

图 8-36　8×8LED 点阵显示 10 个数字的流程图

步骤 2：根据流程图（见图 8-35）进行程序编写，程序示例如下：

```
//* * * * * * * * * * * ** * * 8×8LED点阵屏控制程序* * * * * * * * * * * * * *
//程序名: 点阵数字显示程序 xm8_5.c
//程序功能: 控制点阵显示 “箭头” 图案
   #include <reg51.h>
   void delay1ms();                       //延时函数声明
   void main()
   {unsigned char code led[]={0xE7,0xC3,0x81,0x00,0xE7,0xE7,0xE7,0xE7, };
                                          //雨伞图形字型码(阳码)
   unsigned char w;
   unsigned int i,j;
   while(1)
    {
```

```
        w=0x01;                              //行变量 w 指向第 1 行
        j=0;                                 //指向数组第一个显示码下标
        for(i=0;i<8;i++)
         {
          P2=w;                              //行数据送 P2 口
          P0=led[j];                         //列数据直接送 P0 口
         delay1ms();
         w<<=1;                              //行变量左移指向下一行
         j++;                                //指向数组中下一个显示码
         }
      }
 }
 void delay1ms()                             //延时约 1ms
 { unsigned char i;
   for(i=0;i<0x10;i++);  }
```

程序说明：

- “箭头”图案的字型码可以运用 PCtoLCD2002 软件进行编码，根据硬件电路，字模选项采用“阳码、行列式、逆向设置”。
- 考虑人眼的视觉暂留效应，需要 1ms 的延时，程序中用软件实现。

根据流程图（见图 8-36）进行程序编写，程序示例如下：

```
//* * * * * * * * * * * * * * * 8×8LED 点阵屏控制程序* * * * * * * * * * * * * *
//程序名：点阵数字显示程序 xm8_6.c
//程序功能：控制点阵显示 0~9 数字
  #include <reg51.h>
  void delay1ms();                                           //延时函数声明
  void main()
  {unsigned char code led[]=
            {0x00,0x1C,0x36,0x36,0x36,0x36,0x36,0x1C,    //"0"-------阴码
             0x00,0x18,0x1C,0x18,0x18,0x18,0x18,0x18,    //"1"
             0x00,0x1E,0x30,0x30,0x1C,0x06,0x06,0x3E,    //"2"
             0x00,0x1E,0x30,0x30,0x1C,0x30,0x30,0x1E,    //"3"
             0x00,0x30,0x38,0x34,0x32,0x7E,0x30,0x30,    //"4"
             0x00,0x1E,0x02,0x02,0x1E,0x10,0x10,0x1E,    //"5"
             0x00,0x1C,0x06,0x1E,0x36,0x36,0x36,0x1C,    //"6"
             0x00,0x3E,0x30,0x18,0x18,0x0C,0x0C,0x0C,    //"7"
             0x00,0x1C,0x36,0x36,0x1C,0x36,0x36,0x1C,    //"8"
             0x00,0x1C,0x36,0x36,0x36,0x3C,0x30,0x1C};   //"9"
  unsigned char w;
  unsigned int i,j,k,m;
  while(1)
```

```
   {
    for(k=0;k<10;k++)                       //字符个数控制变量
     {
      for(m=0;m<400;m++)                    //每个字扫描 400 次，控制显示时间
       {
         w=0x01;                            //行变量 w 指向第 1 行
        j=k*8;                              //指向数组的第 k 个字符第一个显示码下标
                                            //每个字符 8 个代码
        for(i=0;i<8;i++)
         {
          P2=w;                             //行数据送 P2 口
          P0=~led[j];                       //列数据取反后送 P0 口
          delay1ms();
          w<<=1;                            //行变量左移指向下一行
          j++;                              //指向数组中下一个显示码
         }
       }
     }
    }
   }
  void delay1ms()                           //延时约 1ms
  { unsigned char i;
    for(i=0;i<0x10;i++);  }
```

程序说明：在程序中因为将列数据取反后送 P0 口，因此 0～9 数字的字型码的设置可运用 PCtoLCD2002 软件，字模选项采用“阴码、行列式、逆向设置”。

要使数字移动显示，可修改程序如下：

```
//* * * * * * * * * * * * * * * 8×8LED 点阵屏控制程序* * * * * * * * * * * * * * *
//程序名：点阵数字显示程序 xm8_7.c
//程序功能：控制点阵拉幕循环显示 0~9 数字
  #include <reg51.h>
  void delay1ms();                        //延时函数声明
  void main()
  {unsigned char code led[]={
              0x00,0x00,0x00,0x00,0x00,0x00,0x00,0x00,    //什么也不显示
              0x00,0x1C,0x36,0x36,0x36,0x36,0x36,0x1C,    //"0"------阴码
              0x00,0x18,0x1C,0x18,0x18,0x18,0x18,0x18,    //"1"
              0x00,0x1E,0x30,0x30,0x1C,0x06,0x06,0x3E,    //"2"
              0x00,0x1E,0x30,0x30,0x1C,0x30,0x30,0x1E,    //"3"
              0x00,0x30,0x38,0x34,0x32,0x7E,0x30,0x30,    //"4"
              0x00,0x1E,0x02,0x02,0x1E,0x10,0x10,0x1E,    //"5"
              0x00,0x1C,0x06,0x1E,0x36,0x36,0x36,0x1C,    //"6"
```

```
            0x00,0x3E,0x30,0x18,0x18,0x0C,0x0C,0x0C,    //"7"
            0x00,0x1C,0x36,0x36,0x1C,0x36,0x36,0x1C,    //"8"
            0x00,0x1C,0x36,0x36,0x36,0x3C,0x30,0x1C,    //"9"
            0x00,0x00,0x00,0x00,0x00,0x00,0x00,0x00,};  //什么也不显示
unsigned char w;
unsigned int i,j,k,m;
while(1)
 {
  for(k=0;k<20;k++)               //字符个数控制变量(移动的屏数)
   {
 for(m=0;m<600;m++)               //每个字扫描400次，控制显示时间
     {
      w=0x01;                     //行变量w指向第1行
       j=k*4;                     //每次移动4屏
       for(i=0;i<8;i++)
        {
         P2=w;                    //行数据送P2口
         P0=~led[j];              //列数据取反后送P0口
         delay1ms();
         w<<=1;                   //行变量左移指向下一行
         j++;                     //指向数组中下一个显示码
        }
     }
   }
 }
}
void delay1ms()                   //延时约1ms
{ unsigned char i;
  for(i=0;i<0x10;i++);  }
```

5. 软、硬件调试与仿真

用 Keil μVision3 和 Proteus 软件联合进行程序调试。

（1）用 Proteus 软件进行硬件电路的设计。

（2）用 Keil 软件进行源程序编辑、编译、生成目标代码文件。

（3）在 Proteus 软件中加载目标代码文件、设置时钟频率。

①加载目标代码文件：右击选中 ISIS 编辑区中 AT89C51，打开其属性窗口，在“Program File”右侧框中输入目标代码文件。

②设置时钟频率：在属性窗口的“Clock Frequency”时钟频率栏中设置 12MHz。

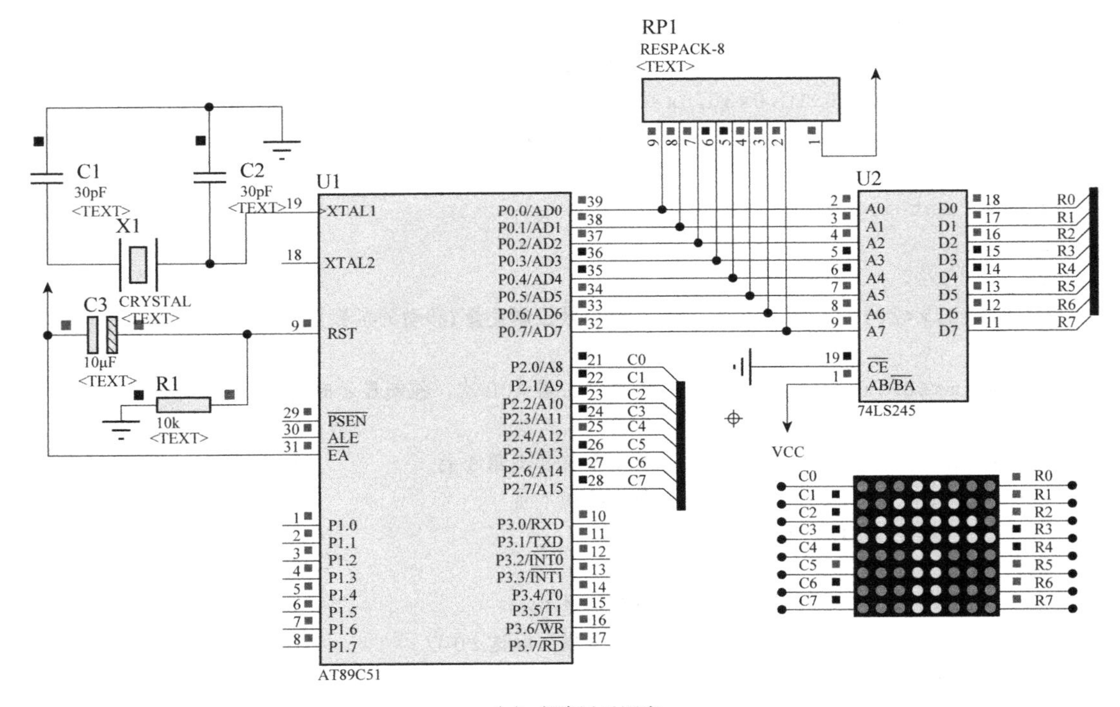

（a）点阵显示图案

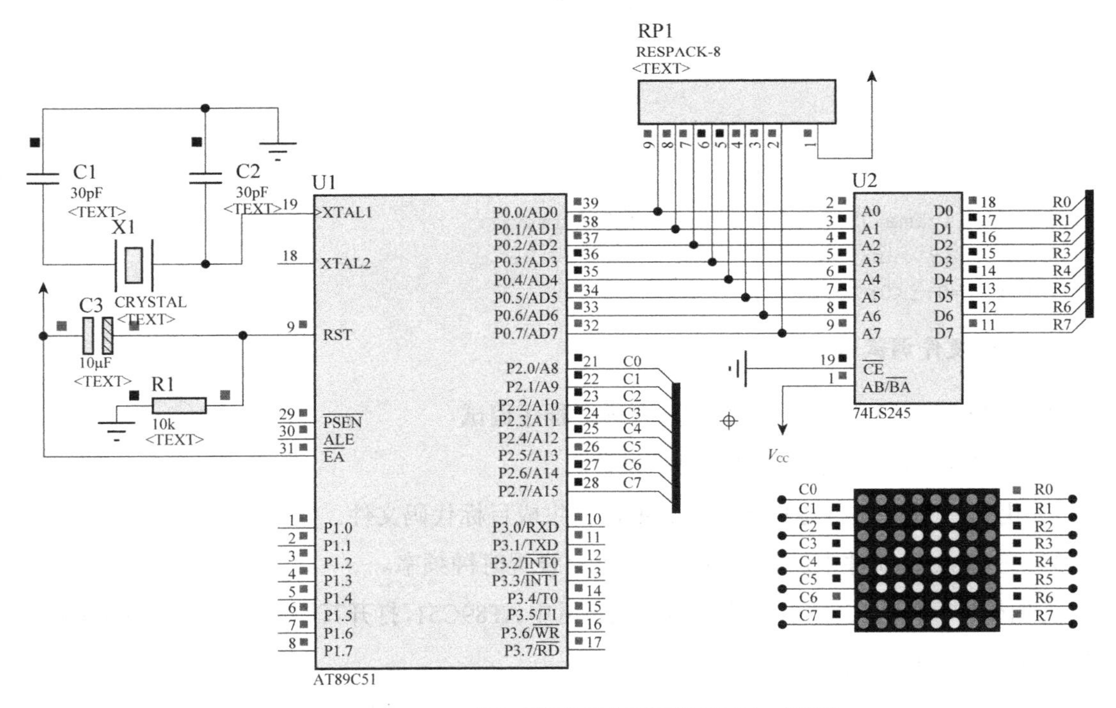

（b）点阵轮流或拉幕循环显示0～9数字

图 8-37　全速仿真图片段

（4）单片机系统的 Proteus 交互仿真画面如图 8-37 所示，单击按钮▶启动仿真，运行程序 xm8_5.c，点阵显示“箭头”图案；运行程序 xm8_6.c，则循环显示数字 0～9；运行程序 xm8_7.c，则拉幕循环显示数字 0～9。若单击“停止”按钮■，则终止仿真。

6. 实物连接、制作

在万能板上按照 8×8LED 点阵电路图焊接元器件，图 8-38 所示为焊接好的电路板硬件实物，表 8-20 所示为 8×8LED 点阵电路的元器件清单。

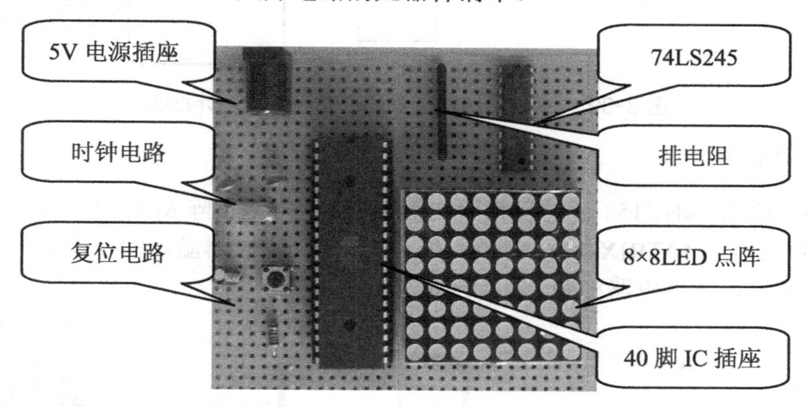

图 8-38　8×8LED 点阵电路制作

表 8-20　元器件清单

元器件名称	参数	数量	元器件名称	参数	数量
单片机	AT89S52	1	排电阻	10kΩ	1
晶体振荡器	12MHz	1	电阻	10kΩ	1
LED 驱动芯片	74LS245	1	电解电容	10μF	1
IC 插座	DIP40	1	瓷片电容	30pF	2
8×8LED 点阵	MATRIX-8×8-RED	1			

五、16×16LED 点阵屏任务实施

1. 确定设计方案

微控制器单元选用 AT89C52 芯片，包括时钟电路、复位电路和电源以及串入并出芯片 74LS595、4-16 译码器 74HC154、反相器 72LS04 和 MATRIX-16×16-GREEN 构成单片机最小系统，完成对 16×16LED 点阵屏的滚动显示。16×16LED 点阵最小系统方案设计框图如图 8-39 所示。

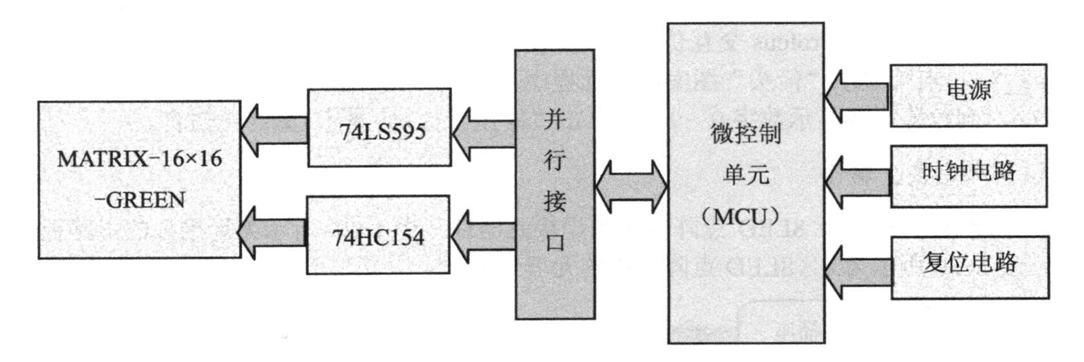

图 8-39　16×16LED 点阵最小系统方案设计框图

2. 硬件电路设计

该任务由译码器 74HC154 通过反相器 72LS04 输出控制点阵 MATRIX-16×16 的列线，两片 74LS595 输出控制 MATRIX-16×16 的行线，在单片机定时器溢出中断控制下，实现 16×16 点阵屏的汉字显示，硬件电路如图 8-40 所示。

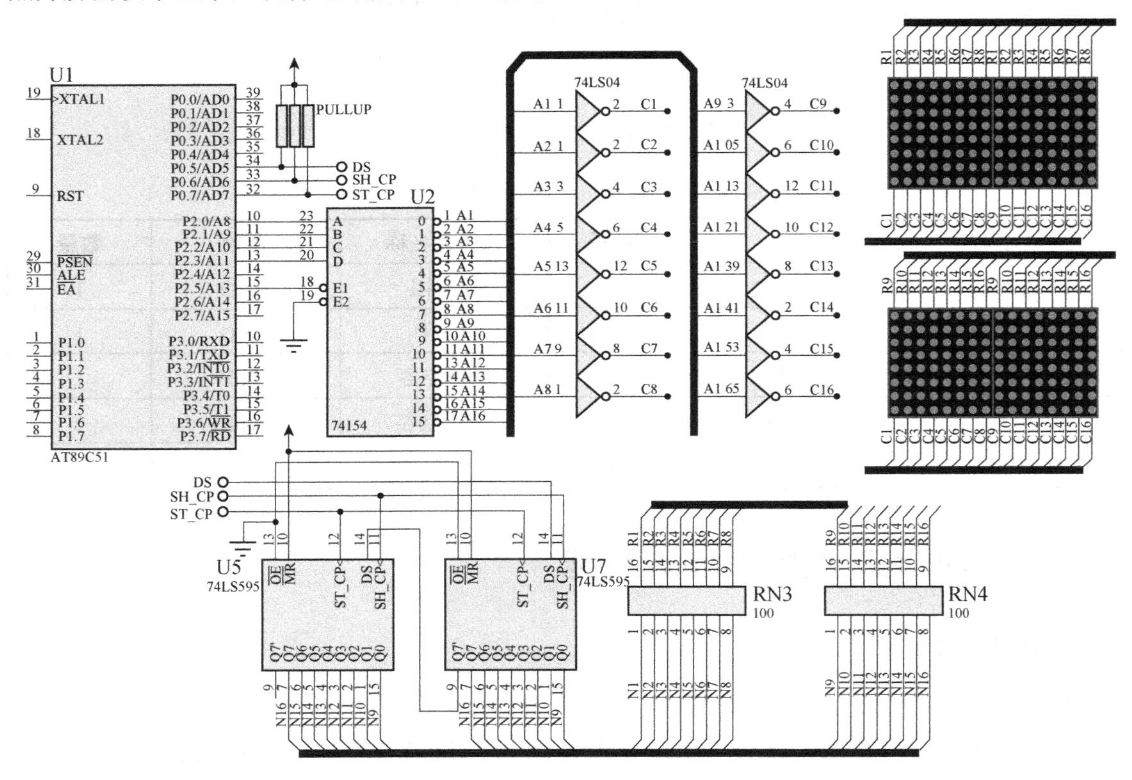

图 8-40　16×16LED 点阵屏电路原理图

3. 源程序

16×16LED 点阵屏控制程序示例如下：

```
//* * * * * * * * * * * * * * 16×16LED 点阵屏控制程序* * * * * * * * * * * * * *
//程序名: 点阵数字显示程序 xm8_8.c
```

```
//程序功能：使用了串入并出芯片 75LS595,4-16 译码器 75LS154 及反向放大器 74LS04,
//在 16x16 点阵屏上实现了“89C51 单片机技术与应用”11 个字符的滚动显示效果
   #include <reg51.h>
   #include <intrins.h>
   #define uchar  unsigned char
   #define uint unsigned int
   sbit  DS     = P0^5;                  //595 串行数据输入
   sbit  SH_CP  = P0^6;                  //595 移位时钟
   sbit  ST_CP  = P0^7;                  //595 输出锁存控制
   sbit  EN_74LS154 = P2^5;              //74LS154 译码器使能控制线
   uchar W_Index = 0;                    //11 个待显示项的索引变量

   uchar code dot_Matrix[][32]=          //待显示文字(项)的点阵数据
   {  //限于篇幅，略去部分点阵数据，参见案例程序
       /*---------------单（黑体）----------------*/
       { 0xFF,0xFF,0xFF,0xE7,0x03,0xE4,0x03,0xE4,
         0x92,0xE4,0x90,0xE4,0x91,0xE4,0x03,0x80,
         0x03,0x80,0x91,0xE4,0x90,0xE4,0x92,0xE4,
         0x03,0xE4,0x03,0xE4,0xFF,0xE7,0xFF,0xFF },/*"单"*/
       };
//---------------延时函数---------------------------------------------------
   void delay_ms(uint x)
   {uchar t; while(x--) for(t = 0; t<120; t++);}
//----------------向 595 的串行输入引脚写入一字节----------------------
   void Serial_Input_Pin( uchar d )
   {
     uchar i;                            //串行输入 8 位
     for(i=0;i<8;i++)
      {
      SH_CP=0;                           //时钟线置低电平
      d <<=1;DS=CY;                      //数据送 DS 引脚
      SH_CP=1;_nop_();                   //上升沿移位
     }
      SH_CP=0;
   }
//------------------------------------------------------------------------
// 定时器 0 溢出中断函数,在主程序延时期间以 0.5ms 的间隔刷新显示每列数据
//------------------------------------------------------------------------
   void T0_Led_Display_Control() interrupt 1
   {
    static uchar col=0xff;               //列号静态变量
    EN_74LS154=1;                        //禁止译码器
    col=(col+1)&0x0f;                    //列号在 0～15 复位内取值
```

```
                                          //串行输入两个字节行码
    Serial_Input_Pin(dot_Matrix[W_Index][col*2+1]);
    Serial_Input_Pin(dot_Matrix[W_Index][col*2]);
    ST_CP=0;ST_CP=1;                      //上升沿将数据送到输出锁存器
    ST_CP=0;                              //锁存时钟置低电平
    P2=col;                               //输出列扫描码，同时使能 P2.5 控制译码器
    TH0=(65536-500)/256;                  //定时器初值设置 0.5ms
    TL0=(65536-500)%256;
  }
//------------------主程序------------------------------------------------------
  void  main( )
  {
     W_Index=0;                           //控制字符的个数
    TMOD=0x01;                            //定时器 T0 工作方式 1
    TH0=(65536-500)/256;                  //0.5ms 定时
    TL0=(65536-500)%256;
    IE=0X82;
    while(1)
    {
     TR0=1;                               //定时器开
     delay_ms(500);                       //延时期间由 T0 中断显示信息
     TR0=0;                               //定时器关
     if(++W_Index==11) W_Index=0;         //显示汉字在 0~11 之间循环
    }
  }
```

程序说明：

- 定时器T0的溢出中断函数T0_Led_Display_Control() interrupt 1负责控制点阵屏的刷新显示。
- 中断函数中通过595输出2个字节的行码之前要先关闭译码器，在行码通过锁存器脉冲控制从595并行输出以后，再输出列码并开译码器，这样才能保证LED点阵屏正常的显示效果。
- 本程序运用PCtoLCD2002软件获取点阵数据时，字模选项采用“阳码、逐列式、逆向设置”。

4. 仿真调试

将调试好的程序加载到89C51单片机芯片中，并单击“运行”按钮，点阵屏滚动显示字符。16×16LED点阵屏全速仿真图片段如图8-41所示。

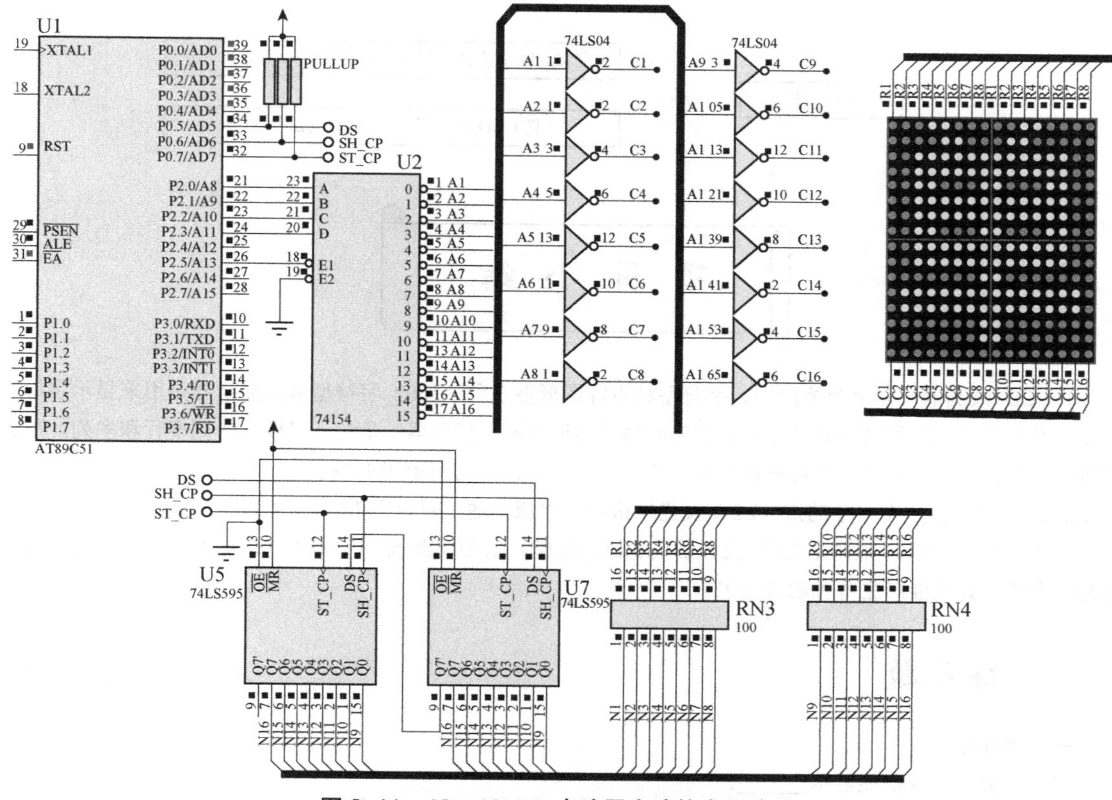

图 8-41　16×16LED 点阵屏全速仿真图片段

六、技能提高

控制要求：在 16×16LED 点阵屏的基础上，将点阵屏进行扩展，实现 32×16 点阵屏的中英文字符滚动显示。

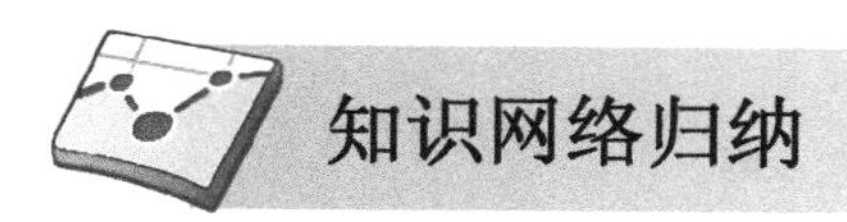

知识网络归纳

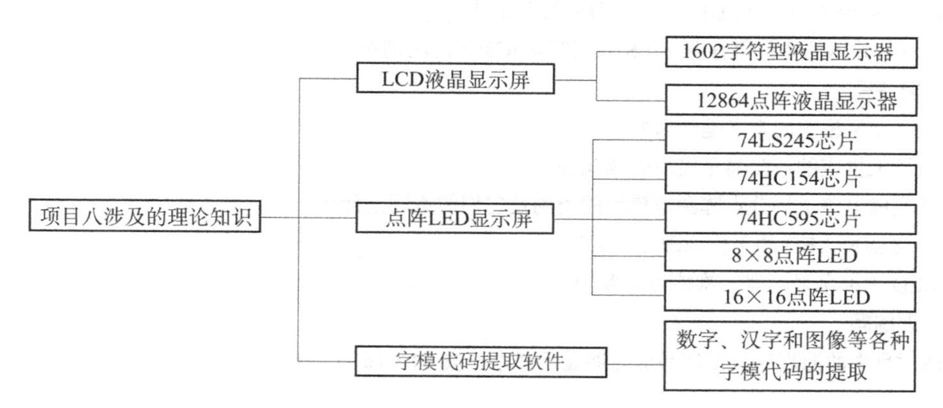

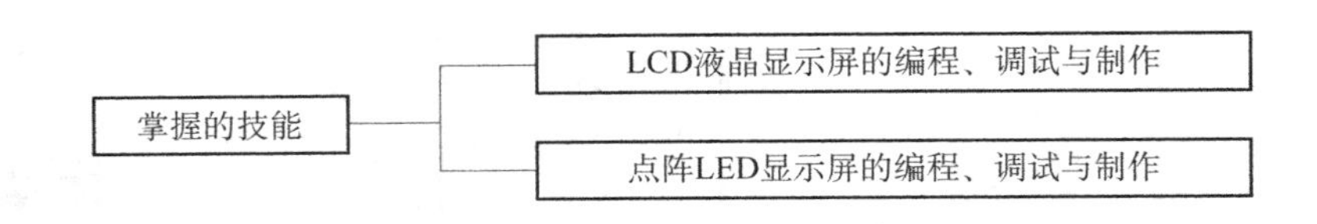

项目小结

1. LCD 液晶器可以分为笔段型、字符型和点阵图形型三种。1602 字符型液晶显示器是用来显示字母、数字、符号等的点阵型液晶显示模块，12864 属于图形型液晶显示器，是在一平板上排列多行和多列，形成矩阵形式的晶格点，点的大小可根据显示的清晰度来设计，广泛用于图形显示。

2. LED 点阵由一个一个的点（LED 发光二极管）组成，通过对每个 LED 进行发光控制，来完成各种字符或图形的显示。8×8 点阵是 LED 大屏幕显示器的基础，LED 大屏幕显示器不仅能显示文字，还可以显示图形、图像，并且能产生各种动画效果。

练习题

一、选择题

（1）数显液晶模块能显示______。

A．文本、数字　　B．数字、标识符

C．汉字、标识符　　D．数字、汉字

（2）下列哪种不属于液晶点阵字符模块的规格______。

A．20 位　　B．24 位　　C．28 位　　D．32 位

（3）案例中 AMPIRE128×64 液晶屏显示模块的取模方式是______。

A. 逐行式　　B. 逐列式　　C. 行列式　　D. 列行式

二、填空题

（1）液晶显示模块英文简称______，中文名称______。

（2）液晶显示模块所显示的数字属于______点阵，汉字属于______点阵。

（3）74LS245 的引出端 DIR 或 AB/$\overline{\text{BA}}$ 的用途是______。

（4）串入并出的移位寄存器 74LS164 和 74HC595 的区别在于______。

三、简答题

1. 液晶显示模块的定义是什么？
2. 市场上供应的液晶显示模块有哪几种？
3. 从集成电路上划分点阵图形模块的类别及它们的不同是什么？
4. 8×8 点阵 LED 的工作原理是什么？
5. LED 大屏幕显示器一次能点亮多少行？显示的原理是怎样的？

四、训练题

修改项目中的源程序，使液晶屏能够显示任意一幅 64×16 点阵的图像。

项目九　单片机新型串行接口技术应用

应用案例——指纹识别系统和射频识别（RFID）系统

一、指纹识别系统

如今，基于生物特征的设别技术正被广泛应用，图 9-1 所示是一个基于指纹识别的防盗门锁，只有被认可进入的人员用手指接触传感器，指纹被识别，门锁才会打开。而那些不被认可进入的人无论如何接触传感器，其指纹都不会被识别，从而无法进门。

图 9-1　指纹防盗门锁

指纹作为一个典型的生物特征，它具有非常好的唯一性。因此使得指纹识别技术被广泛用于以指纹模块为应用核心的考勤机、门禁、锁具类市场；以指纹认证平台为核心的软件信息化系统市场；以 PC 为应用核心的指纹数码、存储产品，如指纹U盘、指纹移动硬盘、指纹笔记本电脑、指纹手机、指纹键盘和指纹鼠标等；另外还用在银行内控、驾校培训、社保医疗等行业市场。随着指纹识别技术的完善，其应用前景非常广阔，可用于指纹支付、汽车指纹防盗、网银用的指纹 UKEY 和指纹 IC 卡等领域。

图 9-1 所示的指纹防盗门锁系统是将所有合法者通过指令传感器事先录入指纹特征，即向存储器中添加指纹特征的数据。传感器通过串口与单片机通信，用户可以通过按钮让系统工作在添加指纹、删除指纹和识别指纹等模式下。指纹防盗门锁系统框图如图 9-2 所示。

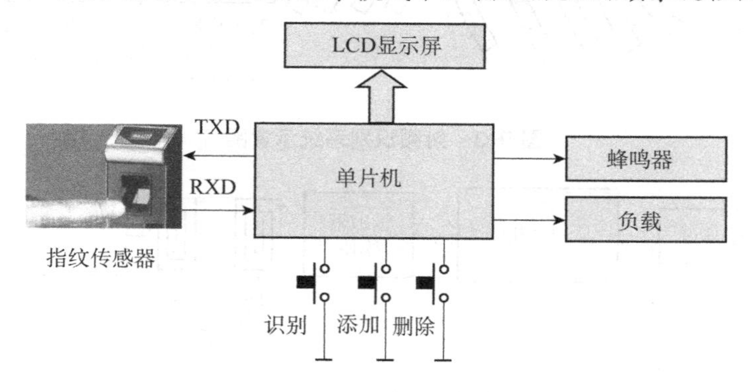

图 9-2　指纹防盗门锁系统框图

- 指纹添加：将手指放到指纹传感器上，按"添加"按钮，单片机向指纹传感器发送添加数据的指令，指纹传感器将指纹特征数据保存在自己的存储器中。同时，LCD 显示合法者的 ID 号。
- 删除指纹：将要删除指纹数据的手指放在指纹传感器上，按"删除"按钮，单片机将向指纹传感器发送删除的指令，指纹传感器将找到相关的指纹特征数据并从存储器中删除。
- 指纹识别：将手指放到指纹传感器上，按"识别"按钮，如果身份符合，单片机将通过继电器等驱动负载工作，同时，合法者 ID 号在 LCD 上显示。

二、射频识别（RFID）系统

射频设别系统（Radio-frequency Identification，RFID）是近几年非常流行的新技术。RFID 射频识别是一种非接触式的自动识别技术，它通过射频信号自动识别目标对象并获取相关数据，识别工作无须人工干预，可工作于各种恶劣环境。RFID 技术可识别高速运动物体并可同时识别多个标签，操作快捷方便。

一套完整的 RFID 系统由读取器（RFID reader）与射频标签（RFID tag）及计算机应用软件三个部分所组成，其工作原理是读取器发射一特定频率的无线电波能量给射频标签，用以驱动射频标签电路将内部的数据送出，此时读取器便依序接收解读数据，送给应用程序做相应的处理。射频识别系统示意图如图 9-3 所示，射频识别系统组成框图如图 9-4 所示。

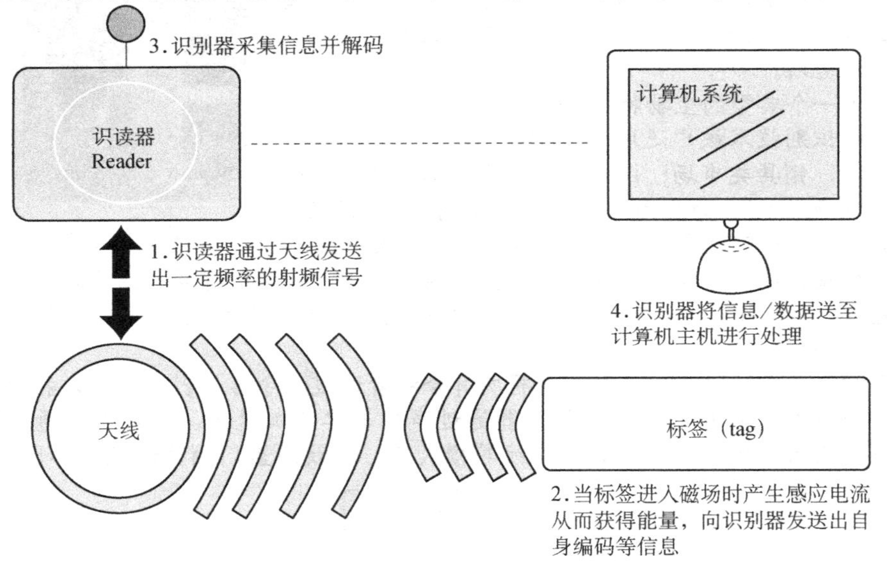

图 9-3 射频识别系统示意图

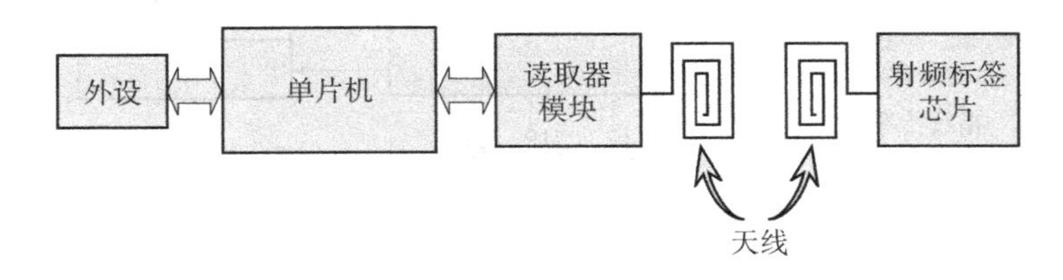

图 9-4 射频识别系统组成框图

目前，RFID 技术在我国比较典型的应用主要有防伪、工业自动化、交通信息化管理、物流与供应链管理等几个方面。

RFID 技术用于生产线实现自动控制，监控质量，改进生产方式，提高生产率，如用于汽车装配生产线。国外许多著名轿车像奔驰、宝马都可以按用户要求定制，也就是说从流水线开下来的每辆汽车都是不一样的，没有一个高度组织，复杂的控制系统很难胜任这样复杂的任务。德国宝马公司在汽车装配线上配有 RFID 系统，以保证汽车在流水线各位置处毫不出错地完成装配任务。汽车生产线 RFID 应用模式分布图如图 9-5 所示。

现场数采设备
- 固定式/手持式读写器
- 电子标签
- 线级化开线
- 工位计算机
- 后台数据库服务器

车辆队列信息采集
- 应用模式：将上线车辆的唯一标识写入标签，通过读写器读取标签内信息获取准确的车辆上线信息，并将队列信息返回系统

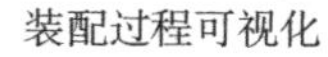

装配过程可视化
- 应用模式：用超高频标签跟踪在线车辆，并通过工艺数据库支持，读取在线车辆的工艺装配信息，指导在线生产

车辆定位跟踪
- 应用模式：将在线车辆的唯一标识写入标签，通过读写器读取标签内信息以确定车辆所在的具体工位区域

生产线物料动态配送
- 应用模式：用高频标签跟踪管理单品物料消耗，保证生产线物料供应的及时性

技术要求
- 标签安放位置：易置于车顶
- 标签性能要求：防金属封装处理
- 标签类型：防金属频标签/高频标签

图 9-5 汽车生产线 RFID 应用模式分布图

另外在仓储管理方面，射频技术最广泛的使用是存取货物与库存盘点，它能用来实现自动化地存货和取货等操作。在整个仓库管理中，通过将供应链计划系统所制订的收货计划、取货计划、装运计划等与射频识别技术相结合，能够高效地完成各种业务操作，如指定堆放区域、上架／取货与补货等。这样，增强了作业的准确性和快捷性，提高了服务质量，降低了成本，节省劳动力（8%～35%）和库存空间，同时减少了整个物流中由于商品误置、送错、偷窃、损害和库存、出货错误等造成的损耗。RFID 应用于仓储管理模式如图 9-6 所示。

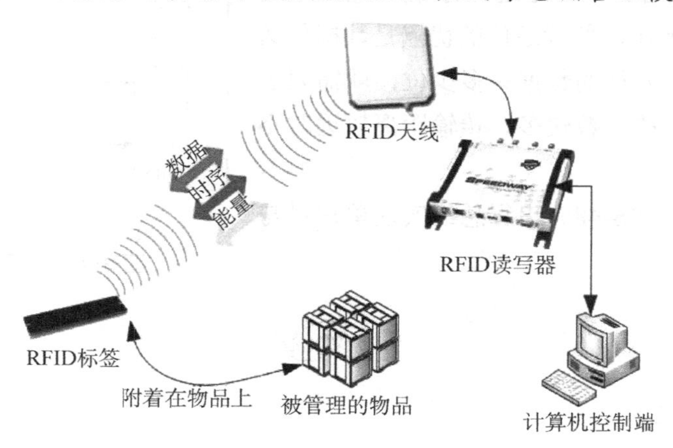

图 9-6 RFID 应用于仓储管理模式

任务一　RS-485 串行总线实现单片机与 PC 通信

一、学习目标

知识目标

1. 掌握单片机串行通信的基本理论知识
2. 掌握电平转换器件 MAX232、MAX487 的使用方法
3. 学会 Proteus VSM 虚拟终端（VITUAL TERMINAL）的使用

技能目标

1. 能编写单片机与单片机串行通信的控制程序
2. 采用 RS-485 串行总线实现单片机与 PC 的通信硬件电路设计
3. 采用 RS-485 串行总线实现单片机与 PC 的通信软件程序编写及调试

二、任务导入

计算机与外界的信息交换称为“通信”。通信的基本方式有两种：并行方式和串行方式。并行通信（即并行数据传送）是指计算机与外界进行通信（数据传输）时，一个数据的各位同时通过并行输入/输出口进行传送，如图 9-7 所示。并行通信的优点是数据传送速度快，缺点是一个并行的数据有多少位，就需要多少根传输线，在数据的位数较多、传输距离较远时不太方便。

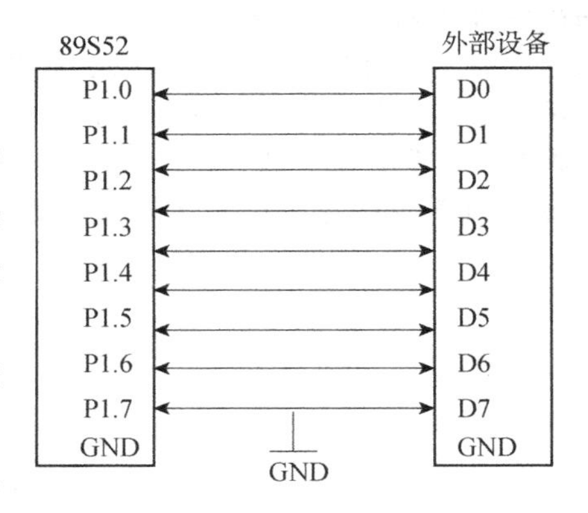

图 9-7　并行通信方式

本次任务是利用 RS-485 串行总线实现单片机与 PC 之间的数据传输。

三、相关知识

1. 串行通信概述

串行通信是指一个数据的所有位按一定的顺序和方式，一位一位地通过串行输入/输

出口进行传送，如图 9-8 所示。由于串行通信是按数据的逐位顺序传送，在进行串行通信时，只需一根传输线。在传送的数据位数多且通信距离很长时，这种传输方式的优点就显得很突出了。

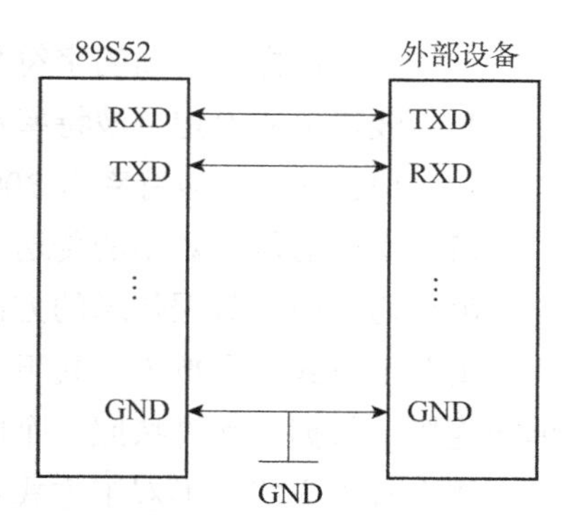

图 9-8　串行通信方式

（1）异步通信和同步通信

串行通信是将构成数据或字符的每个二进制码位，按照一定的顺序逐位进行传送，其传送有两种基本的通信方式。

①同步通信方式。同步通信的基本特征是发送与接收保持严格的同步。由于串行传送是逐位顺序进行的，为了约定数据是由哪一位开始传送，需要设定同步字符。这种方式速度快，但是硬件复杂。由于 AT89S52 单片机中没有同步串行通信的方式，所以这里不详细介绍。

②异步通信方式。异步通信方式规定了传送格式，每个数据均以相同的帧格式传送。

异步通信中一帧数据的格式如图 9-9 所示，每帧信息由起始位、数据位、奇偶校验位和停止位组成，帧与帧之间用高电平分隔开。

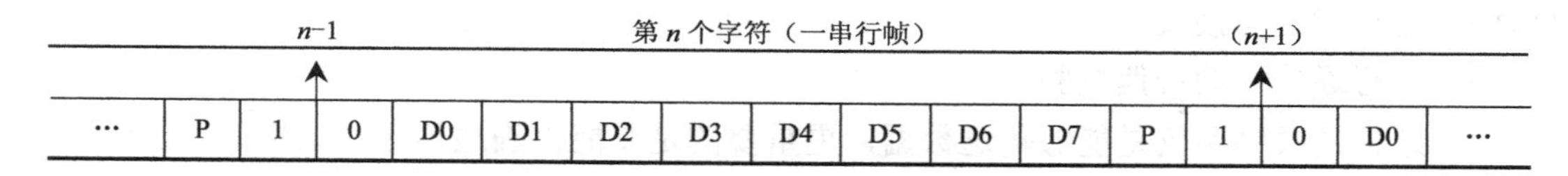

图 9-9　异步通信中一帧数据的格式

起始位：在通信线上没有数据传送时呈现高电平（逻辑 1 状态）。当发送一帧数据时，首先发送一位逻辑 0（低电平）信号，称为起始位。接收端检测到由高到低的一位跳变信号（起始位）后，就开始接收数据位信号的准备。因此，起始位的作用就是表示一帧数据传送的开始。

数据位：紧接起始位之后的位即为数据位。数据位可以是 5、6、7 或 8 位。一般在传送中从数据的最低位开始，顺序发送和接收。具体的位数应事先设定。

奇偶校验位：紧跟数据位之后的位为奇偶校验位，用于对数据检错。通信双方应当事先约定采用奇校验还是偶校验。

停止位：在校验位后是停止位，用以表示一帧的结束。停止位可以是 1、1.5、2 位，用逻辑 1（高电平）表示。

异步通信是一帧一帧进行传送的，帧与帧之间的间隙不固定；间隙处用空闲位（高电平）填补；每帧传送总以逻辑 0（低电平）状态的起始位开始，停止位结束。信息传送可随时或不间断地进行，不受时间的限制，因此，异步通信简单、灵活。但由于异步通信每帧均需起始位、校验位和停止位等附加位，真正的有用信息只占全部传送时间的一部分，传送效率降低了。

在异步通信中，接收与发送之间必须有两项规定：

- 帧格式的设定。即帧的字符长度、起始位、数据位、停止位，以及奇偶校验形式等的设定。例如，以 ASCII 码传送，7 位数据位，1 位起始位，1 位停止位，奇校验方式。这样，一帧的字符总数是 10 位，而一帧的有用信息是 7 位。

- 波特率的设定。波特率反映了数据通信位流的速度，波特率越高，数据信息传送越快。常用的波特率有 300、600、1 200、2 400、4 800、9 600、19 200 和 38 400 等。

（2）串行通信中数据的传送方向

串行通信中，数据传送的方向一般可分为以下几种方式。

①单工方式。在单工方式下，一根通信线的一端连接发送方，另一端连接接收方，形成单向连接，数据只允许按照一个固定的方向传送。

②半双工方式。半双工方式系统中的每一个通信设备均有发送器和接收器，由电子开关切换，两个通信设备之间只用一根通信线相连接。通信双方可以接收或发送，但同一时刻只能单向传送。即数据可以从 A 发送到 B，也可以由 B 发送给 A，但是不能同时在这两个方向中进行传送。

③全双工方式。采用两根线，一根专门负责发送，另一根专门负责接收。这样两台设备之间的接收与发送可以同时进行，互不相关。当然，这要求两台设备也能够同时进行发送和接收，这一般是可以做到的。例如，51 单片机内部的串行口就有接收和发送两个独立的设备，可以同时进行发送与接收。

（3）串行通信中的奇偶校验

串行通信的关键不仅是能够传送数据，更重要的是要能正确地传送；但是串行通信的距离一般较长，线路容易受到干扰，要保证完全不出错不太现实，尤其是一些干扰严重的场合。因此，如何检查出错误就是一个较大的问题。如果可以在接收端发现接收到的数据是错误的，那么，就可以让接收端发送一个信息到发送端，要求将刚才发送过来的数据重新发送一遍。由于干扰一般是突发性的，不见得会时时有干扰，所以重发一次可能就是正确的了。如何才能够知道发送过来的数据是错误的？这好像很难，因为在接收数据时我们不知道正确的数据是怎么样的（否则就不要再接收了）。怎么能判断呢?如果只接收一个数据本身，那么恐怕永远也没有办法知道。因此，必须在传送数据的同时再传送一些其他内容，或者对数据进行一些变换，使一批数据具有一定的规律，这样才有可能发现数据传送中出现的差错。由此产生了很多种查错的方法，其中最为简单但应用广泛的就是奇偶校验法。

奇偶校验的工作原理简述如下：P 是 PSW 的最低位，它的值根据累加器 A 中运算结果而变化。如果 A 中“1”的个数为偶数，则 P=0；若为奇数，则 P=1。如果在进行串行通信时，把 A 中的值（数据）和 P 的值（代表所传送数据的奇偶性）同时传送，接收到数据后，对数据进行一次奇偶校验。如果校验的结果相符（校验后 P=0，而传送过来的数据位也等于 0；或者校验后 P=1，而接收到的检验位也等于 1），就认为接收到的数据是正确的。反之，如果对数据校验的结果是 P=0，而接收到的校验位等于 1 或者相反，那么就认为接收到的数据是错误的。

小贴士

有读者可能马上会想到，发送端和接收端的校验位相同，数据就能保证一定正确吗?不同就一定不正确吗?的确不能够保证。比如，在发送过程中，受到干扰不是数据位，而是校验位本身，那么收到的数据可能是正确的，而校验位却是错误的，接收程序就会把正确的数据误判成错误的数据。又比如，在数据传送过程数据受干扰，出现错误，但是变化的不止一位，有两位同时变化，那么就会出现数据虽然出了差错，但是检验的结果却把它当成是对的。设有一个待传送的数据是 17H，即 00010111B，它的奇偶校验位应当是 0（偶数个 1）。在传送过程中，出现干扰，数据变成了 77H 即 0111011IB。接收端对收到的数据进行奇偶校验，结果也是 0（偶数个 1）。因此，接收端就会认为是收到了正确的数据，这样就出现了差错。这样的问题用奇偶校验是没有办法解决的，必须用其他办法。好在根据统计，出现这些错误的情况并不多见，通常情况下奇偶校验方法已经能够满足要求。如果采用其他方法，必然要增加附加的信息量，降低通信效率。因此在单片机通信中，最常用的就是奇偶校验的方法。当然，读者自己开发项目时要根据现场的实际情况来进行软、硬件的综合处理，以保证得到最好的通信效果。

2. 单片机的串行接口

89S52 单片机内部集成有一个功能很强的全双工串行通信口，设有 2 个相互独立的接收、发送缓冲器，可以同时接收和发送数据。图 9-10 所示的是串行口内部缓冲器的结构，发送缓冲器只能写入而不能读出，接收缓冲器只能读出而不能写入，因而两个缓冲器可以共用一个地址 99H。两个缓冲器统称为串行通信特殊功能寄存器 SBUF。

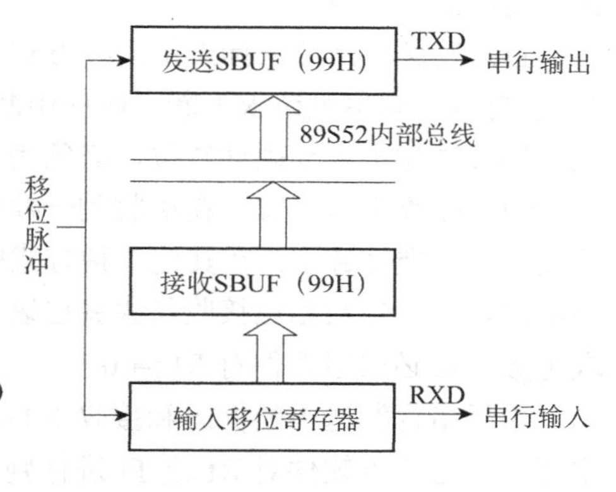

图 9-10 串行口内部缓冲器的结构

注意：发送缓冲器只能写入，例如指令（SBUF=i;）就是把变量 i 的数据送进 SBUF（写入）；接收缓冲器只能读出，例如指令（i=SBUF; P_2=i;）是将 SBUF 中的数据读出，输出给 P_2 口。

89S52 的串行通信口除用于数据通信外，还可方便地构成一个或多个并行 I / O 口，或用做串一并转换，或用于扩展串行外设等。

89S52 的串行口设有两个控制寄存器：串行控制寄存器 SCON 和波特率选择特殊功能寄存器 PCON。

（1）串行控制寄存器 SCON

SCON 寄存器用于选择串行通信的工作方式和某些控制功能。其格式及各位名称与对应地址如表 9-1 所示。

表 9-1 串行口控制寄存器 SCON 的格式（98H）

位名称	SM0	SM1	SM2	REN	TB8	RB8	TI	RI
位地址	9F	9E	9D	9C	9B	9A	99	98

对 SCON 中各位的功能描述如下。

SM0 和 SM1：串行口工作方式选择位，可选择 4 种工作方式，如表 9-2 所示。

表 9-2　串行口工作方式控制

SM0	SM1	方式	功能说明
0	0	0	移位寄存器工作方式（用于 I/O 扩展）
0	1	1	8 位 UART，波特率可变（T1 溢出率/n）
1	0	2	9 位 UART，波特率为 f_{osc}/64 或 f_{osc}/32
1	1	3	9 位 UART，波特率可变（T1 溢出率/n）

SM2：多机通信控制位。允许方式 2 或方式 3 多机通信控制位。

REN：允许 / 禁止串行接收控制位。由软件置位 REN=1 为允许串行接收状态，可启动串行接收器 RXD，开始接收信息。若用软件将 REN 清 0，则禁止接收。

TB8：在方式 2 或方式 3 中，是要发送的第 9 位数据。按需要由软件置 1 或清 0。例如，可用做数据的校验位或多机通信中表示地址帧/数据帧的标志位。

RB8：在方式 2 或方式 3 中，是接收到的第 9 位数据。在方式 1 中，若 SM2=0，则 RB8 是接收到的停止位。

TI：发送中断请求标志位。在方式 0 中，当串行接收到第 8 位结束时，由内部硬件自动置位 TI=1，向主机请求中断，响应中断后必须用软件复位 TI=0。在其他方式中，则在停止位开始发送时由内部硬件置位，必须用软件复位。

RI：接收中断标志。在接收到一帧有效数据后由硬件置位。在方式 0 中，第 8 位数据被接收后，由硬件置位；在其他 3 种方式中，当接收到停止位中间时由硬件置位，R1=1，申请中断，表示一帧数据已接收结束并已装入接收 SBUF，要求 CPU 取走数据。CPU 响应中断，取走数据后必须用软件对 RI 清 0。

由于串行发送中断标志和接收中断标志 TI 和 RI 是同一中断源，因此在向 CPU 提出中断申请时，必须由软件对 RI 或 TI 进行判别，以进入不同的中断服务。复位时，SCON 各位均清 0。

（2）电源控制寄存器 PCON

PCON 的字节地址为 87H，不具备位寻址功能。在 PCON 中，仅有其最高位与串行口有关。PCON 格式如表 9-3 所示。

表 9-3　电源控制寄存器 PCON 的格式（87H）

位	D7	D6	D5	D4	D3	D2	D1	D0
位名称	SMOD	--	--	--	GF1	GF0	PD	IDL

其中，SMOD 为波特率选择位。在串行方式 1、方式 2 和方式 3 中，如果 SMOD=1，则波特率提高 1 倍。

3. 串行口工作方式

根据 SCON 中的 SM0、SM1 的状态组合，89S52 串行口可以有 4 种工作方式。在串行口的 4 种工作方式中，方式 0 主要用于扩展并行输入 / 输出口，方式 1、方式 2 和方式 3 则主要用于串行通信。

（1）方式 0

方式 0 称为同步移位寄存器输入 / 输出方式，常用来扩展并行 I / O 口。在串行工作方式 0 中，串行数据通过 RXD 进行输入或输出；TXD 用于输出同步移位脉冲，作为外接扩展部分的同步信号。方式 0 在输出时，将发送数据缓冲器中的内容串行移到外部的移位寄存器；输入时，将外部移位寄存器的内容移到内部的输入移位寄存器，然后再写入内部的接收缓冲器 SBUF。

①方式 0 输出。利用 89S52 串行口和外接 8 位移位寄存器 74HC164 可扩展并行 I/O 口，将数据以串行方式送到串—并转换芯片即可。方式 0 用做扩展 89S52 并行口的电路如图 9-11（a）所示。

在方式 0 中，当串行口用做输出时，只要向发送缓冲器 SBUF 写入一个字节的数据，串行口就将此 8 位数据以时钟频率的 1/12 速度从 RXD 依次送入外部芯片，同时由 TXD 引脚提供移位脉冲信号。在数据发送之前，中断标志 TI 必须清 0；8 位数据发送完毕后，中断标志 TI 自动置 1。如果要继续发送，必须用软件将 TI 清 0。

②方式 0 输入。以方式 0 输入时，可利用 74HC165 芯片来扩展 89S52 的输入口，将并行接收到的数据以串行方式送到单片机的内部。方式 0 用来作扩展 89S52 并行输入口的电路如图 9-11（b）所示。

在方式 0 输入时，用软件置 REN=1。如果此时 RI=0，满足接收条件，串行口即开始接收输入数据。RXD 为数据输入端，TXD 仍为同步信号输出端，输出频率为 1/12 时钟频率的脉冲，使并行进入 74HC165 的数据逐位进入 RXD。在串行口接收到一帧数据后，中断标志 RI 自动置 1。如果要继续接收，必须用软件将 RI 清 0。

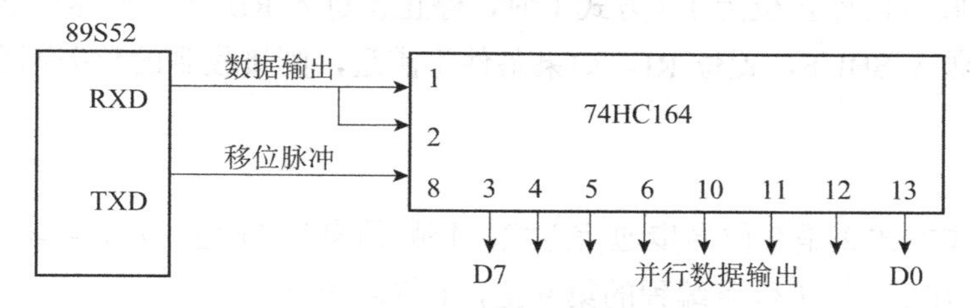

（a）方式0扩展输出接口

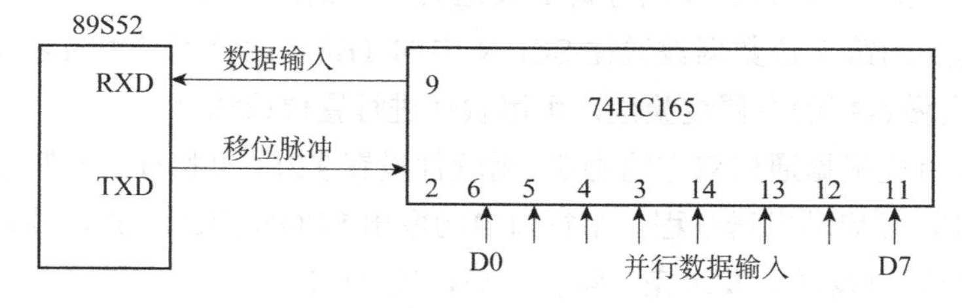

（b）方式0扩展输入接口

图 9-11　串行口工作方式 0 扩展输入 / 输出接口

（2）方式1

方式1用于串行数据的发送和接收，为10位通用异步方式。引脚TXD和RXD分别用于数据的发送端和接收端。

注意：方式0需要TXD和RXD这2个引脚配合才能完成一次输入或输出工作，而以下的几种方式都是一个引脚完成输入，另一个引脚完成输出。输入与输出相互独立，可以同时进行，注意与方式0区分开。

在方式1中，一帧数据为10位：1位起始位（低电平）、8位数据位（低位在前）和1位停止位（高电平）。方式1的波特率取决于定时器1的溢出率和PCON中的波特率选择位SMOD。

①方式1发送。方式1发送时，数据由TXD端输出，利用写发送缓冲器指令就可启动数据的发送过程。

发送时的定时信号即发送移位脉冲，由定时器T1送来的溢出信号经16分频或32分频（取决于SMOD的值）后获得。在发送完一帧数据后，置位发送中断标志TI，并申请中断，置TXD为1作为停止位。

②方式1接收。在REN=1时，方式1即允许接收。接收并检测RXD引脚的信号，采样频率为波特率的16倍。当检测到RXD引脚上出现一个从1到0的负跳变（就是起始位，跳变的含义可以参考前面关于中断下降沿触发的内容）时，就启动接收。如果接收不到有效的起始位，则重新检测RXD引脚上是否有信号电平的负跳变。

当一帧数据接收完毕后，必须在满足下列条件时，才可以认为此次接收真正有效。

RI=0，即无中断请求，或在上一帧数据接收完毕时RI=1发出的中断请求已被响应，SBUF中的数据已被取走。

SM2=0或接收到的停止位为1（方式1时，停止位进入RB8），则接收到的数据是有效的，并将此数据送入SBUF，置位RI。如果条件不满足，则接收到的数据不会装入SBUF，该帧数据丢失。

（3）方式2

串行口的工作方式2是9位异步通信方式，每帧信息为11位：1位起始位，8位数据位（低位在前，高位在后），1位可编程的第9位，1位停止位。

①方式2的发送。串行口工作在方式2发送时，数据从TXD端输出，发送的每帧信息是11位，其中附加的第9位数据被送往SCON中的TB8。此位可以用做多机通信的数据、地址标志，也可用做数据的奇偶校验位，可用软件进行置位或清0。

发送数据前，首先根据通信双方的协议，用软件设置TB8；再执行一条写缓冲器的指令，将数据写入SBUF，即启动发送过程。串行口自动取出SCON中的TB8，并装到发送的帧信息中的第9位，再逐位发送。发送完一帧信息后，置TI=1。

②方式2的接收。在方式2接收时，数据由RXD端输入，置REN=1后，即开始接收过程。当检测到RXD上出现从1到0的负跳变时，确认起始位有效，开始接收此帧的其余数

据。在接收完一帧后，在 RI=0，SM2=0，或接收到的第 9 位数据是 1 时，8 位数据装入接收缓冲器，第 9 位数据装入 SCON 中 RB8，并置 RI=1。若不满足上面的两个条件，接收到的信息会丢失，也不会置位 RI。

在方式 2 接收时，位检测器采样过程与操作同方式 1。

（4）方式 3

串行口被定义成方式 3 时，为波特率可变的 9 位异步通信方式。在方式 3 中，除波特率外，均与方式 2 相同。

（5）波特率的设计

在串行通信中，收、发双方对接收和发送数据都有一定的约定，其中重要的一点就是波特率必须相同。89S52 的串行通信的 4 种工作方式中，方式 0 和方式 2 的波特率是固定的，而方式 1 和方式 3 的波特率是可变的。下面就来讨论这几种通信方式的波特率。

①方式 0 的波特率。方式 0 的波特率固定等于时钟频率的 1/12，而且与 PCON 中的 SMOD 无关。

②方式 2 的波特率。方式 2 的波特率取决于 PCON 中的 SMOD 位的状态。

当 SMOD=0，方式 2 的波特率为 f_{osc} 的 1/64。

当 SMOD=1，方式 2 的波特率为 f_{osc} 的 1/32，即波特率=$2^{SMOD}/64$。

③方式 1 和方式 3 的波特率。方式 1 和方式 3 的波特率由定时器的溢出率和 PCON 中的 SMOD 位共同决定。如果 T1 工作于模式 2（自动重装初值的方式），则：

$$\text{方式 1、方式 3 的波特率}=\frac{2^{SMOD}}{32}\times\frac{f_{osc}}{12\times(256-x)}$$

其中，x 是定时器的计数初值。

由此可得，定时器的计数初值为

$$x=256-f_{osc}\text{（SMOD+1）/（384×波特率）}$$

为了方便使用，将常用的波特率与晶振、SMOD、定时器工作方式，定时器计数初值等列于表 9-4 中，可供实际应用参考。

表 9-4　常用波特率设置参考表

常用波特率	晶振频率 f_{osc}/MHz	SMOD	TH1 初值
19 200	11.059 2	1	FDH
9 600	11.059 2	0	FDH
4 800	11.059 2	0	FAH
2 400	11.059 2	0	F4H
1 200	11.059 2	0	E8H

例 9.1 两台单片机之间的串行通信，主机控制由按键 K1、K2 进行选择，从机控制 8×8 点阵显示屏的输出显示，串口通信采用方式 1，波特率为 2.4kHz。两台单片机的串行通信如图 9-12 所示。

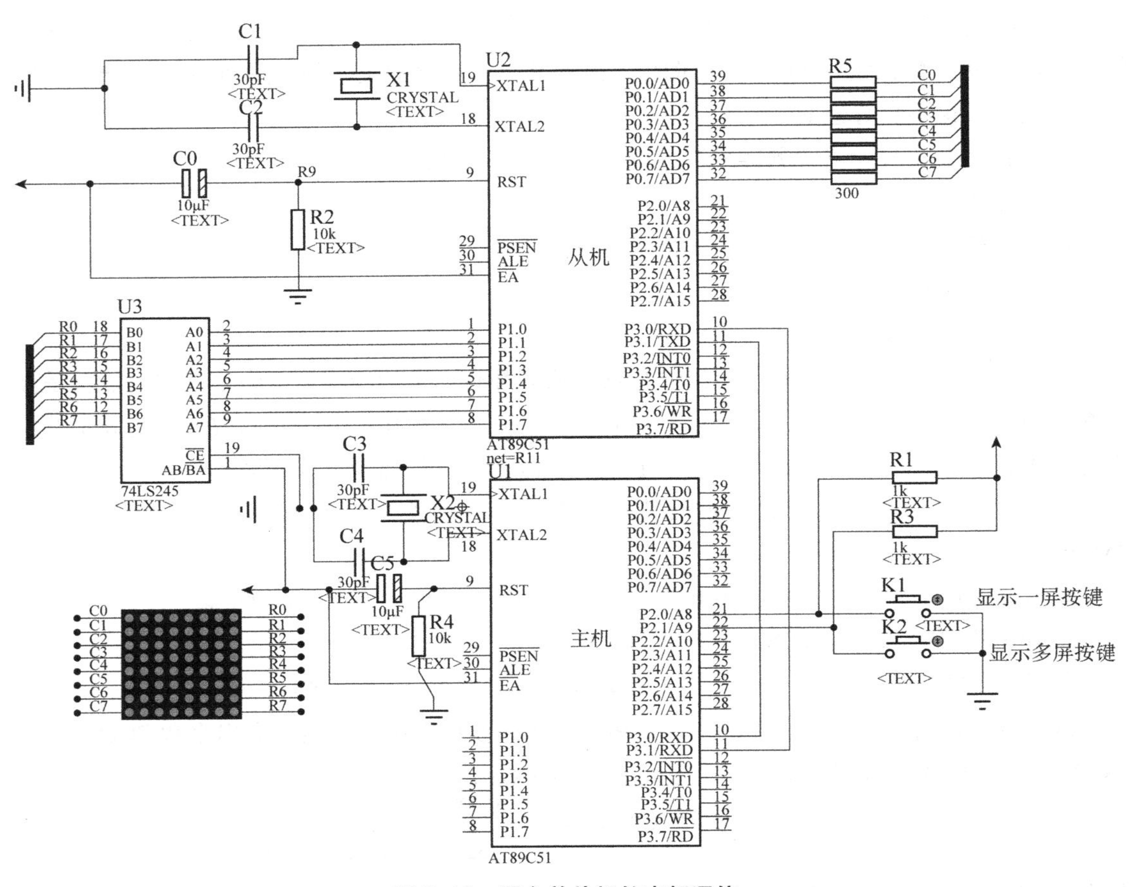

图 9-12　两台单片机的串行通信

主机发送数据，选择按下按键 K1 或 K2，程序如下：

```
#include<reg51.h>
#define uchar unsigned char
#define uint unsigned int
 void  main(void)
 {  uchar i=0;
   TMOD=0X20;                  //定时器 T1 为方式 2
   TH1=0Xf4;                   //定时器初值-设置串口波特率为 2.4kHz
   TL1=0Xf4;
   SCON=0X40;                  //设置串口为方式 1，只能发送，不能接收
   TR1=1;                      //启动定时器
   P2=0XFF;                    //P2 口为高电平
     while(1)
     {
        while(P2==0XFF);       //判断是否拨动了开关
         i=P2;                 //读取 P1 口键值
         SBUF=i;               //将键值读入 SBUF 中
         while(TI==0)          //甲机发送数据是否结束？
```

```
            TI=0;                    //结束，则标志位 TI 清零
            while(P2!=0XFF);
          }
     }
```

从机接收数据通过点阵显示屏显示，程序如下：

```
   #include<reg51.h>
   #define uchar unsigned char       //宏定义
   #define uint unsigned int
   sbit P2_0=P2^0;                   //定义按键控制位
   sbit P2_1=P2^1;
   unsigned char code led1[]=
           {0x00,0x6C,0x92,0x82,0x44,0x28,0x10,0x00,};    //心图形显示码
   unsigned char code led2[]={                        //数字"0"~"9"显示码
            0x00,0x1C,0x36,0x36,0x36,0x36,0x36,0x1C,    //"0"
            0x00,0x18,0x1C,0x18,0x18,0x18,0x18,0x18,    //"1"
            0x00,0x1E,0x30,0x30,0x1C,0x06,0x06,0x3E,    //"2"
            0x00,0x1E,0x30,0x30,0x1C,0x30,0x30,0x1E,    //"3"
            0x00,0x30,0x38,0x34,0x32,0x7E,0x30,0x30,    //"4"
            0x00,0x1E,0x02,0x02,0x1E,0x10,0x10,0x1E,    //"5"
            0x00,0x1C,0x06,0x1E,0x36,0x36,0x36,0x1C,    //"6"
            0x00,0x3E,0x30,0x18,0x18,0x0C,0x0C,0x0C,    //"7"
            0x00,0x1C,0x36,0x36,0x1C,0x36,0x36,0x1C,    //"8"
            0x00,0x1C,0x36,0x36,0x36,0x3C,0x30,0x1C};   //"9"
/*********************延时函数**********************************/
    void delay1ms()                  //延时约 1ms
   { unsigned char i;
     for(i=0;i<0x10;i++);
     }
/*********************一屏显示函数**********************************/
     void ONE_DISP()
    {
      unsigned char w;
      unsigned int i,j;
   while(1)
    {
        w=0x01;                      //行变量 w 指向第 1 行
        j=0;                         //指向数组第一个显示码下标
        for(i=0;i<8;i++)
         {
          P0=w;                      //行数据送 P2 口
          P1=~led1[j];               //列数据取反后送 P0 口
          delay1ms();
          w<<=1;                     //行变量左移指向下一行
          j++;                       //指向数组中下一个显示码
         }
```

```
        }
    }
/*********************多屏显示函数*********************************/
    void TWO_DISP()
    {
    unsigned char w;
    unsigned int i,j,k,m;
    while(1)
     {
       for(k=0;k<8;k++)              //字符个数控制变量
        {
        for(m=0;m<600;m++)           //每个字扫描 400 次，控制显示时间
         {
           w=0x01;                   //行变量 w 指向第 1 行
           j=k*8;                    //指向数组的第 k 个字符第一个显示码下标
                                     //每个字符 8 个代码

           for(i=0;i<8;i++)
            {
             P0=w;                   //行数据送 P2 口
             P1=~led2[j];            //列数据取反后送 P0 口
             delay1ms();
             w<<=1;                  //行变量左移指向下一行
             j++;                    //指向数组中下一个显示码
            }
         }
       }
     }
    }
/*********************主函数*********************************/
    void  main(void)
      {  uchar i=0;
        TMOD=0X20;                   //定时器 T1 为方式 2
        TH1=0Xf4;                    //定时器初值-设置串口波特率
        TL1=0Xf4;
        SCON=0X40;                   //设置串口为方式 1，只能发送，不能接收
        REN=1;
        TR1=1;                   //启动定时器
        P2=0xff;
          while(1)
          {
             while(RI==0)    //乙机接收数据是否结束?
             i=SBUF;       //将 SBUF 中的数据输出给 P2 口
             P2=i;
             if(P2_0==0)    //P2_0 按键按下
             ONE_DISP();    //调用一屏显示函数
             if(P2_1==0)    //P2_1 按键按下
```

```
        TWO_DISP();   //调用多屏显示函数
        RI=0;          //结束，则标志位RI清零
    }
}
```

小贴士

在单片机串行通信接口设计中，建议使用振荡频率为 11.059 2MHz 的晶振，可以计算出比较精确的波特率。尤其在单片机与 PC 之间的通信中，必须使用 11.059 2MHz 的晶振。

4. 计算机串口

串口是计算机上一种非常通用设备通信的协议（不要与通用串行总线 Universal Serial Bus 或者 USB 混淆）。大多数计算机包含两个基于 RS232 的串口。串口同时也是仪器仪表设备通用的通信协议；很多 GPIB 兼容的设备也带有 RS-232 口。同时，串口通信协议也可以用于获取远程采集设备的数据。

串口通信的概念非常简单，串口按位（bit）发送和接收字节，尽管比按字节（byte）的并行通信慢，但是串口可以在使用一根线发送数据的同时用另一根线接收数据。它很简单并且能够实现远距离通信。比如 IEEE488 定义并行通行状态时，规定设备总线不得超过 20m，并且任意两个设备间的长度不得超过 2m；而对于串口而言，长度可达 1 200m。典型地，串口用于 ASCII 码字符的传输。由于串口通信是异步的，端口能够在一根线上发送数据同时在另一根线上接收数据。其他线用于握手，但是不是必需的。串口通信最重要的参数是波特率、数据位、停止位和奇偶校验。对于两个进行通行的端口，以下参数必须匹配：

①波特率。这是一个衡量通信速度的参数。它表示每秒钟传送 bit 的个数。例如 300 波特表示每秒钟发送 300 个 bit。当我们提到时钟周期时，我们就是指波特率，例如如果协议需要 4 800 波特率，那么时钟是 4800Hz。这意味着串口通信在数据线上的采样率为 4 800Hz。通常电话线的波特率为 14 400、28 800 和 36 600。波特率可以远远大于这些值，但是波特率和距离成反比。高波特率常常用于放置很近的仪器间的通信，典型的例子就是 GPIB 设备的通信。

②数据位。这是衡量通信中实际数据位的参数。当计算机发送一个信息包，实际的数据不会是 8 位的，标准的值是 5、7 和 8 位。如何设置取决于你想传送的信息。比如，标准的 ASCII 码是 0～127（7 位）。扩展的 ASCII 码是 0～255（8 位）。如果数据使用简单的文本（标准 ASCII 码），那么每个数据包使用 7 位数据。每个包是指一个字节，包括开始/停止位、数据位和奇偶校验位。由于实际数据位取决于通信协议的选取，术语“包”指任何通信的情况。

③停止位。用于表示单个包的最后一位。典型的值为 1、1.5 和 2 位。由于数是在传输线上定时的，并且每一个设备有其自己的时钟，很可能在通信中两台设备间出现了小小的不同步。因此停止位不仅仅是表示传输的结束，并且提供计算机校正时钟同步的机会。适用于停止位的位数越多，不同时钟同步的容忍程度越大，但是数据传输率同时也越慢。

④奇偶校验位。在串口通信中一种简单的检错方式，它有四种检错方式：偶、奇、高和低。当然没有校验位也是可以的。对于偶和奇校验的情况，串口会设置校验位（数据位后面的一位），用一个值确保传输的数据有偶数个或者奇数个逻辑高位。例如，如果数据是 011，那么对于偶校

验，校验位为 0，保证逻辑高的位数是偶数个。如果是奇校验，校验位为 1，这样就有 3 个逻辑高位。高位和低位不真正的检查数据，简单置位逻辑高或者逻辑低校验。这样使得接收设备能够知道一个位的状态，有机会判断是否有噪声干扰了通信或者传输和接收数据是否不同步。

（1）RS-232

RS-232（ANSI/EIA-232 标准）是 IBM-PC 及其兼容机上的串行连接标准，可用于许多用途，比如连接鼠标、打印机或者 Modem，同时也可以接工业仪器仪表。用于驱动和连线的改进，实际应用中 RS-232 的传输长度或者速度常常超过标准的值。RS-232 只限于 PC 串口和设备间点对点的通信。RS-232 串口通信最远距离是 50 英尺（约 15.24 米）。

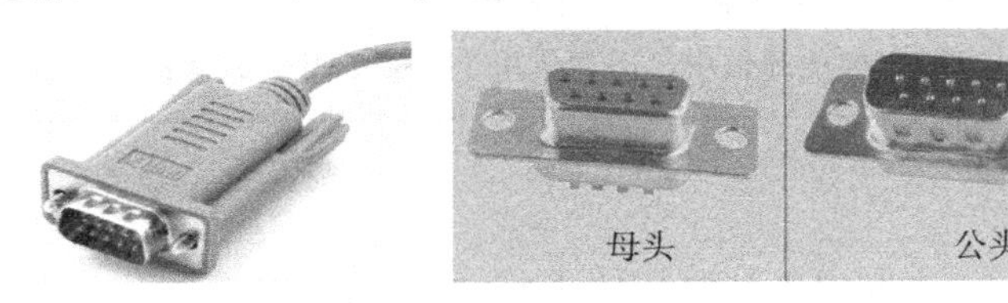

图 9-13　RS-232（9 针）接口

RS-232 针脚的功能，以 9 针接头为例介绍。

● 数据

TXD（pin 3）：串口数据输出；
RXD（pin 2）：串口数据输入。

● 握手

RTS（pin 7）：发送数据请求；
CTS（pin 8）：清除发送；
DSR（pin 6）：数据发送就绪；
DCD（pin 1）：数据载波检测；
DTR（pin 4）：数据终端就绪。

● 地线

GND（pin 5）：地线。

● 其他

RI（pin 9）：铃声指示。

（2）RS-422

RS-422（EIA RS-422-A Standard）是 Apple 的 Macintosh 计算机的串口连接标准。RS-422 使用差分信号，而 RS-232 使用非平衡参考地的信号。差分传输使用两根线发送和接收信号，对比 RS-232，它能更好地抗噪声和有更远的传输距离。在工业环境中更好的抗噪性和更远的传输距离是一个很大的优点。

（3）RS-485

RS-485（EIA-485 标准）是 RS-422 的改进，因为它增加了设备的个数，从 10 个增加到 32 个，同时定义了在最大设备个数情况下的电气特性，以保证足够的信号电压。有了多个设备的能力，可以使用单个 RS-422 口建立设备网络。出色抗噪和多设备能力，在工业应用中建立连接 PC 的分布式设备网络、其他数据收集控制器、HMI 或者其他操作时，串行连接会选择 RS-485。

RS-485 是 RS-422 的超集，因此所有的 RS-422 设备可以被 RS-485 控制。RS-485 可以用超过 4 000 英尺（约 1 219.2 米）的线进行串行通行。

RS-485 和 RS-422 的引脚的功能，以 9 针接头为例介绍。

- 数据

TXD+（pin 8），TXD-（pin 9）

RXD+（pin 4），RXD-（pin 5）

- 握手

RTS+（pin 3），RTS-（pin 7）

CTS+（pin 2），CTS-（pin 6）

- 地线

GND（pin 1）

- 串口

RS-232 接口以 9 个接脚（DB-9）或是 25 个接脚（DB-25）的型态出现，一般个人计算机上会有两组 RS-232 接口，分别称为 COM1 和 COM2。

由于 RS-232-C 接口标准出现的时间较早，难免有不足之处，主要有以下四点：

① 接口的信号电平值较高，易损坏接口电路的芯片，又因为与 TTL 电平不兼容，故需使用电平转换电路方能与 TTL 电路连接。

② 传输速率较低，在异步传输时，波特率为 20Kbps。

③ 接口使用一根信号线和一根信号返回线而构成共地的传输形式，这种共地传输容易产生共模干扰，所以抗噪声干扰性弱。

④ 传输距离有限，最大传输距离标准值为 50 英尺（约 15.2 米），实际上也只能用在 50 米左右。

针对 RS-232-C 的不足，于是就不断出现了一些新的接口标准，RS-485 就是其中之一，它具有以下特点。

① RS-485 的电气特性：逻辑“1”以两线间的电压差为+（2～6）V 表示；逻辑“0”以两线间的电压差为-（2～6）V 表示。接口信号电平比 RS-232-C 降低了，就不易损坏接口电路的芯片，且该电平与 TTL 电平兼容，可方便与 TTL 电路连接。

② RS-485 接口是采用平衡驱动器和差分接收器的组合，抗共模干扰能力增强，即抗噪声干扰性好。

③ RS-485 最大的通信距离约为 1 219m，最大传输速率为 10Mbps。

④ 传输速率与传输距离成反比，在 100Kbps 的传输速率下，才可以达到最大的通信距离，如果需传输更长的距离，需要加 485 中继器。RS-485 总线一般最大支持 32 个节点，如果使用特制的 485 芯片，可以达到 128 个或者 256 个节点，最大的可以支持到 400 个节点。

因 RS-485 接口具有良好的抗噪声干扰性，长的传输距离和多站能力等上述优点就使其成为首选的串行接口。因为 RS-485 接口组成的半双工网络，一般只需两根连线，所以 RS-485 接口均采用屏蔽双绞线传输。RS-485 接口连接器采用 DB-9 的 9 芯插头座，与智能终端 RS-485 接口采用 DB-9（孔），与键盘连接的键盘接口 RS-485 采用 DB-9（针）。

（4）采用 RS-485 接口时，传输电缆的长度

在使用 RS-485 接口时，对于特定的传输线经，从发生器到负载，其数据信号传输所允许的最大电缆长度是数据信号速率的函数，这个长度数据主要是受信号失真及噪声等影响所限制。图 9-14 所示的最大电缆长度与信号速率的关系曲线是使用 24AWG 铜芯双绞电话电缆（线径为 0.51mm），线间旁路电容为 52.5pF/m，终端负载电阻 100Ω 时所得出的。（曲线引自 GB 11014—1989 附录 A）。由图中可知，当数据信号速率降低到 90Kbps 以下时，假定最大允许的信号损失为 6dBV 时，则电缆长度被限制在 1 200m。实际上，图中的曲线是很保守的，在实用时是完全可以取得比它大的电缆长度。当使用不同线径的电缆，则取得的最大电

缆长度是不相同的。例如：当数据信号速率为600Kbps时，采用24AWG电缆，由图可知最大电缆长度是200m，若采用19AWG电缆（线径为0.91mm）则电缆长度将可以大于200m；若采用28AWG电缆（线径为0.32mm）则电缆长度只能小于200m。RS-485的远距离通信建议采用屏蔽电缆，并且将屏蔽层作为地线。

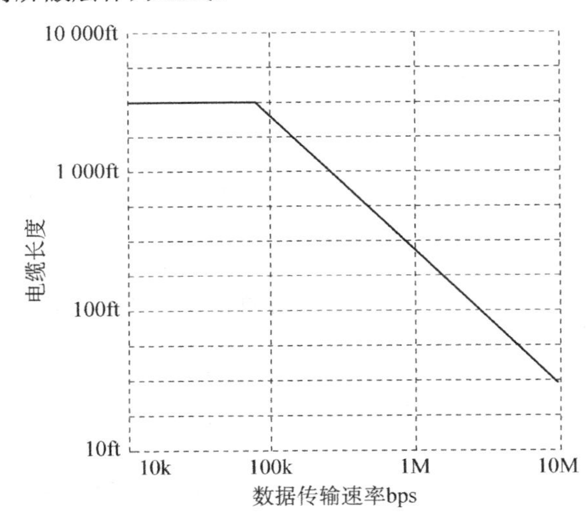

图9-14　数据传输速率与电缆长度的关系

在要求通信距离为几十米到上千米时，广泛采用RS-485串行总线标准。RS-485采用平衡发送和差分接收，因此具有抑制共模干扰的能力。加上总线收发器具有高灵敏度，能检测低至200mV的电压，故传输信号能在千米以外得到恢复。RS-485采用半双工工作方式，任何时候只能有一点处于发送状态，因此，发送电路须由使能信号加以控制。RS-485用于多点互连时非常方便，可以省掉许多信号线。应用RS-485可以联网构成分布式系统，其允许最多并联32台驱动器和32台接收器。

以往，PC与智能设备通信多借助RS-232、RS-485、以太网等方式，主要取决于设备的接口规范。但RS-232、RS-485只能代表通信的物理介质层和链路层，如果要实现数据的双向访问，就必须自己编写通信应用程序，但这种程序多数都不能符合ISO/OSI的规范，只能实现较单一的功能，适用于单一设备类型，程序不具备通用性。在RS-232或RS-485设备联成的设备网中，如果设备数量超过2台，就必须使用RS-485做通信介质，RS-485网的设备间要想互通信息只有通过主（Master）设备中转才能实现，这个主设备通常是PC，而这种设备网中只允许存在一个主设备，其余全部是从（Slave）设备。而现场总线技术是以ISO/OSI模型为基础的，具有完整的软件支持系统，能够解决总线控制、冲突检测、链路维护等问题。

5. MAX487芯片

MAX487是MAXIM公司生产的一种差分平衡型收发器芯片，是用于TTL协议与485协议转换的小功率收发器，它含有一个驱动器和一个接收器。其主要特点如下：单+5V电源供电；工作电流在120～500μA；低电流关机模式，消耗0.1μA电流；驱动器有过载保护功能。MAX487引脚功能表如表9-5所示。

表 9-5　MAX487 引脚功能表

引脚号	引脚名称	功能
1	RO	接收器输出
2	$\overline{RE}$	接收器输出使能
3	DE	驱动器输出使能
4	DI	驱动器输入
5	GND	接地
6	A	接收器输入和驱动器输出
7	B	接收器反相输入和驱动器反相输出
8	V_{CC}	电源

①引脚说明。

RO 脚：若 A 比 B 大 200mV，RO 为高；若 A 比 B 小 200mV，RO 为低。

$\overline{RE}$ 脚：$\overline{RE}$ 为低时，RO 有效；$\overline{RE}$ 为高时，RO 成高阻状态。

DE 脚：若 DE 为高，驱动输出 A 和 B 有效；若 DE 为低，它们成高阻状态。

DI 脚：若 DI 为高输出为高；若 DI 为低输出为低。

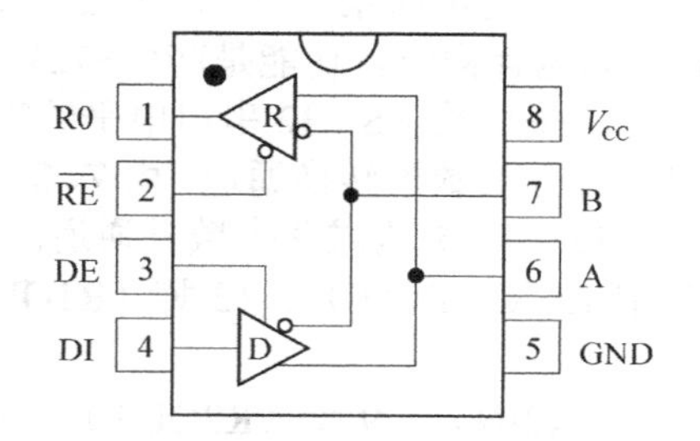

图 9-15　MAX487 引脚图

②MAX487 引脚结构如图 9-15 所示。

PC 有一个功能强大的可编程异步串行控制器 8250 和 2 个采用 RS-232C 串行通信标准接口 COM1、COM2，而单片机中有一个采用 TTL 电平的可编程串口，所以要使它们之间通信，必须采用一个电平转换电路。这里采用符合 RS-485 标准的 MAXIM 公司生产的 MAX487 和波士公司生产的 RS-232C、RS-485 转接头，将 RS-232 信号电平转换成 RS-485 标准电平信号，利用 RS-485 标准电平的优势，在一些特殊通信领域内实现 PC 和单片机之间的串行长距离可靠通信。具体任务是在 PC 一端发送数据单片机接收，或单片机发送 PC 接收(半双工)，并且保证发送数据的可靠性和发生错误时的处理功能。

6. MAX232 芯片

该产品是由德州仪器公司（TI）推出的一款兼容 RS-232 标准的芯片。由于计算机串口 RS-232 电平是-10～10V，而一般的单片机应用系统的信号电压是 TTL 电平 0～+5V，MAX232 就是用来进行电平转换的，该器件包含 2 驱动器、2 接收器和一个电压发生器电路提供 TIA/EIA-232-F 电平。

该器件符合 TIA/EIA-232-F 标准，每一个接收器将 TIA/EIA-232-F 电平转换成 TTL/CMOS 电平。每一个发送器将 TTL/CMOS 电平转换成 TIA/EIA-232-F 电平。

其主要特点有：

① 单 5V 电源工作。

② LinBiCMOSTM 工艺技术。

③ 两个驱动器及两个接收器。

④ ±30V 输入电平。

⑤ 低电源电流：典型值是 8mA。

⑥ 符合甚至优于 ANSI 标准 EIA/TIA-232-E 及 ITU 推荐标准 V.28。

⑦ ESD 保护大于 MIL-STD-883（方法 3015）标准的 2 000V。

MAX232 芯片是美信公司专门为计算机的 RS-232 标准串口设计的接口电路，使用+5V 单电源供电。MAX232 封装引脚图如图 9-16 所示。

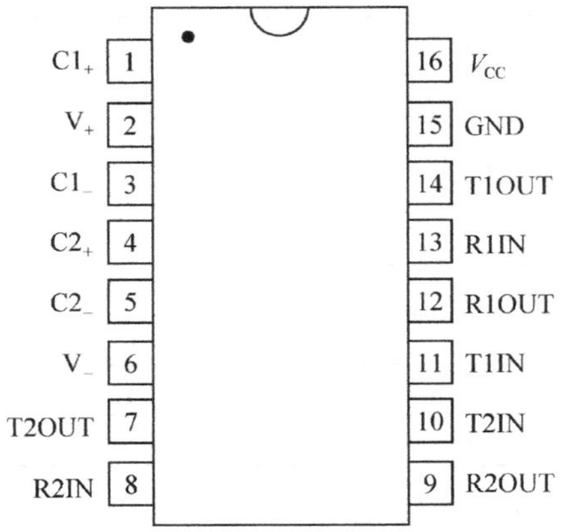

图 9-16　MAX232 封装引脚图

内部结构基本可分三个部分：

第一部分是电荷泵电路。由 1、2、3、4、5、6 脚和 4 只电容构成。功能是产生+12V 和-12V 两个电源，提供给 RS-232 串口电平的需要。

第二部分是数据转换通道。由 7、8、9、10、11、12、13、14 脚构成两个数据通道。

其中 13 脚（R1IN）、12 脚（R1OUT）、11 脚（T1IN）、14 脚（T1OUT）为第一数据通道。

8 脚（R2IN）、9 脚（R2OUT）、10 脚（T2IN）、7 脚（T2OUT）为第二数据通道。

TTL/CMOS 数据从 T1IN、T2IN 输入转换成 RS-232 数据从 T1OUT、T2OUT 送到计算机 DB9 插头；DB9 插头的 RS-232 数据从 R1IN、R2IN 输入转换成 TTL/CMOS 数据后从 R1OUT、R2OUT 输出。

第三部分是供电。15 脚 GND、16 脚 V_{CC}（+5V）。

四、任务实施

1. 确定设计方案

微控制器单元选用 AT89S52 芯片、时钟电路、复位电路、电源、MAX232、MAX487 和 COMPIM 构成最小系统，完成利用 RS-485 串行总线实现单片机与 PC 之间的数据传输。单片机与 PC485 通信最小系统方案设计框图如图 9-17 所示。

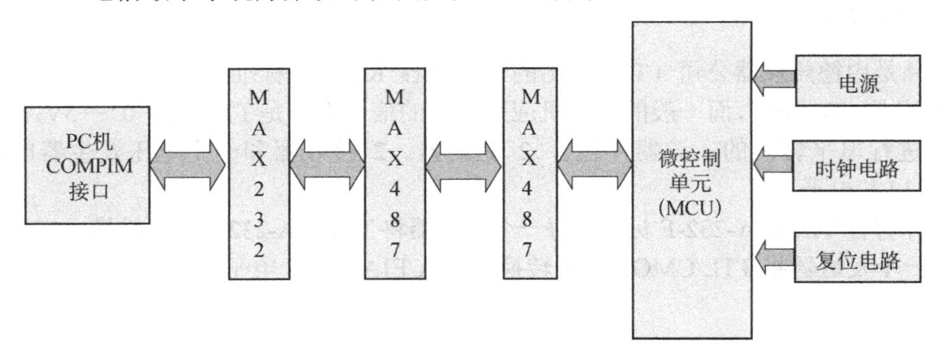

图 9-17　单片机与 PC485 通信最小系统方案设计框图

2. 硬件电路设计

该任务采用单片机的 P3.0（RXD）、P3.1（TXD）和 P1.2 分别控制 MAX487 的 RO、DI 和 RE/DE，电路如图 9-18 所示。电路所用元器件如表 9-6 所示。串口虚拟终端 COMPIM 及其引脚功能如图 9-19 所示。

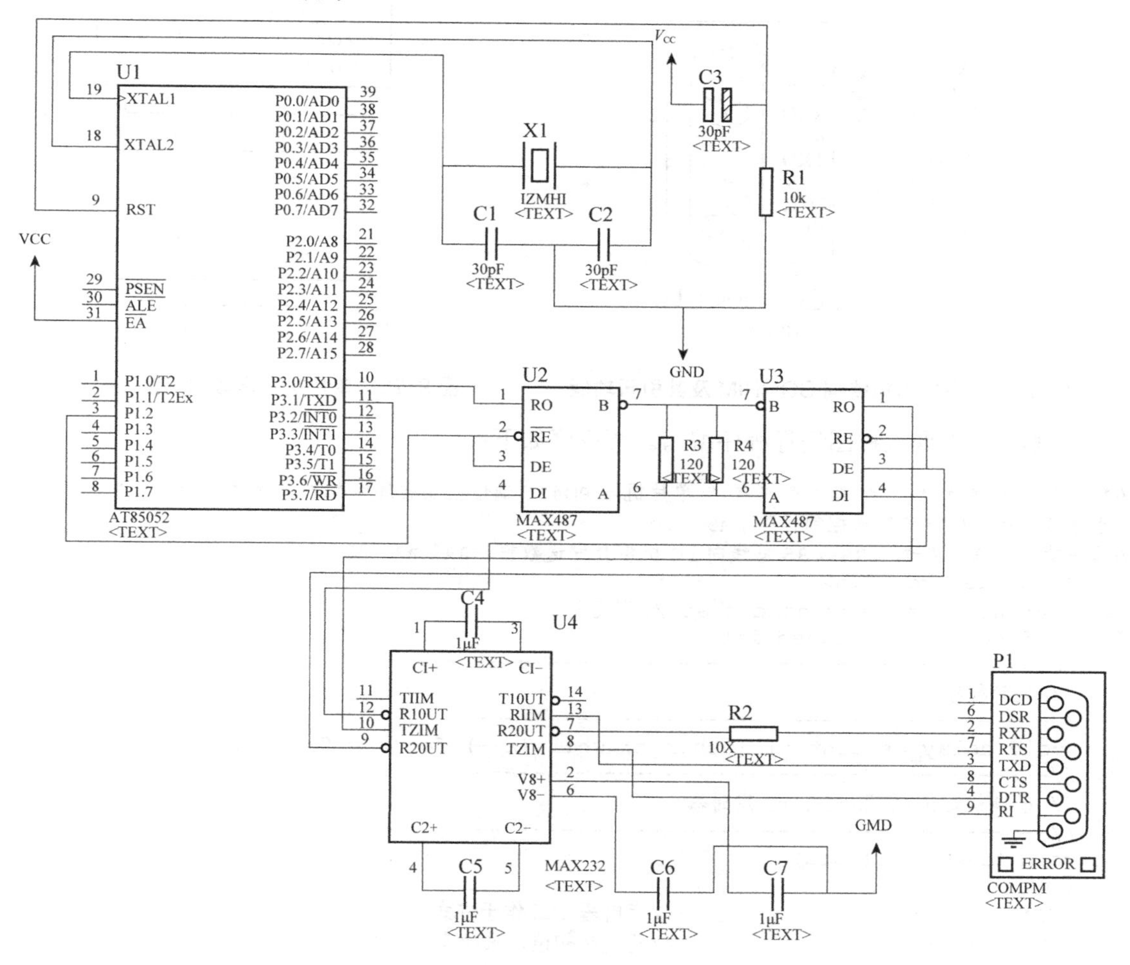

图 9-18　单片机与 PC485 通信电路原理图

表 9-6　电路所用元器件

参数	元器件名称	参数	元器件名称
AT89C52	单片机	CAP	电容
RES	电阻	COMPIM	9 针串行接口
CRYSTAL	晶振	MAX487	485 接口芯片
CAP-ELEC	电解电容	MAX232	232 接口芯片

3. 源程序设计

步骤1：按照控制要求绘制流程图如图9-20所示。要求重复发送数据“AAH”和“55H”。

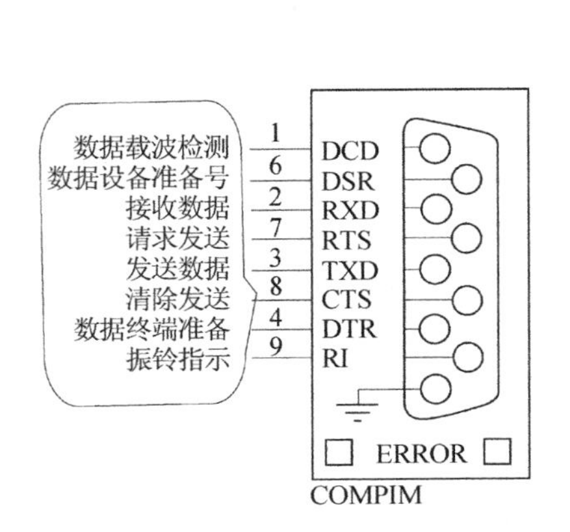

图9-19　串口虚拟终端COMPIM及其引脚功能

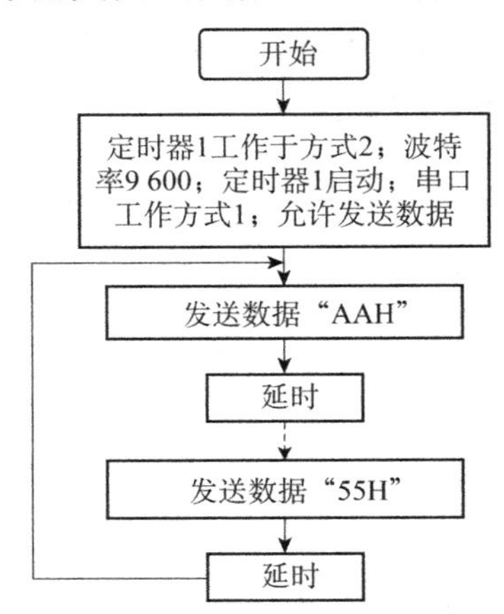

图9-20　单片机发送数据控制流程图

步骤2：根据流程图进行程序编写。源程序如下：

```
//* * * * * * * * * * * * * * * * * * 单片机与PC485通信控制程序* * * * * * * * * *  *
//程序名：单片机发送数据控制程序 xm9_1.c
//程序功能：单片机通过RS-485总线向PC机重复发送数据“AA”和“55”
   #include <reg52.h>
   #define uchar  unsigned char //宏定义
   #define uint unsigned int
   //-----------------------------------------
   // 延时程序
   //-----------------------------------------
    void delay_ms(uint x) {uchar t; while(x--) for(t = 0; t<120; t++);}
   //-----------------------------------------
   // 串口初始化(使用Timer1定时器)
   //-----------------------------------------
   void time1_int(void)
   {
     TMOD=0X20;                  //定时器1工作于方式2
     TH1=0xFD;                   //置定时初值，波特率9600
     TL1=0xFD;
     TR1=1;                      //启动定时器T1
    }
   void main(void)
   {
     uchar send_data=0;
     SCON=0X50;                  //串口工作方式1，REN=1
     PCON=0X00;                  //SMOD=0
     time1_int();                //初始化定时器1
     while(1)
     {
        send_data=0xaa;          //发送数据AA
        SBUF=send_data;          //将数据读入SBUF中
        delay_ms(200);           //延时200ms
```

```
    send_data=0x55;              //发送数据55
    SBUF=send_data;              //将数据读入SBUF中
    delay_ms(200);               //延时200ms
    while(TI==0)                 //发送数据是否结束?
   TI=0;                         //结束，则标志位TI清零
  }
}
```

4. 软、硬件调试与仿真

用 Keil µVision3 和 Proteus 软件联合进行程序调试。

（1）用 Proteus 软件进行硬件电路的设计。

（2）用 Keil 软件进行源程序编辑、编译、生成目标代码文件。

①新建 Keil 项目文件。

②选择 CPU 类型（选择 ATMEL 中的 AT89S51 单片机）。

③新建 C 源程序（.c 文件），编写程序并保存。

④源程序进行编译、生成目标代码文件（.HEX 文件）。

（3）在 Proteus 软件中加载目标代码文件、设置时钟频率。

①加载目标代码文件：右击选中 ISIS 编辑区中 AT89S51，打开其属性窗口，在“Program File”右侧框中输入目标代码文件。

②设置时钟频率：在属性窗口的“Clock Frequency”时钟频率栏中设置 12MHz。

（4）单片机系统的 Proteus 交互仿真。单片机发送数据全速仿真图片段如图 9-21 所示。单击按钮▶启动仿真，在 Virtual Terminal 上重复显示“AA”和“55”。若单击“停止”按钮■，则终止仿真。

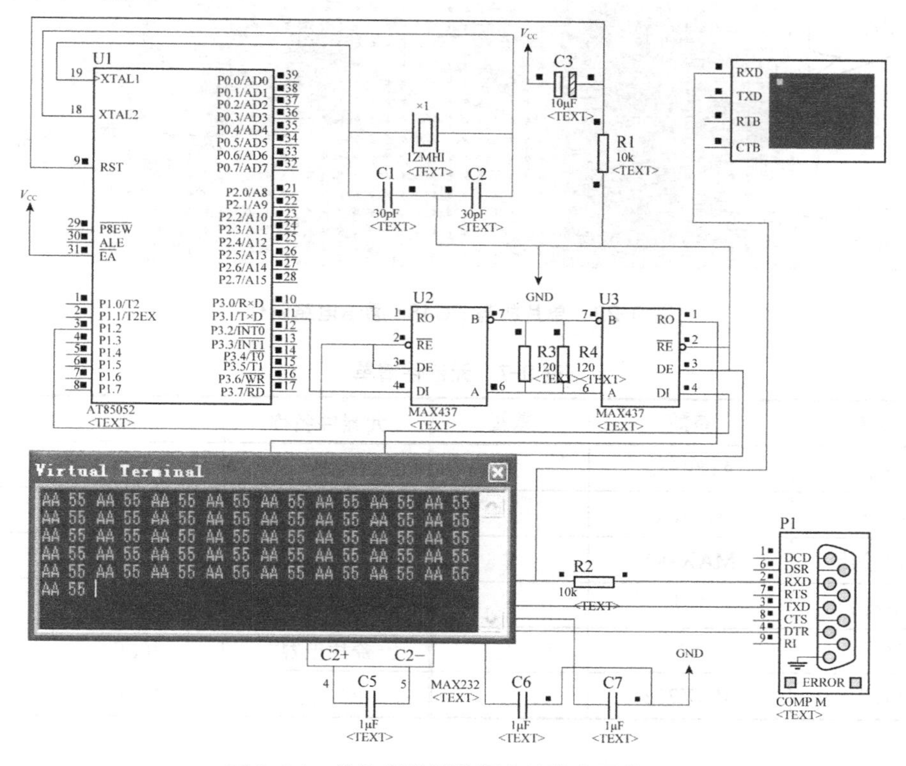

图 9-21　单片机发送数据全速仿真图片段

小贴士

- 在原理图中的电阻 R2 不能少，否则虚拟终端将收不到信息。
- 在 Proteus 与 Keil 的联调过程中，可以综合运用 Keil 中的多种调试功能来详细观察系统的工作过程。
- 在 Proteus 仿真中，单片机和 COMPIM 之间也可以不用加 MAX232 器件。
- 在 Proteus 仿真中，用来监视 PC 发送和接收数据的虚拟终端的 RX/TX Polarity 属性由 Normal 改为 Inverted，否则将接收不到数据。PC 虚拟终端与单片机虚拟终端在 RX/TX Polarity 的设置是相反的，因为信号在经过器件 MAX232 时要反相。

5. 实物连接、制作

在万能板上按照单片机与 PC485 通信电路图焊接元器件，图 9-22 所示为焊接好的电路板硬件实物，单片机与 PC485 通信电路的元器件清单如表 9-7 所示。

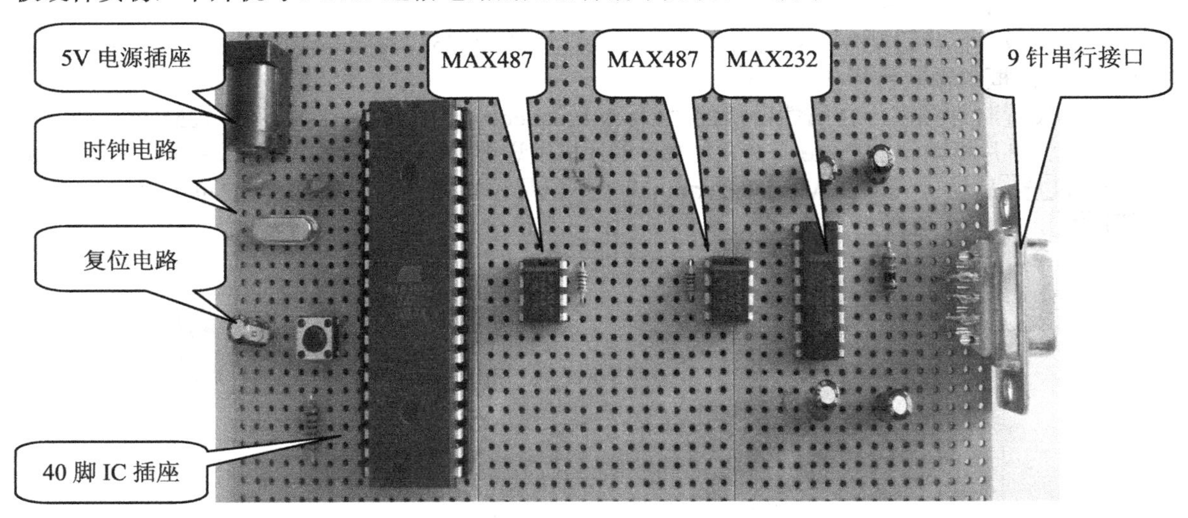

图 9-22　单片机与 PC485 通信电路制作

表 9-7　元器件清单

元器件名称	参数	数量	元器件名称	参数	数量
单片机	AT89S52	1	电阻	120Ω	2
晶体振荡器	12MHz	1	电阻	10kΩ	2
485 接口芯片	MAX487	2	电解电容	10μF	1
9 针通信接口	9 针	1	电解电容	1μF	4
电源	+5V	1	瓷片电容	30pF	2
232 接口芯片	MAX232		IC 插座	DIP40	1

五、技能提高

1. 利用 485 总线通信方式，实现由 PC 向单片机发送数据。参考电路如图 9-23 所示。

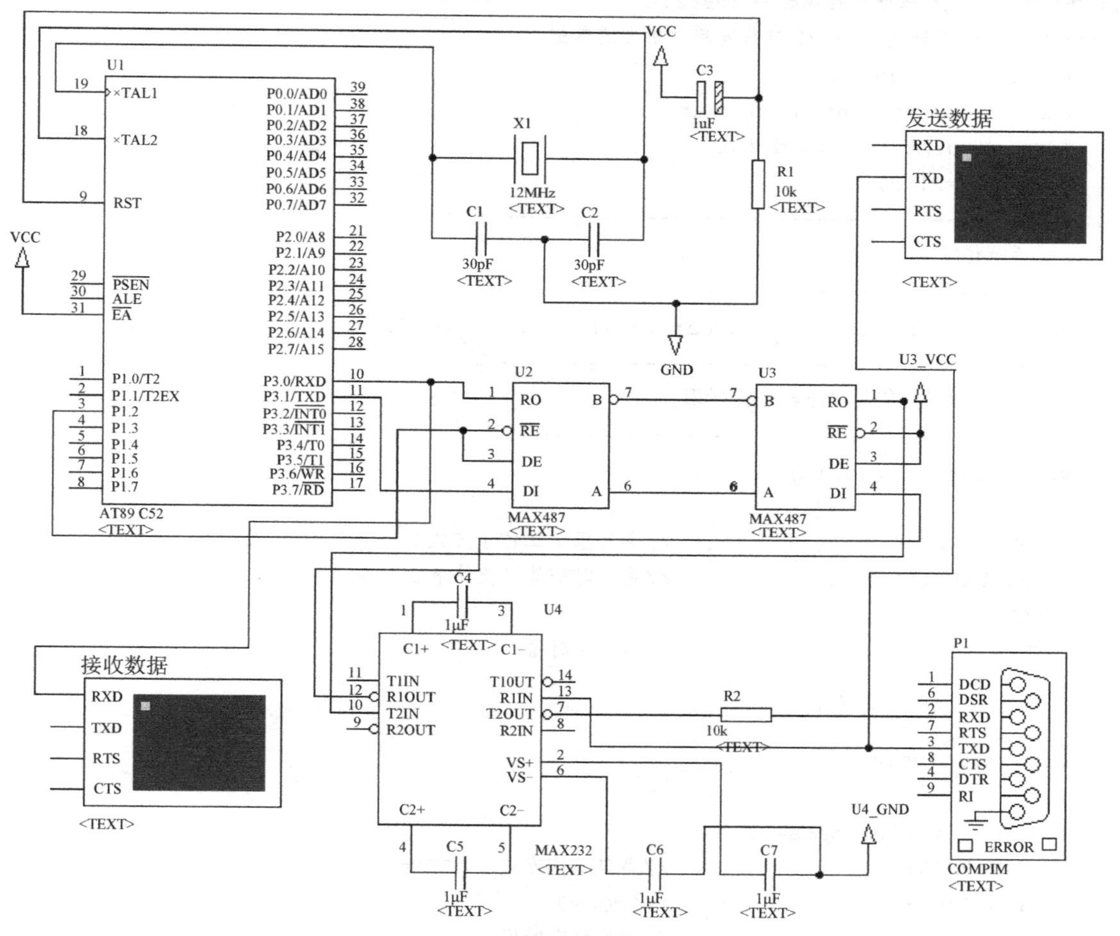

图 9-23　PC 向单片机发送数据参考电路

2. 按照控制要求绘制流程图如图 9-24 所示，要求单片机不间断地接收 PC 通过 RS-485 总线发送的数据。

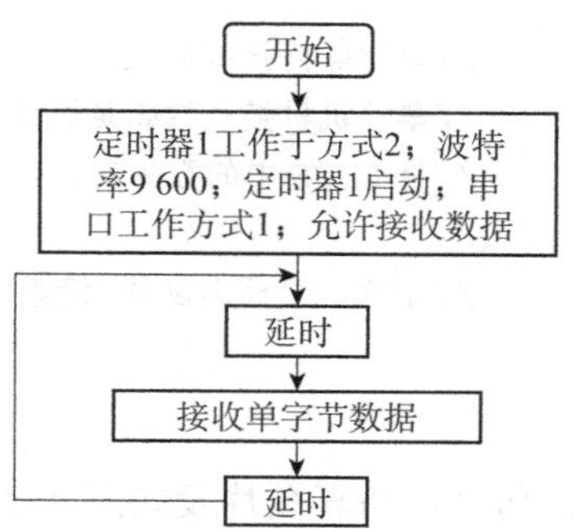

图 9-24　单片机接收数据控制流程图

3.根据流程图进行程序编写。程序示例如下：

```
//* * * * * * * * * * * * * * *单片机与 PC485 通信控制程序* * * * * * * * * * * * *
//程序名：单片机接收数据控制程序 xm9_2.c
//程序功能：PC机通过RS-485总线向单片机发送数据
   #include <reg52.h>
   #define uchar  unsigned char
   #define uint unsigned int
   sbit P12=P1^2;
   //-----------------------------------------
   // 延时程序
   //-----------------------------------------
   void delay_ms(uint x) {uchar t; while(x--) for(t = 0; t<120; t++);}
   //-----------------------------------------
   // 串口初始化(使用Timer1定时器)
   //-----------------------------------------
   void time1_int(void)
   {
     TMOD=0X20;                      //定时器1工作于方式2
     TH1=0xFD;                       //置定时初值，波特率9 600
     TL1=0xFD;
     TR1=1;                          //启动定时器T1
   }

   void main(void)
   {
     uchar receive_data=0;
     SCON=0X50;                      //串口工作方式1，REN=1
     PCON=0X00;                      //SMOD=0
     time1_int();                    //初始化定时器1
     P12=0;                          //允许接收数据
     while(1)
     {
        delay_ms(1);                 //延时等待接收完成
        while(RI==0)                 //单片机机接收数据是否结束?
        receive_data=SBUF;           //将SBUF中的数据输出
        delay_ms(400);
        RI=0;                        //结束，则标志位RI清零
     }
   }
```

4.单片机系统的Proteus交互仿真，仿真图片段如图9-25所示。

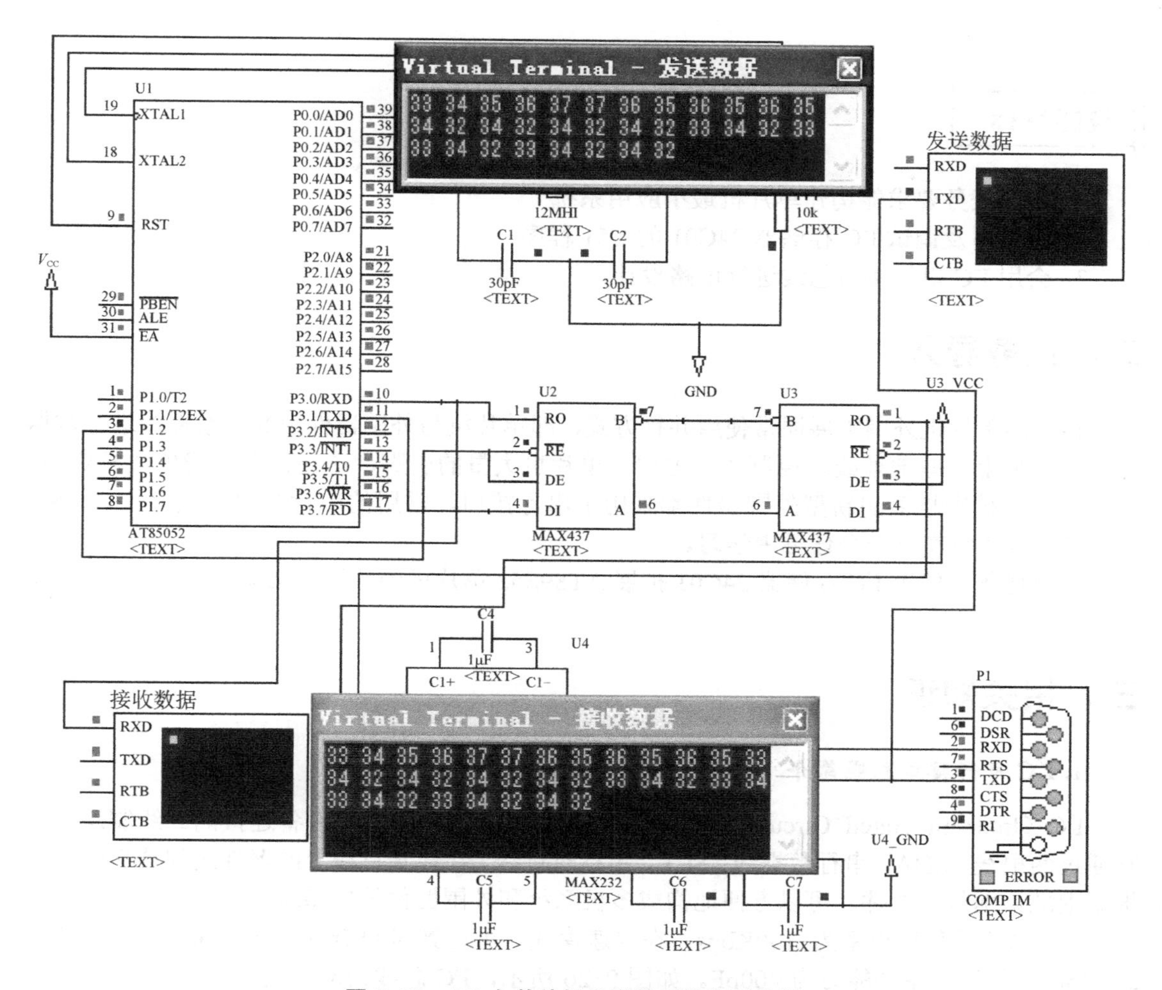

图 9-25　PC 向单片机发送数据仿真图片段

任务二　I^{2}C 总线扩展单片机存储器

一、学习目标

知识目标

1. 学会使用 Proteus 设计并仿真 I^{2}C 器件扩展单片机存储器的方法
2. 掌握单片机进行 I^{2}C 通信的编程方法
3. 学会 Proteus VSM 虚拟 I^{2}C 调试器

技能目标

1. 根据任务要求能构建单片机最小应用系统
2. 能编写及调试 I²C 存储器 24C01 的 C51 程序
3. 会用 I²C 串行接口总线进行电路设计

二、任务导入

传统的单片机外围扩展通常使用并行方式，即单片机与外围器件用 8 根数据线进行数据交换，再加上一些地址线、控制线，占用了单片机大量的引脚，这往往会浪费单片机资源。因此，目前越来越多的新型外围器件都采用了串行接口。常用的串行接口方式有 I²C、SPI 等，其中 SPI 将在下一个任务中学习。

本次任务是使用 I²C 存储器 24C01 扩展 AT89S52 单片机的数据存储器，完成单个字节读写操作。

三、相关知识

1. I²C 串行接口总线简介

I²C（Inter-Integrated Circuit）总线是一种用于微处理器与外部设备连接的二线制总线，它通过两根线（SDA，串行数据线；SCL，串行时钟线）在连到总线上的器件之间传送信息，根据地址识别每个器件，可以方便地构成多机系统和外围器件扩展系统。

I²C 总线的传输速率为 100Kbps，在快速模式下可达到 400Kbps，在高速模式下可达到 3.4Mbps。总线的驱动能力为 400pF。如图 9-26 所示，I²C 总线为双向同步串行总线，因此，I²C 总线接口内部为双向传输电路，总线端口输出为开漏结构，故总线必须要接有上拉电阻，通常该电阻可取（5～10）kΩ。挂接到总线上的所有外围器件、外设接口都是总线上的节点。在任何时刻总线上只有一个主控器件实现总线的控制操作，对总线上的其他节点寻址，分时实现点对点的数据传送。因此，总线上每个节点都有一个固定的节点地址。

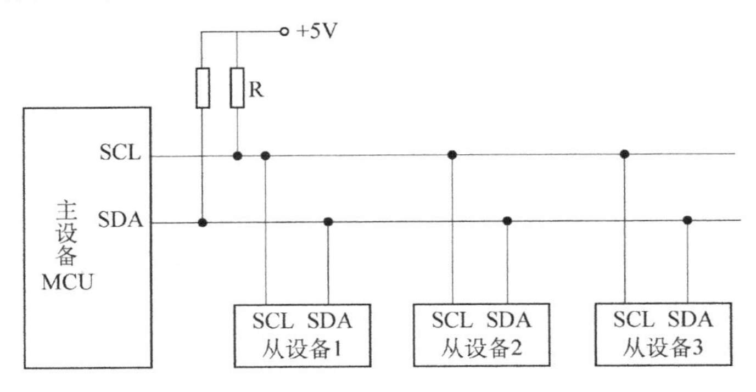

图 9-26　I²C 总线连接图

I^2C 总线上所有的外围器件都有规范的器件地址。器件地址有 7 位组成，它和 1 位方向位构成了 I^2C 总线器件的寻址字节 SLA，寻址字节格式如表 9-8 所示。

表 9-8 I^2C 总线器件的寻址字节 SLA

位	D7	D6	D5	D4	D3	D2	D1	D0
位名称	DA3	DA2	DA1	DA0	A2	A1	A0	$R/\overline{W}$

器件地址（DA3、DA2、DA1、DA0）：是 I^2C 总线外围接口器件固有的地址编码，器件出厂时，就已给定。例如，I^2C 总线器件 AT24C××的器件地址为 1010。

引脚地址（A2、A1、A0）：是 I^2C 总线外围器件地址端口 A2、A1、A0 在电路中接电源或接地的不同，形成的地址数据。

数据方向（$R/\overline{W}$）：数据方向位规定了总线上主节点对从节点的数据方向，该位为 1 是接收，该位为 0 是发送。

AT89S52 单片机并未提供 I^2C 接口，但是通过对 I^2C 协议的分析，可以通过软件模拟的方法来实现 I^2C 接口，从而可以应用诸多 I^2C 器件。

2. 常用 I^2C 芯片

在单片机应用中，经常会有一些数据需要长期保存。一般数据保存可以用 RAM，但 RAM 的缺点是掉电之后数据即丢失。因此，需要用比较复杂的后备供电电路进行断电保护，增加了成本。近年来，非易失性存储器技术发展很快，EEPROM 就是其中的一种，这种器件在掉电后其中的数据仍可保存。目前应用非常广泛的是串行接口的 EEPROM，AT24C××就是这样一类芯片。

（1）特点介绍

24 系列的 EEPROM 有 24C01（A）/02（A）/04（A）/08/16/32/64 等型号，它是一种采用 CMOS 工艺制成的内部容量分别是 128/256/512/1024/2048/4096/8192×8 位具有串行接口、可用电擦除、可编程的只读存储器，一般简称为串行 EEPROM。这种器件一般具有两种写入方式，一种是字节写入，即单个字节的写入；另一种是页写入方式，允许在一个周期内同时写入若干个字节（称之为 1 页），页的大小取决于芯片内页寄存器的大小。不同的产品页容量不同。例如，ATMEL 的 AT24C01/01A/02A 的页寄存器为 4B/8B/8B。擦除/写入的次数一般在 10 万次以上。

（2）串行 EEPROM（24C01）接口方法

在新一代单片机中，无论总线型还是非总线型单片机，为了简化系统结构，提高系统的可靠性，都推出了芯片间的串行数据传输技术，设置了芯片间的串行传输接口或串行总线。串行总线扩展接线灵活，极易形成模块化结构，同时将大大简化系统结构。串行器件不仅占用很少的资源和 I/O 线，而且体积大大缩小，同时还具有工作电压宽，抗干扰能力强，功耗低，资料不宜丢失和支持在线编程等特点。目前，各式各样的串行接口器件层出不穷，如：串行 EEPROM，串行 ADC/DAC，串行时钟芯片，串行数字电位器，串行微处理器监控芯片，串行温度传感器等。串行 EEPROM 是在各种串行器件应用中使用较频繁的器件，和并行 EEPROM 相比，串行 EEPROM 的资料传送的速度较低，但是其体积较小，容量小，所含的引脚也较少。所以，它特别适合于存放非挥发资料，要求速度不高，芯片引脚少的单片机应用。

（3）串行 EEPROM 及其工作原理

在串行 EEPROM 中，较为典型的有 ATMEL 公司的 AT24C××系列以及该公司生产的 AT93C××系列，较为著名的半导体厂家，包括 Microchip，国家半导体厂家等，都有 AT93C××系列 EEPROM 产品。AT24C××系列的串行电可改写及可编程只读存储器 EEPROM 有 13 种型号，其中典型的型号有 AT24C01A/02/04/08/16 5 种，它们的存储容量分别是 1024/2048/4096/8192/16384 位，也就是 128/256/512/1 024/2048 字节。这个系列一般用于低电压，低功耗的工业和商业用途，并且可以组成优化的系统。信息存取采用 2 线串行接口。这里我们就 24C01 的结构特点，其他系列比较类似。

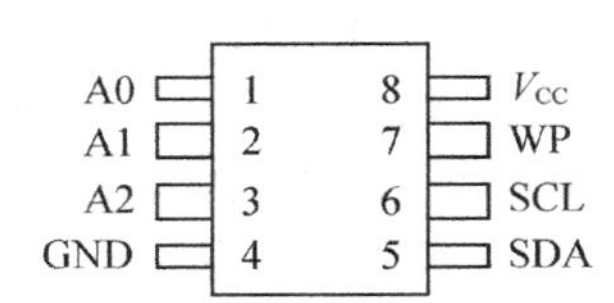

图 9-27　AT24C××系列芯片引脚图

（4）结构原理及引脚

AT24C01 有地址线 A0～A2，串行数据引脚 SDA，串行时钟输入引脚 SCL，写保护引脚 WP 等。很明显，其引脚较少，对组成的应用系统可以减少布线，提高可靠性。各引脚的功能和意义如表 9-9 所示。

表 9-9　AT24C01 引脚定义

引脚名称	说明	功能
A0,A1,A2	器件地址选择	是芯片的硬件地址，根据引脚上的电平决定当前器件的硬件地址
V_{CC}	电源+5V	ATMEL 提供两种工作电压的芯片（V_{CC}=2.7～5.5V，V_{CC} =1.8～5.5V）
GND	地线	
SCL	串行时钟输入端	在时钟的正跳沿即上升沿时，串行写入数据；在时钟的负跳沿即下降沿时，串行读取数据
SDA	串行数据（地址）I/O 端	该引脚是漏极开路驱动端，故可以组成“线或”结构
WP	写保护端	提供硬件数据保护。当把 WP 接地时，允许芯片执行一般读写操作；当把 WP 接 V_{CC} 时，则对芯片实施写保护

（5）内存的组织及运行

内存组织：对于不同的型号，内存的组织不一样，其关键原因在于内存容量存在差异。对于 AT24C××系列的 EEPROM，其典型型号的内存组织（见图 9-28）如下。

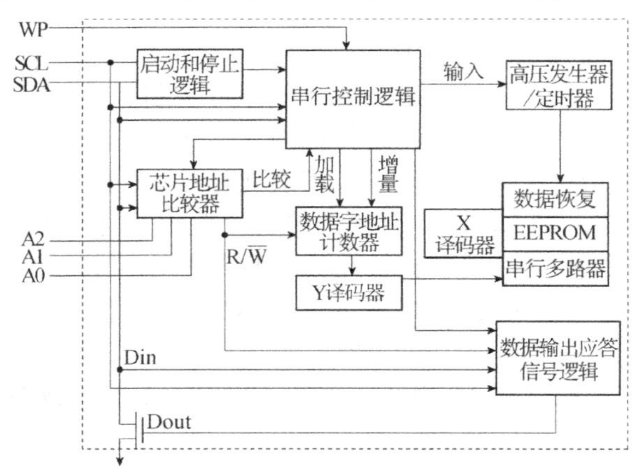

图 9-28　AT24C 系列芯片的内部结构框图

AT24C01A：内部含有 128 个字节，故需要 7 位地址对其内部字节进行寻址。

AT24C02：内部含有 256 个字节，故需要 8 位地址对其内部字节进行读写。

（6）运行方式

起始状态：当 SCL 为高电平时，SDA 由高电平变到低电平则处于起始状态。起始状态应处于任何其他命令之前。

停止状态：当 SCL 处于高电平时，SDA 从低电平变到高电平则处于停止状态。在执行完读序列信号之后，停止命令将把 EEPROM 置于低功耗的备用方式（Standby Mode）。

应答信号：应答信号是由接受资料的器件发出的。当 EEPROM 接受完一个写入资料之后，会在 SDA 上发一个“0”应答信号。反之，当单片机接收完来自 EEPROM 的资料后，单片机也应向 SDA 发 ACK 信号。ACK 信号在第 9 个时钟周期时出现。

备用方式（Standby Mode）：AT24C01A/02/04/08/16 都具有备用方式，以保证在没有读写操作时芯片处于低功耗状态。在下面两种情况中，EEPROM 都会进入备用方式：第一，芯片通电的时候；第二，在接到停止位和完成了任何内部操作之后。

AT24C01 等 5 种典型的 EEPROM 在进入起始状态之后，需要一个 8 位的“器件地址字”去启动内存进行读或写操作。在写操作中，它们有“字节写”，“页面写”两种不同的写入方法。在读操作中，有“现行地址读”，随机读和“顺序读”种各具特点的读出方法。

四、任务实施

1. 任务分析

I^2C 存储器 24C01 扩展控制主要涉及两个部分，一个是和 I^2C 存储器 24C01C 的接口，另一个是和 BCD 码数码管的接口。在本任务中，采用单片机的 P1 口的 P1.4 和 P1.5 分别控制 24C01C 的 6 脚（SCK）和 5 脚（SDA）用于向 24C01C 中写入或从中读取数据，用 P2 口接两个绿色 BCD 码数码管，用于显示从 24C01C 中读出的数据。

控制要求：单片机通过 I^2C 总线向 24C01C 存储器写入数据“4EH”，然后再将这个数据读出来并显示在数码管上。

2. 确定设计方案

微控制器单元选用 AT89S52 芯片、时钟电路、复位电路、电源、2 个数码管和 24C01C 构成单片机最小系统，实现单片机对 I^2C 存储器 24C01 读写操作。I^2C 存储器 24C01 扩展最小系统方案设计框图如图 9-29 所示。

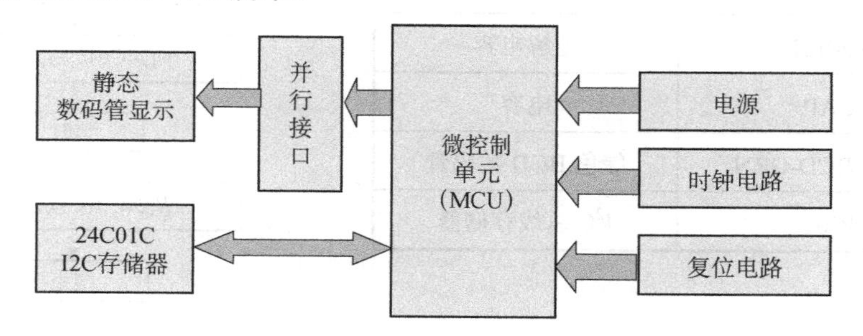

图 9-29　I^2C 存储器 24C01 扩展最小系统方案设计框图

3. 硬件电路设计

该任务采用单片机的P1口的P1.4和P1.5分别控制24C01C的6脚（SCK）和5脚（SDA），用P2口接两个绿色BCD码数码管，电路如图9-30所示。电路所用元器件如表9-10所示。

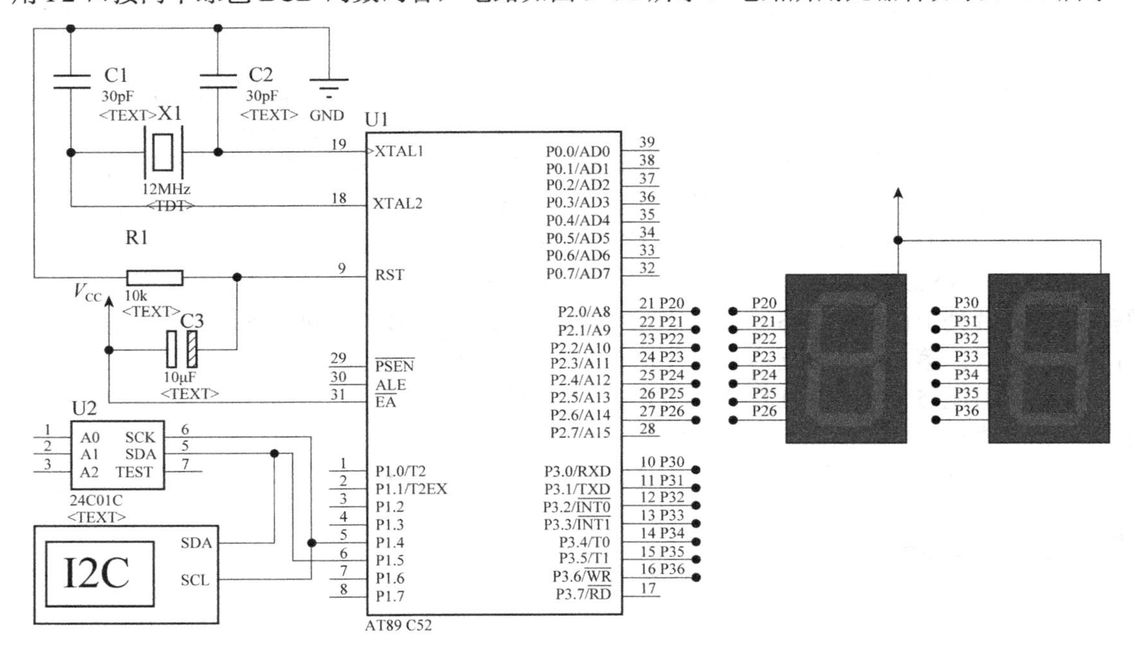

图9-30　I^2C存储器24C01扩展电路原理图

4. 源程序设计

步骤1：按照控制要求绘制流程图如图9-31所示。

表9-10　电路所用元器件

参数	元器件名称
AT89C52	单片机
RES	电阻
CRYSTAL	晶振
CAP-ELEC	电解电容
CAP	电容
7SEG-BCD-GRN	绿色BCD数码管
24C01C	I^2C总线存储器

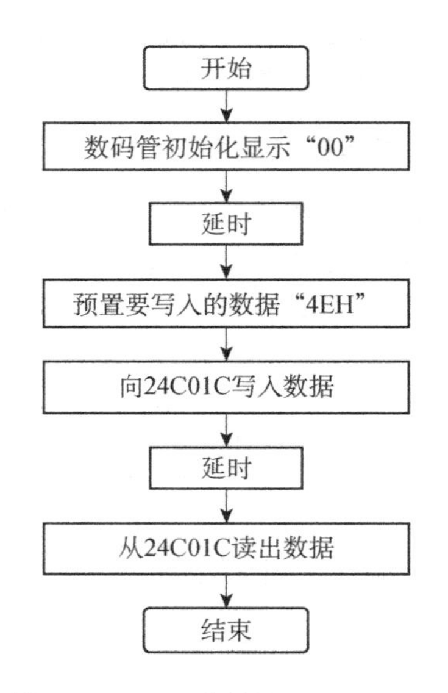

图9-31　I2C存储器24C01扩展控制流程图

步骤 2：根据流程图进行程序编写。C 语言程序示例如下：

```
//* * * * * * * * * * * * * * * * * I2C 通信控制程序* * * * * * * * * * * * * * *
//程序名：I2C 通信程序 xm9_3.c
//程序功能：利用 I2C 总线完成对单个字节数据的读写操作并进行数码管显示
    #include"main.h"
    #include<reg52.h>
    #include <intrins.h>
    #define uint unsigned int
    #define uchar unsigned char
    sbit SDA=P1^5;    //SDA 和单片机的 P15 脚相连
    sbit SCL=P1^4;    //SCL 和单片机的 P14 脚相连
    uchar code seg[]={0xc0,0xf9,0xa4,0xb0,0x99,0x92,0x82,0xf8,0x80,
                  0x90,0x88,0x83,0xc6,0xa1,0x86,0x8e,};
    uchar date;
/**********延时函数*****************/
    void delay(void)
    {
     _nop_();_nop_();
     _nop_();_nop_();
     _nop_();_nop_();
     _nop_();_nop_();
    }
    void delay1(uchar t)
    {
      uchar i,j;
      for(i=0;i<t;i++)
      {
      for(j=0;j<255;j++);
       }
     }
/**********初始化函数，拉高 SDA 和 SCL 两条总线*****************/
    void Init(void)
    {
     SDA=1;
     delay();
     SCL=1;
     delay();
    }

/*****起始信号,SCL 高电平期间，SDA 一个下降沿表示起始信号*****/
    void start(void)   //
    {
```

```
    SDA=1;
    delay();
    SCL=1;
    delay();
    SDA=0;
    delay();
  }
/*****结束信号,SCL 高电平期间，SDA 一个上升沿表示起始信号*****/
  void stop(void)
  {
    SDA=0;
    delay();
    SCL=1;
    delay();
    SDA=1;
    delay();
  }
//*****应答信号，在数据传送 8 位后，等待或者发送一个应答信号*****/
//SCL 高电平期间，SDA 被从设备拉低，说明有应答信号
  void ack(void)
  {
    uchar i=0;
    SCL=1;
    delay();
    while((SDA==1)&&(i<250))
    {
      i++;
    }
    SCL=0;
    delay();

  }
//*****非应答信号*****/
  void noack(void)
  {
    SDA=1;
    delay();
    SCL=1;
    delay();
    SCL=0;
    delay();
  }
/****************写一字节，将 date 写入 AT24C02 中*********************/
```

```
void write_byte(uchar date)
{
  uchar i,tmp;
  tmp=date;
  for(i=0;i<8;i++)
  {
    SCL=0;
    delay();
    if(tmp&0x80)
    { SDA=1;}
    else
    { SDA=0;}
    tmp=tmp<<1;
    delay();
                                   //将要送入数据送入SDA
    SCL=1;                         //SCL拉高准备写数据
    delay();
   }
    SCL=0;                         //SCL拉低数据写完毕
    delay();
    SDA=1;
    delay();
  }
/****************从AT24C02中读取读取一个字节**********************/
  uchar read_byte(void)
  {
    uchar i,dat;
     SCL=0;
     delay();
     SDA=1;
     delay();
    for(i=0;i<8;i++)
    {
      SCL=1;                       //SCL拉高准备读数据
      delay();
      dat=(dat<<1);                //将SDA中的数据读出
      if(SDA)                      //dat=(dat<<1)|SDA;
      { dat++;}
      SCL=0;                       //SCL拉低数据写完毕
      delay();
      }
      return dat;
 }
```

```
/*************向AT24C02中按地址写一个字节数据******************/
   void write_add(uchar address,uchar date)
   {
    start();
    write_byte(0xa0);
    ack();
    write_byte(address);
    ack();
    write_byte(date);
    ack();
    stop();
   }
/************从AT24C02中按地址读出一个字节数据******************/
   uchar read_add(uchar address)
   {
    uchar date;
    start();
    write_byte(0xa0);
    ack();
    write_byte(address);
    ack();
    start();
    write_byte(0xa1);
    ack();
    date=read_byte();
    noack();
    stop();
    return date;
   }
/****************主函数*******************/
   void main()
   {
      Init();                          //初始化函数
      write_add(5,0x4e);               //往地址5中写入0x4e，十进制为78
      delay1(100);
      date=read_add(5);                //读地址5中的数据，并送P2、P3口驱动数码管显示
      P2=seg[date/10];                 //数码管十位显示
      P3=seg[date%10];                 //数码管十位显示
      while(1);                        //无限循环
   }
```

5. 软、硬件调试与仿真

用Keil μVision3和Proteus软件联合进行程序调试。

（1）用 Proteus 软件进行硬件电路的设计。

（2）用 Keil 软件进行源程序编辑、编译、生成目标代码文件。

①新建 Keil 项目文件。

②选择 CPU 类型（选择 ATMEL 中的 AT89S51 单片机）。

③新建汇编源程序（.ASM 文件），编写程序并保存。

④源程序进行编译、生成目标代码文件（.HEX 文件）。

（3）在 Proteus 软件中加载目标代码文件、设置时钟频率。

①加载目标代码文件：右击选中 ISIS 编辑区中 AT89C51，打开其属性窗口，在“Program File”右侧框中输入目标代码文件。

②设置时钟频率：在属性窗口的“Clock Frequency”时钟频率栏中设置 12MHz。

（4）单片机系统的 Proteus 交互仿真。

仿真画面见图 9-32 所示，单击按钮[▶]启动仿真，此时 Terminal 窗口显示已经写入数据“78H”，数码管显示“00”，延时一段时间后 Terminal 窗口显示已经读出数据“78H”，数码管显示“78H”。若单击“停止”按钮[■]，则终止仿真。

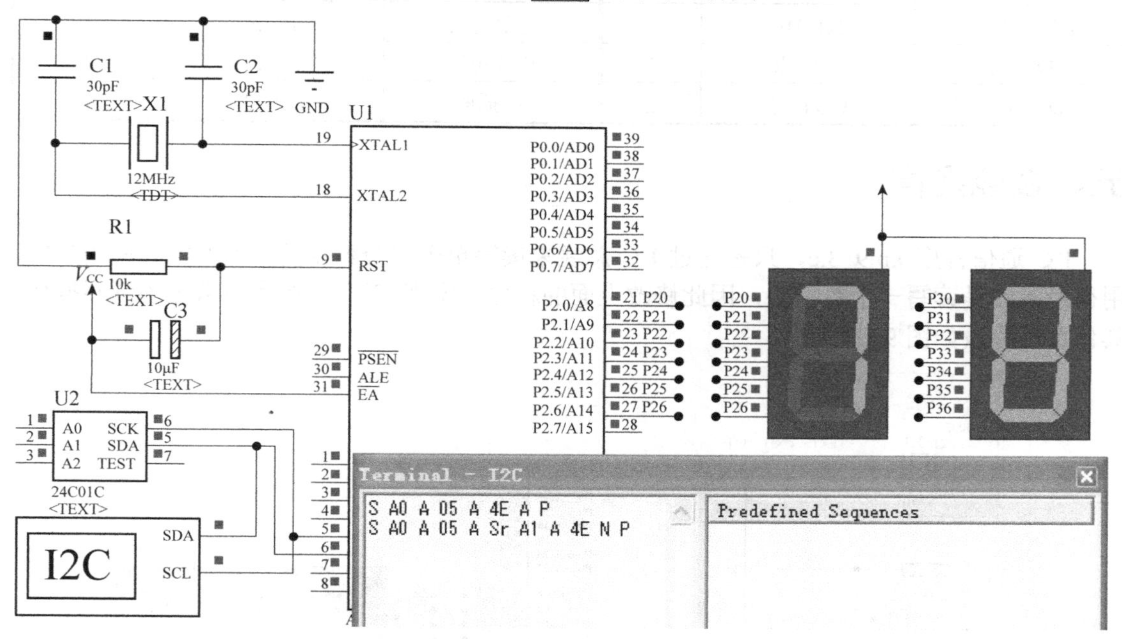

图 9-32　全速仿真图片段

6. 实物连接、制作

在万能板上按照 I^2C 存储器 24C01 扩展电路图焊接元器件，图 9-33 所示为焊接好的电路板硬件实物，表 9-11 所示为 I^2C 存储器 24C01 扩展电路的元器件清单。

图 9-33　I²C 存储器 24C01 扩展电路制作

表 9-11　元器件清单

元器件名称	参数	数量	元器件名称	参数	数量
单片机	89S52	1	电阻	200Ω	8
晶体振荡器	12MHz	1	电阻	10 kΩ	1
I²C 存储器	24C01C	1	电解电容	10μF	1
数码管	共阴极	2	瓷片电容	33pF	2
BCD 译码芯片	CD4511	2	IC 插座	DIP40	1

五、技能提高

I²C 通信程序 xm9_3.c，只是通过 I²C 总线来读写单个字节数据的。而在实际应用当中，用得最多的是读写一个数据块，因此修改上面的程序，实现连续 8 个字节数据的读写操作。其仿真图片段如图 9-34 所示。

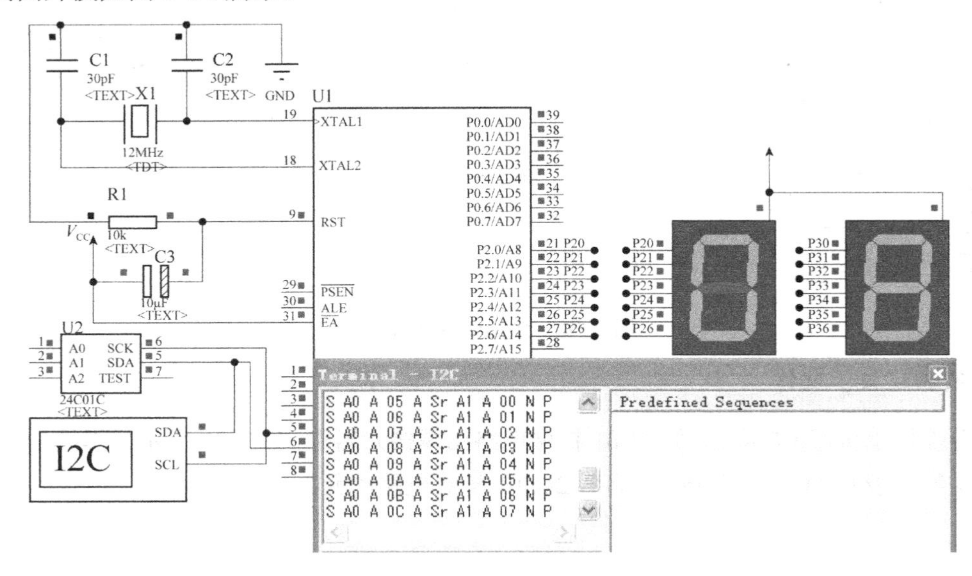

图 9-34　全速仿真图片段

任务三　SPI 总线实时时钟控制

一、学习目标

知识目标

1. 掌握 SPI 总线的原理及特点
2. 掌握时钟芯片 DS1302 的原理、特性及选择
3. 51 单片机和时钟芯片 DS1302 的接口电路设计
4. 掌握时钟芯片 DS1302 的 C51 程序设计

技能目标

1. 根据任务要求能构建单片机最小应用系统
2. 能编写及调试时钟芯片 DS1302 的 C51 程序
3. 会用 SPI 总线进行电路设计

二、任务导入

SPI 总线全称是 Serial Peripheral Interface（串行外围接口），是 MOTOROLA 公司推出的同步串行扩展接口，由时钟线 SCK、数据线 MOSI（主发从收）和 MISO（主收从发）组成。目前，有很多器件具有这种接口。

本次任务是单片机通过 SPI 总线从时钟芯片 DS1302 中读取秒并显示在 BCD 数码管上。

三、相关知识

1. 通信的 SPI 概念

SPI：高速同步串行口，是一种标准的四线同步双向串行总线。

SPI 接口主要应用在 E^2PROM、FLASH 存储区、实时时钟、A/D 转换器以及数字信号处理器和数字信号解码器之间。SPI 是一种高速的、全双工、三线同步的通信总线，并且在芯片的引脚上只占用 4 根线，节约了芯片的引脚，同时为 PCB 的布局上节省空间，提供方便，正是出于这种简单易用的特性，现在越来越多的芯片集成了这种通信协议，比如 AT91RM9200。

SPI 总线系统是一种同步串行外设接口，它可以使 MCU 与各种外围设备以串行方式进行通信以交换信息。外围设置 FLASH RAM、网络控制器、LCD 显示驱动器、A/D 转换器和 MCU 等。SPI 总线系统可直接与各个厂家生产的多种标准外围器件直接接口。

SPI 的通信原理很简单，它以主从方式工作，这种模式通常有一个主设备和一个或多个从设备，需要至少 4 根线，事实上 3 根也可以（用于单向传输时，也就是半双工方式）。也

是所有基于 SPI 的设备共有的，它们是：

- SDO——主设备数据输出，从设备数据输入（MOSI）；
- SDI——主设备数据输入，从设备数据输出（MISO）；
- SCLK——时钟信号，由主设备产生；
- $\overline{\text{CS}}$——从设备使能信号，由主设备控制。

图 9-35 是 SPI 设备与 CPU 的连接图，其中 $\overline{\text{CS}}$、$\overline{\text{SS}}$ 是片选引脚，即只有片选信号为预先规定的使能信号时（高电位或低电位），对此芯片的操作才有效。使用该引脚可以实现在同一总线上连接多个 SPI 设备。其余 3 个引脚负责通信，其中一个引脚作为时钟信号，另外两个引脚作为数据输入、输出口。

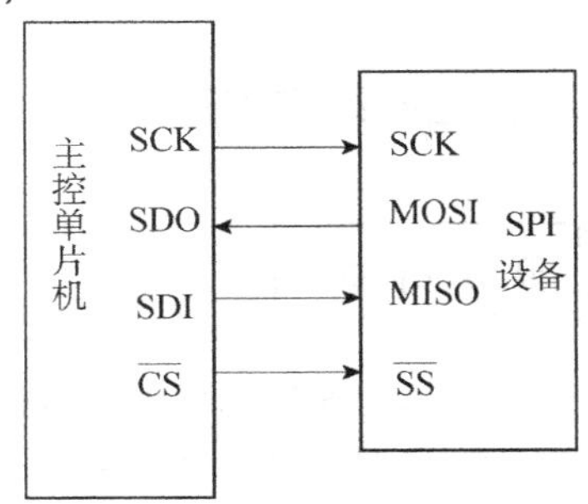

图 9-35　SPI 设备与 CPU 的连接

SPI 总线是串行通信协议，也就是说是按位串行传输的。如图 9-36 所示，时钟线 SCK 用来保证数据传输时的同步，传输数据时由 SCK 提供时钟脉冲，SDI、SDO 则基于此脉冲完成数据传输。

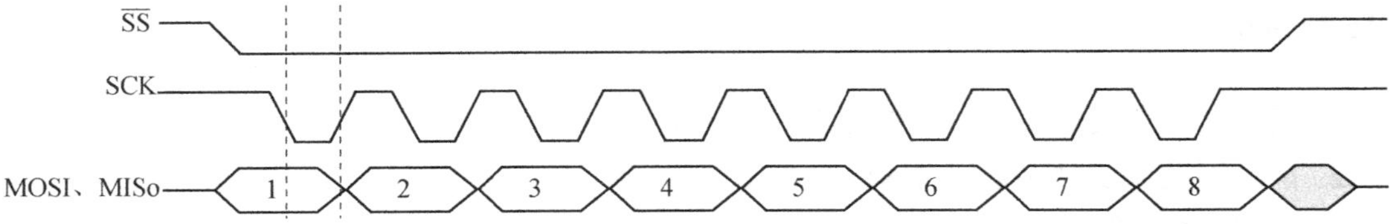

图 9-36　SPI 总线时序图

要注意的是，SCK 信号线只由主设备控制，从设备不能控制信号线。同样，在一个基于 SPI 的设备中，至少有一个主控设备。这样的传输方式有一个优点，与普通的串行通信不同，任务二中介绍的 I^{2}C 总线一次要连续传送 8 位数据，而 SPI 允许数据一位一位地传送，甚至允许暂停，因为 SCK 时钟线由主控设备控制，当没有时钟跳变时，从设备不采集或传送数据。也就是说，主设备通过对 SCK 时钟线的控制可以完成对通信的控制。

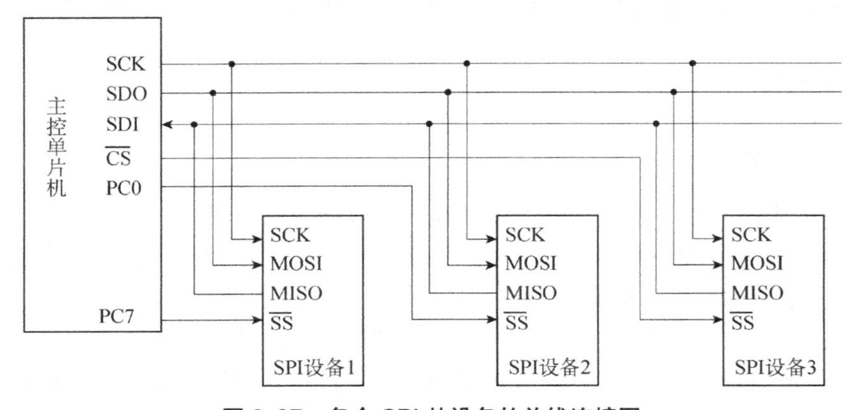

图 9-37　多个 SPI 从设备的总线连接图

2. SPI 时钟芯片 DS1302

（1）DS1302 简介

DS1302 是美国 DALLAS 公司推出的一种高性能、低功耗、带 RAM 的实时时钟电路，它可以对年、月、日、周日、时、分、秒进行计时，具有闰年补偿功能，工作电压为 2.5～5.5V。采用三线接口与 CPU 进行同步通信，并可采用突发方式一次传送多个字节的时钟信号或 RAM 数据。DS1302 内部有一个 31×8 的用于临时性存放数据的 RAM 寄存器。DS1302 是 DS1202 的升级产品，与 DS1202 兼容，但增加了主电源/后背电源双电源引脚，同时提供了对后背电源进行涓细电流充电的能力。DS1302 的实物图及引脚排列如图 9-38 所示。

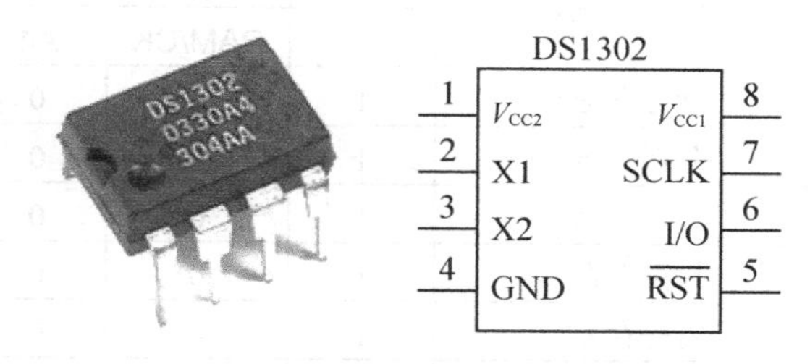

图 9-38　DS1302 的实物图及引脚排列

引脚描述如下。

- X1、X2：外接 32.768kHz 晶振；
- GND：地；
- $\overline{RST}$：复位/片选引脚；
- I/O：串行数据输入/输出端（双向）；
- SCLK：串行时钟输入端；
- V_{CC1}，V_{CC1}：电源供电引脚。

电源引脚说明：V_{CC1} 为后备电源，V_{CC2} 为主电源。在主电源关闭的情况下，也能保持时钟的连续运行。DS1302 由 V_{CC1} 或 V_{CC2} 两者中的较大者供电。当 V_{CC2} 大于 V_{CC1}+0.2V 时，VCC2 给 DS1302 供电。当 V_{CC2} 小于 V_{CC1} 时，DS1302 由 V_{CC1} 供电。

$\overline{RST}$ 引脚说明：$\overline{RST}$ 是复位/片选线，通过把 $\overline{RST}$ 输入驱动置高电平来启动所有的数据传送。$\overline{RST}$ 输入有两种功能：首先，$\overline{RST}$ 接通控制逻辑，允许地址/命令序列送入移位寄存器；其次，$\overline{RST}$ 提供终止单字节或多字节数据的传送手段。当 $\overline{RST}$ 为高电平时，所有的数据传送被初始化，允许对 DS1302 进行操作。如果在传送过程中 $\overline{RST}$ 置为低电平，则会终止此次数据传送，I/O 引脚变为高阻态。

上电运行时，在 VCC≥2.5V 之前，$\overline{RST}$ 必须保持低电平。只有在 SCLK 为低电平时，才能将 $\overline{RST}$ 置为高电平。

（2）DS1302 的寄存器和控制命令

对 DS1302 的操作就是对其内部寄存器的操作，DS1302 内部共有 12 个寄存器，其中有 7 个寄存器与日历和时钟有关，存放的数据位为 BCD 码形式。此外，DS1302 还有年份寄存器、控制寄存器、充电寄存器、时钟突发寄存器及与 RAM 相关的寄存器等。时钟突发寄存器可一次性顺序读写除充电寄存器以外的寄存器，日历、时钟寄存器及其控制字如表 9-12 所示，DS1302 内部主要寄存器功能如表 9-13 所示。

表 9-12　日历、时钟寄存器及其控制字对照表

寄存器名称	7	6	5	4	3	2	1	0
	1	RAM/CK	A4	A3	A2	A1	A0	RD/W
秒寄存器	1	0	0	0	0	0	0	1/0
分寄存器	1	0	0	0	0	0	1	1/0
时寄存器	1	0	0	0	0	1	0	1/0
日寄存器	1	0	0	0	0	1	1	1/0
月寄存器	1	0	0	0	1	0	0	1/0
周寄存器	1	0	0	0	1	0	1	1/0
年寄存器	1	0	0	0	1	1	0	1/0
写保护寄存器	1	0	0	0	1	1	1	1/0
慢充电寄存器	1	0	0	1	0	0	0	1/0
时钟突发秒寄存器	1	0	1	1	1	1	1	1/0

表 9-13　DS1302 内部主要寄存器功能表

名称	命令字		取值范围	各位内容							
	写	读		7	6	5	4	3	2	1	0
秒寄存器	80H	81H	00～59	CH	10SEC			SEC			
分寄存器	82H	83H	00～59	0	10MIN			MIN			
时寄存器	84H	85H	1～12 或 0～23	12/24	0	A/P	HR	HR			
日寄存器	86H	87H	1～28,29,30,31	0	0	10DATE		DATE			
月寄存器	88H	89H	1～12	0	0	0	10M	MONTH			
周寄存器	8AH	8BH	1～7	0	0	0	0	0	DAY		
年寄存器	8CH	8DH	0～99	10YEAR				YEAR			
写保护寄存器	8EH			WP	0	0	0	0	0	0	0

其中，CH：时钟停止位，为 0 时振荡器工作；为 1 时振荡器停止。AP 为 1 时为下午模式，为 0 时上午模式。

DS1302 的控制字节说明如下：

① DS1302 的控制字节的最高有效位（位 7）必须是逻辑 1，如果它为 0，则不能把数据写入到 DS1302 中。位 6 如果为 0，则表示存取日历时钟数据，为 1 表示存取 RAM 数据。位 5 至位 1 指示操作单元的地址。最低有效位（位 0）如为 0 表示要进行写操作，为 1 表示进行读操作，控制字节总是从最低位开始输出。

② 在控制指令字输入后的下一个 SCLK 时钟的上升沿时数据被写入 DS1302，数据输入从低位即位 0 开始。同样，在紧跟 8 位的控制指令字后的下一个 SCLK 脉冲的下降沿读出 DS1302 的数据，读出数据时从低位 0 位至高位 7。

（3）DS1302 的读写时序

①控制字的写入。控制字实际上是 DS1302 的寄存器控制指令，每一个指令的最后一位表示对寄存器的读或写操作。控制字总是从最低位开始向 DS1302 写入。从数据读写时序图

9-39 可以看出，在片选 RST（CE）有效期间，每位的写入需要一个时钟的上升沿，并且必须先把数据先加载到 DS1302 的数据端口上。在控制字指令输入后的下一个 SCLK 时钟的上升沿时，数据被写入 DS1302，数据输入从最低位（0 位）开始。同样，在紧跟 8 位的控制字指令后的下一个 SCLK 脉冲的下降沿，读出 DS1302 的数据。读出的数据也是从最低位到最高位。

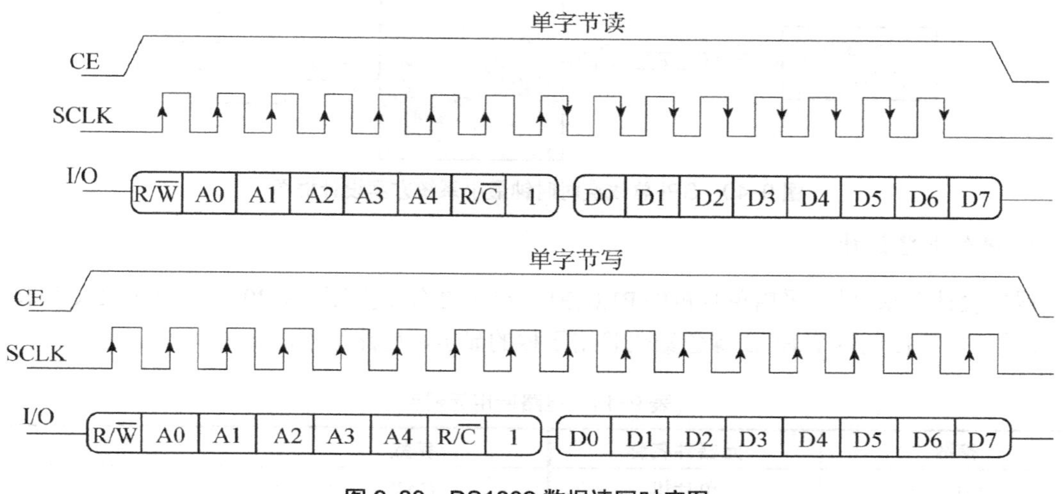

图 9-39　DS1302 数据读写时序图

②程序设计原理。单片机对 DS1302 的控制，主要有初始化、写一字节、读一字节三种基本操作。应用操作有对含有指令的地址（控制字）写数据、对含有指令的地址读数据两种。由于读出和写入的数据必须是 8421BCD 码，所以程序中需要有十进制数据—8421BCD 码与 8421BCD 码—十进制数据转换函数。时间的读取需要读数据操作，调整时间需要写数据。

四、任务实施

1. 任务分析

要控制时钟芯片 DS1302，必须要解决 DS1302 的后备电源及其单片机接口等问题，分析如下：

（1）DS1302 内部是 31 字节的静态 RAM，因此要想使其在系统掉电时也保持里面的时间数据，就必须外接后备电源。

（2）DS1302 与单片机之间能简单地采用同步串行的方式进行通信仅需用到三个口线分别连接 $\overline{\text{RST}}$ 复位、I/O 数据线和 SCLK 串行时钟时钟。

2. 确定设计方案

微控制器单元选用 AT89S52 芯片、时钟电路、复位电路、BCD 绿色数码管和 DS1302 构成单片机最小系统，实现实时时钟的控制。SPI 总线实时时钟最小系统方案设计框图如图 9-40 所示。

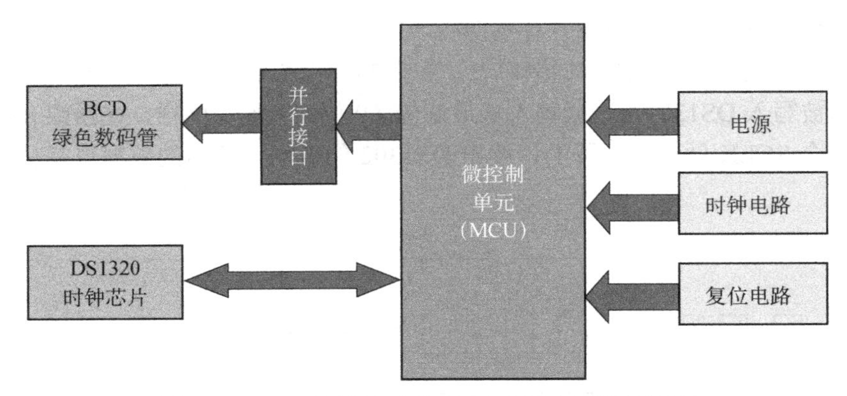

图 9-40 SPI 总线实时时钟最小系统方案设计框图

3. 硬件电路设计

根据设计要求分析，采用单片机的 P1.0、P1.1 和 P1.2 分别控制 DS1302 的 I/O、SCLK 和 $\overline{\text{RST}}$ 端，采用 P2 口控制两个 BCD 绿色数码管用于秒的显示，电路原理图如图 9-41 所示。

表 9-14 电路所用元器件

参数	元器件名称	参数	元器件名称
AT89C52	单片机	CAP	电容
RES	电阻	7SEG-BCD-GRN	绿色 BCD 数码管
CRYSTAL	晶振	DS1302	时钟
CAP-ELEC	电解电容	BATTERY	后备电池

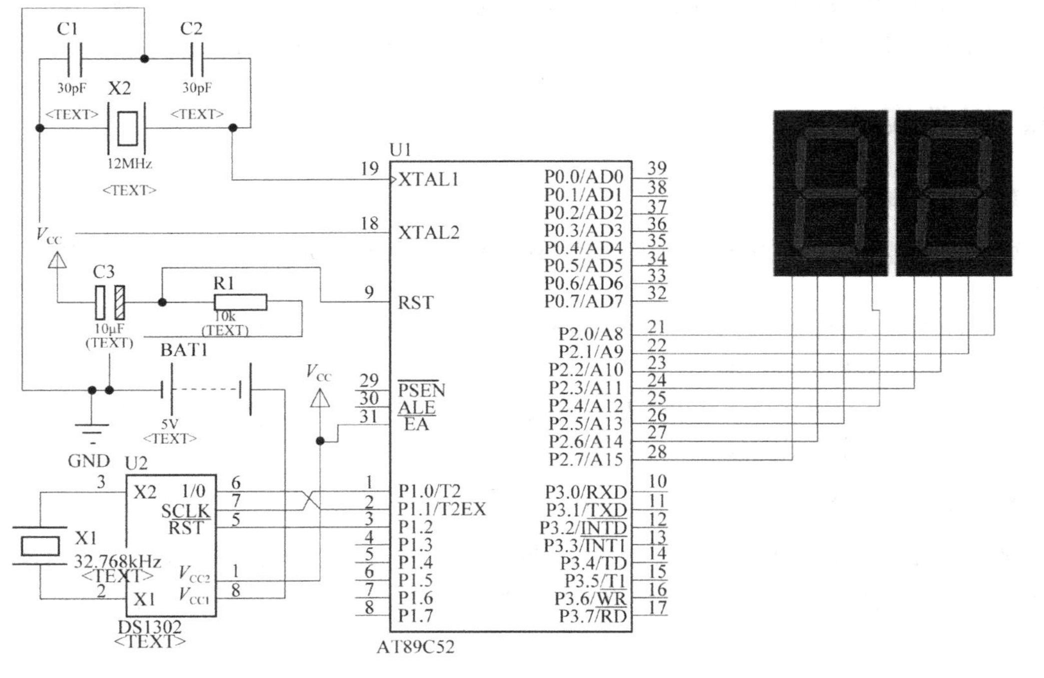

图 9-41 SPI 总线实时时钟控制电路原理图

4. 源程序设计

步骤 1：按照控制要求绘制流程图。流程图如图 9-42 所示。要求首先初始化日期和时间，然后从 DS1302 中读出日期和时间，并将秒显示在数码管。

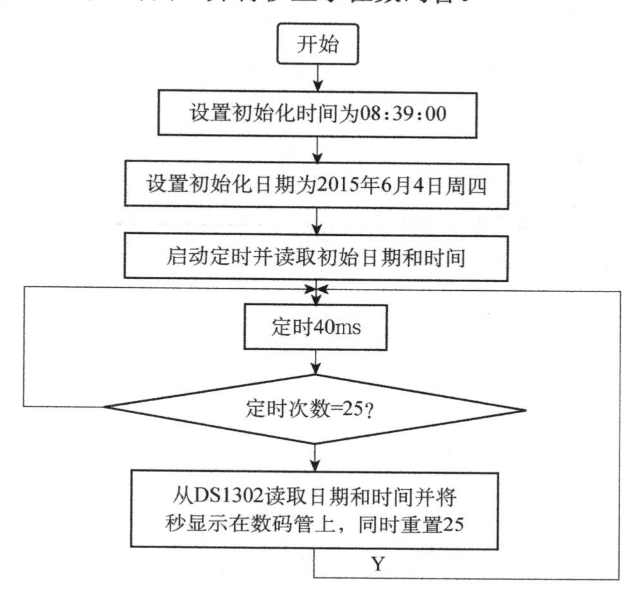

图 9-42　SPI 总线实时时钟控制流程图

步骤 2：根据流程图进行程序编写。源程序示例如下：

```
//* * * * * * * * * * * * * * * * * * * * *SPI 总线控制程序* * * * * * * * * * * * * *
//程序名: DS1302 控制程序 xm9_5.c
//程序功能: 设置 DS1302 的日期和时间，每隔一秒读取日期和时间，并将秒显示在数码管上
   #include <reg51.h>
   #define uint unsigned int
   #define uchar unsigned char
   uchar dd=0;
   sbit clk=P1^0;
   sbit dat=P1^1;
   sbit rst=P1^2;
   sbit A0=ACC^0;
   sbit A1=ACC^1;
   sbit A2=ACC^2;
   sbit A3=ACC^3;
   sbit A4=ACC^4;
   sbit A5=ACC^5;
   sbit A6=ACC^6;
   sbit A7=ACC^7;
//-------------写一个字节到 1302------------------------
   void Inputbyte(uchar dd)
   {uchar i;
```

```
    ACC=dd;
    for(i=8;i>0;i--)
    {
     dat=A0;
     clk=1;
     clk=0;
     ACC=ACC>>1;
    }
  }
//----------------从1302中读出一个字节------------------
  void Outputbyte(void)
  { uchar i;
    dat=1;
    for(i=8;i>0;i--)
    {
     ACC=ACC>>1;
     A7=dat;
     clk=1;
     clk=0;
    }
     dd=ACC;
  }
//---------------------写1302数据--------------------------------
  void Write(uchar addr,uchar num)
  { rst=0;
    clk=0;
    rst=1;
    Inputbyte(addr);
    Inputbyte(num);
    clk=1;
    rst=0;
  }
//----------------读1302数据-----------------------------------
  void Read(uchar addr)
  { rst=0;
    clk=0;
    rst=1;
    Inputbyte(addr);
    Outputbyte();
    clk=1;
    rst=0;
  }
//---------------------初始化--------------------------
```

```
   void WriteSec(uchar num)          //写秒
   { Write(0x80,num);}
   void WriteMin(uchar num)          //写分
   { Write(0x82,num);}
   void WriteHr(uchar num)           //写时
   { Write(0x84,num);}
   void WriteDay(uchar num)          //写日
   { Write(0x86,num);}
   void WriteMn(uchar num)           //写月
   { Write(0x88,num);}
   void WriteWe(uchar num)           //写星期
   { Write(0x8a,num);}
   void WriteYs(uchar num)           //写年
   { Write(0x8c,num);}
   void DisableWP(void)              //写保护
   { Write(0x8e,0x00);}
//-----------------主函数-----------------------------------
   void main(void)
   { uchar i;
     DisableWP();
     WriteSec(0x30);                 //初始时间 23:58:30
     WriteMin(0x58);
     WriteHr(0x23);
     WriteDay(0x04);
     WriteMn(0x06);                  //初始日期 2015.06.04
     WriteYs(0x15);
     WriteWe(0x04);              //星期四
   while(1)
   {
     for(i=0;i<200;i++);for(i=0;i<200;i++);for(i=0;i<200;i++);
     for(i=0;i<200;i++);for(i=0;i<200;i++);for(i=0;i<200;i++);
     Read(0x81);                 //读秒的数据
     P2=dd;                      //送 P2 口输出显示
   }
   }
```

5. 软、硬件调试与仿真

用 Keil μVision3 和 Proteus 软件联合进行程序调试。

（1）用 Proteus 软件进行硬件电路的设计。

（2）用 Keil 软件进行源程序编辑、编译、生成目标代码文件。

①新建 Keil 项目文件。

②选择 CPU 类型（选择 ATMEL 中的 AT89S51 单片机）。

③新建汇编源程序（.ASM 文件），编写程序并保存。

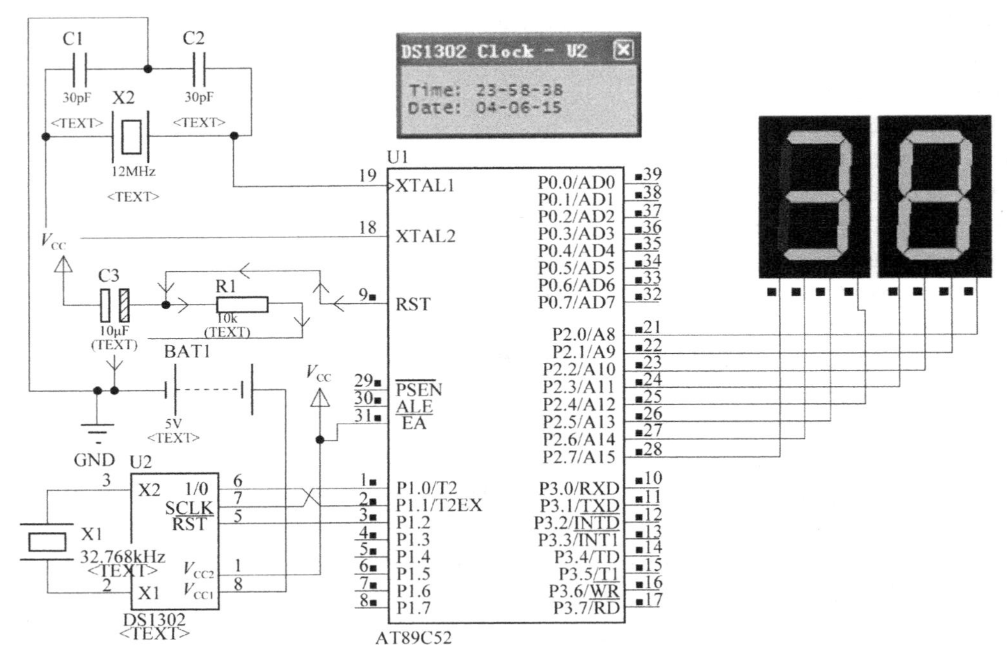

图 9-43　实时时钟仿真效果图片段

④源程序进行编译、生成目标代码文件（.HEX 文件）。

（3）在 Proteus 软件中加载目标代码文件、设置时钟频率。

①加载目标代码文件：右击选中 ISIS 编辑区中 AT89S51，打开其属性窗口，在“Program File”右侧框中输入目标代码文件。

②设置时钟频率：在属性窗口的“Clock Frequency”时钟频率栏中设置 12MHz。

（4）单片机系统的 Proteus 交互仿真。如图 9-43 所示，单击按钮［▶］启动仿真，此时 DS1302 Clock 界面上显示了当前所读取的日期和时间，数码管上所显示的是秒。如此循环，实现时钟的效果。若单击“停止”按钮［■］，则终止仿真。

6. 实物制作

在万能板上按照 SPI 总线实时时钟控制电路图焊接元器件，图 9-44 所示为焊接好的电路板硬件实物，SPI 总线实时时钟控制电路的元器件清单如表 9-15 所示。

图 9-44　SPI 总线实时时钟控制电路制作

表 9-15　元器件清单

元器件名称	参数	数量	元器件名称	参数	数量
单片机	AT89S51	1	备用电源插件	双端子	1
晶体振荡器	12MHz	1	电阻	10 kΩ	1
晶体振荡器	32.768MHz	1	时钟芯片	DS1302	1
电源	+5V	1	电解电容	10 μF	1
IC 插座	DIP40	1	瓷片电容	33pF	2
BCD 译码芯片	CD4511	2	数码管	共阴极	2

五、技能提高

1. 为方便控制 DS1302 的日期和时间，在单片机 P1.6 和 P1.7 设置了两个按键，在 P3 口又多接了两个 BCD 绿色数码管。

2. 控制要求：当按下 P1.6 按键时，单片机 P2 口和 P3 口的 4 个数码管分别显示小时和分钟；当按下 P1.7 按键时，单片机 P2 口和 P3 口的 4 个数码管分别显示年份和月份。

3. 只需要在程序 xm9_5.c 的基础上增加判断独立式按键的程序并且根据显示要求修改数码管显示子程序。

4. 用 Keil μVision3 和 Proteus 软件联合进行程序调试。图 9-45 所示的是按下单片机 P1.7 口上按键时所显示的年份和月份。

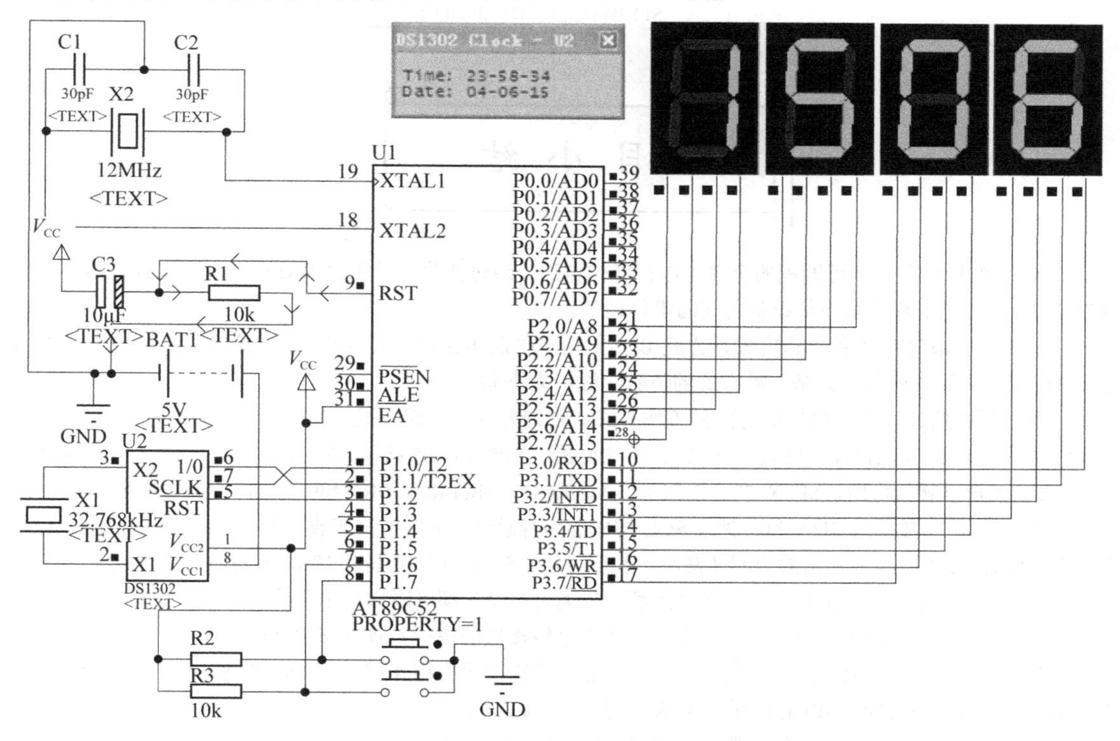

图 9-45　实时时钟变换显示仿真效果图片段

知识网络归纳

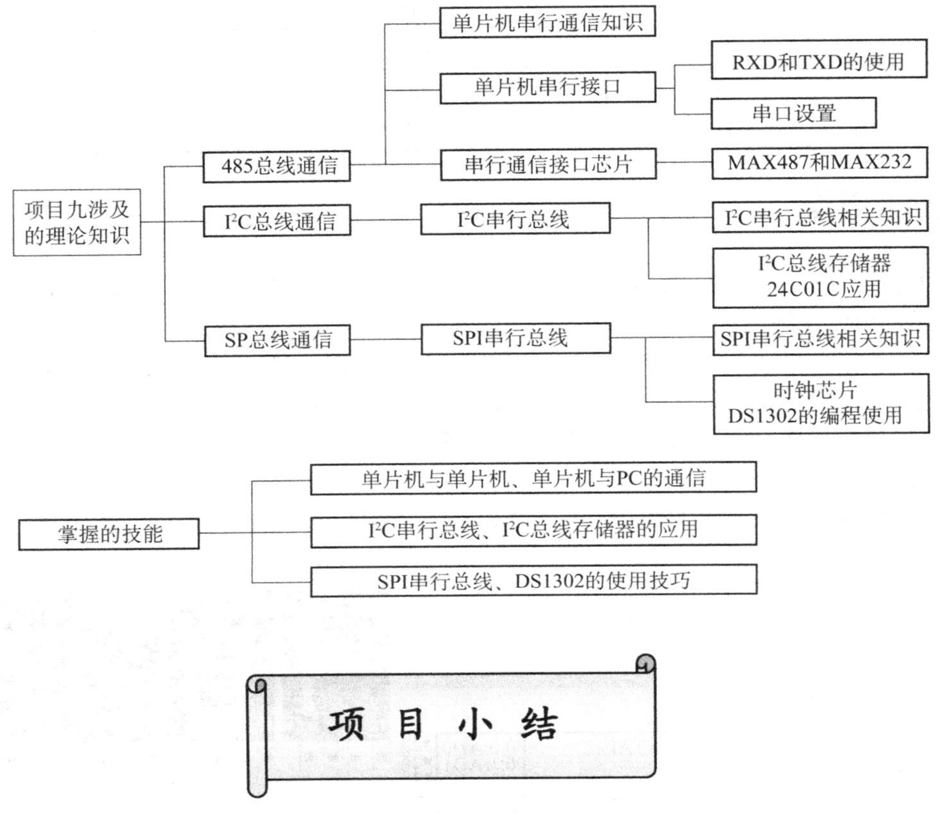

项目小结

1. M51单片机有一个可编程的全双工串行通信电路，通过接收信号引脚RXD（P3.0）、发送信号引脚TXD（P3.1）实现单片机和外部设备之间的串行通信。

2. 单片机的串口有4种工作方式，方式0一般用于扩展I/O口，实现移位输入和输出；方式1、2、3用于串行通信的异步通信，只是三种方式的位数、波特率不同。

3. 在串行通信过程中，单片机有两种工作方式：查询方式、中断方式。

4. 单片机与PC通信时，可以采用RS-232接口或更好性能RS-485接口。由于单片机使用的是TTL电平，所以需要外加电平转换电路，MAX232、ILC232、MAX487、MC1488、MC1489是常用的电平转换芯片。

5. I^2C总线是由数据线SDA和时钟线SCL构成的串行总线，可发送和接收数据。I^2C总线主要的优点是简单性和有效性。I^2C总线占用的空间非常小，长度可达7.5m，并且能够以10Kbps的最大传输速率支持40个组件，另外支持多主控，其中任何能够进行发送和接收的设备都可以称为主总线。一个主控能够控制信号的传输和时钟频率。AT24C××系列芯片是具有I^2C总线接口的串行CMOS E^2PROM。

6. SPI是一种高速全双工的三线同步总线，在芯片引脚上只占用4根线（CS、SCK、SDI、SDO），即可完成其强大的硬件功能。SPI总线采用主从方式工作，通常有一个主设备和一个或多个从设备。

7. DS1302是一种高性能、低功耗、带RAM的实时时钟器件，它可以对年、月、日、周、时、分、秒进行计时，具有闰年补偿功能，工作电压为2.5～5.5V。采用三线接口与单片机进行同步通信。

练习题

一、选择题

（1）衡量通信速度的参数是______。

A．数据位　　B．波特率　　C．数据量　　D．数据格式

（2）在串行通信中，收、发双方对接收和发送数据都有一定的约定，其中重要的一点就是波特率必须______。

A．相反　　B．互为补码　　C．相同　　D．倍数关系

（3）RS-485 接口组成的半双工网络，一般只需______根连线。

A．一　　B．二　　C．三　　D．四

（4）要想设置波特率为 4 800，SMOD 的值和 TH1 的初值分别为______。

A．0，FAH　　B．1，FAH　　C．0，FDH　　D．1，FDH

（5）在要求通信距离为几十米到上千米时，广泛采用_________串行总线标准。

A．RS-485　　B．RS-232　　C．RS-422　　D．以上三种皆可

二、填空题

（1）MCS-51 单片机的串行通信特殊功能寄存器或缓冲器是_______。

（2）电源控制寄存器 PCON 不具备________功能。

（3）MCS-51 单片机的用于串行通信的引脚分别是________和________。

（4）RS-485 最大的通信距离约为_________。

（5）I^2C 总线是一种用于 IC 器件之间连接的________总线。

（6）SPI 总线包括 1 根______________线以及 2 根________线。

三、简答题

1. 串行通信中，数据传送的方向一般可分为以下几种方式？各有何特点？
2. 相对于 RS-232 来说 RS-485 有何特点？
3. 在异步通信中，接收与发送之间必须有两项什么规定？
4. 本学习项目新学了哪几种芯片，其引脚功能是怎样的？

四、训练题

结合项目八中任务一的液晶屏显示模块和本项目中任务 3 的 DS1302 时钟芯片设计“带液晶显示的电子钟系统”。